Energieeffiziente Fabriken planen und betreiben

Egon Müller • Jörg Engelmann • Thomas Löffler
Jörg Strauch

Energieeffiziente Fabriken planen und betreiben

Prof. Dr.-Ing. Egon Müller
Technische Universität Chemnitz
Professur für Fabrikplanung und
Fabrikbetrieb
09107 Chemnitz
egon.mueller@mb.tu-chemnitz.de

Dr.-Ing. Thomas Löffler
Technische Universität Chemnitz
Professur für Fabrikplanung und
Fabrikbetrieb
09107 Chemnitz
thomas.loeffler@mb.tu-chemnitz.de
und
IREGIA e. V.
Reichenhainer Str. 34-36
09126 Chemnitz
loeffler@iregia.de

Dr.-Ing. Jörg Engelmann
Volkswagen Sachsen GmbH
Werktechnik / Umweltplanung
08048 Zwickau
joerg.engelmann@volkswagen.de

Dr.-Ing. Jörg Strauch
Technische Universität Chemnitz
Professur für Fabrikplanung und
Fabrikbetrieb
09107 Chemnitz
joerg.strauch@mb.tu-chemnitz.de

ISBN 978-3-540-89643-2 (Hardcover)
ISBN 978-3-642-31945-7 (Softcover)

e-ISBN 978-3-540-89644-9
DOI 10.1007/978-3-540-89644-9
Springer Dordrecht Heidelberg London New York

Die Deutsche Nationalbibliothek verzeichnet diese Publikation in der Deutschen Nationalbibliografie; detaillierte bibliografische Daten sind im Internet über http://dnb.d-nb.de abrufbar.

Einbandentwurf: eStudio Calamar S.L., Figueres/Berlin

Gedruckt auf säurefreiem Papier

Springer ist Teil der Fachverlagsgruppe Springer Science+Business Media (www.springer.com)

Vorwort

Die steigenden Energiepreise der letzten Jahre haben sowohl Bürger als auch die Industrie alarmiert. An vielen Stellen wurde begonnen, Konsumgewohnheiten zu überdenken und zu verändern. Energiesparende Produkte gewinnen zunehmend Marktanteile. Mit zahllosen Programmen und Projekten wird auf nahezu allen Gebieten versucht, eine auch künftig ausreichende, bezahlbare und klimaverträgliche Energieversorgung zu sichern. Unter den dazu verfolgten Handlungsansätzen kommt der Steigerung der Energieeffizienz unumstritten eine Schlüsselrolle zu.

Vorliegendes Buch verfolgt das Ziel, den energiepolitischen Handlungsansatz Energieeffizienzsteigerung für die Fabrikplanung und den Fabrikbetrieb zu operationalisieren. Der Fokus richtet sich dabei vor allem auf die Stückgutindustrie mit den für Deutschland und Europa so wichtigen Branchen Maschinenbau und Automobilproduktion. Gerade in diesen Branchen wurde der sparsame Umgang mit dem Produktionsfaktor Energie bisher oft vernachlässigt.

Angesichts der ehrgeizigen politischen Zielstellung – die Energieproduktivität soll sich bis 2020 verdoppeln – werden alle, auch die eher wenig energieintensiven Branchen, einen substanziellen Beitrag zur Verbesserung der Energieeffizienz leisten müssen. In Folge der veränderten politisch-rechtlichen Rahmenbedingungen werden auch die Märkte in einem stärkeren Maße energiesparende Produkte und energiesparende Produktionsverfahren nachfragen. Energieeffizienz dürfte sich daher zu einem entscheidenden Wettbewerbsfaktor der Zukunft entwickeln.

Eine höhere Energieeffizienz lässt sich in der Industrie kaum durch Einzelmaßnahmen wie die Gebäudedämmung oder die Einführung von Energieeffizienzmotoren erreichen. Ursachen hierfür sind die komplexen technischen Abhängigkeiten in den Fabriken und zahlreiche konkurrierende Zielstellungen wie Produktivität, Flexibilität, Verfügbarkeit, Qualität oder Wartungsfreundlichkeit. Eine große Stärke erfolgreicher Industrieunternehmen war und ist es, solche komplexen Anforderungen in adäquate, individuell angepasste Fabrikstrukturen und Betriebsweisen zu übersetzen. Dies braucht kompetente und kreative Führungskräfte und Mitarbeiter, die künftig verstärkt auch energetisches Know-how in Planung und Betrieb von Fabriken einbringen.

Mit vorliegendem Buch soll dazu beigetragen werden, die Sensibilisierung der Unternehmen für Energiethemen zu erhöhen sowie fachliche und methodische Kompetenzen für eine stärkere Energieeffizienzorientierung beim Planen und Betreiben von Fabriken zu vermitteln. Das Buch richtet sich dabei gleichermaßen an betriebliche Entscheider, Planungs- und Betriebsingenieure und an Studierende, die in diesen Gebieten tätig werden wollen.

Die Inhalte des Buches basieren auf zahlreichen Vorarbeiten, die über viele Jahre in Forschung und Lehre an der Professur für Fabrikplanung und Fabrikbetrieb der Technischen Universität Chemnitz geleistet wurden. Die Autoren danken an dieser Stelle Emeritus Prof. Dr. Dr.-Ing. Siegfried Wirth, der innerhalb der Chemnitzer Professur frühzeitig den Schwerpunkt „Fabrikökologie“ etablierte und damit eine langfristige Profilbildung ermöglichte.

Vor allem aktuell laufende und jüngst beendete Forschungsprojekte waren und sind untrennbar mit der Erarbeitung vorliegenden Buches verbunden. Ohne die großzügige Förderung dieser Projekte durch die Europäische Union*, das Bundesministerium für Bildung und Forschung** und das Sächsische Staatsministerium für Wissenschaft und Kunst*** wären viele Recherchen, Untersuchungen und Erkenntnisgewinne nicht möglich gewesen. Ein großer Dank gebührt auch allen Projektpartnern, von deren vertrauensvoller Kooperation, hohen Kompetenz und Kreativität die wissenschaftliche Arbeit stets profitierte.

Ein besonderer Dank richtet sich an die Volkswagen Sachsen GmbH, namentlich an Herrn Horst Döhler, Leiter Werktechnik. Neben der Dissertation von Dr.-Ing. Jörg Engelmann entstand aus dieser Zusammenarbeit die bereits zum wiederholten Male durchgeführte Fachtagung „Die Energieeffiziente Fabrik in der Automobil-Industrie“. Die vielen interessanten Vorträge und Diskussionen mit den Tagungsteilnehmern waren eine weitere Quelle, aus der vorliegende Arbeit schöpfte.

Für die Ermutigung, dieses Buchprojekt in Angriff zu nehmen, danken wir Frau Eva Hestermann-Beyerle. Als Programmplanerin des Springer-Verlags gewährte sie uns gemeinsam mit Frau Birgit Kollmar-Thoni eine stete und geduldige Unterstützung.

Einen unschätzbaren Beitrag zur Fertigstellung des Buches lieferte Frau Heike Wähner. Ihr danken wir für die sorgfältige Korrektur und die wertvolle Unterstützung bei der Erstellung von Tabellen und Abbildungen. Wertvolle Beiträge lieferten auch Dr.-Ing. Sebastian Horbach, Robert Tästensen und Colin Schönfeld.

Chemnitz und Zwickau im Mai 2009

Egon Müller
Jörg Engelmann
Thomas Löffler
Jörg Strauch

---

* IEC-SME (Improving Energy Competence on SME level), gefördert im Programm Intelligent Energy Europe und betreut von der Executive Agency for Competitiveness and Innovation

** Projekt PEACH (Planung und Steuerung energieeffizienter Anlagen), gefördert innerhalb des Rahmenkonzepts „Forschung für die Produktion von morgen“ und vom Projektträger Forschungszentrum Karlsruhe (PTKA), Bereich Produktion und Fertigungstechnologien (PFT) betreut

*** eniPROD (Energieeffiziente Produkt- und Prozessinnovation in der Produktionstechnik), gefördert als Spitzentechnologiecluster innerhalb der Sächsischen Landesexzellenzinitiative

Inhalt

Verwendete Kurzzeichen

Formelzeichen

Zeichen		Größe
$\cos \varphi$	…	Leistungsfaktor
α	…	Wärmeübergangszahl
α	…	Bindungsfaktor für Base-Anteil (Arbeitspreiskalkulation)
β	…	Bindungsfaktor für Peak-Anteil (Arbeitspreiskalkulation)
ε	…	Emissionsgrad
η	…	Wirkungsgrad, Nutzungsgrad
λ	…	Wärmeleitfähigkeit (Wärmeleitzahl)
μ	…	Reibungszahl
μ_s	…	Belastungsgrad
φ	…	Phasenverschiebungswinkel
Φ	…	Lichtstrom
ρ	…	spezifischer elektrischer Widerstand
ρ	…	Reflexionsgrad
ρ	…	Rohdichte
ω	…	Winkelgeschwindigkeit
a	…	Auszahlung
a	…	Beschleunigung
A	…	Fläche
AP	…	Arbeitspreis
b	…	Breite
b	…	Wärmeeindringkoeffizient
c	…	Schadstoffkonzentration
c	…	spezifische Wärmekapazität
c_S	…	spezifische Schmelzwärme
c_V	…	spezifische Verdampfungswärme
C	…	Wärmekapazität
C_S	…	Strahlungszahl des schwarzen Körpers
d	…	Schichtdicke
E	…	Beleuchtungsstärke
e	…	Einzahlung
E	…	Energie
f_P	…	Primärenergiefaktor
F	…	Frequenz
F	…	Kraft

G	…	Eigenabweichung des Messgeräts
g	…	Erdbeschleunigung
g	…	Gleichzeitigkeitsfaktor
h	…	Höhe
H_S	…	Brennwert
i	…	Kalkulationszinssatz
I	…	Lichtstärke
I	…	Stromstärke
J	…	Trägheitsmoment
k	…	Bindungsfaktor
k	…	Raumfaktor
K	…	Kosten
KW	…	Kapitalwert
l	…	Länge
L	…	Indexpreis
L	…	Leuchtdichte
L_{LP}	…	Lichtpunkthöhe
LP	…	Leistungspreis
LR	…	Leckagerate
m	…	Masse
M	…	Drehmoment
n	…	Anzahl, Stückzahl
n	…	Drehzahl
n	…	Nutzungsgrad
N	…	Nachlass
p	…	Druck
P	…	Leistung, elektrische Wirkleistung
P	…	Flickerstärke
P_0	…	Leerlaufverlust (Transformator)
P_{el}	…	elektrische Leistung
P_K	…	Kurzschlussverlust (Transformator)
P_r	…	Bemessungsleistung
P_V	…	Verlustleistung
Q	…	Blindleistung
Q	…	Ladung
Q	…	Wärme (Wärmemenge)
$\dot{Q}$	…	Wärmestrom
r	…	Radius
R	…	elektrischer Widerstand, Wärmedurchlasswiderstand
R	…	spezifische Gaskonstante
R_T	…	Wärmedurchgangswiderstand

s	…	Schichtdicke
s	…	Wärmespeicherzahl
s	…	Weg
S	…	Scheinleistung
t	…	Anzahl der Perioden
t	…	Zeit
T	…	Periode
T	…	Temperatur
u	…	Momentanspannung
û	…	Scheitelwert
U	…	Spannung
U	…	Wärmedurchgangskoeffizient
v	…	Geschwindigkeit
V	…	Volumen
$\dot{V}$	…	Volumenstrom
W	…	Arbeit, auch Energie
WF	…	Wartungsfaktor (früher Verminderungsfaktor)
x	…	Messwert
z	…	Anzahl
z	…	Zahlung
z_0	…	Gegenwartswert, Barwert

Einheiten

Symbol		**Einheit**
°C	…	Grad Celsius
€	…	Euro
$	…	US-Dollar
a	…	Jahr
A	…	Ampere
bar	…	Bar
cal	…	Kalorie
cd	…	Candela
d	…	Tag
eV	…	Elektronenvolt
g	…	Gramm
h	…	Stunde
Hz	…	Hertz
J	…	Joule

K	…	Kelvin
l	…	Liter
lm	…	Lumen
lux	…	Lux
m	…	Meter
m^3	…	Kubikmeter
min	…	Minute
N	…	Newton
Nm	…	Newtonmeter
pm	…	Pondmeter
RÖE	…	Rohöleinheit
s	…	Sekunde
SKE	…	Steinkohleneinheiten
t	…	Tonne
toe	…	tonnes oil equivalent, Tonnen Erdöläquivalent
V	…	Volt
VA	…	Voltampere
VAh	…	Voltamperestunde
var	…	Var
W	…	Watt
Wh	…	Wattstunde
Ws	…	Wattsekunde

Vorzeichen der Einheiten

Vorsilbe der Einheit	**Vorzeichen**	**Faktor**	**Faktor in Worten**
Peta	P	10^{15}	Billiarde
Tera	T	10^{12}	Billion
Giga	G	10^{9}	Milliarde
Mega	M	10^{6}	Million
Kilo	k	10^{3}	Tausend
Dezi	d	10^{-1}	Hundertstel
Zenti	c	10^{-2}	Zehntel
Milli	m	10^{-3}	Tausendstel
Mikro	μ	10^{-6}	Millionstel
Nano	n	10^{-9}	Milliardstel

Chemische Zeichen

Symbol		Stoff
CH_4	…	Methan
CO_2	…	Kohlendioxid
Cu	…	Kupfer
Fe	…	Eisen
H	…	Wasserstoff
H_2O	…	Wasser
NH_3	…	Ammoniak
N_2O	…	Distickstoffoxid, Lachgas
NO_x	…	Stickoxide
O_3	…	Ozon
P	…	Phosphor
SO_2	…	Schwefeldioxid

Abkürzungen

Abk.		Wort (ggf. Übersetzung)
AC	…	Alternating current (Wechselstrom)
AGW	…	Arbeitsplatzgrenzwert
AP	…	Acidification Potential (Versauerungspotenzial)
B	…	Bereitstellung
BGR	…	Bundesamt für Geowissenschaften und Rohstoffe
BHKW	…	Blockheizkraftwerk
BImSchG	…	Bundes-Immissionsschutzgesetz
BMU	…	Bundesministerium für Umwelt, Naturschutz und Reaktorsicherheit
BMWi	…	Bundesministerium für Wirtschaft und Technologie
CAT	…	Kategorie
CBN	…	Cubic boron nitride (Kubisches Bornitrid)
CE	…	Conformité Européenne (Übereinstimmung mit EU-Richtlinien)
CEMEP	…	Committee of Manufacturers of Electrical Machines and Power Electronics
CIE	…	Commission internationale de l'éclairage (Internationale Beleuchtungskommission)
CKW	…	Chlorkohlenwasserstoffe
CNC	…	Computerized Numerical Control
DC	…	Direct current (Gleichstrom)
DIN	…	Deutsches Institut für Normung

DL	…	Druckluft
DN	…	Nenndurchmesser
DNC	…	Distributed Numerical Control oder Direct Numerical Control
EDL-RL	…	Endenergieeffizienz und Energiedienstleistungen-Richtlinie
EDV	…	Elektronische Datenverarbeitung
EEG	…	Erneuerbare-Energien-Gesetz
EEI	…	Energy Efficiency Index
EEX	…	European Energy Exchange (Europäische Strombörse)
EG	…	Europäische Gemeinschaft
EL	…	Extra leicht
Elt	…	Elektroenergie
EMV	…	Elektromagnetische Verträglichkeit
EMVG	…	Elektromagnetische-Verträglichkeits-Gesetz
EMVG	…	Elektromagnetische-Verträglichkeit-von-Betriebsmitteln-Gesetz
EN	…	Europäische Norm
EnEV	…	Energieeinsparverordnung
EnWG	…	Energiewirtschaftsgesetz
EOP	…	End of Production
ER	…	Europäischer Rat
EU	…	Europäische Union
EuP	…	Eco-Design Requirements for Energy Using Products
EVG	…	Elektronisches Vorschaltgerät
EVU	…	Energieversorgungsunternehmen
FCKW	…	Fluorchlorkohlenwasserstoffe
FIAT	…	Fabbrica Italiana Automobili Torino (Italienische Autofabrik Turin)
G8	…	Gruppe der Acht
GUS	…	Gemeinschaft Unabhängiger Staaten
GWP	…	Global Warming Potential (Treibhauspotenzial)
H	…	High Gas
HEL	…	Leichtes Heizöl
HLK	…	Heizung, Lüftung, Klima
HSC	…	High Speed Cutting (Hochgeschwindigkeitsbearbeitung)
HSL	…	Schweres Heizöl
HT	…	Hochtarif
IEC	…	International Electrotechnical Commission
Im	…	imaginäre Achse (im Zeigerdiagramm)
IPCC	…	Intergovernmental Panel on Climate Change (Zwischenstaatlicher Ausschuss für Klimaänderungen)
ISI	…	Institut für System- und Innovationsforschung
ISO	…	International Standard Organisation
IT	…	Information Technology

KfW	...	Kreditanstalt für Wiederaufbau
KMU	...	Kleine und Mittlere Unternehmen
KSS	...	Kühlschmierstoff
KVG	...	Konventionelles Vorschaltgerät
KW	...	Kaltwasser
KWK	...	Kraft-Wärme-Kopplung
KWKG	...	Kraft-Wärme-Kopplungsgesetz
L	...	Low Gas
L1 (L2, L3)	...	Phasenleiter 1 (Phasenleiter 2, Phasenleiter 3)
LCC	...	Life Cycle Costing (Lebenszykluskostenoptimierung)
LCD	...	Liquid Crystal Display (Flüssigkristallbildschirm)
LED	...	Light Emitting Diodes (Lichtemittierende Dioden)
LEF	...	Leuchteneffizienzfaktor
LiTG	...	Lichttechnische Gesellschaft
LNG	...	Liquified Natural Gas
LON	...	Local Operating Network
LPG	...	Liquified Petroleum Gas, Flüssiggas
MAK	...	Maximale Arbeitsplatzkonzentration
MAG	...	Metall-Aktivgas-Schweißen
M-Bus	...	Metering-Bus (Mess-Bus)
MCP	...	Motor Challenge Programm
ME	...	Markteinführung
N	...	Nullleiter
NACE	...	Nomenclature statistique des activités économiques dans la Communauté européenne
Nordic	...	Nordic Council of Ministers
NSG	...	Niedersächsische Gesellschaft zur Endlagerung von Sonderabfall
NT	...	Niedertarif
NT	...	Niedertemperatur
ODP	...	Ozone Deletion Potential (Ozonzerstörungspotenzial)
OECD	...	Organisation for Economic Co-operation and Development (Organisation für wirtschaftliche Zusammenarbeit und Entwicklung)
PC	...	Personalcomputer
PCB	...	Polychlorierte Diphenyle
PCDD	...	Polychlorierte Dibenzodioxine
PCDF	...	Polychlorierte Dibenzofurane
ppm	...	Parts per Million
PTB	...	Physikalisch-Technische Bundesanstalt
Re	...	reelle Achse im Zeigerdiagramm
RL	...	Richtlinie
RL-	...	Rentabilität-Liquidität im Rentabilitäts-Liquiditäts-Kennzahlensystem

ROI	…	Return on Investment (Kapitalrendite)
SAENA	…	Sächsische Energieagentur
SCOR	…	Supply Chain Operation Reference Model
SETAC	…	Society of Environmental Toxicology and Chemistry
SI	…	Système international d'unités (Internationales Einheitensystem)
SOP	…	Start of Production
SPS	…	Speicherprogrammierbare Steuerung
SWOT	…	Strengths-Weaknesses- and Opportunities-Threats-Analysis (Stärken-Schwächen- und Chancen-Gefahren-Analyse)
TA	…	Technische Anleitung
THD	…	Total Harmonic Distortion (Gesamtoberschwingungsgehalt)
TRGS	…	Technische Richtlinie für Gefahrstoffe
TRK	…	Technische Richtkonzentration
UBA	…	Umweltbundesamt
UN	…	United Nations (Vereinte Nationen)
UNCED	…	United Nations Conference on Environment and Development (Konferenz der Vereinten Nationen über Umwelt und Entwicklung)
UV	…	Ultraviolett
VDI	…	Verein Deutscher Ingenieure
VDMA	…	Verband Deutscher Maschinen- und Anlagenbau e. V.
VOC	…	Volatile Organic Compounds, flüchtige organische Substanzen
VVG	…	Verlustarmes Vorschaltgerät
WLG	…	Wärmeleitfähigkeitsgruppe
ZVEI	…	Zentralverband Elektrotechnik- und Elektronikindustrie e.V.

1 Energieeffizienz – Herausforderung an Fabriken des 21. Jahrhunderts

1.1 Motivation

Am Übergang in das 21. Jahrhundert stößt die Industriegesellschaft zunehmend an natürliche Grenzen ihrer Entwicklung. Bereits 1972 wies der Club of Rome[1] in seinem Bericht „Die Grenzen des Wachstums" auf die Endlichkeit der Rohstoffvorkommen hin (Meadows et al. 1972). Zwanzig Jahre später betonten dieselben Autoren die „Neuen Grenzen des Wachstums", die in der begrenzten Aufnahmefähigkeit unserer Erde für anthropogen verursachte Stoff- und Energieeinträge – also für Emissionen, Abfall und Abwasser – liegen (Meadows et al. 1992).

Ein Ausdruck für diese zweifache Verknappung – einerseits der natürlichen Ressourcen und andererseits der Belastbarkeit der Umwelt – ist der dramatische Anstieg der Energiepreise während der letzten Jahre (s. Abschn. 1.2.2). Dieser Preisanstieg hat in vielen produzierenden Unternehmen bereits eine hohe Sensibilität und intensive Beschäftigung mit dem Thema Energie ausgelöst.

Energie spielt innerhalb der natürlichen Ressourcen generell eine besondere Rolle: Während stoffliche Ressourcen auf der Erde nicht wirklich verloren gehen können – sie lassen sich im Prinzip immer wieder recyceln –, wird Energie bei ihrer Nutzung nach dem Zweiten Hauptsatz der Thermodynamik stets irreversibel „entwertet" (s. Abschn. 3.1). Die auf der Erde vorhandenen Energieressourcen lassen sich also nur „einmal" nutzen. Eine dauerhafte Energiezufuhr an „das System Erde" liefert nur die Sonne, weshalb die Nutzung der Sonnenenergie[2] aus systemischer Sicht zu bevorzugen ist.

Noch beruht die weltweite Energieversorgung jedoch maßgeblich auf den endlich vorhandenen, fossilen Energieträgern wie Kohle, Erdöl und Erdgas. Diese Energieträger sind in Jahrtausenden Erdgeschichte entstanden, werden aber seit der Industrialisierung in einem rasanten Tempo verbraucht. Künftige Generationen können daher nur noch begrenzt auf diese Energiequellen zurückgreifen. Nochmals forciert wird der Verbrauch fossiler Energieträger durch den wachsenden Bedarf in den Schwellen- und Entwicklungsländern. Ein weiteres Problem der fossilen Energieversorgung ist die Konzentration der wichtigsten Lagerstätten auf wenige Regionen der Welt. Diese führt zu politischen und militärischen Konflikten und in der Folge zu einer wankenden Versorgungssicherheit vor allem in den

---

[1] Vereinigung von Vertretern und Vertreterinnen aus Wissenschaft, Kultur, Wirtschaft und Politik, die sich für eine lebenswerte und nachhaltige Zukunft der Menschheit einsetzen. Gegründet 1968 auf Initiative von Aurelio Peccei (FIAT, Olivetti) und Alexander King (OECD).

[2] Die Sonneneinstrahlung kann direkt durch Solarthermie und Fotovoltaik genutzt werden, treibt aber auch indirekt Wind, Wasserkreislauf und das Wachstum der Biomasse an, so dass auch diese regenerativen Energien eine gewandelte Form von Sonnenenergie darstellen.

Energie importierenden Ländern. Nicht zuletzt ist die Nutzung fossiler Energieträger stets mit Verbrennungsprozessen verbunden. Dabei entsteht Kohlendioxid (CO_2), dessen steigende Konzentration in der Atmosphäre maßgeblich für die Klimaerwärmung verantwortlich gemacht wird.

Alternativen zur fossilen Energieversorgung bieten Atomkraft und regenerative Energien. Im Fall der Atomenergie bestehen erhebliche Vorbehalte bezüglich der Störfallsicherheit der Anlagen, der missbräuchlichen Verwendung des radioaktiven Materials für kriminelle, terroristische oder militärische Zwecke und der ungeklärten Endlagerung des atomaren Abfalls. Auch die Reichweite des Kernbrennstoffs Uran gilt als begrenzt. Regenerative Energien haben in den letzten Jahren erheblich an Bedeutung gewonnen. Sonnenenergie, Erdwärme, Wind- und Wasserkraft, Biomasse sowie Gezeiten werden durch neue und ausgereiftere Technologien sowie durch Skaleneffekte immer konkurrenzfähiger. Subventionen und eine Neuorientierung auf den Finanzmärkten befördern diese Entwicklung. Regenerative Energien können die fossilen Energiequellen aber derzeit noch nicht im vollen Umfang, zu vergleichbaren Preisen und mit der gleichen Verfügbarkeit ersetzen (z. B. Abhängigkeit von Wind und Sonnenscheindauer).

In dieser Situation ist es geradezu vordringlich, die Nachfrage nach Energie insgesamt zu bremsen. Sollen Wohlstand und Entwicklungschancen nicht gefährdet werden, verlangt dies eine deutliche Steigerung der Energieeffizienz.

Energieeffizienz heißt, einen gewünschten Nutzen (Produkte oder Dienstleistungen) mit möglichst wenig Energieeinsatz herzustellen oder aus einem bestimmten Energieeinsatz möglichst viel Nutzen zu ziehen.

$$Energieeffizienz = \frac{Nutzen}{Energieeinsatz} \tag{1.1}$$

Das erste Kapitel dieses Buches will das eben umschriebene Problemfeld spezifisch für das Gebiet der Fabrikplanung und des Fabrikbetriebs darstellen und wichtige Zusammenhänge verdeutlichen. Welche externen und internen Treiber führen zu der Forderung nach höherer Energieeffizienz (s. Abschn. 1.2 und 1.3)? Wie ist der Status quo in der produzierenden Wirtschaft? Warum verdient das Thema Energieeffizienz beim Planen und Betreiben von Fabriken besondere Aufmerksamkeit (s. Abschn. 1.4)?

1.2 Externe Treiber

1.2.1 Wirkungsgefüge Fabrik, Umwelt, Gesellschaft

Um zu verstehen, welche externen Treiber die produzierenden Unternehmen bzw. Fabriken auf welche Weise beeinflussen, lohnt zunächst ein Blick auf die Wechselwirkungen Fabrik, Umwelt und Gesellschaft. Dafür bietet es sich an – in Anlehnung an Vorgehensweisen im Umweltmanagement –, die Fabrik bzw. Produktion als eine Station im Lebensweg von Produkten anzusehen. Der Produktlebensweg ist der physische Werdegang eines Produkts von der „Wiege bis zur Bahre" über die Produktlebensphasen Rohstoffgewinnung und -aufbereitung, Produktion, Gebrauch und Entsorgung.[3]

Abbildung 1.1 zeigt, wie jede Phase auf die Umwelt einwirkt und dabei schädliche, störende oder beeinträchtigende Umweltwirkungen hervorruft. Die Umweltwirkungen schädigen oder beeinträchtigen die Interessen verschiedener Menschengruppen, die entsprechende Ansprüche an Politik und Gesellschaft richten. Besonders durch rechtliche Vorschriften und verändertes Marktverhalten werden schließlich auch die Planung und der Betrieb von Fabriken beeinflusst.

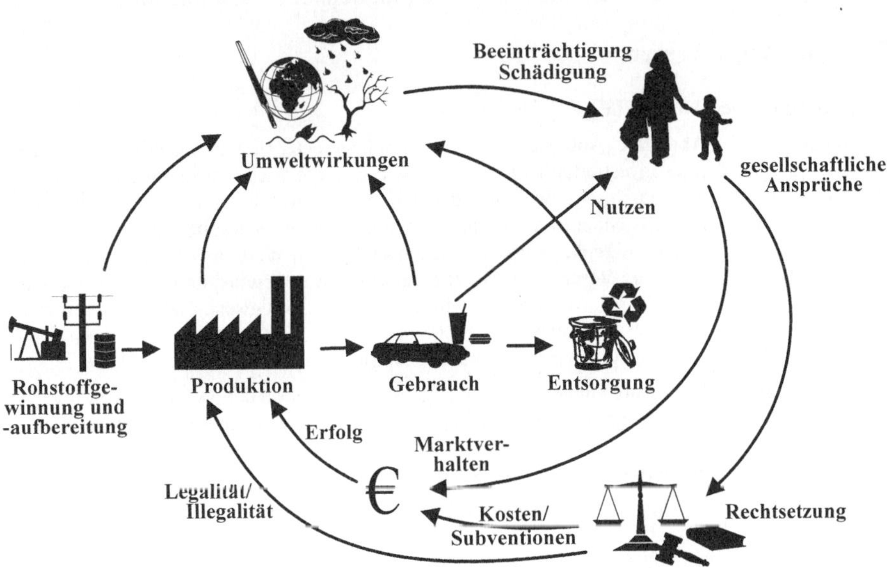

Abb. 1.1. Wechselwirkungen zwischen Produktion, Umwelt und Gesellschaft (Löffler 2003)

[3] Davon zu unterscheiden ist der Produktlebenszyklus, der die Existenz eines Produkts am Markt beschreibt. Die Produktlebenszyklusphasen reichen von der Produktidee über die Produktentwicklung, Konstruktion, Markteinführung etc. bis zur Produktaufgabe.

Die Umweltbeeinflussungen erfolgen durch:

- die Entnahme von Stoffen und Energie aus der Umwelt,
- die Zufuhr von Stoffen und Energie in die Umwelt sowie
- die Inanspruchnahme von Boden und Landschaft.

Dies führt zu verschiedenen physikalischen, chemischen, biologischen oder klimatischen Effekten in der Umwelt, die als Umweltwirkungen bezeichnet und nach Umweltwirkungskategorien unterschieden werden. Im Abschn. 1.2.5 ist eine Auswahl der wichtigsten Umweltwirkungskategorien, die mit der Energienutzung zusammenhängen, beschrieben.

Die Umweltwirkungen können je nach Art und Ausmaß:

- die Gesundheit und das Leben des Menschen, die Existenz von Tieren und Pflanzen, den Zustand der Umweltmedien Boden, Wasser und Luft sowie Sachwerte schädigen,
- die Annehmlichkeit des Menschen beeinträchtigen und
- legitime Umweltnutzungsansprüche verletzen.[4]

Auf Grund manifester oder drohender Schädigungen oder Beeinträchtigungen formulieren verschiedene gesellschaftliche Interessengruppen ihre Ansprüche an den unternehmerischen Umweltschutz. In Tabelle 1.1 sind maßgebliche Interessengruppen, deren Interessen und Handlungsmöglichkeiten dokumentiert.

Tabelle 1.1. Anspruchsgruppen

Anspruchsgruppe	Ansprüche
Eigenkapitalgeber	Aktionäre, Anteilseigner, Kommanditisten etc. sind an Sicherheit und Ertrag ihres investierten Kapitals interessiert. Akute Sachverluste durch Störfälle, hohe Energie- bzw. Umweltkosten, geringe Absatzvolumina auf Grund eines schlechten Images senken die Attraktivität für Kapitalanleger. Zudem können Eigenkapitalgeber auch aus ethischen Wertvorstellungen heraus ihre „leistbare Verantwortung“ (Steger 1993) wahrnehmen und ökologische Ziele verfolgen. Mittlerweile wird die soziale, ökologische und wirtschaftliche Nachhaltigkeit von börsennotierten Unternehmen mit dem Dow Jones Sustainability Group World Index bewertet.
Fremdkapitalgeber	Krediteure sind ebenso wie Eigenkapitalgeber an der Sicherheit von Investition und Ertrag interessiert. Die Kreditinstitute führen vor Vergabe von Krediten eine Risikoanalyse durch, die auch Preisrisiken (Energiepreise) und das Risiko von Störfällen umfasst.
Unternehmer	Er trägt die Verantwortung für Kosten und Erlöse. Der Unternehmer ist zudem straf- und zivilrechtlich für eigene Versäumnisse aber auch für mangelhafte Organisation verantwortlich.
Konkurrenten	Konkurrenten können ökologische Themen in den Wettbewerb einführen und umweltschutzbezogene Marktfelder eröffnen. Mit Ökolabels und Zertifikaten können sie zusätzliche Verkaufsargumente schaffen.

[4] in Anlehnung an Artikel 2 (2) EU-Richtlinie über die Integrierte Vermeidung und Verminderung der Umweltverschmutzung

Kunden/Konsumenten	Obwohl ein hoher Prozentsatz der Bevölkerung um die Umwelt besorgt ist, sind nur wenige Kunden bereit, höhere Preise für umweltverträgliche Produkte zu zahlen. Dagegen dürften erheblich mehr Kunden bewusst auf Produkte verzichten, denen ein deutlich negatives Umweltimage anhaftet. Umweltbewusst handelnde Endkonsumenten orientieren sich an Testergebnissen, Produktkennzeichnungen (z. B. Energieeffizienzklassen) und Produktinformationen.
Kunden/gewerbliche Abnehmer	Baugruppen- und Finalproduzenten, die ein anspruchsvolles Umweltmanagementsystem nach Umweltauditgesetz oder ISO 14.001 ff. betreiben, verlangen von ihren Lieferanten einen dokumentierten und ständig verbesserten Umweltschutz.
Mitarbeiter	Vorbildliches Verhalten des Unternehmens auch in Fragen der sparsamen Energieverwendung und des Umweltschutzes bewahrt die Mitarbeiter vor Loyalitätskonflikten. Vorbildlicher Umweltschutz trägt dazu bei, die Mitarbeiter zu in jeder Hinsicht exzellenter Arbeit zu motivieren (Schlotmann 1998).
Nachbarn	Nachbarn können durch Umweltwirkungen der Fabrik geschädigt werden und Haftungsansprüche geltend machen.
Staat	Der Staat muss entsprechend seiner verfassungsrechtlichen Verpflichtung und ausgehend von internationalem und EU Recht das Leben und die Gesundheit der Menschen sowie die Umwelt schützen. Dazu wurde eine Reihe rechtlicher Vorschriften erlassen. Deren Einhaltung ist durch Polizei, Behörden und Justiz durchzusetzen. Darüber hinaus stellen Fachbehörden und -agenturen (Umweltbundesamt, Deutsche Energieagentur) Informationen zur Verfügung und koordinieren die einschlägige Forschung.
Umweltverbände	Umweltverbände können in bestimmten öffentlichen Planungsverfahren als Träger öffentlicher Belange auftreten, um dort die Interessen des Umweltschutzes wahrzunehmen. Umweltverbände beeinflussen das Verhalten von Käufern und Kapitalgebern durch Informationen, sie organisieren Boykotte stark umweltschädigender Produkte und Unternehmen bzw. fördern umweltverträgliche Produkte und Wirtschaftsweisen.
Versicherungen	Versicherungen können Risiken für Schäden, die dem Unternehmen durch Umwelteinflüsse entstehen, und für Umwelthaftungsansprüche an das Unternehmen übernehmen. Das Umwelthaftungsgesetz zwingt ausdrücklich zur Deckungsvorsorge. Um die Wahrscheinlichkeit des Schadenseintritts und das Schadensausmaß gering zu halten, stellen die Versicherungen Anforderungen an den vorbeugenden Umweltschutz und differenzieren die Prämienhöhe nach der Höhe des Risikos.

Die gesellschaftlichen Ansprüche münden maßgeblich in rechtliche Vorschriften und in ökologisch motiviertes Marktverhalten.

Das Recht, insbesondere das Umweltrecht, stellt Anforderungen an die Errichtung und den Betrieb von Fabriken. Diese äußern sich u. a. durch Einsatzverbote, Nutzungsbeschränkungen, Prüf-, Anzeige-, Erlaubnis- und Genehmigungspflichten sowie in Vorschriften zur technischen Gestaltung. Die Einhaltung der rechtlichen Vorschriften entscheidet mit über die Legalität der Errichtung und des Betriebs von Fabriken. Gleichzeitig verursachen rechtliche Vorschriften zusätzliche Kosten bei der Planung, Realisierung und im Betrieb (z. B. Investition in Abluft- oder Abwasserreinigung, höhere Genehmigungskosten für besonders genehmigungsbedürftige Anlagen, Umweltabgaben). Für innovative umweltschonende Lösungen werden jedoch auch Subventionen gewährt (z. B. Kredite und Zuschüsse für Investitionen in energiesparende Anlagen).

Kosten und Erlöse des Unternehmens werden zusätzlich auch vom ökologisch motivierten Marktverhalten beeinflusst. Hierzu zählen ökologisch begründete Änderungen im Kaufverhalten, in Kreditvergaberichtlinien, im Anlageverhalten und bei der Risikobewertung durch Versicherungen.

Diese Einflüsse auf die Legalität und den wirtschaftlichen Erfolg des Unternehmens können als Rückkopplungen auf die vom Unternehmen verursachten Umweltwirkungen verstanden werden. Der sich so ergebende Regelkreis „zwingt" die Unternehmen dazu, schädlichen Umweltwirkungen vorzubeugen. Auf Grund langer Reaktionszeiten (z. B. Inkubationszeiten der Umweltwirkungen, Erkenntnis- und Meinungsbildungsprozesse in der Gesellschaft) und komplexer Zusammenhänge (z. B. multifaktorielle Ursachen für den Klimawandel, multikriterielle Entscheidungen in der Energiepolitik) ist diese Regelwirkung meist nur als langfristiger Wandel der Rahmenbedingungen spürbar. Dieser Wandel hat sich in den letzten Jahren im Bereich der Energie durch die breite Anerkennung der Herausforderungen der Klimaerwärmung und der Ressourcenverknappung vollzogen. Nachfolgend werden folgende externe Treiber für eine Steigerung der Energieeffizienz näher erläutert:

- steigende Energiepreise,
- wachsende Energienachfrage,
- sinkende Energiereserven und Versorgungssicherheit,
- nachgewiesene Umweltbelastungen aus Energieerzeugung und -nutzung sowie
- Restriktionen der Politik.

1.2.2 Energiepreise

Der Anstieg der Energiepreise in den vergangenen Jahren war für viele produzierende Unternehmen der entscheidende externe Treiber, um sich mit den Themen Energienutzung und Energieeffizienz zu beschäftigen. Die Abb. 1.2 und 1.3 zeigen die jüngere Entwicklung der Strom-[5] und Gaspreise für Industriekunden bzw. der Preise für Diesel und Benzin.

---

[5] Bis 2000 sanken die Preise in Folge des stärkeren Wettbewerbs eines liberalisierten Strommarkts.

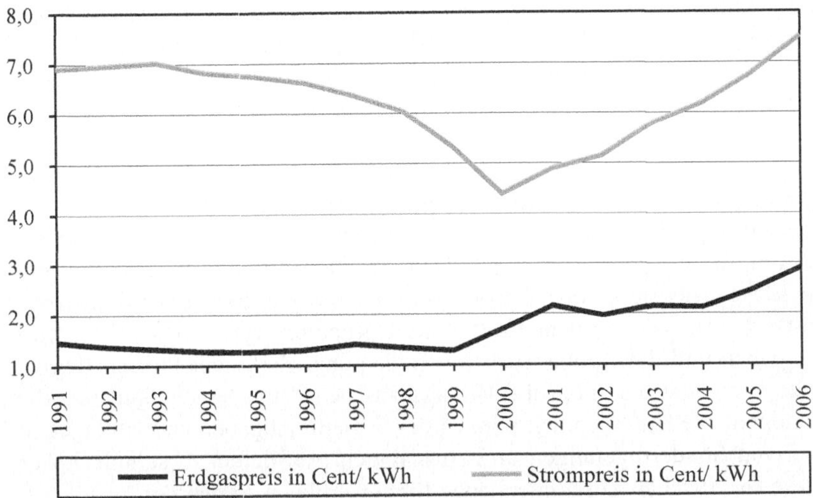

Abb. 1.2. Entwicklung der Strom- und Erdgaspreise für Industriekunden in Cent pro kWh (ohne MwSt.), eigene Darstellung nach (BMWi 2008)

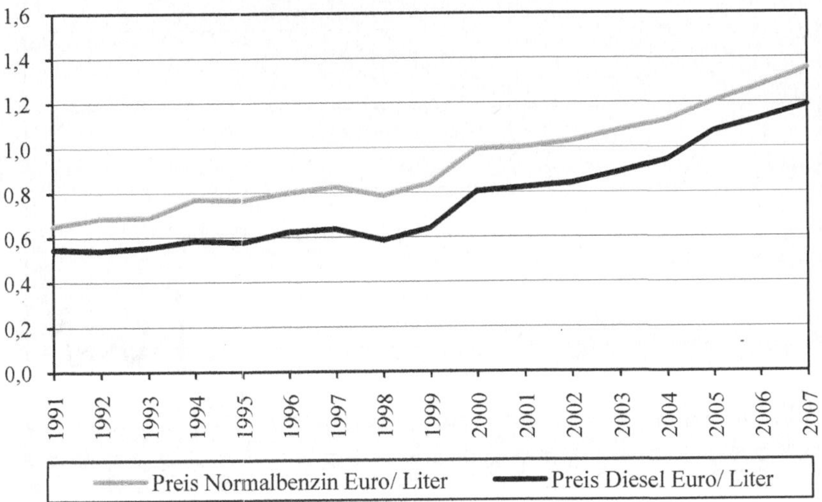

Abb. 1.3. Entwicklung der Benzin- und Dieselpreise in Euro pro Liter (inkl. MwSt.), eigene Darstellung nach (BMWi 2008)

Um diese Preisentwicklung in ihrer Brisanz zu beurteilen, ist eine historische Einordnung hilfreich. Entsprechende Datenreihen liegen für das Rohöl vor und sind in Abb. 1.4 wiedergegeben. In den Anfangsjahren der Ölindustrie – also in der Mitte des 19. Jahrhunderts – war der Preis pro Barrel Rohöl noch vergleichsweise hoch. Mit der Etablierung der Branche sanken die Preise und blieben, abgesehen von zyklischen Schwankungen, bis in die 1970er Jahre auf vergleichsweise geringem Niveau. Der Ölpreis stieg dann in den beiden Ölkrisen von 1973 bzw.

1979/80 dramatisch an und fiel anschließend nie wieder auf das Vorkrisen-Niveau zurück. Im Gegenteil, im Zeitraum von 2002 bis 2008 kletterte der Ölpreis bis auf die Rekordhöhe von 147 Dollar pro Barrel. Zum Zeitpunkt der Schriftlegung im November 2008 hat der Markt diesen – u. a. von Spekulationen getriebenen – Preisausschlag wieder auf etwa 45 bis 50 Dollar pro Barrel korrigiert. Es wird aber deutlich, dass die Energiepreisentwicklung nicht allein konjunkturellen Schwankungen sondern einem langfristigen Anstieg unterliegt.

Darüber hinaus ergeben sich Preisveränderungen auch durch Steuern, Abgaben und Umlagen, die im Energiepreis enthalten sind. Für die industriellen Verbraucher von Elektroenergie sind insbesondere die Umlagen aus dem Erneuerbare-Energien-Gesetz (EEG) und dem Kraft-Wärme-Kopplungsgesetz (KWKG), Konzessionsabgaben und die Stromsteuer von Bedeutung. Zu einem Preisanstieg hat in den letzten Jahren vor allem die Umlage aus dem EEG beigetragen (s. Abb. 1.5). Stromintensive Unternehmen können bei Steuern, Abgaben und Umlagen jedoch auch von Sonderregelungen und Ausnahmen profitieren. Abschnitt 3.4 erläutert diese spezifischen Zusammenhänge für gewerbliche Abnehmer.

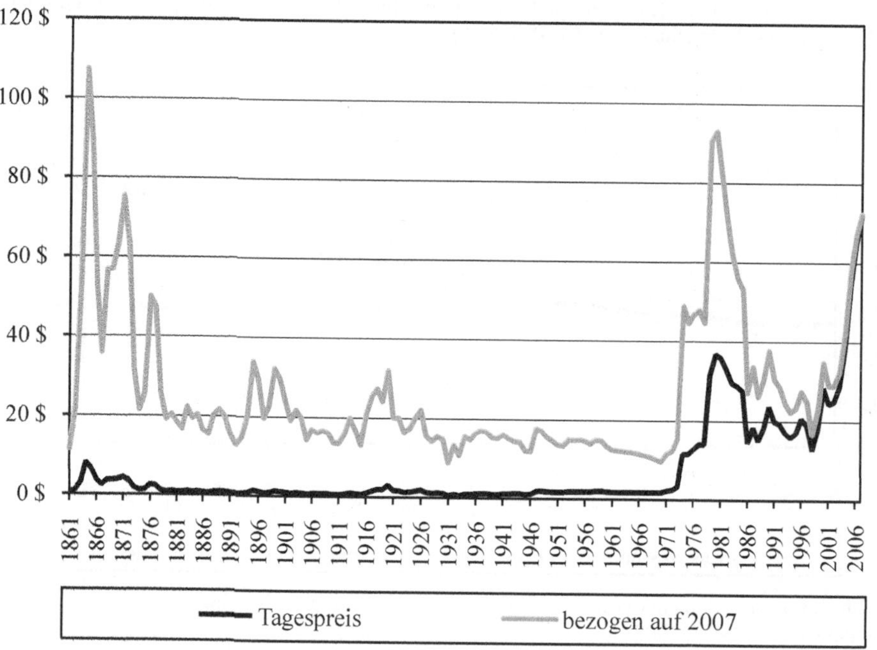

Abb. 1.4. Entwicklung der Preise für das Barrel Rohöl von 1861 bis 2007, eigene Darstellung nach (British Petrol 2008)

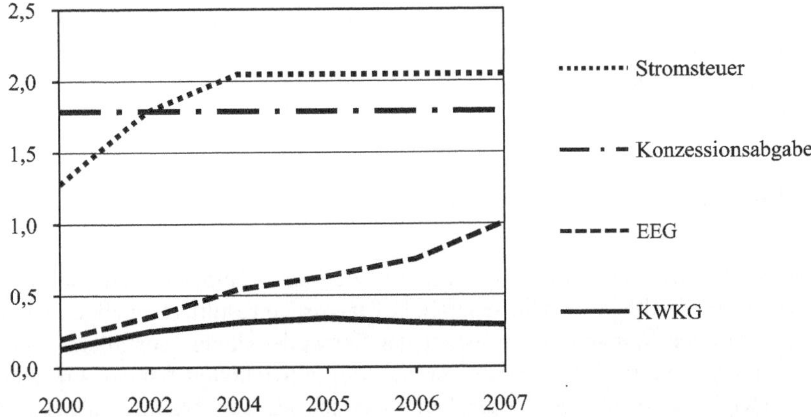

Abb. 1.5. Entwicklung der durchschnittlichen Steuern (ohne MwSt.), Abgaben und Umlagen für Strom in Cent pro kWh für Haushaltstarifkunden[6], eigene Darstellung nach (BMU 2008)

Ein weiterer Treiber für die Energiepreise ist der Emissionsrechtehandel. Seit 2005 benötigen große Kraftwerke und andere Emittenten in der EU sogenannte Emissionsberechtigungen, um ihre Anlagen betreiben und CO_2 emittieren zu dürfen. Die Emissionsberechtigungen (auch CO_2-Zertifikate, Emissionsrechte) wurden in Deutschland zunächst unentgeltlich und in Höhe der bisherigen Emissionsmengen an die Emittenten verteilt.

Künftig wird die Zahl der zur Verfügung stehenden Zertifikate entsprechend der CO_2-Emissionsminderungsziele der EU sinken. Zugleich werden die Zertifikate zu einem steigenden Anteil versteigert. Anlagenbetreiber, die auf Grund von Effizienzsteigerungen und anderen Maßnahmen weniger CO_2 emittieren, können nicht benötigte Zertifikate bereits heute an Anlagenbetreiber, die mehr Emissionsrechte benötigen, verkaufen. Durch diesen Mechanismus sollen Investitionen in Klimaschutzmaßnahmen vorzugsweise dort induziert werden, wo mit dem geringsten Mitteleinsatz die größten CO_2-Einsparungen erreicht werden können.

Trotz der bisher kostenlosen Verteilung der Zertifikate haben die Stromversorger die Kosten der CO_2-Zertifikate bereits als Opportunitätskosten in die Strompreise vor allem der Tarifkunden einbezogen.

Die folgenden Abschnitte gehen auf folgende Ursachen, die hinter der Energiepreisentwicklung stehen, näher ein:

- die stärkere Energienachfrage, vor allem in den Schwellenländern,
- die Verknappung der Energieressourcen und die Minderung der Versorgungssicherheit,

[6] Darstellung für Haushaltskunden, Daten für gewerbliche Kunden liegen auf Grund der Sonderregelungen bei Steuern, Abgaben und Umlagen sowie der Vertraulichkeit von Verträgen für Sondertarifkunden nicht vor.

- die begrenzte Aufnahmefähigkeit der Umwelt für Emissionen aus der Energiegewinnung und -nutzung sowie
- die Maßnahmen der Politik.

1.2.3 Energienachfrage

Der weltweite Energieverbrauch ist in den letzten zehn Jahren um knapp 25 Prozent gestiegen (s. Abb. 1.6). Die zusätzliche Nachfrage resultierte maßgeblich aus dem dynamischen Wirtschaftswachstum der Schwellenländer, vor allem Chinas. Gleichzeitig stagnierte der Energieverbrauch der entwickelten Länder auf hohem Niveau oder stieg sogar moderat an. Gemessen an der Bevölkerung ist der Energieverbrauch der entwickelten Welt überproportional hoch. Die OECD-Staaten konsumierten 2007 mehr als die Hälfte der Weltenergie. Allein die USA hielten über 21 Prozent am Primärenergieverbrauch der Welt (British Petrol 2008).

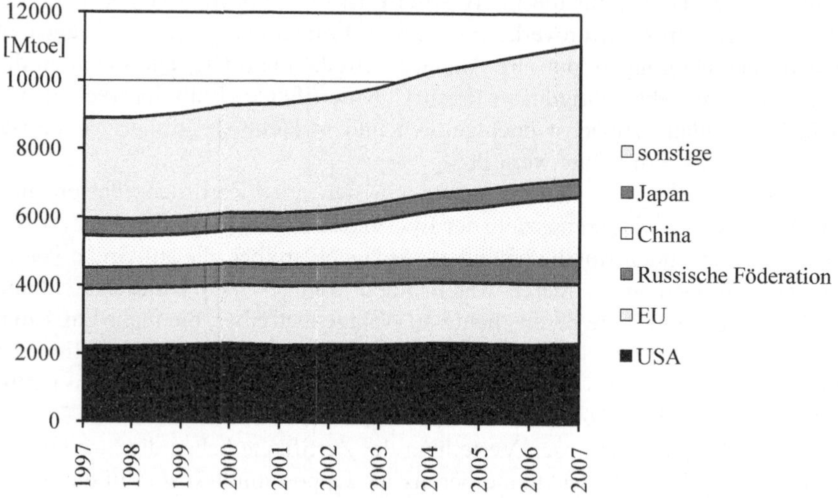

Abb. 1.6. Entwicklung des Primärenergieverbrauchs der Welt und ausgewählter Länder von 1997 bis 2007, eigene Darstellung nach (British Petrol 2008)

Trotz konjunktureller Unwägbarkeiten dürften die wachsende Weltbevölkerung und das Streben nach einer Verbesserung des Lebensstandards besonders in den Schwellen- und Entwicklungsländern weiterhin einen hohen Nachfragedruck ausüben.

1.2.4 Energiereserven und Versorgungssicherheit

Unter dem Aspekt einer nachhaltigen Entwicklung sollen Ressourcen (einschließlich Energieträger) erhalten bleiben, um künftigen Generationen als Lebensgrundlage und Entwicklungskapital zu dienen. Für die Bewertung der Nachhaltigkeit der Ressourcennutzung gelten grundliegende qualitative Regeln (Deutscher Bundestag 1994):

- Erneuerbare Ressourcen sollen bevorzugt genutzt werden. Sonnenenergie, Wasser- und Windkraft, Biomasse und Gezeiten gelten prinzipiell als erneuerbar. Sie speisen sich aus Energiegewinnen, die die Erde aus der Sonneneinstrahlung bzw. durch die Gravitation der Sonne und des Mondes erzielt.
- Erneuerbare Ressourcen sollen nur so stark genutzt werden, dass die Abbaurate nicht die Regenerationsrate übersteigt. Dies gilt z. B. für die energetische Nutzung von Biomasse: Es soll nur soviel Biomasse zur Energiegewinnung eingesetzt – in der Regel verbrannt – werden, wie im gleichen Zeitraum nachwächst und dabei atmosphärisches CO_2 über die Fotosynthese bindet (CO_2-Neutralität).
- Die Nutzung nicht erneuerbarer Ressourcen kann dann als nachhaltig eingeschätzt werden, wenn ein funktionaler Ersatz geschaffen wird. Ein Beispiel sind Fotovoltaik-Anlagen, die über ihren Lebenszyklus mehr Energie aus der Sonne gewinnen als zu ihrer Herstellung notwendig war.
- Lässt sich der Einsatz nicht erneuerbarer Ressourcen nicht vermeiden, sollen solche Energie- und sonstige Rohstoffe bevorzugt werden, deren Vorräte länger reichen als heutige und unmittelbar folgende Generationen leben.[7]

Die Vorräte an fossilen Energierohstoffen werden durch die geologischen Begriffe Reserven und Ressourcen charakterisiert: Reserven sind die mit heutiger Technik und zu heutigen Preisen wirtschaftlich abbaubaren Mengen in den Lagerstätten. Als Ressourcen werden – aus geologischer Perspektive – die Rohstoffmengen bezeichnet, die nachgewiesen sind, aber mit aktueller Technik nicht wirtschaftlich gewonnen werden können, oder deren Vorkommen geologisch möglich ist und die abgebaut werden können. Die Summe aus Reserven und Ressourcen bildet das verbleibende Potenzial an Rohstoffen.

Als Energiereserven werden also die bekannten, in der Erde lagernden Vorräte an fossilen Brennstoffen bezeichnet, die sicher verfügbar und mit heutiger Technik wirtschaftlich zu gewinnen sind. Ein übliches Maß zur Beurteilung der Energiereserven ist die Reservenreichweite. Diese gibt an, wie viele Jahre ein Energieträger bei gleichbleibender Nutzungsintensität noch reicht. Tabelle 1.2 zeigt die Reichweite wichtiger fossiler Energieträger. Derzeit ist für lebende und unmittelbar folgende Generationen ein Versiegen der Erdöl- und Erdgasquellen abzusehen.

[7] Diese Regel kann im Widerspruch zum Klimaschutz stehen, Kohle ist generell länger verfügbar, ihre Verstromung verursacht aber höhere Emissionen als der Einsatz von Erdgas.

Tabelle 1.2. Reservenreichweite der wichtigsten fossilen Energieträger (nach BMWi 2008)

Energieträger	Gesicherte statistische Reservenreichweite in Jahren
Erdöl	42
Erdgas	62
Stein- und Braunkohle	150

Bei der Bewertung der Versorgungssicherheit sind zusätzlich die regionale Verteilung der Ressourcen und Reserven sowie die Förderung und der Verbrauch der Energierohstoffe zu betrachten. Abbildung 1.7 zeigt die Unterschiede zwischen den verschiedenen Weltregionen.

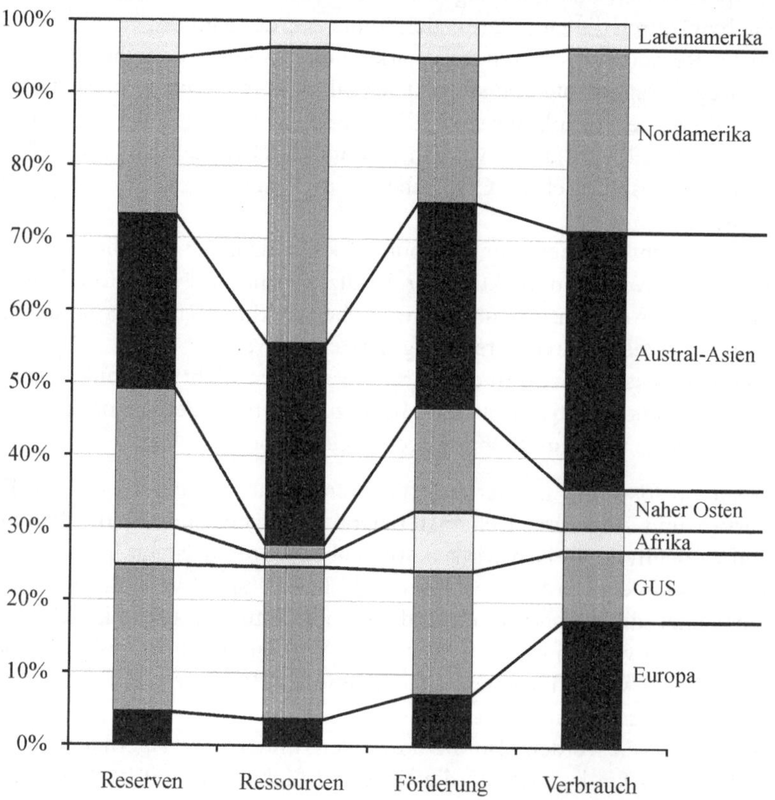

Abb. 1.7. Regionale Unterschiede von Reserven, Ressourcen, Förderung und Verbrauch nicht regenerativer Energierohstoffe 2007 gemessen am Energieinhalt, eigene Darstellung nach (BGR 2008)

Besonders deutlich ist die Konzentration der Erdölreserven auf geografisch vergleichsweise wenige Regionen der Welt (s. Abb. 1.8), was zu politischen und militärischen Konflikten führt.

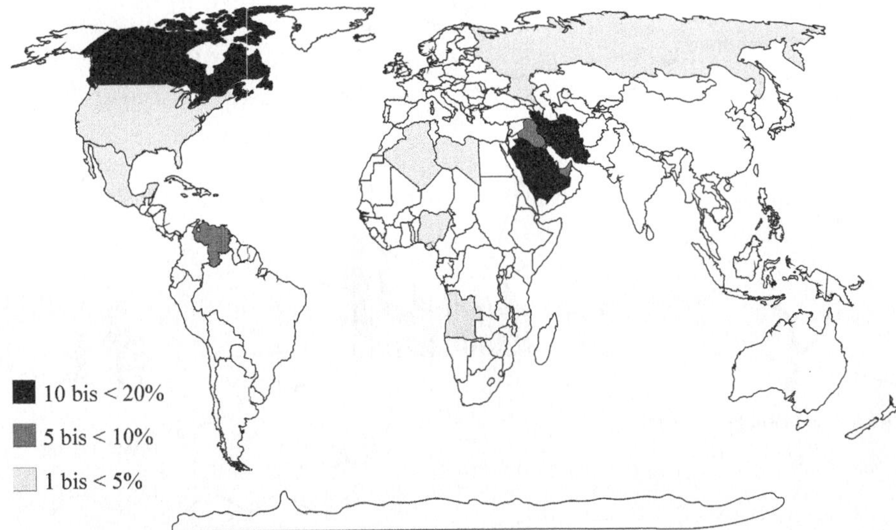

Abb. 1.8. Gesicherte Ölreserven – Anteil der nationalen Reserven an den Weltreserven, eigene Darstellung nach (CIA 2008)

1.2.5 Energie und Umweltbelastungen

Energie und Klimaschutz werden heute häufig in einem Atemzug genannt. Dabei ist die Klimaerwärmung längst nicht die einzige Umweltwirkung, die von der Energiegewinnung und -nutzung ausgeht. Abbildung 1.9 zeigt ausgewählte Umweltwirkungen[8], die für die Belange der Produktion als besonders bedeutend erachtet werden (Löffler 2003).

Folgende Umweltwirkungen werden dabei insbesondere durch die Energiegewinnung und -wandlung verursacht:

- Klimaerwärmung,
- Ozonabbau,
- Photosmog und
- Versauerung.

Diese Umweltwirkungen werden nachfolgend kurz erläutert.

[8] Auswahl an Hand von Mehrfachnennungen in Studien folgender Organisationen: International Standard Organisation (ISO 14.042), Deutsches Institut für Normung (NAGUS 1995), Society of Environmental Toxicology and Chemistry (SETAC 1992, SETAC 1993) Centre voor Milieukunde (Berg 1995, Heeijungs 1992), Umweltbundesamt (Umweltbundesamt 1994), Enquete (Deutscher Bundestag 1994) und Nordic (Nordic 1995), Zusammenstellung nach.Lundie (Lundie 1999).

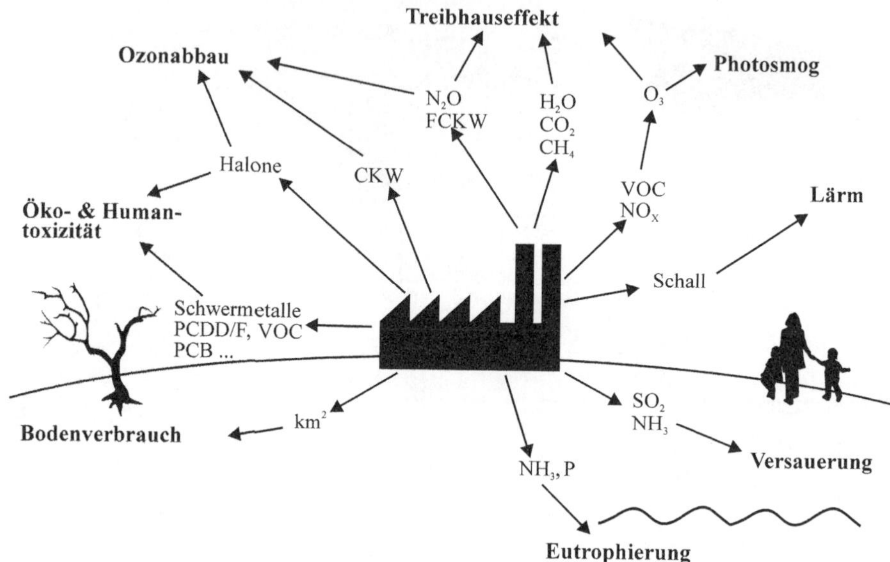

Abb. 1.9. Ausgewählte Umweltbeeinflussungen und Umweltwirkungen (Löffler 2003)

Klimaerwärmung/Treibhauseffekt

In der Atmosphäre befinden sich Gase – sogenannte Treibhaus- oder Klimagase (s. Tabelle 1.3) –, die das kurzwellige Licht der Sonne ungehindert auf die Erde einstrahlen lassen. Die langwellige Rückstrahlung von der Erde wird von diesen Gasen jedoch – ähnlich der Glasabdeckung eines Treibhauses – zurück auf die Erde reflektiert. Dieser sogenannte Treibhauseffekt ist prinzipiell natürlicher Art und hat die Erdoberfläche von ursprünglich minus 18 Grad Celsius auf heute durchschnittlich 15 Grad Celsius erwärmt.

Durch die Tätigkeit des Menschen stieg jedoch die Konzentration der Treibhausgase und damit die Erwärmung der Atmosphäre deutlich an (s. Abb. 1.10). Durch die Klimaerwärmung drohen die Polkappen zu schmelzen und der Meeresspiegel anzusteigen. Dadurch würden Siedlungsflächen dauerhaft überschwemmt; Meeresströmungen sowie das CO_2-Aufnahme- und Abgabeverhalten der Meere könnten sich ändern; Klima- und Vegetationszonen sich verschieben. Extreme Wetterlagen haben bereits in den letzten Jahren zugenommen (Clayton 1996).

Im vierten Bericht des Intergovernmental Panel on Climate Change wird als Bandbreite aller Modelle und aller Szenarien bis 2100 eine Erhöhung der bodennahen Lufttemperatur von mindestens 1,1 Grad Celsius bis maximal 6,4 Grad Celsius und eine Erhöhung des Meeresspiegels von mindestens 0,19 Meter bis maximal 0,58 Meter prognostiziert. Die hauptsächliche Ursache der Erderwärmung ist mit einer angegebenen Wahrscheinlichkeit von über 90 Prozent die menschliche Emission von Treibhausgasen (IPCC 2007).

Der Treibhauseffekt wird von natürlichen Klimaanomalien und von Abkühlungen auf Grund anthropogener SO_2- und natürlicher Staub-Emissionen (Vulkanausbrüche) überlagert. Eine vollständige Modellierung des Weltklimas, insbesondere langer Klimazyklen, ist noch nicht gelungen. Es wird aber erwartet, dass sich der anthropogene Einfluss gegenüber natürlichen Klimaschwankungen verstärkt.

Tabelle 1.3. Treibhausgase, Anteile am Treibhauseffekt und Herkunft (Deutscher Bundestag 1994)

Treibhausgas	Anteil am Treibhauseffekt	Herkunft
Kohlendioxid (CO_2)	60%	Verbrennung fossiler Energieträger davon 56,6% in Kraftwerken und Industrie, 20,5% im Verkehr, 12,8% in Haushalten
Fluorchlorkohlenwasserstoffe (FCKW)	22%	100% Industrie (seit 1991 in Deutschland verboten)
Methan (CH_4)	13%	31,7% Tierhaltung, 37,3% Abfallentsorgung (Deponien, Klärschlamm), 28,2% Petrochemie
Ozon (O_3)	7%	aus der photochemischen Reaktion von leicht flüchtigen organischen Verbindungen (VOC: 52% Verkehr, 39% Lösemittel) und Stickoxiden (NO_x: Verbrennung bei hohen Temperaturen, Denitrifikation, Nitrifikation, 66% Verkehr, 28% Energiegewinnung)
Lachgas (N_2O)	5%	Gewässer, Verbrennung von Biomasse und fossiler Energieträger, 43,5% Industrie, 35,3% Landwirtschaft und Abfallentsorgung
Wasserdampf (H_2O)	3%	

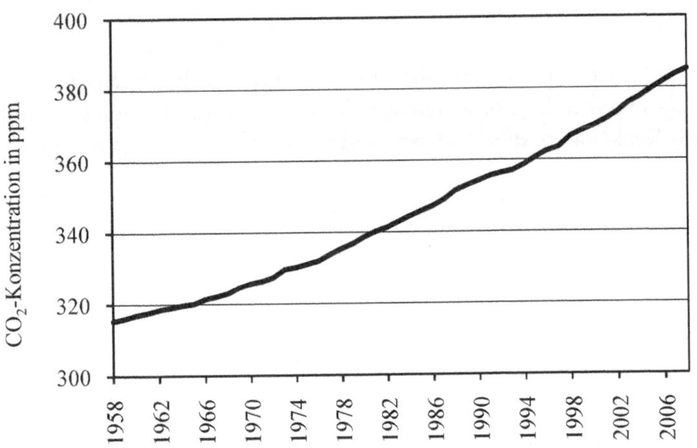

Abb. 1.10. Jahresmittel der CO_2-Konzentration in der Erdatmosphäre, eigene Berechnung und Darstellung nach (Scripps Institution of Oceanography 2008)

Stratosphärischer Ozonabbau

Die Stratosphäre enthält in 25 bis 50 Kilometer Höhe eine Ozonschicht, die einen Teil der im Sonnenlicht enthaltenen UV-Strahlung absorbiert. In dieser Ozonschicht erfolgen ständig ozonbildende und ozonabbauende Reaktionen, die jedoch von Schadgasen (s. Tabelle 1.4) zu Gunsten des Ozonabbaus verschoben werden. Die verminderte Ozonkonzentration – bis hin zu den Ozonlöchern über den Polen – führt zu einer stärkeren UV-Einstrahlung auf die Erde.

Die UV-Strahlung schädigt in hohen Dosen zumindest mehrzellige Landlebewesen. Beim Menschen sollen weltweit pro Jahr mindestens 300.000 gutartige und 4.500 bösartige Fälle von Hautkrebs sowie 1,6 Millionen Fälle von Grauem Star zusätzlich auftreten. Außerdem werden Auswirkungen auf das Immunsystem vermutet. Störungen der Photosynthese und die Abnahme des Meeresplanktons lassen erhebliche Auswirkungen auf die Nahrungskette erwarten (Haynes 1996, Saur u. Eyerer 1996, Streit 1991).

Tabelle 1.4. Herkunft ozonzerstörender Gase (Deutscher Bundestag 1994)

Schadstoff	**Herkunft**
Fluorchlorkohlenwasserstoffe (FCKW)	100% Industrie (seit 1991 in Deutschland verboten)
Chlorkohlenwasserstoffe (CKW)	Lösemittel (Tetrachlorkohlenstoff, Methylchloroform)
Lachgas (N_2O)	Gewässer, Verbrennung von Biomasse und fossiler Energieträger, 43,5% Industrie, 35,3% Landwirtschaft und Abfallentsorgung

Photosmog

In den unteren Schichten der Atmosphäre, dem Lebensraum von Pflanzen, Tieren und Menschen, besteht ein von der Sonneneinstrahlung abhängiges Gleichgewicht zwischen chemischen Reaktionen, die Ozon ab- und aufbauen:

$$NO + O_3 \rightarrow NO_2 + O_2 \tag{1.2}$$

$$NO_2 + Sonnenlicht \rightarrow NO + O \tag{1.3}$$

$$O + O_2 + Staub \rightarrow O_3 + Staub \tag{1.4}$$

Die bodennahe Ozonbildung ist damit vom Vorhandensein von Stickstoffoxid und leicht flüchtigen Kohlenwasserstoffen, von der Anwesenheit von Stäuben und von der Stärke des Sonnenlichts abhängig. Letzteres begründet, weshalb Photosmog in den nördlichen Breiten nur im Sommer auftritt (Sommersmog oder, nach dem Ort seines ersten massiven Auftretens, Los-Angeles-Smog). Die Anwesenheit von (leicht) flüchtigen Kohlenwasserstoffen, Volatile Organic Compounds

(VOC), verschiebt das Konzentrationsverhältnis zwischen Stickstoffdioxid und Stickstoffmonoxid in der Luft zu Gunsten des Stickstoffdioxids und begünstigt so die Ozonbildung. Die Herkunft der ozonbildenden Stoffe zeigt Tabelle 1.5.

Bodennahes Ozon greift die Atmungsorgane von Menschen und Tieren an, schädigt den Pflanzenwuchs, oxydiert Materialien und ist am Waldsterben beteiligt (Walletschek u. Graw 1995). Ozon steht seit 1996 unter Krebsverdacht. Das Umweltbundesamt hält 10 bis 15 Prozent der Bevölkerung für ozongefährdet.

Tabelle 1.5. Herkunft photochemisch ozonbildender Gase (Deutscher Bundestag 1994)

Schadstoff	**Herkunft**
flüchtige Kohlenwasserstoffe (VOC)	52% Verkehr, 39% Lösemittel
Stickoxide (NO_x)	Verbrennung bei hohen Temperaturen, Denitrifikation, Nitrifikation, 66% Verkehr, 28% Energiegewinnung

Versauerung

Unter Versauerung wird die Erhöhung der Konzentration von H^+-Ionen in den Umweltmedien Luft, Wasser und Boden verstanden. Natürliche und anthropogen verursachte Emissionen von Schwefel- und Stickstoffverbindungen (s. Tabelle 1.6) reagieren in der Luft zu Schwefel- bzw. Salpetersäure und fallen als saurer Regen zur Erde. Dort schädigen sie Boden, Gewässer, Lebewesen und Gebäude.

In versauerten Böden werden Nährstoffe schneller aufgeschlossen und ausgewaschen sowie toxische Kationen freigesetzt, die Wurzeln und Mykorrhiza angreifen. Die Versorgung der Organismen mit Nährstoffen und der Wasserhaushalt werden gestört, was u. a. zum Waldsterben beiträgt. In Oberflächengewässern mit geringer chemischer Pufferkapazität kommt es zum Fischsterben. Saure Niederschläge greifen Bauwerke, insbesondere historische aus Sandstein, an (Streit 1991, Walletschek u. Graw 1995).

Tabelle 1.6. Herkunft zur Versauerung beitragender Schadstoffe (Deutscher Bundestag 1994)

Schadstoff	**Herkunft**
Schwefeldioxid (SO_2)	schwefelhaltige Brennstoffe, ca. 66% Verkehr
Stickoxide (NO_x)	Verbrennung bei hohen Temperaturen, Denitrifikation, Nitrifikation, 66% Verkehr, 28% Energiegewinnung
Ammoniak (NH_3)	85,7% Tierhaltung, 9,3% Düngemittel

1.2.6 Energie und Politik

Ein verantwortlicher Umgang mit den natürlichen Ressourcen und der Schutz der natürlichen Umwelt sind mittlerweile weltweit als wichtige Entwicklungsziele akzeptiert. 1992 bekannte sich die Konferenz der Vereinten Nationen über Umwelt und Entwicklung (UNCED) in Rio de Janeiro zur Nachhaltigkeit als ein normatives Leitkonzept einer „Weltpolitik". Nachhaltigkeit heißt, „dass die gegenwärtige Generation ihre Bedürfnisse befriedigt, ohne die Fähigkeit der zukünftigen Generation zu gefährden, ihre eigenen Bedürfnisse befriedigen zu können" (Hauff 1987).

In diesem Zusammenhang wird dem Schutz des Klimas eine besondere Bedeutung beigemessen. Besonders der 2007 veröffentlichte vierte Bericht des Intergovernmental Panel on Climate Change (IPCC), der den Zusammenhang zwischen anthropogen verursachten Klimagasemissionen und globaler Klimaerwärmung deutlich herausstellt, erregte weltweit Aufmerksamkeit.

Die Politik hat sich dieser Herausforderung in den letzten Jahren mit steigender Verbindlichkeit gestellt. So vereinbarte die Gruppe der Acht (G8) auf ihrem Gipfel in Heiligendamm 2007, „ernsthaft in Betracht zu ziehen", die weltweiten CO_2-Emissionen bis 2050 um die Hälfte zu senken. Jährliche Klimakonferenzen der Vereinten Nationen (UN) sollen zu konkreten Vereinbarungen über Emissionsgrenzen, zum Technologietransfer, zu Klimaschutzinvestitionen und zu handelbaren Emissionsrechten führen.

Eine besondere Herausforderung ist dabei die gerechte Verteilung der Emissionsrechte. Tabelle 1.7 zeigt die gravierenden Unterschiede der Pro-Kopf-Emissionen verschiedener Länder bzw. Regionen.

Tabelle 1.7. Jährliche Kohlendioxid-Emissionen pro Einwohner 2005 (Baumert et al. 2005)

	Tonnen CO_2
USA	19,9
Russland	11,0
Deutschland	10,0
EU	8,4
Frankreich	6,6
Saudi-Arabien	14,4
China	4,3
Indien	1,1

Der Europäische Rat (ER) hat im März 2007 Beschlüsse für eine integrierte Klima- und Energiepolitik gefasst und den ersten Aktionsplan für den Zeitraum 2008 bis 2011 verabschiedet. Damit soll u. a. die Selbstverpflichtung der EU, den europaweiten Energieverbrauch bis 2020 gegenüber 1990 um 20 Prozent zu verringern, umgesetzt werden.

Bezüglich der Energieeffizienz sind insbesondere zwei Richtlinien der EU relevant: Die Richtlinie 2006/32/EG Endenergieeffizienz und Energiedienstleistungen (EDL-RL) verlangt, dass zwischen 2008 und 2016 Energieeinsparungen von 9 Prozent im Vergleich zum durchschnittlichen Endenergieverbrauch der Jahre 2001 bis 2005 nachzuweisen sind. Diese Energieeinsparungen sollen auf der Nachfrageseite durch Energiedienstleistungen und andere Energieeffizienzmaßnahmen erreicht werden. Die Mitgliedsstaaten können wählen, welche Instrumente sie zur Realisierung der Einsparziele heranziehen. Adressaten der Regelungen sind in jedem Fall die Energieverteiler, Verteilernetzbetreiber und Energielieferanten, die durch Energiedienstleistungen oder Energieeffizienzmaßnahmen auch bei ihren Kunden zu Einsparungen beitragen sollen. Weiterhin fordert die Richtlinie eine besondere Vorbildfunktion des öffentlichen Sektors.

Die EU-Richtlinie Gesamtenergieeffizienz von Gebäuden 2002/91/EG stellt verbindliche Anforderungen an die Energieeffizienz von Gebäuden und betrachtet dabei die Gesamtheit der Einflüsse durch Heizung, Lüftung, Klimaanlagen, künstliche Beleuchtung, Gebäudehülle, aktive und passive Solarsysteme, Sonnenschutz, natürliche Belüftung, Kraft-Wärme-Kopplung, Größe und Ausrichtung des Gebäudes sowie das Außenklima. Kernstück der Verordnung ist die Einführung von Energieausweisen, die u. a. bei Verkauf und Vermietung von Gebäuden oder Räumen vorgelegt werden müssen. Für Deutschland wurde diese Richtlinie mit dem novellierten Energieeinspargesetz (EnEG) umgesetzt und in der Energieeinsparverordnung (EnEV) konkretisiert. Der Energiebedarf von Gebäuden ist in diesem Zusammenhang nach der DIN 18.599 zu berechnen.

Das Thema Energieeffizienz wird zudem von EU-Richtlinien tangiert, die den Energiemarkt betreffen: Die Richtlinie über gemeinsame Vorschriften für den Elektrizitätsbinnenmarkt 2003/54/EG hat bereits zu einer Liberalisierung des Strommarkts geführt. Die Richtlinie über den Handel mit Treibhausgasemissionszertifikaten in der Gemeinschaft 2003/87/EG etabliert Emissionsrechte als handelbare Ware und als künftig signifikanten Bestandteil der Energiepreise. Nach 2012 werden die Emissionsobergrenzen und damit die Mengen der EU-weit ausgegebenen Verschmutzungsrechte jährlich sinken (s. Abb. 1.11).

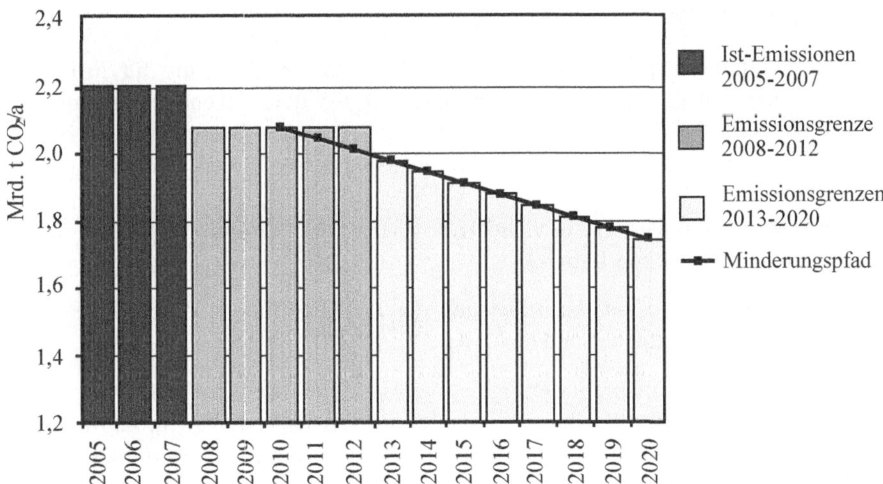

Abb. 1.11. CO_2-Emissionen von 2005 bis 2007 und Entwicklung der Emissionsrechtezuteilung in der EU (Schafhausen 2008)

Deutschland hat sich bereits 2005 in seiner Nachhaltigkeitsstrategie das Ziel gesetzt, die Energieproduktivität bis 2020 gegenüber dem Stand von 1990 zu verdoppeln. Im August 2007 legte die Bundesregierung mit den Meseberger Beschlüssen ein nationales Klima- und Energieprogramm vor, aus dem 14 Gesetzes- und Verordnungsvorhaben erwachsen sind. Das Erneuerbare-Energien-Gesetz, das Kraft-Wärme-Kopplungsgesetz, das Erneuerbare-Energien-Wärme-Gesetz und das Gesetz zur Liberalisierung des Messwesens sind mittlerweile in Kraft getreten oder wurden novelliert.

Die Energieeffizienz der produzierenden Wirtschaft ist davon in der Regel nur in der Produktionsperipherie betroffen (z. B. Kraft-Wärme-Anlagen, Gebäudeenergieeffizienz). Die deutsche Industrie unterliegt jedoch nach § 5 (1) Nr. 4 des Bundes-Immissionsschutzgesetzes (BImSchG) als Betreiber von Anlagen seit langem der Grundpflicht, schädliche Emissionen in die Umwelt – u. a. Abgase, Abwärme aus energetischen Prozessen – zu vermeiden. Maßstab für die Erfüllung dieser Pflicht ist, dass die betrieblichen Anlagen dem Stand der Technik entsprechen.

In der Zukunft wird der Weiterentwicklung des Stands der Technik und der zeitnahen Fortschreibung von Mindeststandards eine hohe Priorität beim Ringen um höhere Energieeffizienz eingeräumt (Schomerus u. Sanden 2008). Der Dritte Nationale Energiegipfel hat hierzu auf die hohe Relevanz von Benchmarkingsystemen hingewiesen. Die EU verfolgt bereits für Konsumerzeugnisse eine solche Top-Runner-Strategie, mit der kontinuierlich die besten verfügbaren Produkte ermittelt und, den Besten nacheilend, der Standard für den breiten Markt angehoben werden soll. Ähnliche Entwicklungen könnten sich künftig – ausgehend von Motoren, für die ein vergleichbarer Prozess bereits in Gang gesetzt wurde – auch in der Industrie vermehrt etablieren. Wichtige Elemente der Top-Runner-Strategie sind (Agricola 2007):

- Kennzeichnungsverpflichtung (Energieverbrauchskennzeichnung für Produkte auf Basis der EU-Rahmenrichtlinie 92/75/EG, Kennzeichnungs-RL 92/75/EWG),
- Mindesteffizienzstandards als Markteintrittsvoraussetzungen (Ökodesign-RL 2005/32/EG) und
- Kennzeichnungen von Bestgeräten (EU Energy Star Programm nach Vorbild des US-amerikanischen Labels).

Weitere Instrumente zur Beeinflussung der Energieeffizienz durch die Politik könnten sein (Schomerus u. Sanden 2008):

- Verpflichtung zu Einsparquoten (z. B. verbindliche Vorgaben für Energieversorger nach EDL-RL, künftig ggf. Handel mit Einsparzertifikaten, künftig ggf. zwingende Selbstverpflichtungen im Rahmen des EG-Umwelt-Audits),
- Nutzungsgebote (künftig ggf. Abwärmenutzungs- bzw. -abgabepflicht, ggf. Vorgaben zur Wahl von Energieträgern),
- Verpflichtung auf Energiedienstleistungen (z. B. verbindliche Vorgaben für Energieversorger nach EDL-RL),

- Informationspflichten (z. B. Anforderungen an die Stromabrechnungen, Smart Metering, Energieaudits) und
- Subventionen (z. B. KfW-Kredite zur energetischen Gebäudesanierung, Kredite der Länder für Maßnahmen zur Energieeinsparung im Gewerbe).

1.3 Interne Treiber

Die zunehmende Sensibilisierung der Unternehmen für das Thema Energieeffizienz ist zunächst als Reaktion auf die externen Treiber zu verstehen:

- Die höheren Energiepreise führen zu einem überproportional steigenden Anteil der Energiekosten an den Gesamtkosten der Produktion (s. Abb. 1.12). Die Energiekosten erreichen damit auch in weniger energieintensiven Branchen eine strategisch wichtige Größenordnung.
- Die aus Gründen des Klimaschutzes und der nachhaltigen Sicherung der Energieversorgung für die gesamte Volkswirtschaft betriebene Politik stellt vermehrt konkrete rechtliche Anforderungen an die Energieeffizienz von Unternehmen. Die Unternehmen müssen beim Planen und Betreiben der Produktionsstätten diese Rechtsverträglichkeit sichern.

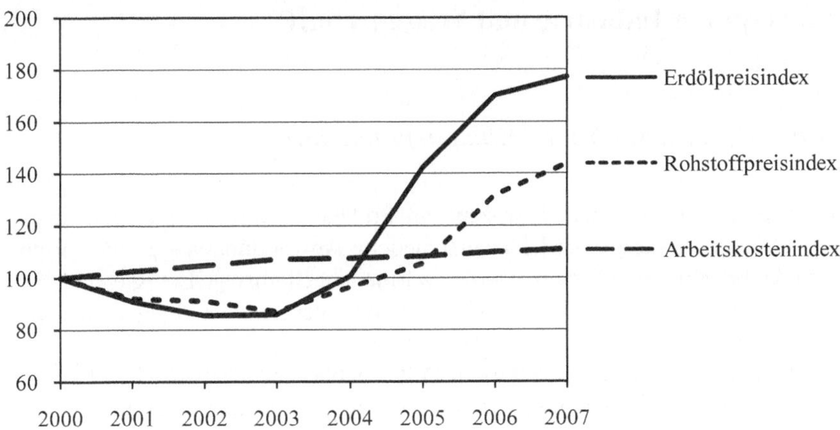

Abb. 1.12. Entwicklung der Erdöl-, Arbeitskosten- und Rohstoffpreisindizes, eigene Darstellung nach (Statistisches Bundesamt 2008a, Statistisches Bundesamt 2008b, Deutsche Bundesbank 2008)

Weitere interne Treiber ergeben sich aus den Entwicklungen in der verarbeitenden Industrie selbst:

- Die zunehmende Automatisierung, leistungsfähigere Maschinen, die Verbreitung neuer energieintensiver Verfahren (z. B. Laserschweißen) und die energiezehrende Verarbeitung neuer Werkstoffe haben in den letzten Jahren zu einem steigenden Energiebedarf geführt. Die Abhängigkeit des Unternehmensergebnisses von den Energiekosten wächst dadurch zusätzlich.

- Andere eher zeitökonomische Rationalisierungspotenziale sind in der Produktion zunehmend erschöpft. So wurden seit Jahrzehnten die Durchlaufzeiten, Bestände, Arbeitsintensitäten etc. optimiert. Ingenieurtechnisch wurde vor allem die Geschwindigkeit bei der Bearbeitung, beim Transport und Handling der Werkstücke erhöht. Energieeffizienz ist dagegen ein eher vernachlässigtes Thema – daher existieren oft noch Potenziale, die sich mit vergleichsweise geringem Aufwand erschließen lassen.

Beispiele für einfach erschließbare Potenziale finden sich dabei in vielen Bereichen: Durch Leckagen in einem 6-bar-Druckluftnetz, deren Gesamtgröße einem kreisrunden Loch von ca. einem Zentimeter Durchmesser entsprach, entstanden in einem Automobilwerk jährliche Verluste von 20.000 Euro. Durch einfaches Abdichten konnten diese Kosten gespart werden (Engelmann u. Strauch 2007).

Das Umrüsten von konventionellen T12- oder T8-Leuchtstoffröhren auf den Stand der Technik (T5-Leuchtstoffröhren) amortisiert sich über die erzielten Energieeinsparungen auch in mittelständischen Betrieben (z. B. Brauereien) bereits nach ein bis eineinhalb Jahren.

1.4 Status quo in Industrie und Wissenschaft

1.4.1 Energieverbrauch und Einsparpotenziale

Die Industrie ist mit mehr als 25 Prozent am Endenergieverbrauch Deutschlands beteiligt.[9] Diese Endenergie wird für verschiedene Anwendungen – Raumwärme, Information und Kommunikation, Prozesswärme, mechanische Energie und Beleuchtung – eingesetzt. Abbildung 1.13 zeigt die Energieanwendungen im Vergleich zwischen den Sektoren der Volkswirtschaft.

In der Gesamtschau über alle Sektoren fällt – neben der mechanischen Energie im Verkehrssektor – die Raumwärme als die Hauptanwendung der Endenergie auf. Deshalb steht die Verbesserung der Gebäudeenergieeffizienz – das heißt, die Dämmung der baulichen Hülle und/oder der Einbau effizienter Heizsysteme – oft im Vordergrund von Energiesparkampagnen, Beratungsangeboten, rechtlichen Vorschriften (EnEV) und Förderprogrammen. Die Fokussierung auf Raumwärme ist für die privaten Haushalte aber auch für Gewerbe, Handel und Dienstleistung durchaus angemessen; der Anteil der Raumwärme an den Energieanwendungen überwiegt dort deutlich.

---

[9] eigene Berechnung nach (Statistisches Bundesamt 2006), Bezugsjahr 2004

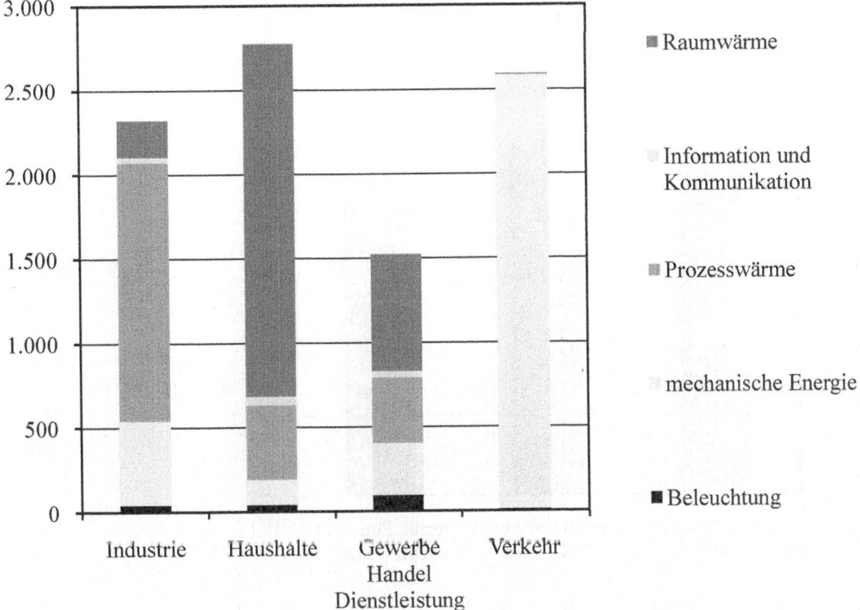

Abb. 1.13. Endenergieverbrauch in PJ in Deutschland 2003 nach Anwendungen und Sektoren, eigene Darstellung nach (Geiger et al. 2005)

In der Industrie dominieren dagegen Prozesswärme und mechanische Energie als energetische Hauptanwendungen. Zudem sind große Unterschiede zwischen den einzelnen Branchen und zwischen Unternehmen zu beachten. Als besonders energieintensiv gelten die Branchen Metallerzeugung/Gießerei, Chemie, Nahrung/Getränke/Tabak und Papier. Beim Vergleich zwischen Unternehmen einer Branche sind die Unternehmensgröße, die Fertigungstiefe und die eingesetzten Technologien ausschlaggebend.

Diese Unterschiede wirken sich auch auf den Raumwärmebedarf von Industriegebäuden aus, der u. a. durch die in der Produktion anfallende Abwärme und die technologisch bzw. arbeitstoxikologisch notwendige Lüftung bestimmt wird. Deshalb scheuen z. B. Modellrechnungen zur DIN 18.599 „Energetische Bewertung von Nicht-Wohngebäuden" (Ballada 2005) bislang eine detaillierte Betrachtung des Energieverbrauchs in der Produktion.

Das technische Energieeinsparpotenzial in der Industrie wird je nach Studie (Seefeldt et al. 2007, McKinsey 2007) auf ca. 25 bis 30 Prozent geschätzt. Die Prognosen unterstellen dabei nur den Einsatz fortgeschrittener, marktverfügbarer Techniken (Best Practice). Das wirtschaftliche Energieeinsparpotenzial – dass Einsparpotenzial, das unter Berücksichtigung industrieüblicher Amortisationszeiten und Renditen realisiert werden kann – soll immerhin bei ca. 14 Prozent liegen (s. Abb. 1.14).

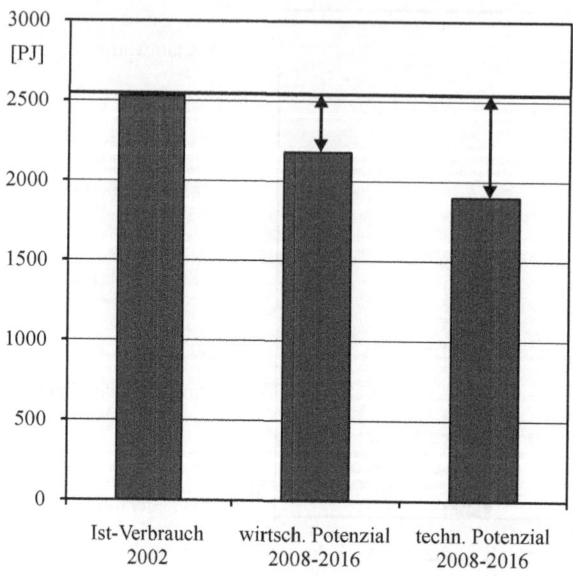

Abb. 1.14. Endenergieverbrauch, technische und wirtschaftliche Einsparpotenziale in der Industrie, eigene Darstellung nach (Seefeldt et al. 2007)

Allein der Einsatz marktverfügbarer, effizienter Antriebe vermag in der Industrie soviel Energie zu sparen, dass die damit verbundenen CO_2-Emissionen um 21 Millionen Tonnen sinken. Dies wäre die derzeit effizienteste Klimaschutzmaßnahme, da die über den Lebenszyklus eingesparten Energiekosten die höheren Anschaffungskosten der neuen Antriebe übersteigen (McKinsey 2007).

1.4.2 Energiekompetenzen in der Industrie

Eine Ursache für die bislang schleppende Verbreitung solcher energiesparender Ausrüstungen liegt in der jahrzehntelang geringen Bedeutung der Energiekosten, die noch 2005 im Mittel des verarbeitenden Gewerbes bei nur 5,3 Prozent der Gesamtkosten lagen (Brüggemann 2005).

Daher wurde – zumindest in den weniger energieintensiven Branchen wie der Stückgutindustrie – der systematische Aufbau von Energiekompetenzen bei der Fabrikplanung und im Fabrikbetrieb lange Zeit vernachlässigt. Energie spielt auch als Zielkriterium bei betrieblichen Entscheidungen kaum eine Rolle, wie eine Befragung von 90 Serien- und externen Produktionsplanern in einem Automobilwerk zeigt (Engelmann 2008; s. Abb. 1.15).

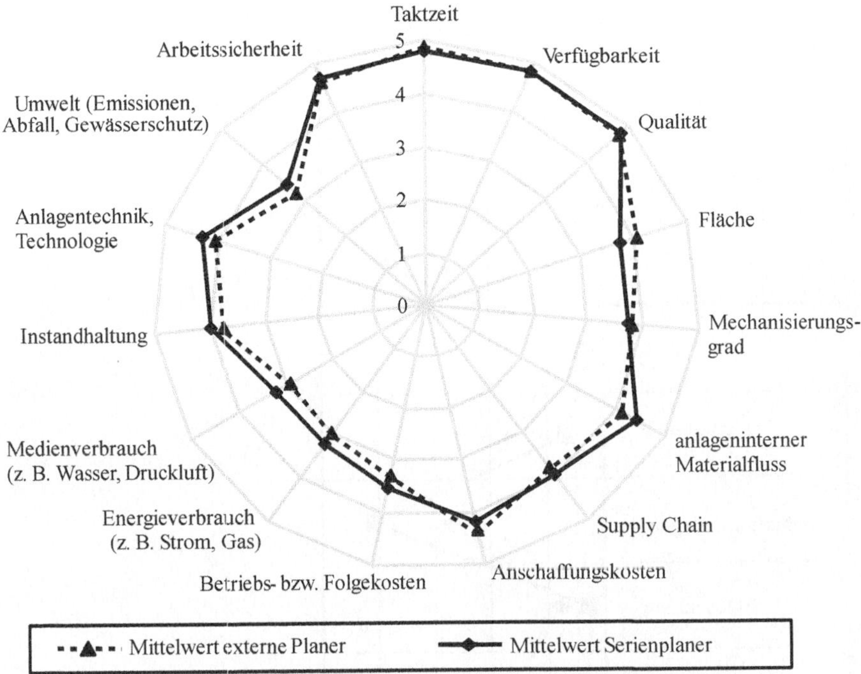

Abb. 1.15. Planungsprioritäten von Serienplanern und externen Produktionsplanern in einem Automobilwerk; 5 = hohe Priorität; Mittelwerte aus 90 Interviews (Engelmann 2008)

Die mangelnde Energiekompetenz von Entscheidern drückt sich auch in signifikanten Fehleinschätzungen bzgl. der Verbrauchsanteile einzelner Hauptverbrauchergruppen aus: Die Bedeutung der Beleuchtung und Hallenlüftung wird dabei regelmäßig über-, die der Produktionsanlagen unterbewertet (s. Abb. 1.16).

Gleichzeitig wird die Verantwortung für Energiefragen oft der Werkstechnik und Instandhaltung zugewiesen, obwohl die Auswahl und der Betrieb der Produktionsanlagen deutlich stärker auf den Energieverbrauch einwirken. Dies widerspiegelt sich auch in der Budgetierung von Investitions- und Betriebskosten:

- Die Betriebskostenart Energiekosten wird noch zu oft als Gemeinkosten verbucht und nicht konsequent auf die verursachenden Produktionsbereiche aufgeteilt.
- Investitionen in energietechnische Anlagen (Transformatoren, Druckluftleitungen, Rückkühlanlagen etc.) werden häufig aus dem Budget der Werkstechnik finanziert. Die Produktionsanlagen selbst werden aus dem Budget der Produktionsbereiche finanziert. Durch diese verteilten Budgets fehlen den Produktionsbereichen oft die Anreize, durch die Planung energieeffizienter Produktionsanlagen und durch energiesparende Betriebsweisen Einsparungen in der energietechnischen Infrastruktur zu unterstützen.

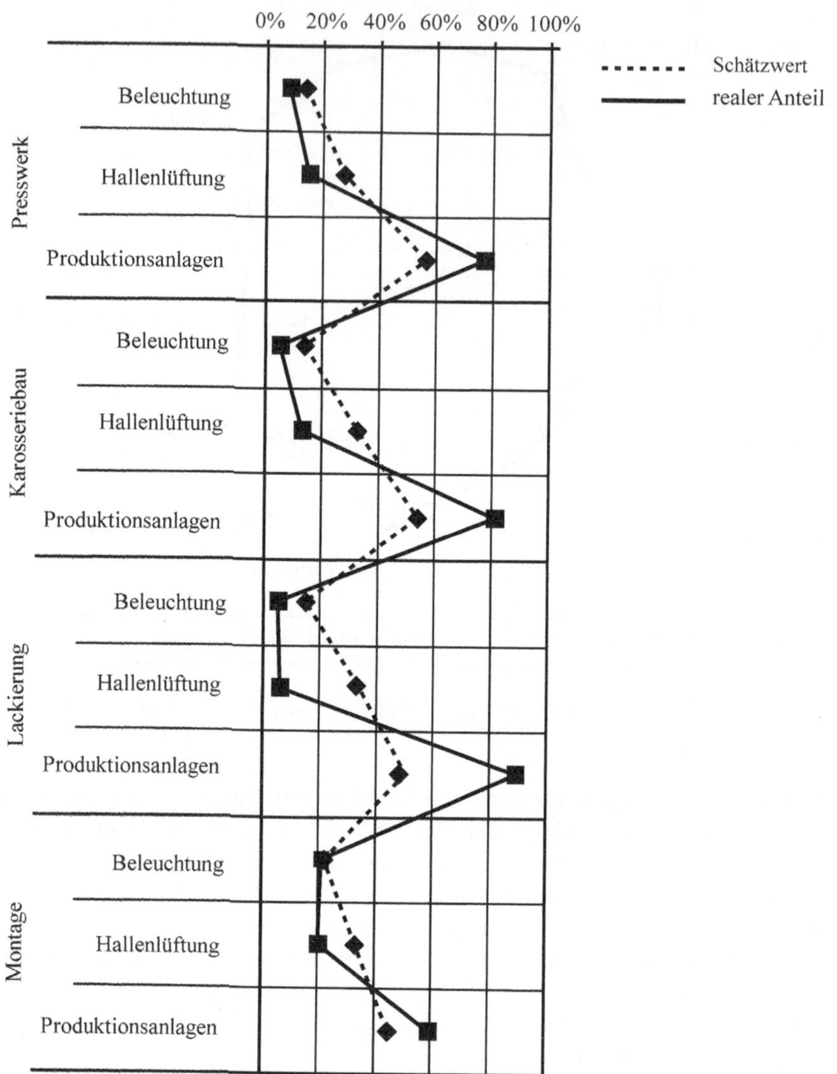

Abb. 1.16. Geschätzte und reale Anteile von Beleuchtung, Hallenlüftung und Produktionsanlagen am Endenergieverbrauch eines Automobilwerkes (Engelmann 2008)

Neben der Werkstechnik und/oder Instandhaltung, die betriebliche Energieversorgungsanlagen plant, betreibt und instand hält, existieren betriebliche Energiekompetenzen auch in eher kaufmännisch orientierten Bereichen, die sich mit Prognose, Messung, Abrechnung und Steuerung des Energieverbrauchs beschäftigen. Die Gesamtheit dieser Tätigkeiten wird als Energiemanagement bezeichnet (Borch et al. 1986, Wohinz u. Moor 1989, Winje u. Witt 1991, Wanke u. Trenz 2001, Schieferdecker 2006). Dieses Energiemanagement dient zunächst der Sicherung der Energieversorgung (s. Abb. 1.17). Insbesondere Großverbraucher – sogenannte Sondertarifkunden (z. B. ab ca. 10.000 kWh elektrischem Strom) – müssen gegenüber Stromlieferanten und Netzbetreibern besondere Pflichten erfüllen (z. B. die Anmeldung und Einhaltung von Lastgängen; s. Abschn. 3.4), die den Einsatz wirksamer Energiemanagementsysteme erfordern.

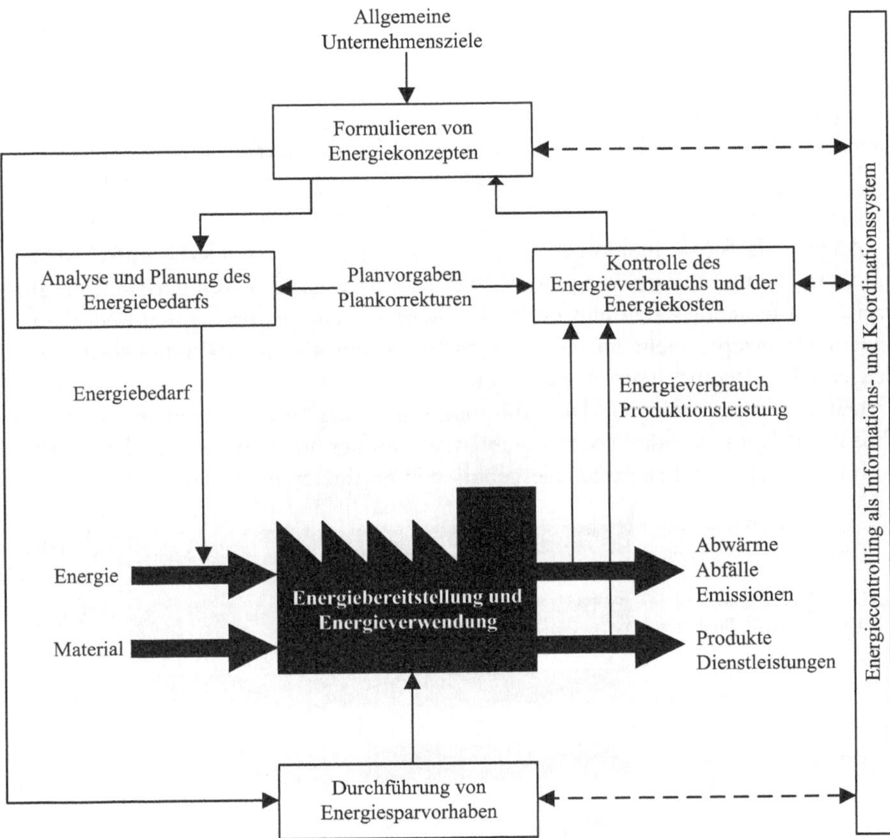

Abb. 1.17. Betriebliches Energiemanagement, in Anlehnung an (Wohinz u. Moor 1989)

Begriffe zum Energiemanagement sind mittlerweile in der VDI 4602 definiert und erläutert (VDI 2007). Eine ähnliche Standardisierung nimmt die Europäischen Kommission im Draft Reference Document on Best Available Techniques for Energy Efficiency vor (European Commission 2008). In dem Dokument werden jedoch noch keine Besten-Verfügbaren-Technologien für den Sektor der verarbeitenden Industrie definiert.

Seit den 1990er Jahren wird mit der aufkommenden Verbreitung von Umweltmanagementsystemen (ISO 14.001) versucht, Energiemanagement als eine stärker ganzheitliche Managementaufgabe zu etablieren (s. Tabelle 1.8).

Tabelle 1.8. Entwicklung der Zielkriterien des Energiemanagements (Engelmann 2008)

	Zuverlässigkeit	Effizienz	Nachhaltigkeit	Transparenz und Motivation
Borch 1986	-	effiziente Energieversorgung	-	-
Wohinz 1989	zuverlässige und störungsfreie Energieversorgung	rationell und wirtschaftlich	mitarbeiter- und umweltorientiert	-
Wanke 2001	störungsfreie Energiebereitstellung	rationeller Energieeinsatz, Senkung der Energiekosten	Verminderung der energiebedingten Umweltbelastungen	effektives Informationswesen, Schulung, Kommunikation, Motivation

Anders als Störfallvorsorge, Gefahrstoffmanagement und Kreislaufwirtschaft fand das Thema Energie wenig Widerhall. Ursachen dafür waren geringe Energiepreise und fehlende rechtliche Zwänge. Zudem waren die vorgelegten Energiemanagementkonzepte mehr an energiewirtschaftlichen als an produktionstechnisch-betrieblichen Bedürfnissen ausgerichtet.

Darüber hinaus stößt die Durchführung von Energiesparmaßnahmen, bzw. der Einsatz energiesparender Technologien, noch immer auf gravierende Hemmnisse. Abbildung 1.18 zeigt Befragungsergebnisse in produzierenden Betrieben.

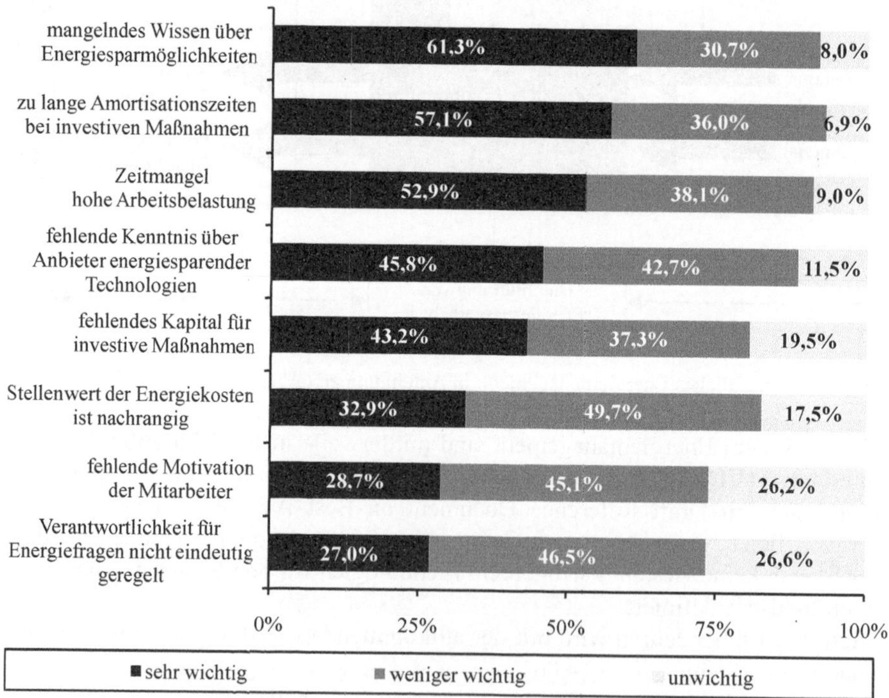

Abb. 1.18. Nutzungshemmnisse von Energieeinsparpotenzialen, Ergebnisse einer Befragung in produzierenden Unternehmen in Rheinland-Pfalz und im Saarland, nach (IHK Koblenz 2007)

1.4.3 Energieberatung

Die komplexe Thematik der Energieeffizienz ist häufig nicht mit den Kernkompetenzen der Unternehmen zu bewältigen. Deshalb werden seit einigen Jahren auch Energieberatungsleistungen für die Industrie angeboten (Walthert et al. 1992). Die Energieberater stammen aus den Bereichen der Ingenieurdienstleistung, Energieversorgung und aus Kammern, Verbänden und öffentlich finanzierten Energieagenturen. Das generelle methodische Vorgehen ist in der VDI 3922 „Energieberatung für Industrie und Gewerbe" standardisiert (VDI 1998).

Vorhandene spezifische Beratungskonzepte zur Energieeinsparung fokussieren bislang vor allem stückzahlintensive Maschinenkomponenten (z. B. das Projekt „EnergieEffizienz+" der Deutschen Energie Agentur (DENA) mit den VDMA-Branchenverbänden „Pumpen und Systeme" sowie „Kompressoren, Druckluft- und Vakuumtechnik"). In ähnlicher Weise lässt sich die am „Motor Challenge Programm" (MCP) der EU orientierte Kampagne „Energieeffiziente Systeme in Industrie und Gewerbe" einordnen, die letztlich nur auf den Ersatz vorhandener Pumpen durch effizientere orientiert. Vergleichsweise umfangreiche Energieberatungsangebote bzw. Branchenenergiekonzepte stellen verschiedene Landesbehörden u. a. auch für den Maschinenbau zur Verfügung (u. a. Bayern, Nordrhein-Westfalen). Der Freistaat Sachsen hat als erstes Bundesland eine Zertifizierung von Gewerbeenergieberatern vorgenommen und einen Gewerbeenergiepass eingeführt.[10]

1.4.4 Energieeffizienz in den Betriebswissenschaften

Auf dem Wissensgebiet der Fabrikplanung und des Fabrikbetriebs werden Fragen der Energieeffizienz – auch in den jüngeren Standardwerken – nur implizit in den Ausführungen zu Nachhaltigkeitsstrategien und Umweltmanagementsystemen behandelt (Pawellek 2008). Oder es werden Funktion und Dimensionierung von Energieflusssystemen knapp erläutert (Schenk u. Wirth 2004).

Dennoch kann für die Thematik „Planen und Betreiben energieeffizienter Fabriken" auf eine Reihe von wissenschaftlichen Vorarbeiten zurückgegriffen werden. An der Wirkungsstätte der Autoren, der Professur für Fabrikplanung und Fabrikbetrieb der Technischen Universität Chemnitz, existiert seit den 1990er Jahren der Lehr- und Forschungsschwerpunkt Fabrikökologie. In der Vergangenheit wurden u. a. Themen zum integrierten Umweltschutz bei der Fabrikplanung (Löffler 1998, Löffler 2003, Wirth u. Löffler 2000) und zur lebensdauerorientierten Gestaltung von Maschinen (Löffler et al. 2000, Wirth et al. 1999) bearbeitet. Seit einigen Jahren steht Energieeffizienz im Fokus der Forschungsaktivitäten (Döhler u.

[10] www.gewerbeenergiepass.de

Engelmann 2007, Engelmann 2008, Engelmann u. Strauch 2007, Löffler 2006, Löffler u. Tästensen 2008, Müller 2008, Müller et al. 2008).

Die Betriebswissenschaften können und müssen auf umfangreiches Wissen benachbarter Gebiete zugreifen. Dazu zählen Sammlungen guter Praxisbeispiele energieeffizienter Querschnittstechnologien und Produktionsgebäude (Walthert et al. 1992) sowie aktueller Kompendien zur Antriebstechnik (Kiel 2007), Pneumatik (Croser u. Ebel 2003) sowie zu elektrischen Netzen (Heuck et al. 2007). Die Herausforderung liegt darin, das Fachwissen aus diesen verteilten Quellen auf der richtigen Abstraktionsebene für Planungs- und Betriebsingenieure nutzbar zu machen.

Insbesondere in der Planungsphase von Fabriken haben die Entscheider eine hohe Verantwortung für die Energieeffizienz im späteren Fabriklebenszyklus. Abbildung 1.19 zeigt die Größenordnungen, in denen die einzelnen Phasen des Fabriklebenszyklus den Energieverbrauch determinieren bzw. in denen Energie tatsächlich verbraucht wird.

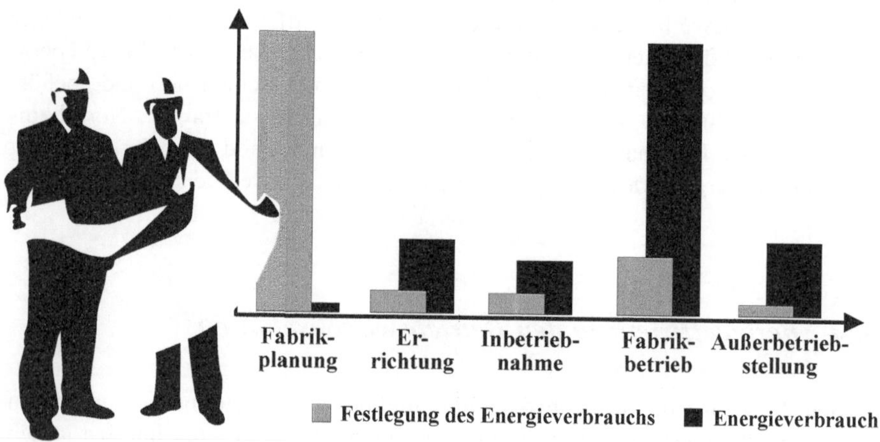

Abb. 1.19. Festlegung des Energieverbrauchs und tatsächlicher Energieverbrauch über den Fabriklebenszyklus

1.5 Zusammenfassung

Beim Planen und Betreiben von Fabriken rückt das Thema Energieeffizienz auf Grund folgender maßgeblicher Veränderungstreiber zunehmend in den Fokus:

1. Die Energiepreisentwicklung der letzten Jahre zeigt unabhängig von konjunktur- und spekulationsbedingten Extremwerten einen langfristig ansteigenden Trend. Der Markt reagiert damit bereits auf die im Folgenden, unter 2. bis 4. genannten Treiber.

2. Weltweit kommt es zu einer Verknappung energetischer Ressourcen, da sich die fossilen Energieträger zunehmend erschöpfen, der Energiebedarf – insbesondere der Schwellen- und Entwicklungsländer – aber steigt und alternative Energieträger noch nicht ausreichend zur Verfügung stehen.
3. Die Knappheit an energetischen Ressourcen fällt regional unterschiedlich aus, weil die Lagerstätten fossiler Energieträger auf der Welt unterschiedlich verteilt sind. Dies birgt ein politisches Konfliktpotenzial und eine wankende Versorgungssicherheit für energieimportierende Staaten in sich.
4. Das Weltklima verträgt nur in begrenztem Maße CO_2-Emissionen, die aus der Verbrennung fossiler Energieträger stammen. Die Emissionen werden daher durch die Vergabe von limitierten Emissionsrechten begrenzt.
5. In den Unternehmen schlägt sich die Energiepreissteigerung bereits als steigender Anteil der Energiekosten an den Gesamtkosten nieder.
6. Die Entwicklung der Produktionstechnik (Automation, leistungsstärkere Maschinen) hat in den letzten Jahren zumindest in ausgewählten Technologiebereichen zu höheren Energiebedarfen geführt.
7. Das Thema Energieeffizienz wurde im Vergleich zu zeitökonomischen Rationalisierungsansätzen in den Unternehmen lange Zeit vernachlässigt, deshalb sind auf diesem Gebiet hohe und aufwandsarm zu erschließende Potenziale zu erwarten.

In den Industrieunternehmen besteht derzeit ein technisches Energieeinsparpotenzial von bis zu 30 Prozent. Schätzungsweise die Hälfte dieses Potenzials kann zu wirtschaftlichen Konditionen erschlossen werden. Um bei der Planung und im Betrieb von Fabriken konkrete Energieeinsparmöglichkeiten zu identifizieren, zu bewerten und zu realisieren, kann zwar auf vielfältige Ansätze aus den Bereichen Umweltmanagement, Energiemanagement, Energieberatung u. a. m. zurückgegriffen werden. Jedoch sind diese Ansätze noch nicht hinreichend mit den etablierten Methoden und Instrumenten der Fabrikplanung und des Fabrikbetriebs verknüpft. In der betrieblichen Praxis fehlt es oft an Erfahrungen und belastbaren Daten zu energieeffizienten Lösungen.

Erkenntnisse für das Planen und Betreiben energieeffizienter Fabriken
Energieeffizienz hat sich in den letzten Jahren zu einem strategisch bedeutenden Zielkriterium für das Planen und Betreiben von Fabriken entwickelt. Effizienzsteigerungen können dabei vor allem in den Produktionsprozessen selbst erreicht werden. Planungs- und Betriebsingenieure, die sich in der Vergangenheit oft nur wenig mit Energiefragen auseinandersetzen mussten, benötigen daher grundlegende Energiekompetenzen, um diese neuen Herausforderungen zu meistern.

Literatur

Agricola AC (2007) Zusammenwirken von Standards und Maßnahmen zur Information und Beratung von Endverbrauchern. Deutsche Energieagentur, Berlin, www.initiative-energieeffizienz.de/fileadmin/InitiativeEnergieEffizienz/dachmarke/downloads/Oekodesign/Vortrag_Agricola.pdf Zugriffsdatum 18.11.2008

Ballada A (2005) Excel-Berechnungsblatt zur DIN V 18.599 – Version 1.1. Fraunhofer-Institut für Bauphysik, Stuttgart

Baumert KA, Herzog T, Pershing J (2005) Navigating the Numbers. Greenhouse Gas Data and International Climate Policy. World Resources Institute

Berg NW v d (1995) Beginning LCA – A guide into environmental Life Cycle Assessment. Humanitas, Rotterdam

BGR (2008) Reserven, Ressourcen und Verfügbarkeit von Energierohstoffen 2007. Bundesamt für Geowissenschaften und Rohstoffe, Berlin

BMU (2008) Strom aus erneuerbaren Energien. Broschüre, Bundesministerium für Umwelt, Naturschutz und Reaktorsicherheit, Berlin

BMWi (2008) Energiedaten. Bundesministerium für Wirtschaft und Technologie, www.bmwi.de/Navigation/Technologie-und-Energie/Energie-politik/energiedaten.html Zugriffsdatum 12.11.2008

Borch G, Fürbock M, Mansfeld L et al (1986) Handbuch Energieberatung. Bd 1 – Energiemanagement. Springer, Berlin

British Petrol (2008) Statistical Review of World Energy June 2008. London, www.bp.com/statisticalreview Zugriffsdatum 18.03.2009

Brüggemann A (2005) KfW-Befragung zu den Hemmnissen und Erfolgsfaktoren von Energieeffizienz in Unternehmen. KfW Bankengruppe, Abteilung Volkswirtschaft, Frankfurt/Main

CIA (2008) CIA World Factbook. www.cia.gov/library/publications/the-world-factbook/rank-order/2178rank.html Zugriffsdatum 24.10.2008

Clayton K (1996) Die Gefahr der globalen Erwärmung. In: O'Riordan T (Hrsg) Umweltwissenschaften und Umweltmanagement. Springer, Berlin, Heidelberg

Croser P, Ebel F (2003) Pneumatik. 2. Aufl, Springer, Berlin, Heidelberg

Deutsche Bundesbank (2008) Zeitreihe IUW501 – HWWI-Rohstoffpreisindex. www.bundesbank.de Zugriffsdatum 07.04.2008

Deutscher Bundestag 12. Wahlperiode (1994) Bericht der Enquete-Kommission „Schutz des Menschen und der Umwelt – Bewertungskriterien und Perspektiven für umweltverträgliche Stoffkreisläufe in der Industriegesellschaft“. Bundesanzeiger Verlagsgesellschaft, Bundestags-Drucksache 12/8260, Bonn

DIN (2007) DIN 18.599-1 ff. – Energetische Bewertung von Gebäuden – Berechnung des Nutz-, End- und Primärenergiebedarfs für Heizung, Kühlung, Lüftung, Trinkwarmwasser und Beleuchtung. Beuth Verlag, Berlin

Döhler H, Engelmann J (2007) Energieeffiziente Fabrikplanung. Neue Herausforderungen durch Ressourcenverknappung und steigende Energiepreise. In: Tagesband 7. Deutsche Fachkonferenz Fabrikplanung, Esslingen, 22.05.2007

Engelmann J (2008) Methoden und Werkzeuge zur Planung und Gestaltung energieeffizienter Fabriken. Dissertation, Technische Universität Chemnitz

Engelmann J, Strauch J (2007) Energieeffiziente Fabrikplanung am Beispiel der Automobilindustrie. Vortrag zum 1. Symposium Wissenschaft und Praxis, Institut für Betriebswissenschaften und Fabriksysteme, Technische Universität Chemnitz, 22.11.2007

European Commission (2008) Draft Reference Document on Best Available Techniques for Energy Efficiency. European Integrated Pollution Prevention and Control Bureau, Sevilla

Fritsche U, Kohler S (1996) Das Energiewende-Szenario 2020. Öko-Institut, Freiburg

Geiger B, Nickel M, Wittke F (2005) Energieverbrauch in Deutschland – Daten, Fakten, Kommentare. In: Brennstoff-Wärme-Kraft (BWK) 1/2 2005

Hauff V (Hrsg) (1987) Unsere gemeinsame Zukunft. Der Brundtland-Bericht der Weltkommission für Umwelt und Entwicklung. Eggenkamp Verlag, Greven

Haynes R (1996) Gesundheitsvorsorge. In: O'Riordan T (Hrsg) Umweltwissenschaften und Umweltmanagement. Springer, Berlin, Heidelberg

Heeijungs R (1992) Environmental Life Cycle Assessment of Products – Backround. Centre voor Milieukunde CML, Leiden

Heuck K, Dettmann KD, Schulz, D (2007) Elektrische Energieversorgung. 7. Aufl, Vieweg, Wiesbaden

IHK Koblenz (2007) Energieeffizienz in produzierenden Unternehmen – Hemmnisse, Erfolgsfaktoren, Instrumente – Eine Unternehmensbefragung in Rheinland-Pfalz und dem Saarland. Koblenz

IPCC (2007) Climate Change 2007, Fourth Assessment Report. Intergovernmental Panel on Climate Change, Geneva

ISO (1996) ISO 14.001 – Umweltmanagementsysteme – Anforderungen mit Anleitung zur Anwendung. Beuth Verlag, Berlin

ISO (2000) ISO 14.042 – Environmental Management. Life Cycle Assessment – Life Cycle Impact Assessment. International Organization for Standardization, Geneva

Kiel E (2007) Antriebslösungen. Springer, Berlin, Heidelberg

Löffler T (1998) Entscheidungs- und Gestaltungshilfen für die umweltvorsorgliche Fabrikplanung. In: UmweltWirtschaftsForum 6 (1998), H 3, S 90–91

Löffler T (2003) Integrierter Umweltschutz bei der Produktionsstättenplanung. Dissertation, Wissenschaftliche Schriftenreihe des Instituts für Betriebswissenschaften und Fabriksysteme, H 37, Chemnitz

Löffler T (2006) Berücksichtigung von Energieeffizienz bei der Produktionsstättenplanung. In: Tagungsband Energie + Gebäudetechnik 2006, Hochschule für Technik, Wirtschaft und Kultur (HTWK) Leipzig, 15./16.06.2006

Löffler T, Tästensen R (2008) Energieeffizienzpotentiale bei der Projektierung von Produktionsanlagen. In: Wandlungsfähige Produktionssysteme, 13. Tage des Betriebs- und Systemingenieurs/II. Symposium Wissenschaft und Praxis. Tagungsband. 13.11.2008, Wissenschaftliche Schriftenreihe des Instituts für Betriebswissenschaften und Fabriksysteme, Technische Universität Chemnitz

Löffler T, Mann H, Krause U (2000) Lebensdauerflexible Sonder- und Spezialmaschinen. In: wt-Werkstattstechnik 90 (2000), H 3, S 74

Lundie S (1999) Ökobilanzierung und Entscheidungstheorie. Springer, Berlin, Heidelberg

McKinsey & Company. Inc. (2007) Kosten und Potenziale der Vermeidung von Treibhausgasemissionen in Deutschland. Sektorbericht Industrie. Studie im Auftrag des „BDI initiativ – Wirtschaft für Klimaschutz", Berlin

Meadows D, Meadows D, Randers J et al (1972) Die Grenzen des Wachstums. Deutsche Verlags-Anstalt, München

Meadows D, Meadows D, Randers J (1992) Die neuen Grenzen des Wachstums. Deutsche Verlags-Anstalt, München

Müller E (2008) Herausforderungen an Systeme und Prozesse der Fabrikplanung zur energieeffizienten Produktion. Vortrag zur Fachtagung „Energieeffiziente Fabrik in der Automobil-Produktion", München, 29./30.01.2008

Müller E, Döhler H, Engelmann J et al (2008) Schon beim Planen sparen. In: Automobil-Produktion, Januar 2008, S 55–57

NAGUS (1995) Standardliste der Wirkungskategorien – Arbeitspapier, Normenausschuss Grundlagen des Umweltschutzes (NAGUS) im DIN, Berlin

Nordic Councils of Ministers (1995) Technical Reports No 10 and Special Reports No 1–2, LCA Nordic

Pawellek G (2008) Ganzheitliche Fabrikplanung. Springer, Berlin, Heidelberg

Saur K, Eyerer P (1996) Möglichkeiten der ökologischen Bewertung. In: Eyerer P (Hrsg) Ganzheitliche Bilanzierung, Springer, Berlin, Heidelberg

Schafhausen F (2008) Der Verhandlungsstand auf europäischer und deutscher Ebene. Berliner Fachkonferenz „Emissionshandel – Was bringt die dritte Handelsperiode?“ Berlin, 03.09.2008

Schenk M, Wirth S (2004) Fabrikplanung und Fabrikbetrieb. Springer, Berlin, Heidelberg

Schieferdecker B (2006) Technische Tools im Industriellen Energiemanagement. In: Schieferdecker B (Hrsg) Energiemanagement-Tools. Springer, Berlin, Heidelberg

Schlotmann N (1998) Instandhaltung und Ökologie in der chemischen Industrie. In: Gülker E, Bandow G (Hrsg) Instandhaltung und Ökologie. Verlag Praxiswissen, Tagungsband zum 7. Instandhaltungsforum der Universität Dortmund, S 93–102

Schomerus T, Sanden J (2008) Rechtliche Konzepte für eine effizientere Energienutzung. Abschlussbericht zum Förderprojekt UFOPLAN 206 41 111 im Auftrag des Umweltbundesamtes. Berlin, Lüneburg

Scripps Institution of Oceanography (2008) Mauna Loa Record. Monthly Average Carbon Dioxide Concentration. National Oceanic and Atmospheric Administration. Mauna Loa, Hawai, www.esrl.noaa.gov/gmd/ccgg/trends/ Zugriffsdatum 23.20.2008

Seefeldt F, Wünsch M, Michelsen C et al (2007) Potenziale für Energieeinsparung und Energieeffizienz im Lichte aktueller Preisentwicklungen. Prognos, Berlin

SETAC Society of Environmental Toxicology an Chemistry (1992) Life-Cycle Assessment – Inventory, Classification, Valuation, Data Bases, Workshop Report

SETAC Society of Environmental Toxicology an Chemistry (1993) Guideline for Life-Cycle Assessment: A „Code of Practice”

Statistischen Bundesamtes (2006) Umweltökonomische Gesamtrechnung 2006 – Teil 5: Energie. Wiesbaden

Statistisches Bundesamt (2008a) Arbeitskostenindex. www.destatis.de Zugriffsdatum 02.07.2008

Statistisches Bundesamt (2008b) Erdölpreisindex. www.destatis.de Zugriffsdatum 02.07.2008

Steger U (1993) Umweltmanagement. Gabler, Wiesbaden

Streit B (1991) Lexikon Ökotoxikologie, VCH Verlagsgesellschaft, Weinheim

Umweltbundesamt (1994) Ökobilanz für Getränkeverpackungen – Diskussionspapier zum Workshop

VDI (1998) VDI-Richtlinie 3922 – Energieberatung für Industrie und Gewerbe. Beuth Verlag, Berlin

VDI (2007) VDI-Richtlinie 4602 – Energiemanagement. Begriffe. Beuth Verlag, Berlin

Walletschek H, Graw J (1995) Öko-Lexikon. C. H. Beck, München

Walthert R, Bush E, Humm O et al (1992) Strom rationell nutzen. vdf Verlag der Fachvereine, Zürich

Wanke A, Trenz S (2001) Energiemanagement für mittelständische Unternehmen. Fachverlag Deutscher Wirtschaftsdienst, Köln

Winje D, Witt D (1991) Energiewirtschaft. Bd 2 der Handbuchreihe Energieberatung/Energiemanagement. Springer, Berlin, Heidelberg

Wirth S, Löffler T (2000) Environmentally Sound Planning in Metalworking Industries. In: International Conference and Exhibition on Integrated Environmental Management in South Africa. CEMSA'2000. East London, South Africa, 27–29 March 2000

Wirth S, Löffler T, Mann H (1999) Lebensdauerflexibilisierung von Produkten. In: Zeitschrift für wirtschaftlichen Fabrikbetrieb. Jg 94, 5 (1999), S 264–267

Wohinz JW, Moor M (1989) Betriebliches Energiemanagement. Springer, Wien, New York

2 Beschreibungsmodelle der Fabrik

2.1 Definition und Bedarf an Fabrikmodellen

Eine Fabrik (lateinisch *fabrica*, „Werkstatt“) ist die Gesamtheit aller in einem räumlichen und funktionalen Zusammenhang stehender Einrichtungen, die dazu dienen, gewerbliche Erzeugnisse im industriellen Maßstab herzustellen. Im Unterschied zu den Werkstätten des Handwerks oder zur Manufaktur ist die industrielle Produktion durch eine starke Arbeitsteilung, eine hohe Mechanisierung und oft auch eine hohe Automatisierung gekennzeichnet.

Fabriken sind mithin komplexe Gegenstände. Durch die Bildung von Modellen wird versucht, das Objekt Fabrik hinreichend einfach und schlüssig zu beschreiben, um allgemeingültige Erklärungen und Gestaltungslösungen für die Fabrikplanung und den Fabrikbetrieb ableiten zu können. Nachfolgend werden Beschreibungsmodelle für Fabriken vorgestellt, die sich dafür eignen, energetische Zusammenhänge in der Fabrik darzustellen und Ansätze für die Verbesserung der Energieeffizienz in der Produktion aufzuzeigen.

2.2 Die Fabrik als System

2.2.1 Systemtheoretische Grundlagen

Für die Beschreibung der Fabrik als komplexes Ganzes eignet sich insbesondere der Systemansatz.

Ein System (s. Abb. 2.1) ist eine Menge von Elementen und Beziehungen zwischen diesen Elementen (Relationen). Durch das Zusammenwirken der Elemente erfüllt das System eine übergeordnete Funktion. Ob ein Element zum System gehört oder nicht, bestimmt sein Beitrag zur Funktionserfüllung des Systems. Die Abgrenzung des Systems von seinem Umfeld über die Spezifizierung der Funktion und die Auswahl der betrachteten Elemente und Relationen – erfolgt durch den Beobachter. In technischen Systemen besteht die Funktion des Systems in der zielgerichteten Überführung von Eingaben (Stoff, Energie, Information) in Ausgaben (Stoff, Energie, Information).

Systeme funktionieren und erhalten sich durch Strukturen: Strukturen sind Muster, die sich aus der Anordnung der Systemelemente und ihrer Relationen zueinander ergeben. Durch Strukturen unterscheiden sich Systeme von bloßen Ansammlungen von Elementen – sogenannten Aggregaten.

Systeme lassen sich hierarchisch in Subsysteme unterteilen. Darüber hinaus werden Elemente über die Grenzen von Subsystemen hinweg zu Teilsystemen zusammengefasst, um subsystemübergreifende Phänomene untersuchen zu können.

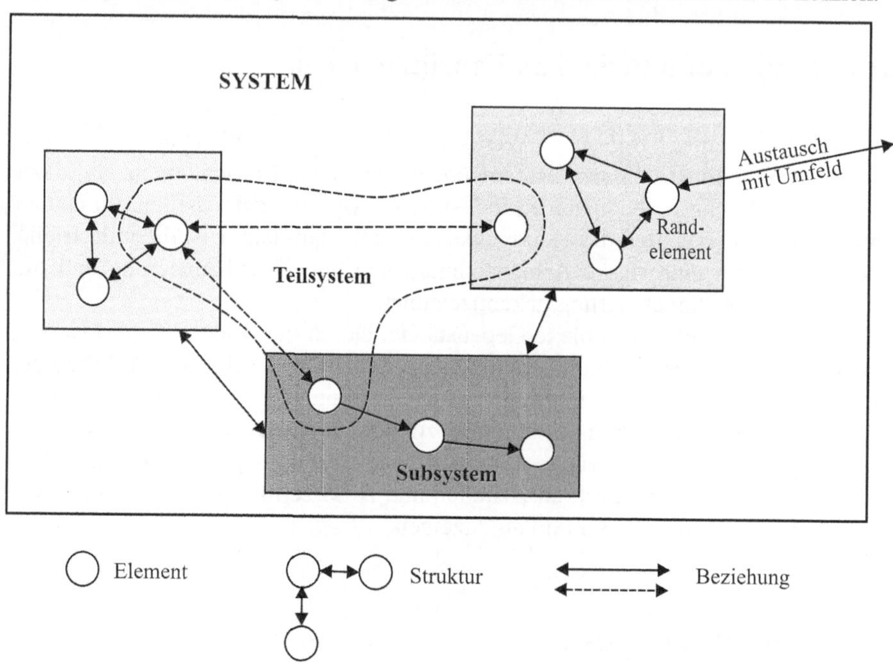

Abb. 2.1. Begriffe der Systemtheorie

Findet über die Systemgrenze hinweg ein Austausch von Stoff, Energie oder Information statt, wird von offenen Systemen gesprochen. Erfolgt kein Austausch, heißen die Systeme geschlossen. Lebende und technische Systeme sind stets offene Systeme.

Soll nur die Eingabe-Ausgabe-Beziehung eines Systems untersucht werden, so wird das System als Black Box betrachtet, d. h. die Elemente des Systems und ihre inneren Beziehungen zueinander werden ausgeblendet. Ein Beispiel für eine Black-Box-Betrachtung ist die Ermittlung der Energieeffizienz einer Fabrik aus volkswirtschaftlicher Perspektive: Die Systemausgabe „Nutzen“ wird als Nettoproduktionswert in Euro zu der Systemeingabe „Energie“ als Primärenergieeinsatz in MWh in Beziehung gesetzt (s. Abb. 2.2).

$$Energieeffizienz\ [€/MWh] = \frac{Nettoproduktionswert\ [€]}{Primärenergieeinsatz\ [MWh]} \tag{2.1}$$

Abb. 2.2. Ermittlung der Energieeffizienz als Black-Box-Betrachtung

2.2.2 Definition der Fabrik als System

Aus oben genannter systemtheoretischer Sicht definiert Schmigalla die Fabrik als geordnete Menge von Elementen, Prozessen und Strukturen und spricht von der Fabrik als Produktionssystem (Schmigalla 1995).[11]

Die Elemente des Produktionssystems sind die Produktionsfaktoren *Betriebsmittel*, *Stoff*, *Energie* und *Personal*. Im neueren Verständnis wird auch Information als Produktionsfaktor gesehen.

- *Betriebsmittel* sind alle technischen Anlagen, Geräte, Maschinen und sonstige Ausrüstungen[12], die für die Herstellung von Erzeugnissen und Dienstleistungen genutzt werden, selbst jedoch nicht in das Erzeugnis eingehen. Betriebsmittel werden in der Produktion ge- und nicht verbraucht; sie unterliegen aber einer Abnutzung.
- Unter *Stoff* zählen dagegen die sich verbrauchenden Güter Werkstoff, Hilfsstoff und Betriebsstoff. Werkstoffe – als Rohmaterial oder Vorprodukt – werden im Produktionsprozess in die Erzeugnisse transformiert und gehen, abgesehen von Abfällen (z. B. Späne, Verschnitt), vollständig und als wesensbestimmende Bestandteile in die Erzeugnisse ein. Davon unterschieden werden Hilfsstoffe (z. B. Kleber, Schrauben, Nägel, Schweißdrähte, Lote, Lacke), die ebenfalls in die fertigen Erzeugnisse eingehen, dort aber nur unwesentliche Bestandteile bilden. Betriebsstoffe (z. B. Schmiermittel, Kühlmittel, Reinigungsmittel) werden bei der Herstellung der Erzeugnisse benötigt, gehen aber nicht in die Erzeugnisse ein.
- *Energie* (Elektroenergie, Wärme etc.) gehört ebenfalls zu den sich verbrauchenden Gütern. Im konventionellen produktionswirtschaftlichen Verständnis wurden Stoff und Energie zum Produktionsfaktor Material zusammengefasst.

[11] Davon abweichend steht der Begriff Produktionssystem auch für ein methodisches Regelwerk, mit dem die Produktion in einem Unternehmen geführt wird. Solche Regelwerke basieren meist auf Best-Practice-Verfahren, die betriebsintern zum Standard erhoben werden und in abgestimmter Weise zusammenwirken (Spath 2003). Als Vorbild gilt das Toyota-Produktionssystem.

[12] Zu den Betriebsmitteln können im steuerrechtlichen Sinn auch Gebäude oder bauliche Anlagen zählen.

Prozesse sind zielgerichtete Vorgänge, die als mehrstellige Verbindungen über den Elementen ablaufen. In der Fabrik stehen in der Regel die Produktionsprozesse – als Kernprozesse, die Werte schöpfen und einen Kundennutzen schaffen – im Mittelpunkt. Zusätzlich sind Führungs- und unterstützende Prozesse bzw. Hilfsprozesse notwendig (s. u.). Übergreifend wird oft von Geschäftsprozessen gesprochen (z. B. Hammer u. Champy 2003).

Strukturen sind räumliche und zeitliche Anordnungen und Verbindungen zwischen den Elementen. In der Fabrik dominieren räumlich oft die Materialflussstrukturen. Aber auch Informationsstrukturen können (z. B. bei Gruppenarbeit) die Anordnung der Elemente in der Fabrik prägen. Die Fabrikstrukturen werden bei der Planung zunächst meist als optimale bzw. idealisierte Lösung entwickelt (Ideallayout). Dazu dienen u. a. mathematisch begründete Strukturierungsmethoden des Operations Research. Anschließend werden die Lösungen an die realen Gegebenheiten angepasst (Reallayout). Dabei sind reale räumliche und bauliche Gegebenheiten sowie Kriterien, die in der Idealstruktur auf Grund fehlender oder zu aufwendiger mathematischer Modelle oder fehlender Daten nicht erfasst wurden, zu berücksichtigen.

Schließlich ist das Produktionssystem über eine Randstruktur in das betriebliche Umfeld zu integrieren (z. B. Erschließung mit Verkehrswegen, Energie, Wasser, Abwasser).

Zusammengefasst ergeben sich für die Fabrikplanung und den Fabrikbetrieb folgende Bestimmungsstücke, mit denen Produktionssysteme gestaltet werden können:

1. die Art der Systemelemente (Welche Betriebsmittel? Personal mit welcher Qualifikation? Welche Flächen?),
2. die Anzahl der Systemelemente (Wie viele Betriebsmittel und Mitarbeiter? Wie viel Fläche?),
3. die Anordnung der Systemelemente zueinander (In welcher Lage zueinander werden die Betriebsmittel aufgestellt? In welcher Reihenfolge laufen die Prozesse ab? Wie sind die Flächen angeordnet?),
4. die Integration in die Randstruktur (Wo und wie erfolgen Übergänge zur verkehrs- und leitungstechnischen Infrastruktur?).

Zur Betonung spezifischer Teilsysteme der Fabrik sprechen Wirth und Förster von Flusssystemen (Förster et al. 1982, Wirth 1989). Darin bilden die Betriebsmittel die System- bzw. Flusselemente. Flussgegenstände sind Informationen, Stoffe und Energie (Informations-, Stoff-, Energiefluss). Personen können sowohl Flusselemente als auch Flussgegenstände sein (Personenverkehre). Abbildung 2.3 zeigt die Flusselemente und -gegenstände am Beispiel eines Fertigungsplatzes.

Das Modell der Flusssysteme ist für energetische Betrachtungen gut geeignet: Wie in Abschn. 3.1 noch gezeigt wird, ist – unter Vernachlässigung von gespeicherter Energie – die Summe aller zufließenden Energien stets gleich der Summe aller abgegebenen Energien einer Fabrik oder eines Flusselements in der Fabrik. Energie lässt sich also entlang des Flusses durch die Fabrik bilanzieren und dabei können auch Verluste und Ineffizienzen aufgedeckt werden.

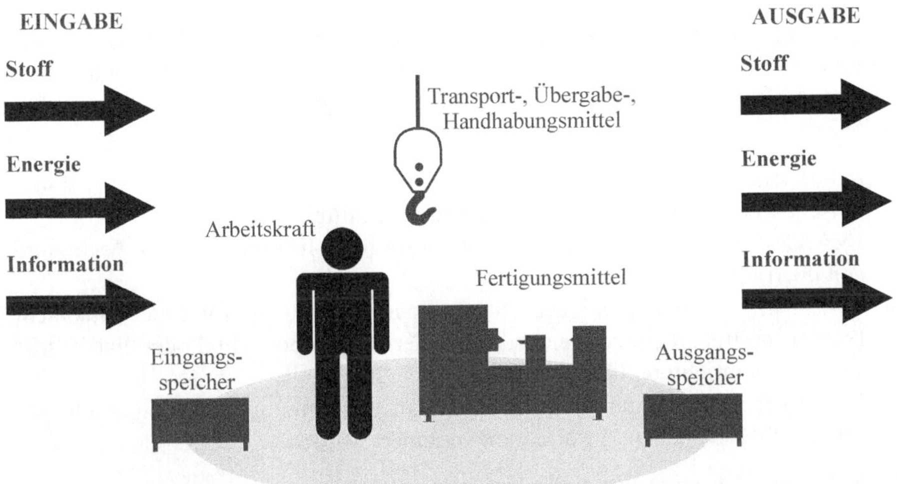

Abb. 2.3. Elemente und Flüsse an einem Fertigungsplatz, in Anlehnung an (Schenk u. Wirth 2004)

Tabelle 2.1 spezifiziert die Stoff-, Energie- und Informationsflüsse für einen Fertigungsplatz in der metallverarbeitenden Industrie.

Tabelle 2.1. Beispiele für Stoff-, Energie- und Informationsflüsse in der metallverarbeitenden Industrie

	Eingabe	**Ausgabe**
Stofffluss	Werkstoff (Rohteile, Halbfertigprodukte, vorbearbeitete Teile)	Erzeugnisse, Halbfertigprodukte
	Hilfsstoff (Schweißdraht, Lote, Kleber)	Abfälle (Späne, Schrott, Altöle/-emulsionen etc.)
	Betriebsstoffe (Kühlschmierstoffe, Schmierstoffe, Schutzgase, Reiniger u. a.)	Emissionen (Staub, Rauch, Gas, Aerosole etc.)
	Werkzeuge, Vorrichtungen, Prüfmittel	
	Transporthilfsmittel, Verpackung	
Energiefluss	Elektroenergie	Abwärme
	Druckluft	Lärm
	Wärme	Schwingung
	Kälte	innere Energie des Werkstücks
Informationsfluss	Fertigungsauftrag	Auftragsstatus- und Fertigmeldung
	Fertigungszeichnungen, Stücklisten, Arbeits- und Prüfpläne, CNC-Programme	Prüfprotokolle
	Instandhaltungspläne	Instandhaltungsprotokolle

Die Funktion der Fabrik ist die Wandlung der Eingaben Stoff, Material und Information in Produkte und Dienstleistungen. Im Produktionssystem sind dazu oft verzweigte Funktionsketten erforderlich, die aus folgenden Grundfunktionen bestehen:

- *Transportieren:* Vorgang, bei dem Stoff, Energie bzw. Information den Raum zwischen zwei Orten mit Hilfe eines Transportmittels überbrücken,
- *Speichern:* Vorgang, bei dem Stoff, Energie bzw. Information eine bestimmte Zeit überbrücken,
- *Übergeben:* Vorgang, bei dem Stoff, Energie bzw. Information von einem Transportmittel an einen Speicher, ein anderes Transportmittel oder eine Transformationseinrichtung übergehen,
- *Transformieren:* Vorgang, bei dem Gestalt, Struktur und/oder Eigenschaften von Stoff, Energie bzw. Information verändert werden.

Abbildung 2.4 zeigt eine typische Funktionskette an einem Fertigungsplatz in einer Dreherei: Rohteile werden einem Eingangsspeicher (Box-Palette) mit Hilfe eines Krans entnommen (Übergeben), zur Maschine gehoben (Transportieren) und dort eingelegt (Übergeben). Nach dem Drehen (Transformieren) werden die Fertigteile mit dem Kran in analoger Weise (Übergeben – Transportieren – Übergeben) dem Ausgangsspeicher übergeben.

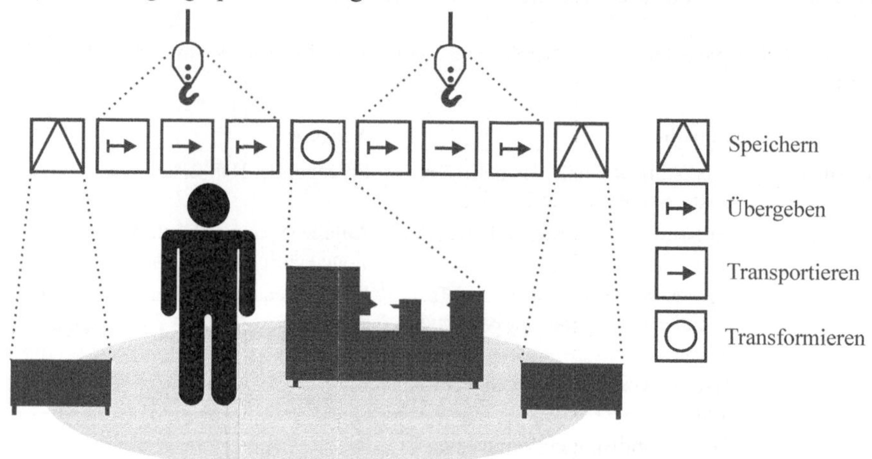

Abb. 2.4. Funktionen an einem Fertigungsplatz, in Anlehnung an (Schenk u. Wirth 2004)

Die Flusssystemtheorie, einschließlich der Funktionsketten, bietet gute Anknüpfungspunkte an die Modelle der Lieferkette und der Produktlebenswege (s. Abschn. 2.3 und 2.4).

Für das Verständnis der Fabrik sollen jedoch zunächst die hierarchische und die periphere Ordnung der Fabrik eingeführt werden.

2.2.3 Hierarchische Ordnung der Fabrik

Die hierarchische Ordnung der Fabrik beschreibt die mehrstufige Über- bzw. Unterordnung verschiedener Subsysteme der Fabrik. Abbildung 2.5 zeigt eine typische hierarchische Ordnung:

1. Die oberste Ebene gehört nicht zum System Fabrik selbst, sondern verdeutlicht die Einbindung der Fabrik in ein (globales) Wertschöpfungsnetz. Dies widerspiegelt die Realität einer zunehmenden weltweiten Arbeitsteilung (s. Abschn. 2.3).
2. Die folgende Strukturebene verkörpert die Fabrik als Gesamtheit aller Gebäude, Anlagen und Einrichtungen am konkreten Produktionsstandort.
3. Darunter befindet sich die Ebene der einzelnen Fabrikgebäude.
4. Innerhalb eines Fabrikgebäudes lassen sich meist mehrere Produktionsbereiche unterscheiden.
5. Die Produktionsbereiche bestehen in der Regel aus mehreren Fertigungs- oder Montageplatzgruppen, die sich ähnelnde Fertigungs- oder Montagplätze vereinen.
6. Der Fertigungs- oder Montageplatz ist die – für die Belange der Fabrikplanung und des Fabrikbetriebs – niedrigste sinnvoll zu betrachtende Strukturebene.

Anzahl und Benennung dieser Strukturebenen unterscheiden sich in der betrieblichen Praxis oft von Unternehmen zu Unternehmen. So kann sich etwa ein Produktionsbereich durchaus über mehrere Gebäude erstrecken, oder es ist nur ein Gebäude vorhanden (Gebäudeebene = Produktionsstandort). Das Modell der hierarchischen Ordnung der Fabrik ist dann entsprechend anzupassen.

Die hierarchische Ordnung erlaubt:

- eine stufenweise Betrachtung der verschiedenen Strukturebenen der Fabrik bei komplexen betrieblichen Analysen,
- die Planung und Führung nach den Prinzipien „Top-down" und „Bottom-up"
- einschließlich der gezielten Ansprache von Verantwortungsträgern (Werkleiter, Bereichsleiter, Meister etc.).

Bezüglich der Energieeffizienz ist die Betrachtung verschiedener Strukturebenen der Fabrik u. a. geeignet,

- um den durch Rechnung und Messung (an den Hauptzählern) belegten Energieverbrauch der Fabrik stufenweise auf die Verursacher (Bereiche, Fertigungs- und Montageplätze) umzulegen (auch zur Allokation der Energiekosten auf Kostenstellen),
- um Hauptverbraucher und maßgebliche Energieeinsparpotenziale zu identifizieren (s. Kap. 6) und
- um die Verantwortung für die Energieeffizienz zu adressieren.

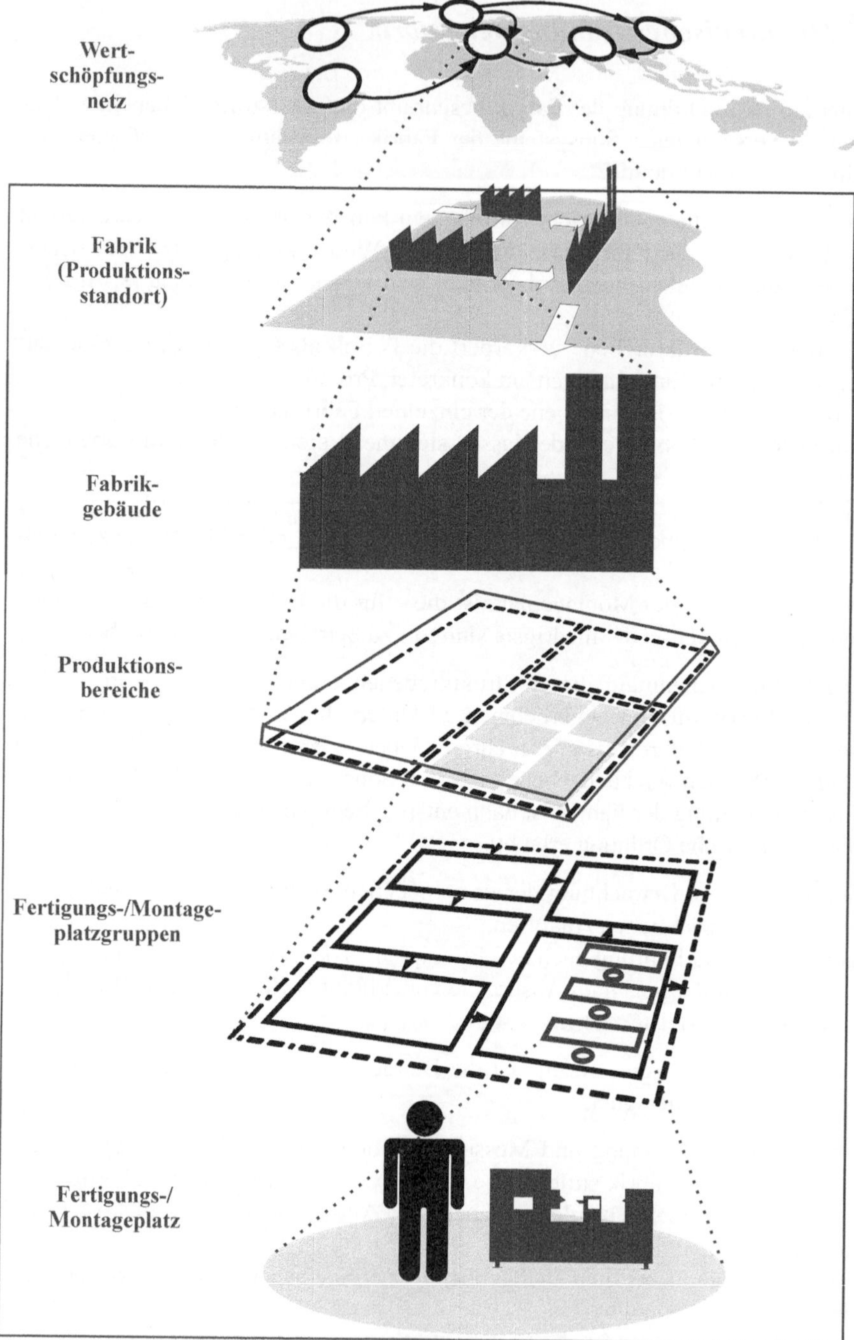

Abb. 2.5. Hierarchische Ordnung der Fabrik, in Anlehnung an (Förster et al. 1982, Henn u. Kühnle 1999)

2.2.4 Periphere Ordnung der Fabrik

Die periphere Ordnung der Fabrik ist die Einteilung von Prozessen und Anlagen/Ausrüstungen entsprechend ihrer funktionalen Bedeutung für die Herstellung eines Produktionsprogramms. Die periphere Ordnung kann sich, muss sich aber nicht, in der räumlichen Anordnung von Ausrüstungen in der Fabrik widerspiegeln.

Zum Verständnis der peripheren Ordnung sind folgende Begriffe notwendig:

- Das *Produktionssortiment* ist die sachliche Definition der Gesamtheit aller Artikel (Erzeugnisse, Baugruppen und Bauteile), die in der Fabrik produziert werden sollen. Neben der qualitativen Benennung – ggf. unter Bezugnahme auf Standards – werden die einzelnen Artikel meist auch durch Größen, Abmessungen und andere Kennwerte charakterisiert (z. B. Schraube ISO 4014 – M10 × 60–8.8).
- Das *Produktionsprogramm* ist das um quantitative Angaben ergänzte Produktionssortiment. Die Quantifizierung erfolgt durch mengenmäßige Angaben (Stückzahl), wertmäßige Angaben (Preise, Kosten) und zeitliche Angaben (Planzeiträume), (z. B. vier Millionen Schrauben ISO 4014 – M10 × 60–8.8 im Jahr 2009).
- *Hauptprozesse* dienen der Transformation von Werkstoffen, Halbzeugen und Zulieferteilen zu Produkten (Müller 1985). Sie führen am Werkstück einen Fertigungs- oder Montagefortschritt herbei.
- *Hilfsprozesse* stellen das Funktionieren der Hauptprozesse sicher; sie tragen selbst aber nicht zum Fertigungsfortschritt bei. Beispiele für Hilfsprozesse sind die Prozesssteuerung oder die Drucklufterzeugung.

Zusätzlich wird noch von Nebenprozessen gesprochen: Während Hauptprozesse die unternehmensprägenden, zum Verkauf bestimmten Produkte erzeugen, dienen Nebenprozesse der Herstellung von Betriebsmitteln, Werkzeugen, Vorrichtungen und Verpackungen (Müller 1985). Auf diese zweckorientierte Differenzierung soll im Weiteren verzichtet werden.

Abbildung 2.6 zeigt ein Modell für die periphere Ordnung der Produktionsprozesse (Schenk u. Wirth 2004, Wirth 1989):

- Im *Zentrum* der peripheren Ordnung stehen die Hauptprozesse. Den Hauptprozessen sind die Produktionsanlagen zugeordnet.
- In der *ersten Peripherie* finden Hilfsprozesse statt, die direkt vom Produktionsprogramm abhängen. Bei Änderungen am Sortiment oder den Quantitäten können sich auch diese Prozesse und die zugeordneten Ausrüstungen maßgeblich ändern.
- In der *zweiten Peripherie* erfolgen Prozesse, die nicht direkt vom Produktionsprogramm aber direkt von den Hauptprozessen bzw. den Produktionsanlagen abhängen.

- Prozesse in der *dritten Peripherie* sind vom Hauptprozess und seinen Anlagen unabhängig. Sie dienen z. B. der Verwaltung oder sozialen Zwecken.

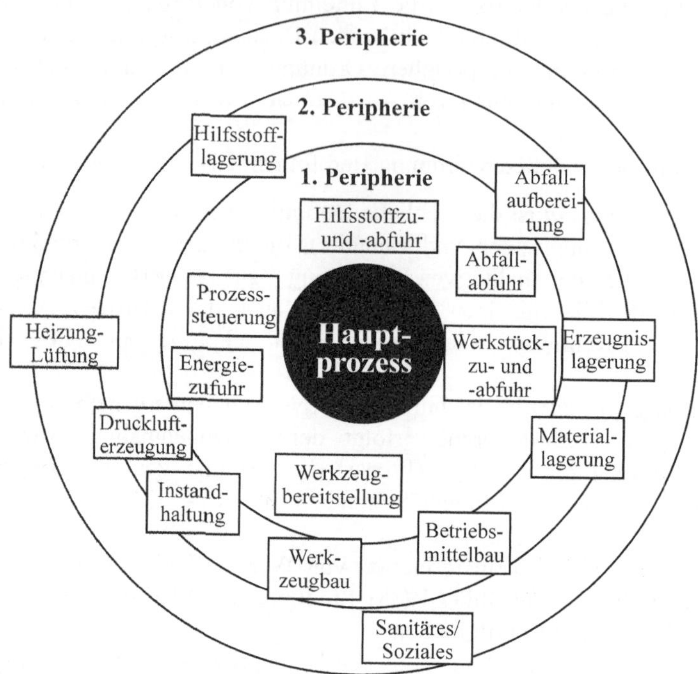

Abb. 2.6. Periphere Ordnung der Fabrik (Wirth 1989)

Der Gedanke der peripheren Ordnung besteht weniger darin, alle Prozesse bzw. Anlagen exakt einer Peripherieebene zuzuordnen. Vielmehr geht es darum zu verstehen, wie Prozesse und Anlagen vom Produktionsprogramm abhängen und wie diese sich untereinander beeinflussen. Dadurch sind Rückschlüsse möglich, wie sich Änderungen am Produktionsprogramm und an den Hauptprozessen auf die Fabrik auswirken.

Bezüglich der Energieeffizienz kann die periphere Ordnung u. a. genutzt werden, um zu analysieren, wodurch der Energiebedarf der Fabrik – ausgehend vom herzustellenden Produktionsprogramm über die Haupt- bis hin zu den peripheren Hilfsprozessen – determiniert wird. Abbildung 2.7 zeigt diese Zusammenhänge an einem vereinfachten, ausschnittweise wiedergegebenen Beispiel. Im Zentrum des Beispiels steht das Drehen mit einer CNC-Maschine. Deren Hauptspindel wird mittels Druckluft (Sperrluft) gegen Verschmutzungen abgedichtet. Die Druckluftversorgung (Kompressor und Nebenanlagen) ist ein Prozess der ersten, die Lüftung der Kompressoranlage ein Prozess der zweiten Peripherie. Als Beispiel für die dritte Peripherie wird das Händereinigen des Personals angegeben.

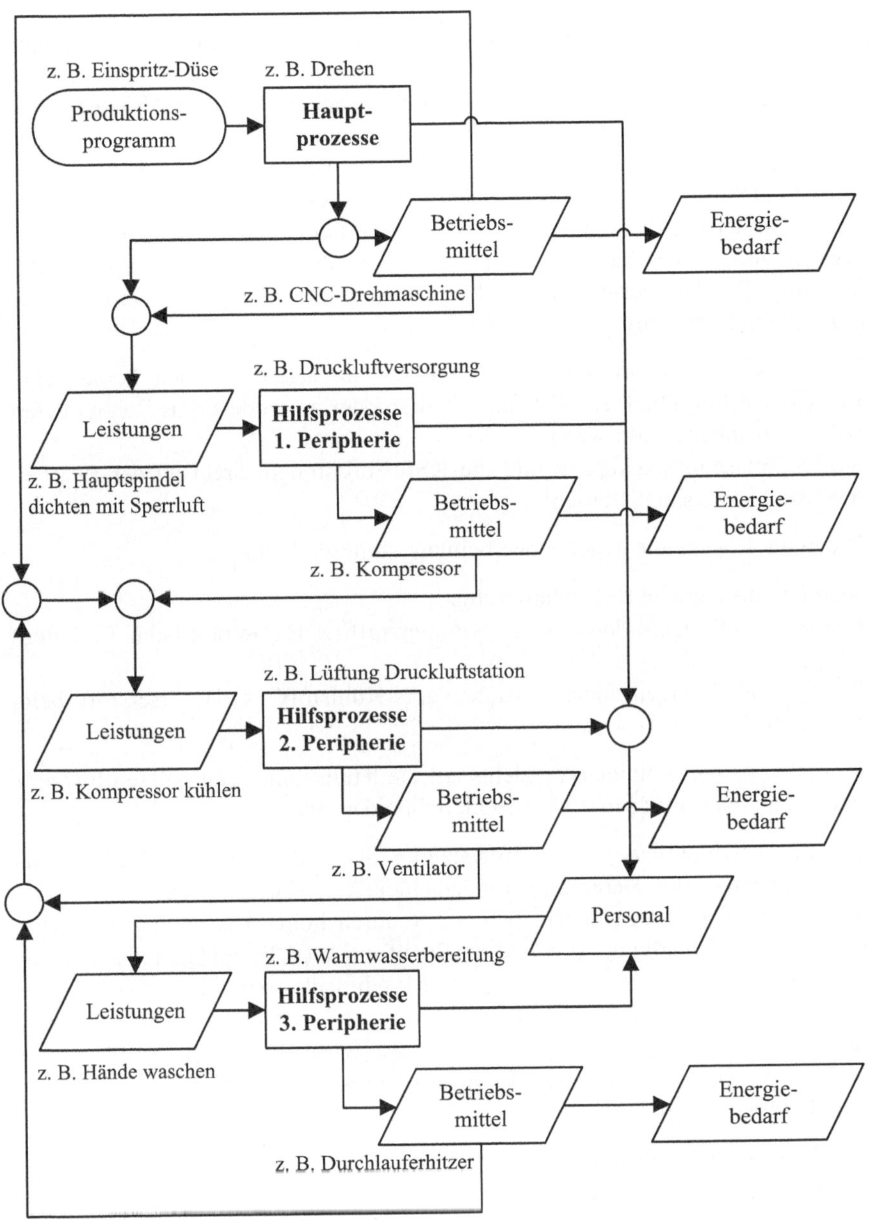

Abb. 2.7. Determinanten des Energiebedarfs in den peripheren Ebenen der Fabrik, in Anlehnung an (Löffler 2003, Wirth 1989)

Bei der Suche nach Energieeinsparpotenzialen und -maßnahmen können diese Ursachen-Wirkungs-Zusammenhänge genutzt werden, um zusätzliche Einsparoptionen zu erkennen: Oft kann ein Energiebedarf, der in der Peripherie auftritt, durch Änderungen am Produktionsprogramm oder dem Hauptprozess wirkungsvoll und aufwandsarm gesenkt werden.

Eine solche Analyse von Energieverbrauchsursachen illustriert Abb. 2.8: Ausgangspunkt der Analyse ist der Energieverbrauch eines Ventilators der Hallenlüftung (3. Peripherie). Die Lüftung ist notwendig, weil die Hallenluft schädliche Nebel und Dämpfe enthält, die durch den Einsatz von Kühlschmierstoffen (KSS) zur Kühlschmierung (1. Peripherie) des Drehens (Hauptprozess) entstehen.

Die Kenntnis über die Kausalkette von Hallenlüftung (3. Peripherie), Kühlschmierung (1. Peripherie) und Drehen (Hauptprozess) eröffnet Optionen für Energiesparmaßnahmen:

1. Wird das Drehen auf Trockenbearbeitung umgestellt, werden keine KSS-Emissionen frei. Die Lüftung kann entfallen oder zumindest drastisch reduziert werden. Ähnliches gilt, wenn
2. die Drehmaschine gekapselt und die KSS-Emissionen direkt an der Bearbeitungsstelle abgesaugt werden.

Die unter 1. genannte Trockenbearbeitung ist möglich durch:

- Verzicht auf jegliche Kühlschmierung,
- Ersatz von flüssigem durch festen Schmierstoff (z. B. Graphit beim Schleifen) oder
- Ersatz von flüssigem durch gasförmigen Kühlstoff (z. B. Stickstoff beim Schleifen, Druckluft).

Im Falle des vollständigen Verzichts auf die Kühlschmierung müssen folgende Voraussetzungen erfüllt sein (NSG 1995, Schneider 1997):

- Einsatz verschleißfester und wärmestabiler Schneidstoffe bzw. Werkzeugbeschichtungen (CBN, Keramik, warmverschleißfeste Hartmetalle),
- geringer Wärmeeintrag in das Werkstück durch hohe Bearbeitungsgeschwindigkeiten (HSC) und/oder durch kurze Spanformen (z. B. bei Grauguss),
- Minderung der Wärmeausdehnung im Maschinenkörper (z. B. Gestelle aus Reaktionsharzbeton) oder elektronische Kompensation der Längenausdehnung und
- Sicherung der Späneabfuhr von der Bearbeitungsstelle (z. B. durch Schwerkraft in Schrägbettmaschinen).

Das Beispiel der Trockenbearbeitung zeigt, dass oft viele, auch kleine Innovationsschritte notwendig sind, um Produktionsprozesse so zu verändern, dass Ressourcenverzehr und Umweltbelastung vermindert werden. Entsprechend anspruchsvoll sind Energiesparprojekte, die direkt am Hauptprozess ansetzen.

Im Gegenzug dazu ist die erzielbare Effizienzsteigerung meist auch deutlich größer. Im Beispiel der Trockenbearbeitung kann – neben den positiven Effekten für die Hallenlüftung – die gesamte Kühlschmierstoffver- und -entsorgung eingespart werden. Zahlreiche Pumpen, Rührwerke, Kühler und andere energieverbrauchende Aggregate entfallen und verbrauchen daher keinerlei Energie mehr.

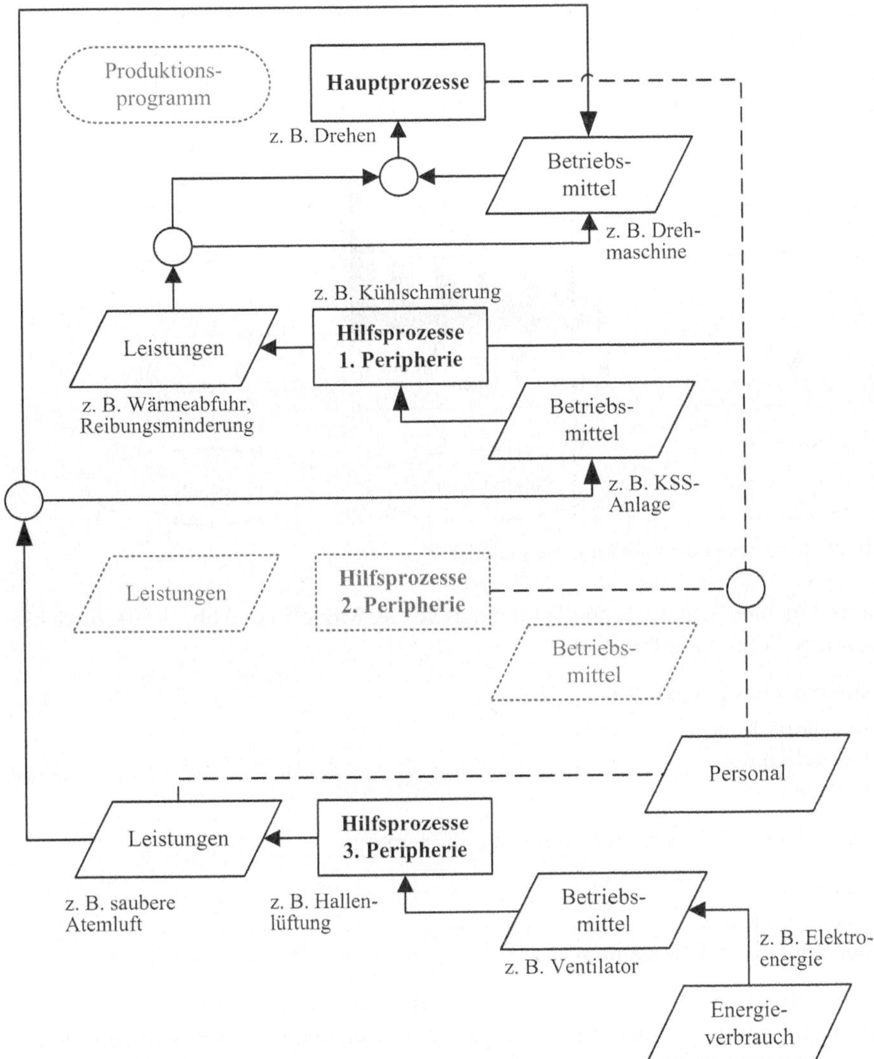

Abb. 2.8. Analyse von Energieverbrauchsursachen

2.3 Die Fabrik in der Lieferkette

Wie in der obersten Ebene des hierarchischen Modells der Fabrik (s. Abb. 2.5) gezeigt, ist die Fabrik oft in komplexe, nicht selten in globale Wertschöpfungsketten eingebunden. Die Unternehmen/Fabriken agieren in diesen Ketten wechselseitig als Kunden und Lieferanten (Lieferketten). Weithin anerkannt ist in diesem

Zusammenhang das Supply Chain Operations Reference Model oder kurz SCOR-Modell (Stadtler u. Kilger 2005). Abbildung 2.9 zeigt die Fabrik als Element einer einfachen, nicht verzweigten Kunden-Lieferanten-Kette. In der Praxis sind weitaus komplexere Lieferketten bis hin zu Netzwerken üblich.

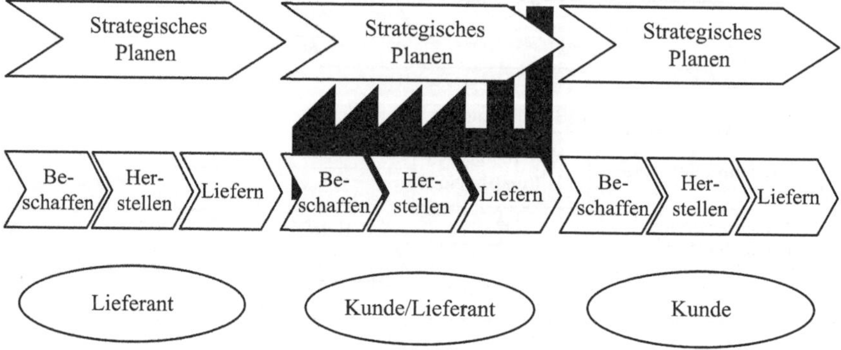

Abb. 2.9. Einbindung der Fabrik in eine Lieferkette

Das einzelne Unternehmen wird vom SCOR-Modell (s. Abb. 2.10) zunächst beschrieben durch die Prozesse:

- strategisches Planen,
- Beschaffen,
- Herstellen und
- Liefern.

Diese Prozesse lassen sich weiterhin gliedern in:

- planende,
- ausführende und
- unterstützende Tätigkeiten.

Beim Beschaffen und Liefern arbeitet das Unternehmen zusätzlich mehr oder minder eng mit den Lieferanten bzw. Kunden zusammen (Lieferanten- und Kundenintegration). Diese Zusammenarbeit betrifft wiederum:

- planende Tätigkeiten (z. B. Terminabstimmung),
- ausführende Tätigkeiten (z. B. Transportieren, Be- und Entladen) und
- unterstützende Tätigkeiten (z. B. Bearbeiten von Begleitpapieren).

Die Funktionen, die im SCOR-Modell unter dem Begriff „Herstellen“ subsumiert werden, wurden bereits im Abschn. 2.2.2 untersetzt mit:

- Transportieren,
- Speichern und
- Transformieren.

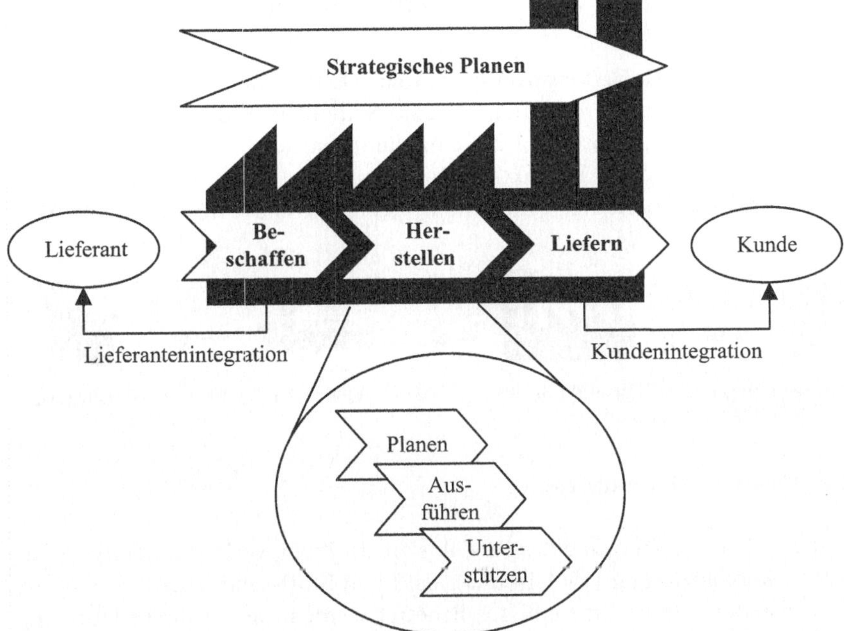

Abb. 2.10. Supply Chain Operations Reference Model

Das SCOR-Modell ist in mehrfacher Hinsicht für das Planen und Betreiben energieeffizienter Fabriken hilfreich:

- Zunächst lässt sich die Energieversorgung der Fabrik selbst als Lieferkette auffassen (s. Abschn. 3.4.).
- Eine Möglichkeit, Energieeffizienzpotenziale einer Fabrik systematisch zu erfassen, ist eine an den Prozessen Beschaffen, Herstellen, Liefern und strategisches Planen orientierte Analyse. Die aus der Analyse abgeleiteten Effizienzmaßnahmen müssen verbindlich an planende, ausführende oder unterstützende Mitarbeiter bzw. Organisationseinheiten adressiert werden.
- Maßnahmen, die mit dem Beschaffen von Energie und energieeffizienten Ausrüstungen zusammenhängen, bedürfen dann oft einer engen Zusammenarbeit mit den Lieferanten (Lieferantenintegration).
- Auf der anderen Seite kann eine intensive Kooperation mit dem Kunden dazu beitragen, die Energieeffizienz der Produkte, die in der Fabrik hergestellt werden, zu verbessern. Im Fokus stehen hierbei besonders der Energiebedarf des Produkts beim Gebrauch und ggf. beim Recycling/bei der Entsorgung.

2.4 Die Fabrik – Station im Produktlebensweg

Bei der ökologischen Bewertung von Produkten – z. B. mittels Ökobilanzierung – wird die Fabrik bzw. die Produktion als eine Station im Produktlebensweg betrachtet. Wie bereits im Abschn. 1.2.1 eingeführt, ist der Produktlebensweg der physische Werdegang eines Produkts entlang der Produktlebensphasen Rohstoffgewinnung und -aufbereitung, Produktion, Gebrauch und Entsorgung (s. Abb. 2.11).

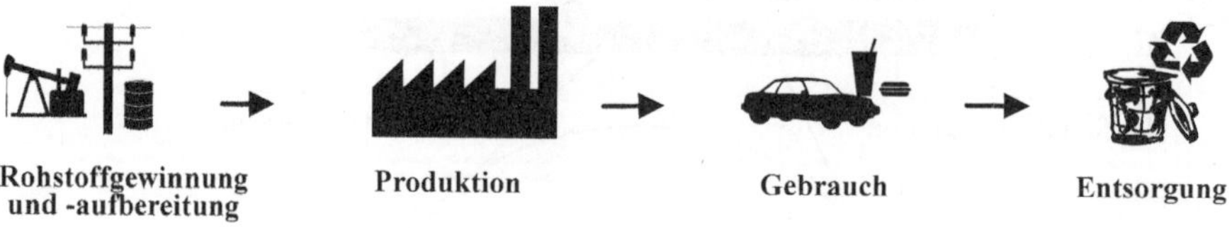

Abb. 2.11. Phasen eines Produktlebenswegs

Um die Umweltwirkungen eines Produkts zu ermitteln, verlangen gültige Standards zur Ökobilanzierung (ISO 14.040), dass alle Stoff- und Energieflüsse, die für die Herstellung eines Erzeugnisses benötigt werden, bis zu ihrem Übergang von einem natürlichen in ein technisches System (analytisch) verfolgt, bilanziert und bezüglich ihrer Umweltwirkung bewertet werden (s. Abb. 2.12).

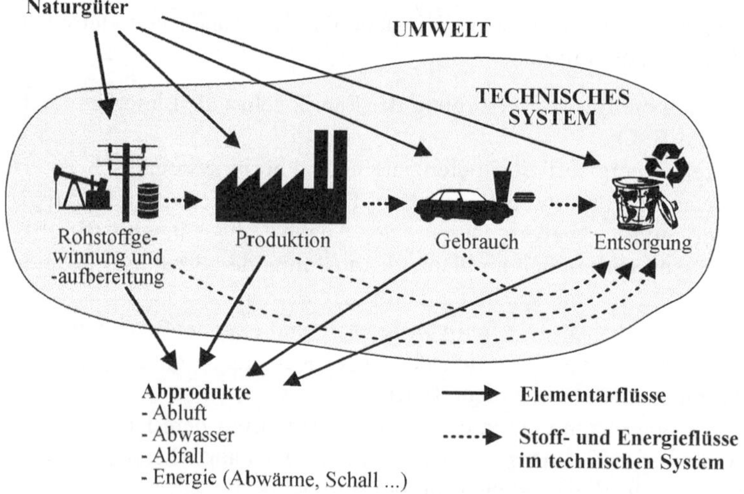

Abb. 2.12. Produktlebensweg und Elementarflüsse

Sollen nur die Umweltwirkungen einer Fabrik betrachtet werden, sind neben den Elementarflüssen zwischen der Fabrik und ihrer natürlichen Umwelt auch die durch das Planen und Betreiben der Fabrik hervorgerufenen Effekte in vor- und nachgelagerten Produktlebensphasen zu berücksichtigen (s. Abb. 2.13).

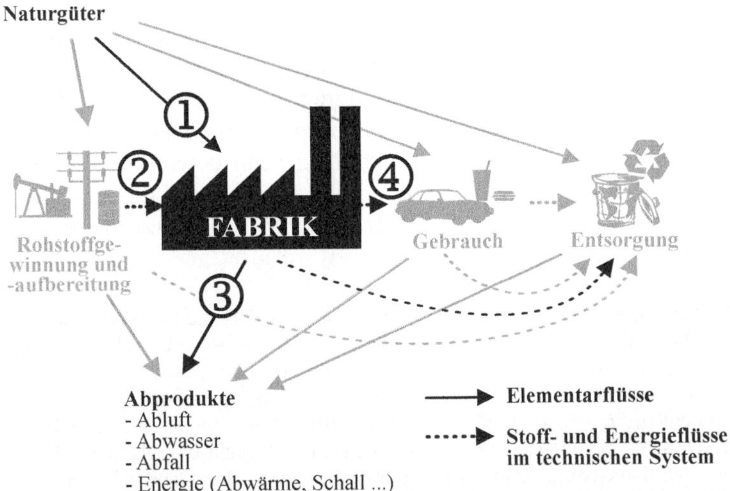

Abb. 2.13. Umweltbeeinflussungen durch die Fabrik

Im Einzelnen sind folgende Umweltbeeinflussungen durch die Fabrik zu betrachten:

1. *Entnahmen von Naturgütern direkt aus der Umwelt:* Naturgüter, die direkt der Umwelt entnommen werden, sind etwa Flusswasser (z. B. zum Kühlen oder Reinigen) und Luft (z. B. als chemischer Reaktionspartner).
2. *Beschaffen von Vorprodukten:* Hierzu zählen Werk-, Betriebs- und Hilfsstoffe, Energie aber auch Zulieferteile und Betriebsmittel. Alle bezogenen Vorprodukte verursachen bei der Rohstoffgewinnung und -aufbereitung, der Herstellung sowie ihrem Transport bereits Umweltbeeinflussungen. Diese treten zwar meist fernab der betrachteten Fabrik auf, stehen aber in einem ursächlichen Zusammenhang mit der Produktion in der Fabrik. Für die Energieherstellung werden die Zusammenhänge in Abschn. 3.2 näher erläutert.

Die kumulierten Umweltwirkungen eines Vorprodukts werden auch „ökologischer Rucksack" genannt (Schmidt-Bleek 1994). Der während der Rohstoffgewinnung und -aufbereitung sowie der Produktherstellung kumulierte Energieverbrauch heißt auch „Graue Energie" (Spreng 1994); für den von einem Produkt über seinen Lebensweg hinweg verursachten Klima-Gas-Ausstoß wurde der Begriff „Carbon Footprint" geprägt.

3. *Entsorgung von Abprodukten:* Bei der Produktion in der Fabrik entstehen unerwünschte, nicht als Erzeugnis absetzbare Abprodukte wie Abfälle, Abwasser, Abluft und abzuführende Energien (z. B. Abwärme, Schall). Insbesondere Abluft, Abwärme und Schall werden – ggf. nach einer Behandlung, die schädliche Wirkungen mindert, – direkt in die Umwelt geleitet. Abfälle und Abwasser werden meist an einen Entsorger abgegeben, der – gegen ein Entgelt – die Verwertung oder Beseitigung vornimmt (in Abb. 2.13 wegen der Vereinfachung nicht dargestellt).

4. *Liefern von Produkten:* Die Produktionsprozesse in der Fabrik beeinflussen auch Erzeugniseigenschaften, die im späteren Lebensweg der Erzeugnisse zu mehr oder minder starken Umweltwirkungen führen (Umweltwirkungsdispositionen). So beeinflussen Fügeverfahren (z. B. Kleben versus Verschrauben) die spätere Demontierbarkeit von Elektronikprodukten, wenn deren Teile sortenrein einem Recycling zugeführt werden sollen; die Endbearbeitung der Oberflächen von Lagerbuchsen beeinflusst die Reibung im Lager und damit den späteren Energieverbrauch des Produkts.

Bereits in den 1990er Jahren erstellte Ökobilanzen betonen besonders die Bedeutung der umweltrelevanten Gebrauchseigenschaften: Der kumulierte Energieverbrauch eines analysierten Elektronikprodukts verteilte sich zu 13 Prozent auf die Rohstoffgewinnung, zu 4 Prozent auf die Herstellung, zu 69 Prozent auf den Gebrauch, zu 13 Prozent auf die Entsorgung und zu einem Prozent auf Beschaffung und Distribution (von der Lely 1993). Ein Fernseher verbrauchte bei täglich drei Stunden Betrieb und Stand-by-Schaltung 87 Prozent der über den Lebensweg kumulierten Primärenergie in der Gebrauchsphase (Strubel 1996). Ein um 20 Prozent geringerer Rollwiderstand eines Pkw-Reifens spart das Doppelte seines Energieinhalts (Baumgarten 1993). Eine Textilmaschine verbraucht in einem Jahr bis zu siebenmal so viel Elektroenergie, wie für ihre Herstellung nötig war (Löffler 1995). Der kumulierte Energieverbrauch eines Pkw resultiert zu 71 bis 85 Prozent aus der Nutzung (Brunner 2006). Abbildung 2.14 zeigt ähnliche Werte einer aktuellen Studie (Volkswagen 2007).

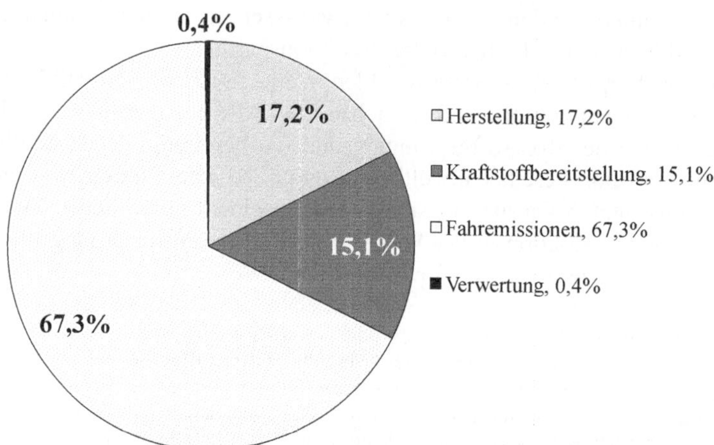

Abb. 2.14. Beiträge zum Treibhauseffekt über den Produktlebensweg eines VW Golf 1.4 TSI mit Doppelschaltgetriebe (Volkswagen 2007)

Sowohl über die eingesetzten Vorprodukte und Naturgüter als auch über die umweltrelevanten Produkteigenschaften entscheidet maßgeblich die Produktplanung und -entwicklung. Vergleichbar mit der fertigungsgerechten Produktgestaltung kann und muss die Produktentwicklung jedoch auch bei der umweltgerechten Gestaltung der Produkte mit der Prozess- und der Fabrikplanung zusammenwirken (Simultaneous Engineering).

2.5 Der Fabriklebenszyklus

Der Fabriklebenszyklus ist ein Modell für den zeitlichen Werdegang einer Fabrik. Das Modell stimmt grundlegend mit allgemeinen Modellen zur Entwicklung, Realisierung, Nutzung und Auflösung von Systemen überein, wie sie u. a. aus dem Systems Engineering bekannt sind (Daenzer 1988). Die Phasen des Lebenszyklus heißen Entwicklung, Realisierung, Nutzung und Auflösung. Für das spezielle Modell „Fabriklebenszyklus" wird die Benennung der Lebenszyklusphasen meist an betriebsübliche Begriffe angepasst. Diese unterscheiden sich jedoch sowohl zwischen verschiedenen Autoren (Schenk u. Wirth 2004, Zäh et al. 2004) als auch in der Unternehmenspraxis. Tabelle 2.2 stellt die allgemeine Begrifflichkeit für Lebenszyklusphasen den in dieser Publikation verwendeten Begriffen des Fabriklebenszyklus gegenüber und benennt Unterbegriffe, Ergänzungen sowie Synonyme.

Tabelle 2.2. Phasen des Fabriklebenszyklus

Lebenszyklusphasen eines Systems (allgemein)	Phasen im Fabriklebenszyklus	Unterbegriffe, Ergänzungen und Synonyme
Systementwicklung	Fabrikplanung	Zielplanung
		Konzeptplanung
		Ausführungsplanung
Systemrealisierung	Errichtung	Aufbau
	Inbetriebnahme	Erprobung, Anlauf, Ramp-up
Systemnutzung	Fabrikbetrieb	
Systemauflösung	Außerbetriebstellung	Stilllegung, Shut-down
		Abbau, Rückbau
		(Sanierung, Revitalisierung)

Charakteristisch für den Fabriklebenszyklus sind die Parallelität und die unterschiedliche Dauer der Lebenszyklen einzelner Elemente der Fabrik. Dies betrifft vordergründig die herzustellenden Produkte, die Betriebsmittel und Fabrikgebäude, wobei sich diese Aufzählung noch ergänzen und differenzieren lässt. Zum Beispiel unterscheiden sich allein im Fabrikgebäude die Lebenszyklen von Tragwerk, Hülle, Böden und technischer Gebäudeausrüstung erheblich.

Abbildung 2.15 zeigt beispielhaft eine Fabrik, in deren Lebenszyklus vier verschiedene Produkte nacheinander hergestellt werden. Die Produktlebenszyklen sind jeweils komplett von der Produktidee über die Produktentwicklung, Konstruktion, Markteinführung, -reife, -sättigung, dem Rückgang bis hin zur Produktaufgabe dargestellt. Produktlebenszyklen haben sich in den letzten Jahren teils drastisch verkürzt. 1980 dauerte der Produktlebenszyklus eines Pkw noch ca. zwölf Jahre, bis 2010 wird sich dieser Zeitraum mehr als halbiert haben (Engelmann 2008). Der Nachlauf (z. B. die Ersatzteilproduktion) soll im Beispiel extern stattfinden und ist nicht abgebildet. Auf Grund des langen Vorlaufs für Entwicklung und Konstruktion kommt es zu einer deutlichen Überlappung der Produktlebenszyklen. Im gezeigten Beispiel wird jedoch stets nur ein Produkt in der Fabrik gefertigt. Die Fertigung des Produkts entspricht den Produktlebenszyklusphasen Markteinführung, -reife, -sättigung und Rückgang bis hin zur Produktaufgabe. Der Produktwechsel zwischen zwei aufeinander folgenden Produktgenerationen erfordert im Beispiel zudem Umbauarbeiten an der Fabrik, bei denen auch Betriebsmittel ausgetauscht werden.

Die Zyklen der Betriebsmittel sind im Beispiel ausschließlich aus Sicht des Betreibers dargestellt (Aufbau, Inbetriebnahme, Betrieb, Stilllegung, Abbau). Entwicklung und Konstruktion der Betriebsmittel finden beim Lieferanten statt und sind deshalb in der Abb. 2.15 nicht enthalten. Außerdem ist zu beachten, dass sich die Lebenszyklen in der Realität weitaus vielfältiger gestalten. Einige Betriebsmittel, wie große Pressen oder Förderzeuge in Montageanlagen, überdauern auch Produktwechsel. Andere Betriebsmittel oder deren Komponenten müssen wegen Verschleiß, neuer technischer Standards und veränderter Anforderungen auch während eines Produktlebenszyklus ausgetauscht oder modifiziert werden.

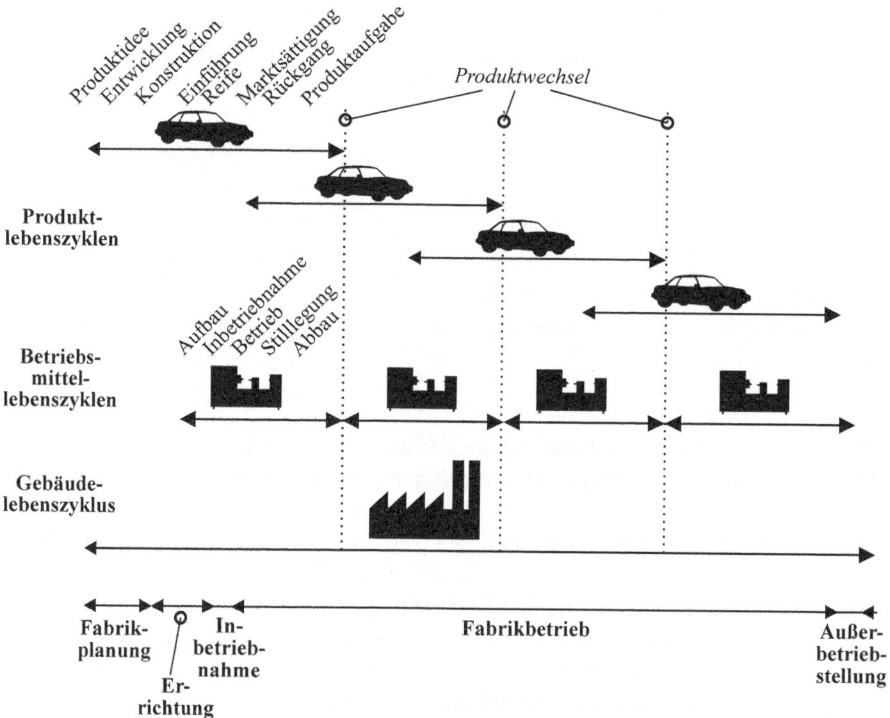

Abb. 2.15. Fabriklebenszyklus mit Produkt-, Betriebsmittel- und Gebäudelebenszyklen

Die unterschiedlichen Lebenszyklen von Produkt, Betriebsmitteln und Fabrikgebäude haben gravierende wirtschaftliche Auswirkungen. Abbildung 2.16 zeigt den Verlauf des Saldos aus Kosten und Erlösen über den Fabriklebenszyklus hinweg. Während der Planung, Errichtung und Inbetriebnahme der Fabrik fallen ausschließlich Kosten (Investitionskosten) an, denen keine Erlöse gegenüberstehen (negative Saldi). Erst mit Beginn der Produktion und des Absatzes von Produkten werden Erlöse erzielt. Diese decken zunächst die laufenden Kosten für Material, Arbeit und Energie. Danach steht der verbleibende positive Saldo zur Verfügung, um die Kosten der Produktentwicklung sowie der Planung, Errichtung und Inbetriebnahme der Fabrik (Investitionskosten) auszugleichen.

Das für Investitionen in die Fabrik eingesetzte Kapital wird also erst mehr oder minder spät zurückgewonnen. Dabei haben lange Kapitalwiedergewinnungszeiten (Amortisationszeiten) zwei wesentliche wirtschaftliche Nachteile:

1. Auf das eingesetzte Kapital sind – u. a. wegen der Zinseszinseffekte – erhebliche Zinsen zu zahlen.
2. Es besteht ein deutliches Risiko, dass im Laufe der Zeit unvorhergesehene Ereignisse eintreten, die zum Ausfall der zur Kapitalrückgewinnung vorgesehenen Einnahmen führen (z. B. Rückgang der Nachfrage, Auftauchen neuer Wettbewerber mit besseren Produkten oder Technologien, Änderungen der rechtlichen Rahmenbedingungen).

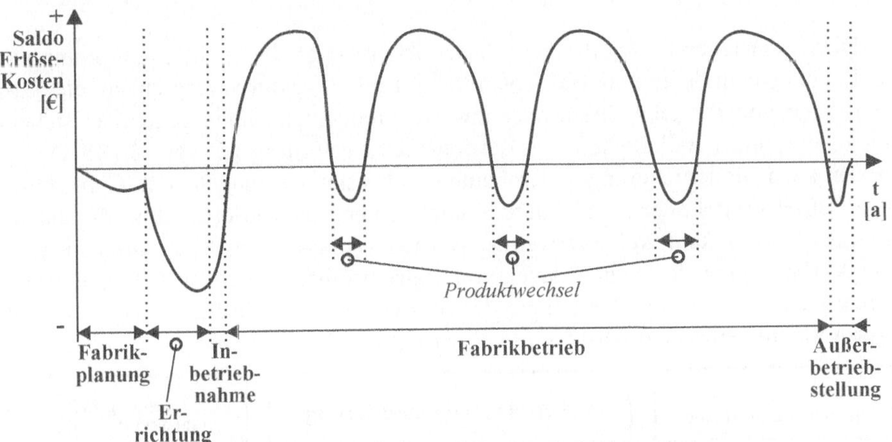

Abb. 2.16. Fabriklebenszyklus mit Verlauf des Saldos aus Erlösen und Kosten

Deshalb werden hohe Investitionskosten häufig auch dann gescheut, wenn die zu erwerbenden Betriebsmittel oder die zu errichtenden Fabrikgebäude deutlich bessere Gebrauchseigenschaften aufweisen.

Das trifft auch – und gerade – auf Energiesparmaßnahmen zu. Neue, energieeffiziente Betriebsmittel (z. B. mit Energiesparmotoren) oder bauliche Änderungen am Fabrikgebäude (z. B. Wärmedämmung) lassen sich aus oben genannten Gründen häufig nicht allein aus der Motivation der Energieeinsparung heraus durchführen. Eine gute Chance, Energieeinsparungen zu implementieren, bieten jedoch Ersatzinvestitionen und Änderungen, die regulär – z. B. im Rahmen von Produktwechseln – stattfinden. Energieeinsparungen sind also vor allem dort wirksam und effizient umsetzbar, wo energieintensive Produktionsbereiche häufigen Änderungen unterliegen. Abbildung 2.17 zeigt am Beispiel eines Automobilwerks, dass der Karosseriebau ein solcher Produktionsbereich ist, der sowohl energieintensiv arbeitet als auch von häufigen Änderungen betroffen ist.

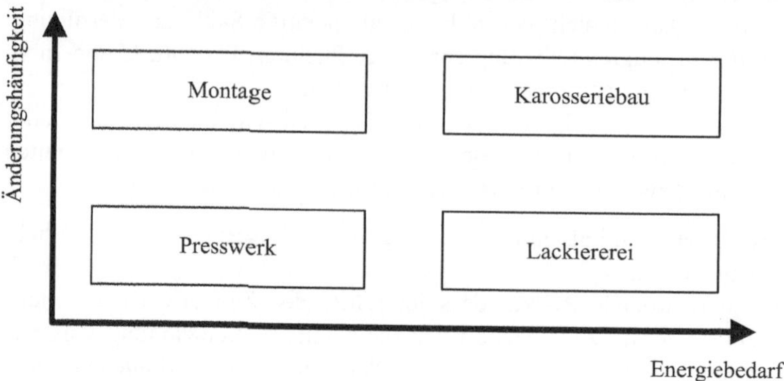

Abb. 2.17. Änderungshäufigkeit und Energiebedarf verschiedener Produktionsbereiche in der Automobilindustrie (Engelmann 2008)

Die Änderungen in den Produktionsbereichen sind dabei nicht immer komplette Ersatzinvestitionen von Betriebsmitteln. Einige Faktoren begrenzen die Lebensdauer von Betriebsmitteln oder ihrer Komponenten; ihnen gegenüber stehen Ziele, die eine Langlebigkeit der Betriebsmittel erfordern (s. Abb. 2.18). Daher finden auch Modernisierungen, Umbauten und Instandsetzungen statt. Dabei können Betriebsmittel oder ausgewählte Komponenten von Betriebsmitteln für andere Zwecke wieder- und weiterverwendet werden. Volkswirtschaftlich gesehen trägt die Verlängerung der Lebensdauer von Betriebsmitteln auch dazu bei, Energie einzusparen, die bei der Herstellung der Betriebsmittel sowie deren Rohstoffe und Vorprodukte verbraucht wird („Graue Energie“).

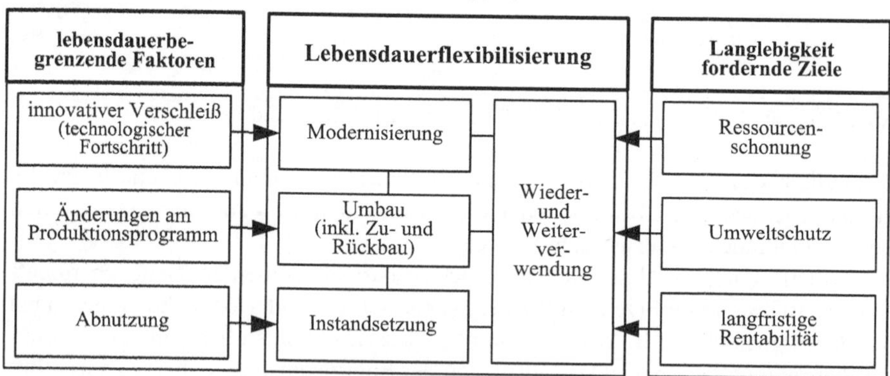

Abb. 2.18. Einflussfaktoren auf die Lebensdauer von Betriebsmitteln und Maßnahmen zur Lebensdauerflexibilisierung, in Anlehnung an (Wirth et al. 1999)

2.6 Führungs- und Zielsystem

Energieeffizienz lässt sich beim Planen und Betreiben von Fabriken nur verwirklichen, wenn dadurch ein Beitrag zum Unternehmenszweck geleistet werden kann. Bei der Begründung des Unternehmenszwecks konkurrieren zwei Ansätze (s. Abb. 2.19):

1. Im Shareholder-Value-Ansatz dominieren die Interessen der Kapitalgeber. Abhängig von deren Präferenzen bilden die Werterhaltung des Kapitals und die kurz- oder langfristige Gewinnerzielung den Unternehmenszweck.
2. Nach dem Stakeholder-Value-Ansatz werden Ansprüche und Interessen aller maßgeblichen Personen bzw. Personengruppen, die in einer Beziehung zum Unternehmen stehen, gewürdigt.

Für privatwirtschaftliche Unternehmen, wie sie die meisten produzierenden Unternehmen sind, besteht der vordergründige Zweck vorzugsweise in der Gewinnerzielung (Shareholder-Value). Diese Gewinnerzielung ist jedoch nur möglich, wenn das Unternehmen angemessen mit seinem Umfeld interagiert: Also wenn das Unternehmen rechtliche Vorschriften achtet und die Interessen von Kunden, Nachbarn, Mitarbeitern etc. wahrt. Insofern sind auch Elemente des Stakeholder-Value-Ansatzes zu berücksichtigen. Maßgebliche Wechselwirkungen zwischen den Anspruchsgruppen und dem Unternehmen wurden bereits im Abschn. 1.2.1 beschrieben.

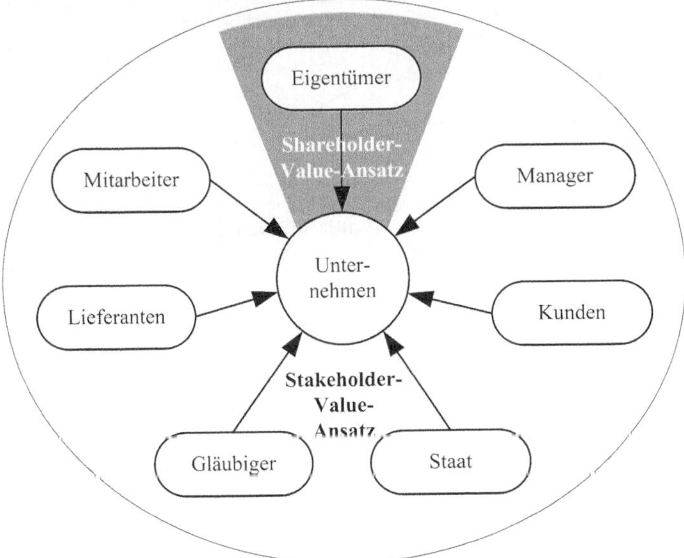

Abb. 2.19. Shareholder- und Stakeholder-Value-Ansatz

Der Unternehmenszweck Gewinnerzielung ist jedoch nicht konkret genug, um als direkte Vorgabe für das Handeln der betrieblichen Organisationseinheiten und der Mitarbeiter zu dienen. Deshalb muss die Unternehmensführung aus dem Unternehmenszweck – und den relevanten Interessen der Anspruchsgruppen – operationalisierte Ziele (z. B. Festlegung des Produktionsprogramms) ableiten sowie deren Umsetzung veranlassen und kontrollieren. Mit Hilfe der Erfahrungen und Erkenntnisse aus der Zielumsetzung soll zudem das Unternehmen in seinem Aufbau und seinen Abläufen weiterentwickelt werden (z. B. durch Standardisierung, Anreizsysteme).

Deming (Deming 1986) spricht von einem Managementkreislauf aus Planen, Durchführen, Prüfen und Weiterentwickeln von Maßnahmen (s. Abb. 2.20). Der Managementkreislauf wird auf mehreren Ebenen mit unterschiedlicher Schwerpunktsetzung und unterschiedlichem zeitlichen Horizont durchlaufen.

Zeitlich wird unterschieden zwischen:

- kurzfristiger,
- mittelfristiger,
- langfristiger Steuerung oder Planung.

Die kurzfristige Planung umfasst ein Jahr oder weniger; die Mittelfristplanung bezieht sich in der Regel auf eine Zeitspanne von ein bis fünf Jahren; die Langfristplanung umfasst oft mehr als fünf Jahre.

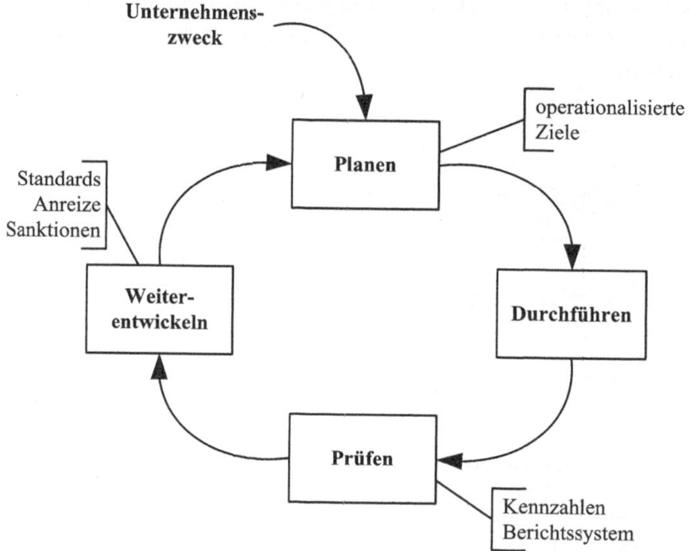

Abb. 2.20. Aufgaben der Unternehmensführung (Managementkreislauf), eigene Darstellung in Anlehnung an (Deming 1986)

Bezüglich der Führungsebenen und der zugehörigen Führungsaufgaben existieren verschiedene Modelle (s. Abb. 2.21). Nachfolgend wird nur auf die Ebenen Strategisches und Operatives Management eingegangen (Modell C).

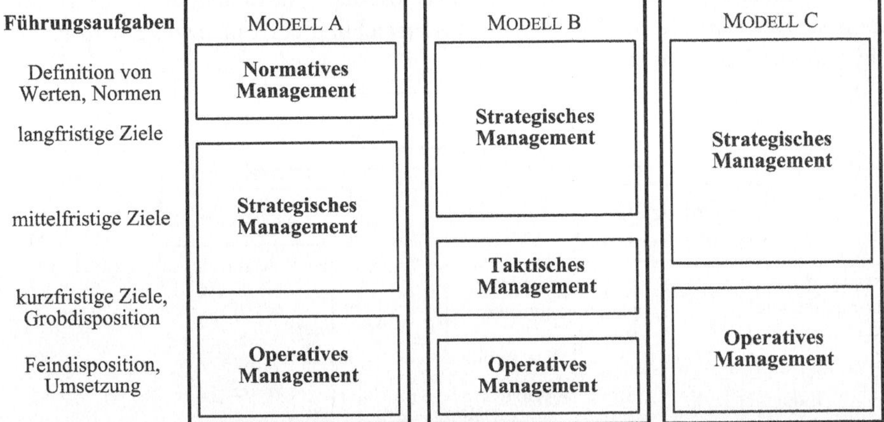

Abb. 2.21. Ebenen-Modelle für Führungssysteme, Modell A nach (Bleicher 2004), Modell B nach (Bamberger u. Wrona 2003, Rahn 2002), Modell C nach angloamerikanischem Sprachgebrauch

Das Strategische Management widmet sich – aus Perspektive der soziotechnischen Systemgestaltung (Luczak 1997, Strohm u. Ulich 1997, Sydow 1985) – der Sekundärfunktion des Unternehmens: dem Erhalt und der Entwicklung der eigenen Organisation. Diese umfasst:

- die Festlegung strategischer Geschäftsfelder und
- die Konzeption, Einführung und Pflege:
  - der Aufbaustrukturen (meist hierarchische Stufung der Personengruppe, die das Unternehmen führt) und
  - der Ablaufstrukturen (Abfolge und Abhängigkeiten der Tätigkeiten und Aufgaben im Unternehmen; Beherrschung bzw. Lenkung der Prozesse).

Das Operative Management fokussiert dagegen die Primärfunktion des Unternehmens, die Herstellung der Produkte und Dienstleistungen bzw. die dazu notwendigen Leistungsprozesse. Für diese Leistungsprozesse ist ein operationalisiertes Zielsystem zu entwickeln. Dabei wird zwischen Formal- und Sachzielen unterschieden (s. Abb. 2.22):

Sachziele beziehen sich auf die Art, Menge, Qualität, den Ort und die Zeit der herzustellenden Produkte oder der zu erbringenden Dienstleistungen. Diese Ziele verlangen eine hohe Verfügbarkeit und Qualität der betrieblichen Energieversorgung.

Formalziele drücken den angestrebten Erfolg des Unternehmens aus. Zu den Formalzielen zählen daher zuerst die Finanzziele. Oberste Priorität haben dabei die Liquidität (als Voraussetzung für die wirtschaftliche Existenz des Unternehmens) und der Gewinn (als maßgeblicher Unternehmenszweck). Andere Formal-/Erfolgsziele können die Marktstellung, die Legalität, die Umwelt- und Sozialverträglichkeit oder das Image des Unternehmens sein. Einige davon werden durch die Gestaltung der betrieblichen Energieversorgung und den Energieeinsatz beeinflusst. Der Einfluss der Energie auf die Erreichung der Finanzziele wird nachfolgend detailliert erläutert.

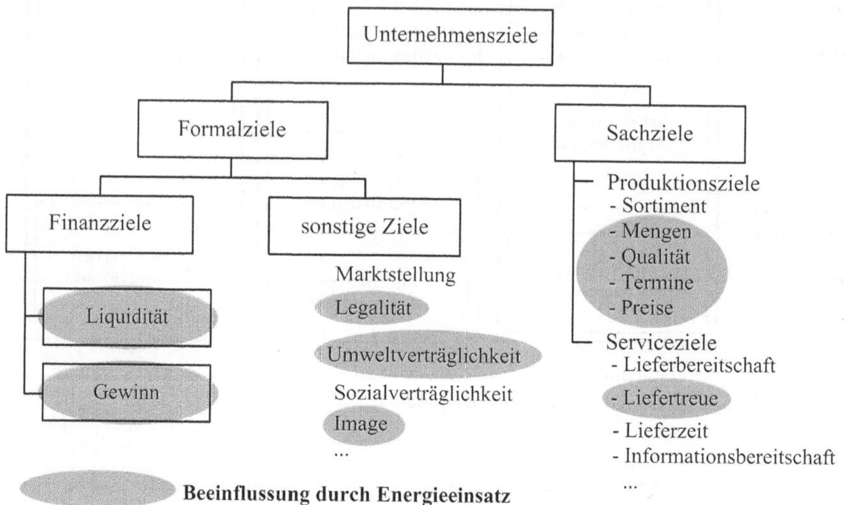

Abb. 2.22. Gliederung der Unternehmensziele und Einfluss des Energieeinsatzes

Von den Finanzoberzielen Liquidität und Gewinn wird ein System von Unterzielen und Kennzahlen abgeleitet, mit denen die Ziele weiter operationalisiert werden. Für den Gewinn ist das Du-Pont-Schema eines der ältesten und bekanntesten Kennzahlensysteme (Staehle 1969, Botta 1997). Der Gewinn wird im Du-Pont-Schema als relative Größe – bezogen auf das eingesetzte Kapital – als Kapitalrendite oder Return on Investment (ROI) angesehen. Diese Kapitalrendite ist das Oberziel und gleichzeitig die Spitzenkennzahl. Sie errechnet sich aus hierarchisch aufgebauten Unterkennzahlen (Du-Pont-Pyramide). Abbildung 2.23 zeigt die oberen Ebenen des Du-Pont-Schemas und jene Größen, die von der betrieblichen Energieversorgung beeinflusst werden. Erläuterungen folgen nach der Einführung des Kennzahlensystems für die Liquidität.

Für die Liquidität – oder die Verfügbarkeit von Zahlungsmitteln – existiert eine weithin verbreitete Kennzahlensystematik, die Bestandteil des von Reichmann und Lachnit (Lachnit 2004) entwickelten Rentabilitäts-Liquiditäts-Kennzahlensystems (RL-Kennzahlensystem) ist (s. Abb. 2.24). Anders als bei der Kapitalrendite im Du-Pont-Schema leitet sich die Liquidität jedoch nicht als Spitzenkennzahl über mathematische Operationen aus den Unterkennzahlen ab, sondern die untergeordneten Kennzahlen beschreiben spezifische Aspekte der Verfügbarkeit von Zahlungsmitteln (z. B. laufender Einnahmenüberschuss, Verschuldungsgrad). Auch im Liquiditäts-Kennzahlensystem findet sich eine Reihe von Faktoren, die durch den Energieeinsatz beeinflusst werden. Diese gleichen oder ähneln den Faktoren aus dem Kennzahlensystem für Kapitalrendite.

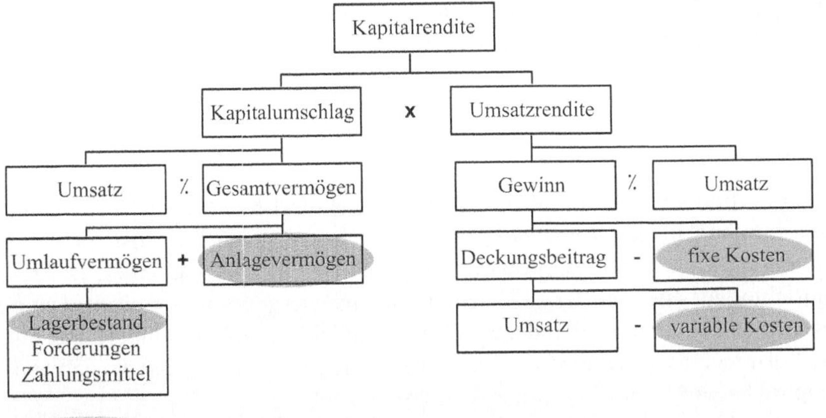

Abb. 2.23. Kapitalrendite, zugeordnete Kennzahlen nach dem Du-Pont-Schema und Einfluss des Energieeinsatzes, eigene Darstellung nach (Staehle 1969)

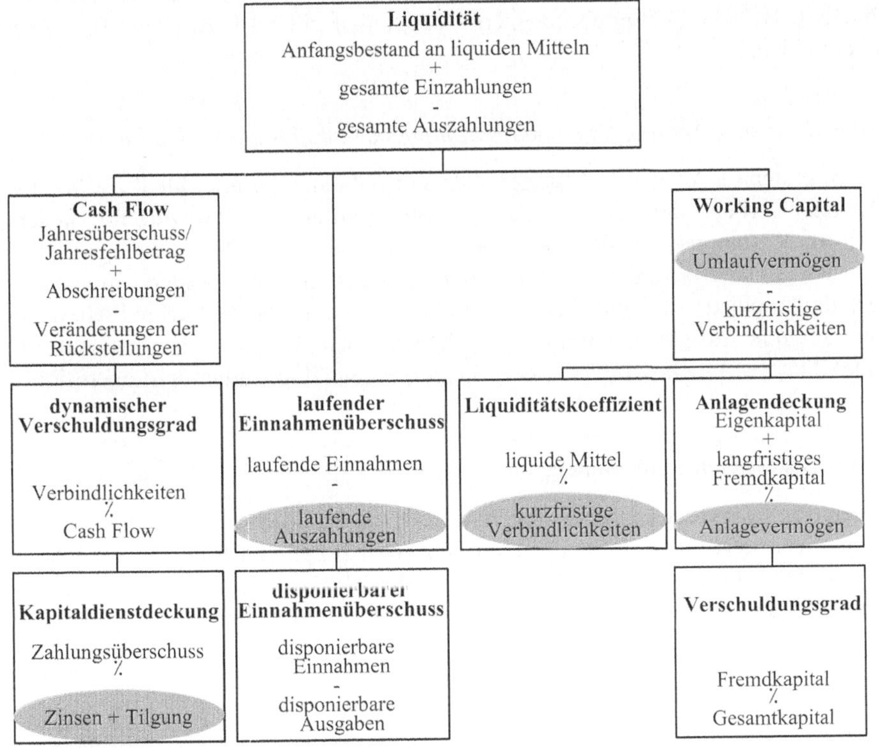

Abb. 2.24. Liquidität, zugeordnete Kennzahlen nach dem RL-Kennzahlensystem und der Einfluss des Energieeinsatzes, eigene Darstellung nach (Horváth 1998)

Nachfolgend sollen die Faktoren, die im Kennzahlensystem für Kapitalrendite und Liquidität vom Energieeinsatz beeinflusst werden, gemeinsam erläutert werden:

Anlagevermögen, Zinsen und Tilgung

Zum Anlagevermögen gehören auch die energietechnischen Anlagen der Fabrik, deren Wertumfang in der Regel mit steigendem Energiebedarf wächst, und die Anlagen, die im Zuge von Energiesparmaßnahmen angeschafft wurden (z. B. Frequenzumrichter zur energieeffizienzorientierten Ansteuerung von Motoren). Hohe Anlagevermögen bedeuten gebundenes Kapital, das die Liquidität mindert und für das eine entsprechende Rendite erwirtschaftet werden muss. Soweit es sich um Fremdkapital handelt, sind Zinsen und Tilgung zu zahlen.

Umlaufvermögen, Lagerbestand

Das Umlaufvermögen wird bezüglich der Energie vor allem durch Lagerbestände an Energieträgern erhöht (z. B. Heizöl). Dadurch wird vor allem die Liquidität geschmälert. Bei allen energiebezogenen Maßnahmen gilt es daher, hohe Bestände zu vermeiden.

Fixe und variable Kosten, laufende Auszahlungen, kurzfristige Verbindlichkeiten

Energiekosten (s. Abschn. 3.4) tragen – da sie weitgehend proportional zur bereits geleisteten Arbeit oder bereitgestellten Leistung anfallen – überwiegend zu den variablen Kosten bei. Einige Energiepreisbestandteile (z. B. Netznutzungsgebühren, Messgebühren) sind Fixkosten. Energiekosten sind überwiegend monatlich (ggf. als Abschlag) zu begleichen. Sie sind deshalb kurzfristige Verbindlichkeiten bzw. laufende Ausgaben. Energiekosten haben einen steigenden Einfluss auf die Rentabilität (s. Abschn. 1.2.2) und verlangen regelmäßig (monatlich) nach liquiden Mitteln. Die Minderung der Energiekosten – im Verhältnis zum eingesetzten Kapital (s. Anlagevermögen) – ist damit das entscheidende Erfolgskriterium für alle Energieeffizienzmaßnahmen.

Kennzahlen werden nicht allein genutzt, um die Unternehmensziele im betrieblichen Zielsystem zu operationalisieren und den Erfolg – im Rahmen des Managementinformationssystems – zu messen. Kennzahlen dienen auch dazu, das Leistungsverhalten im Unternehmen durch Anreizsysteme zu steuern (s. Abb. 2.25).

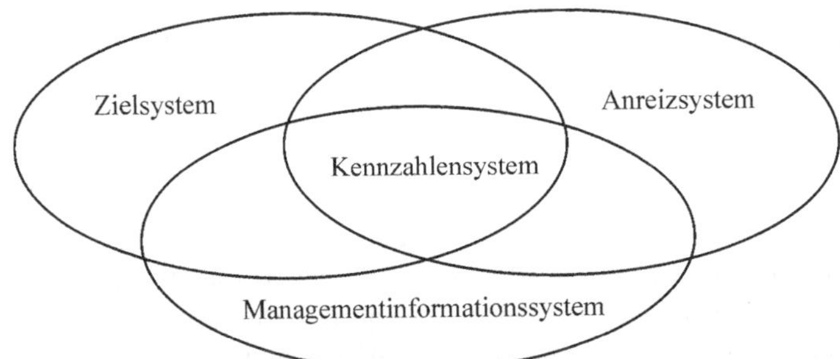

Abb. 2.25. Zusammenspiel von Kennzahlen und betrieblichem Ziel-, Anreiz- und Managementinformationssystem, eigene Darstellung nach (Ehrenheim 2007)

Abbildung 2.26 zeigt, wie das Leistungsverhalten eines Mitarbeiters im Unternehmen determiniert wird: Motive des Mitarbeiters und Anreize des Unternehmens sorgen beim Mitarbeiter für Erwartungen, welche Leistungen er erbringen will bzw. soll. Beim Umsetzen dieser Erwartungen in konkretes Handeln (Leistungsverhalten) erfolgt ein Abgleich, ob die eigene Leistung im Verhältnis zu der anderer Berufs- und Standeskollegen sowie Organisationseinheiten gerecht bewertet ist. Aus dem Zusammenwirken des Leistungsverhaltens des Mitarbeiters und der ihm zur Verfügung stehenden Ressourcen und Organisationsstrukturen entsteht ein (Arbeits-)Ergebnis, welches zu messen und zu bewerten ist, um dem Mitarbeiter ein Feedback zu geben (Belohnung, Sanktionen) und langfristig Anreizsysteme, Ressourcen und Organisationsstrukturen des Unternehmens anzupassen.

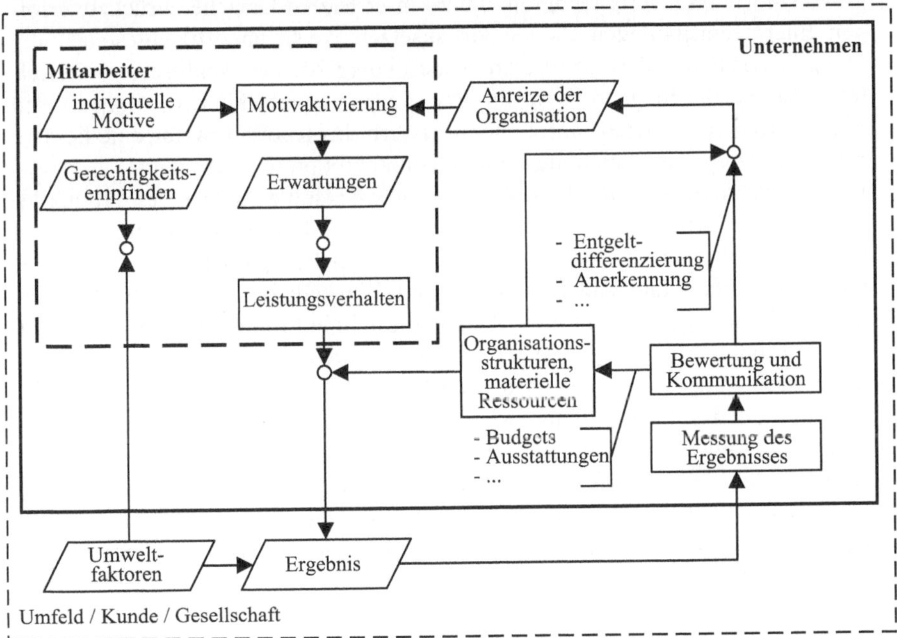

Abb. 2.26. Determinanten des Leistungsverhaltens, eigene Darstellung nach (Schanz 1991)

2.7 Zusammenfassung

Für das Planen und Betreiben energieeffizienter Fabriken ist das Verständnis einiger Modellannahmen zur Fabrik und zum Unternehmen grundlegend:

1. Fabriken werden als offene Systeme verstanden, die mit ihrer Umwelt u. a. Energie austauschen. Das einfachste Modell der Fabrik ist die Black-Box, mit der ausschließlich die Ein- und Ausgänge der Fabrik untersucht werden können, was z. B. für eine (volks-)wirtschaftliche Analyse und für Vergleiche der Energieeffizienz von Branchen ausreichend ist.
2. Soll die Energieeffizienz durch Maßnahmen beim Planen und Betreiben der Fabrik erhöht werden, so müssen Elemente, Prozesse und Strukturen der Fabrik in ihrem Zusammenwirken betrachtet werden. Dafür werden Modelle gebildet, die jeweils relevante Aspekte der Fabrik betonen (z. B. die betriebliche Energieversorgung) und eine angemessene Detailliertheit aufweisen.
3. In diesem Zusammenhang liefert die hierarchische Gliederung der Fabrik in Strukturebenen (Gesamtfabrik, Fabrikgebäude, Produktionsbereiche, Fertigungs- oder Montageplatzgruppen, Fertigungs- oder Montageplätze) ein geeignetes Schema, um den Energieverbrauch stufenweise zu analysieren, Hauptverbraucher und Energieeinsparpotenziale zu identifizieren und Verantwortlichkeiten für Energieeffizienzmaßnahmen festzulegen.
4. Die periphere Ordnung der Fabrik gruppiert alle Prozesse und Betriebsmittel danach, wie sie vom Produktionsprogramm und untereinander abhängen. Dadurch sind Energieverbräuche bis hin zu ihrer letzten Ursache zurückzuverfolgen. Energieeinsparungen können dort ansetzen, wo sie am effizientesten sind.
5. Das Lieferkettenmodell unterstützt insbesondere bei der Analyse und Gestaltung der Beschaffungsprozesse für Energien, energietechnische Anlagen und energieeffiziente Betriebsmittel. Beim Erwerb des Know-how für eine bessere Energieeffizienz kann auch die Lieferantenintegration unterstützen.
6. Der aus der ökologischen Produktbewertung bekannte Ansatz des Produktlebenswegs ist geeignet, um eine Sensibilität für die Energie zu erzeugen, die in den der Fabrik vor- und nachgelagerten Produktlebensphasen (bei der Gewinnung und Herstellung von Rohstoffen und Vorprodukten sowie bei der Nutzung und Entsorgung der in der Fabrik hergestellten Produkte) verbraucht wird. Ein Teil dieser Energieverbräuche kann auch durch ein entsprechendes Planen und Betreiben der Fabrik eingespart werden.
7. Das Modell des Fabriklebenszyklus fokussiert die unterschiedliche Lebensdauer und Änderungshäufigkeit von Subsystem oder Elementen der Fabrik (z. B. Gebäude, Betriebsmittel). Das Modell zeigt, wann Energieeinsparinvestitionen in einer Fabrik vorzugsweise möglich sind, und erklärt, welche wirtschaftlichen Risiken mit den oft erst langfristig rentablen Einsparinvestitionen verbunden sind.
8. Nicht zuletzt können Maßnahmen zur Energieeffizienz beim Planen und Betreiben von Fabriken nur verwirklicht werden, wenn dadurch ein Beitrag zum Unternehmenszweck geleistet wird. Das Zielsystem muss Kennzahlen enthal-

ten, die zu energiesparendem Leistungsverhalten der Mitarbeiter anhalten. Für Energiesparmaßnahmen muss nachgewiesen werden, dass sie über entsprechende Kennzahlen zum Unternehmenszweck beitragen. Die Beiträge der Energieeinsparmaßnahmen zur Kapitalrendite und Liquidität nehmen dabei eine Schlüsselstellung ein.

Erkenntnisse für das Planen und Betreiben energieeffizienter Fabriken
Das Planen und Betreiben energieeffizienter Fabriken setzt voraus, dass verstanden wird, wie Energie und energietechnische Anlagen mit den anderen Elementen, Prozessen und Strukturen der Fabrik technisch-organisatorisch zusammenwirken und wie der effiziente Energieeinsatz den Unternehmenserfolg beeinflusst.
Zu diesem Verständnis können bekannte Fabrik- und Unternehmensmodelle beitragen (Fabrik als System mit hierarchischer und peripherer Gliederung, SCOR-Modell, Lebenszyklusmodell, Modelle des Ziel- und Führungssystems).

Literatur

Bamberger I, Wrona T (2003) Strategische Unternehmensführung. Vahlen, München

Baumgarten R (1993) Der ökologische Reifen – Ein Versuch einer ganzheitlichen Bewertung. In: VDI-Bericht 1088, VDI-Verlag, Düsseldorf

Bleicher K (2004) Das Konzept Integriertes Management. 7. Aufl, Campus, Frankfurt/Main, New York

Botta V (1997) Kennzahlensysteme als Führungsinstrumente. 5. Aufl, Erich Schmidt Verlag, Berlin

Brunner M (2006) Strategisches Nachhaltigkeitsmanagement in der Automobilindustrie. Deutscher Universitätsverlag, Wiesbaden

Daenzer W (1988) Systems Engineering. Verlag Industrielle Organisation, Zürich

Deming WE (1986) Out of Crisis. Massachusetts Institute of Technology, Center for Advanced Engineering Study, Cambridge, Massachusetts

Ehrenheim C (2007) Produktions- und Prozessoptimierung mit Hilfe von Kennzahlsystemen. Dissertation, Technische Universität Chemnitz

Engelmann J (2008) Methoden und Werkzeuge zur Planung und Gestaltung energieeffizienter Fabriken. Dissertation, Technische Universität Chemnitz

Förster A, Lohwasser F, Herbst H (1982) Hierarchische Ordnung der Fertigungssysteme. In: Wissenschaftliche Zeitschrift der Hochschule Karl-Marx-Stadt 24 (1982), S 28–38

Hammer M, Champy J (2003) Business Reengineering. 7. Aufl, Campus, Frankfurt/Main, New York

Henn U, Kühnle H (1999) Strukturplanung. In: Eversheim W, Schuh G (Hrsg) Gestaltung von Produktionssystemen. Springer, Berlin

Horváth P (1998) Controlling. Vahlen, München

ISO (1997) ISO 14.040 – Environmental Management. Life Cycle Assessment – Principles and Framework. International Organization for Standardization, Geneva

ISO (1998) ISO 14.041 – Environmental Management. Life Cycle Assessment – Goal and Scope Definition and Inventory Analysis. International Organization for Standardization, Geneva

ISO (2000) ISO 14.042 – Environmental Management. Life Cycle Assessment – Life Cycle Impact Assessment. International Organization for Standardization, Geneva

Lachnit L (2004) Bilanzanalyse. Gabler, Wiesbaden

Lely A v d (1993) Umweltwirkungen der Logistik im Lean Management. Betriebswissenschaftliches Institut, Eidgenössische Technische Hochschule Zürich

Löffler T (1995) Begleitung einer Produktentwicklung bei einem mittelständischen Textilmaschinenhersteller unter Anwendung der Methode der Produktlinienanalyse. Diplomarbeit, Technische Universität Chemnitz

Löffler T (2003) Integrierter Umweltschutz bei der Produktionsstättenplanung. Dissertation, Wissenschaftliche Schriftenreihe des Instituts für Betriebswissenschaften und Fabriksysteme, H 37, Chemnitz

Luczak H (1997) Kerndefinition und Systematiken der Arbeitswissenschaft. In: Luczak H, Volpert W (Hrsg) Handbuch Arbeitswissenschaft. Schäffer-Poeschel, Stuttgart

Müller G (Hrsg) (1985) Lexikon Technologie – Metallverarbeitende Industrie. VEB Verlag Technik, Berlin

NSG (1995) Abfallarme Produktionsverfahren II: Trockenbearbeitung. VV-Information 16. Niedersächsische Gesellschaft zur Endlagerung von Sonderabfall mbH, Hannover

Rahn HJ (2002) Unternehmensführung. Kiehl Friedrich Verlag, Ludwigshafen

Schanz G (1991) Motivationale Grundlagen der Gestaltung von Anreizsystemen. In: Schanz G (Hrsg) Handbuch Anreizsysteme in Wirtschaft und Verwaltung. Schäffer-Poeschel, Stuttgart

Schenk M, Wirth S (2004) Fabrikplanung und Fabrikbetrieb. Springer, Berlin, Heidelberg

Schmidt-Bleek F (1994) Wieviel Umwelt braucht der Mensch. Birkhäuser, Berlin

Schmigalla H (1995) Fabrikplanung. Carl Hanser Verlag, München

Schneider J (1997) Trocken, Hart- und HSC-Bearbeitung. VDI-Z, Special Werkzeuge, 8 (1997)

Spath D (2003) Ganzheitlich Produzieren – Innovative Organisation und Führung. Log_X, Stuttgart

Spreng D (1994) Graue Energie. Hochschulverlag, Zürich, Stuttgart, Leipzig

Stadtler H, Kilger C (2005) Supply Chain Management and Advanced Planning – Concepts, Models, Software and Case Studies. 2nd edn. Springer, Berlin

Staehle W (1969) Kennzahlen und Kennzahlensysteme als Mittel der Organisation und Führung von Unternehmen. Gabler, Wiesbaden

Strohm O, Ulich E (Hrsg) (1997) Unternehmen arbeitspsychologisch bewerten. vdf, Zürich

Strubel V (1996) Entwicklung eines Grünen Fernsehers und Vermeidung von Elektronikschrott. In: 3. Freiburger Kongress „Ökobilanzen und Produktlinienanalysen", Öko-Institut e. V., Freiburg

Sydow J (1985) Der soziotechnische Ansatz der Arbeits- und Organisationsgestaltung. Campus, Frankfurt

Volkswagen AG (2007) Der Golf. Umweltprädikat. Artikelnummer: 715.1245.17.01. Volkswagen AG, Konzernforschung Produkt-Umwelt, Wolfsburg

Wirth S (Hrsg) (1989) Flexible Fertigungssysteme. Verlag Technik, Berlin

Wirth S, Löffler T, Mann H (1999) Lebensdauerflexibilisierung von Produkten. In: Zeitschrift für wirtschaftlichen Fabrikbetrieb. Jg 94, 5 (1999), S 264–267

Zäh M, Vogl W, Wünsch G et al (2004) Virtuelle Inbetriebnahme im Regelkreis des Fabriklebenszyklus. iwb Seminarberichte (2004) 74, München

3 Energetische Grundlagen

3.1 Physikalische Grundzusammenhänge

Der Begriff Energie leitet sich vom griechischen *en-érgeia* („wirkende Kraft“) bzw. vom Wortstamm *érgon* („Werk“, „Wirken“) ab. Mit der Entwicklung der modernen Physik wurde der Begriff der Energie dann vom Begriff der Kraft unterschieden und wie folgt definiert:

Energie ist die Fähigkeit eines Systems, Arbeit zu verrichten.

Energie ist also eine Zustandsgröße eines Systems. Geht ein System von einem Zustand in einen anderen Zustand über, so heißt dies Prozess. Dabei tritt die Prozessgröße Arbeit auf. Wird Arbeit am System verrichtet, erhöht sich dessen Energie (Energie wird zugeführt). Verrichtet das System Arbeit, so verringert sich dessen Energie (Energie wird abgegeben).

Die Arbeit W ist die durch eine an einem Körper oder Massenpunkt angreifende Kraft F längs eines Weges s übertragene Energie.

$$W = \int_{s_1}^{s_2} F(s)\,\mathrm{d}s \tag{3.1}$$

Im einfachsten Fall, wenn Kraft und Weg in die gleiche Richtung weisen und die Kraft konstant wirkt, gilt:

$$W = F \cdot s \tag{3.2}$$

Es gibt verschiedene Arten von Arbeit, die nach der Art der Kraft, die Zustandsveränderungen hervorruft, benannt werden (z. B. mechanische, elektrische, magnetische Kräfte). Eine besondere Rolle spielt die Wärme Q. Sie ist keine Arbeit, aber der Arbeit äquivalent. Wärme ist die über die Systemgrenze hinweg zu- oder abgeführte thermische Energie. Diese Wärmezufuhr bzw. -abfuhr bewirkt Temperaturänderungen, Phasenübergänge (z. B. Schmelzen, Erstarren), Druck- und Volumenänderungen (in Gasen).

Oben stehende Definition der Energie als Arbeitsfähigkeit hilft in vielen Fällen, die Rolle der Energie in Technik und Alltag zu verstehen. Neue physikalische Erkenntnisse verlangten jedoch, den Begriff Energie in der Wissenschaft diffiziler zu bestimmen. Bevor eine solche Definition gegeben wird, sollen zunächst einige grundlegende Zusammenhänge erläutert werden. Eingangs stellt Tabelle 3.1 ausgewählte Energieformen vor.

Tabelle 3.1. Energieformen

Energieform	Erläuterung
mechanische Energie	
- kinetische Energie (Bewegungsenergie)	Energie, die in der bewegten Masse eines Körpers enthalten ist. Sie hängt von der Masse und Geschwindigkeit des bewegten Körpers ab.
- potenzielle Energie (Lageenergie)	Energie, die ein Körper durch seine Position oder Lage in einem Kraftfeld (z. B. Gravitationsfeld oder elektrisches Feld) enthält.
thermische Energie	Energie, die in der ungeordneten Bewegung der Atome oder Moleküle eines Stoffes gespeichert ist.
elektrische Energie	potenzielle Energie im elektrostatischen Feld von elektrischen Ladungen
magnetische Energie	potenzielle Energie im magnetischen Feld
chemische Energie	Energie, die in der chemischen Bindung von Atomen oder Molekülen enthalten ist.
Kernenergie	Energie der Bindung der Protonen und Neutronen im Atomkern
Strahlungsenergie	Energie im elektromagnetischen Feld (Licht, Radiowellen)

Das Kurzzeichen für Energie ist E. Auf Grund der Äquivalenz zur Arbeit wird jedoch oft auch das Symbol W verwendet. Die SI-Einheit für Energie, Arbeit und Wärme ist Joule [J]. Auch die Verwendung dieser einheitlichen Einheit ist Ausdruck der Äquivalenz von Energie, Arbeit und Wärme.

$$1\,J = 1\,N \cdot m = 1\,\frac{kg \cdot m^2}{s^2} = 1\,W \cdot s \tag{3.3}$$

In Energiewirtschaft, Technik und im Alltag sind abweichend von der SI-Einheit vor allem kWh und MWh gebräuchlich. Auch veraltete Einheiten wie Kilopondmeter und Kalorie werden noch verwendet. Tabelle 3.2 zeigt die Umrechnungsfaktoren zwischen den Energieeinheiten Kilojoule, Kilowattstunde, Kilokalorie, Steinkohleeinheit und Rohöleinheit.

Tabelle 3.2. Gebräuchliche Umrechnungsfaktoren zwischen Energieeinheiten

		kJ	kWh	kcal	1 kg SKE	1 kg RÖE
1 kJ	=	1	0,000278	0,2388	-	-
1 kWh	=	3600	1	860	0,123	0,086
1 kcal	=	4,1868	0,001163	1	-	-
1 kg SKE	=	29308	8,141	7000	1	0,7
1 kg RÖE	=	41868	0,7	10000	1,43	1

Für die Nutzung der Energieformen – u. a. beim Betreiben von Fabriken – sind folgende physikalische Zusammenhänge grundlegend:

Energie kann zwischen Systemen ausgetauscht werden, sie kann jedoch weder erzeugt noch vernichtet, sondern nur von einer Energieform in eine andere umgewandelt werden. In einem abgeschlossenen (energiedichten) System ist die Gesamtheit der Energie daher immer gleich (Energieerhaltungssatz bzw. 1. Hauptsatz der Thermodynamik).

In der Praxis – und deshalb auch in diesem Buch – wird dennoch oft von Energieverlust, Energieverbrauch oder Energieverschwendung gesprochen. Dies hat mit dem Zweiter Hauptsatz der Thermodynamik zu tun, der in der historischen Entwicklung der Physik in mehreren äquivalenten Versionen formuliert wurde:

- Wärme fließt nicht von selbst von einem Körper niederer Temperatur zu einem Körper höherer Temperatur.
- Wärme kann von keiner wie auch immer gearteten Maschine vollständig in mechanische oder elektrische Energie gewandelt werden.

Allgemein gilt also, dass Energieumwandlungen zwischen verschiedene Energieformen und Energieniveaus spontan in eine Richtung verlaufen und nicht (vollständig) umkehrbar sind. Es existieren also einerseits „wertvolle", weil frei verfügbare bzw. unbeschränkt wandelbare Energien (z. B. kinetische, potenzielle und elektrische Energie). Andererseits existieren „minderwertige", nicht mehr umwandelbare Energien (z. B. niederkalorische Wärme).

Die Physik nutzt zur Beschreibung dieses Sachverhalts die Begriffe Exergie und Anergie.[13]

Exergie ist der Teil der Gesamtenergie eines Systems, der maximal – d. h. unter den günstigsten Bedingungen – als Arbeit entnommen werden kann. Wie groß der Anteil der Exergie an der gesamten Energie eines Systems ist, wird von den Umgebungsbedingungen bestimmt. So muss die Temperatur von Teilsystemen, die Wärmearbeit verrichten sollen, über der Umgebungstemperatur liegen, damit diese Wärme genutzt werden kann. Weitere Beispiele für Umgebungsbedingungen sind mechanische und chemische Gleichgewichtszustände.

Anergie ist der Anteil der Gesamtenergie eines Systems, der unter den Umgebungsbedingungen keine Arbeit verrichten kann. Obwohl mit der Anergie keine Arbeit verrichtet werden kann, hat sie doch ähnliche Merkmale wie die Arbeit. Der Zuwachs der Anergie in einem System kann gemessen und in der Einheit Joule angegeben werden. Es gilt:

$$Energie = Exergie + Anergie \tag{3.4}$$

Die oben angekündigte, aus wissenschaftlicher Sicht bessere Definition der Energie lautet daher:

---

[13] Definition und Beschreibung in Anlehnung an (Fleischer 2008)

Energie beschreibt alle Eigenschaften von Zuständen und Prozessen, die einer Arbeit äquivalent (identisch, gleich, proportional) sind und die mit gleichem Maß messbar sind (Fleischer 2008).

Bei der Wandlung von Energie, d. h. beim Verrichten von Arbeit, geht Exergie in Anergie über (s. Abb. 3.1). Es kommt also zu einem Exergieverlust bzw. zu einer Energieentwertung. Dieser Exergieverlust bzw. diese Energieentwertung wird umgangssprachlich Energieverbrauch genannt. Wird in der Praxis von Energie gesprochen, so ist meist Exergie gemeint.

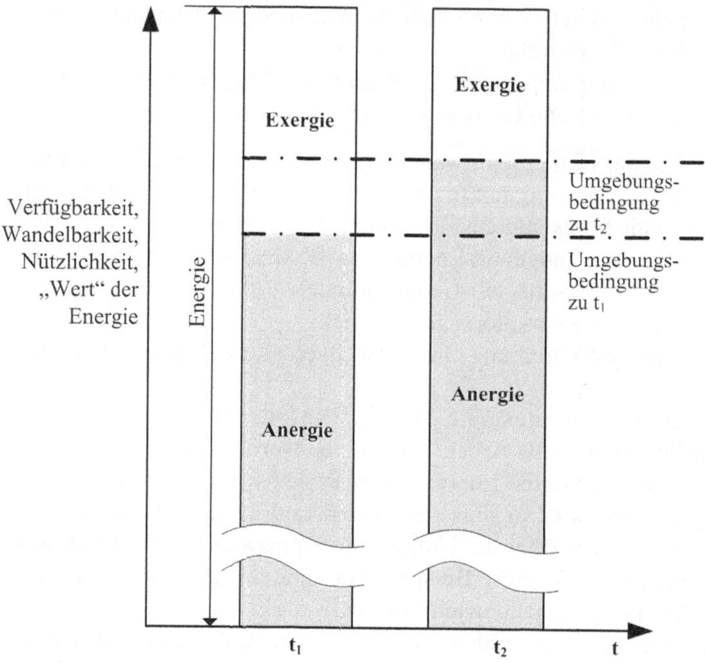

Abb. 3.1. Exergie und Anergie

Auf Grund der Irreversibilität der Umwandlung von Exergie in Anergie streben abgeschlossene, energiedichte Systeme einem Zustand entgegen, in dem alle Exergie aufgebraucht ist. In diesem Zustand würde ein völliges thermisches, mechanisches und chemisches Gleichgewicht herrschen und alles Geschehen zum Erliegen kommen (sogenannter Wärmetod).

Die Erde dagegen ist ein offenes System. Sie bezieht ständig Energie von der Sonne. Von diesem Energiegewinn kann u. a. auch die Menschheit leben (auch durch Nutzung fossiler Energiequellen, die nichts anderes als gespeicherte Sonnenenergie darstellen).

Ähnliches gilt für technische Systeme (z. B. Fabriken, Produktionsanlagen): Sie bedürfen der Zufuhr von wandelbarer, „hochwertiger" Energie (Exergie, z. B. Elektroenergie), damit die zur Verrichtung der gewünschten Arbeit notwendigen

Energieumwandlungen stattfinden können. Diese Energien sind – auch physikalisch begründet – knappe Güter.

Für das Planen und Betreiben energieeffizienter Fabriken ergeben sich aus den geschilderten Grundlagen erste praktische Schlussfolgerungen:

Energie ist eine Bilanzgröße. Energiebilanzen können als wirkungsvolles Analyseinstrument beim Planen und Betreiben energieeffizienter Fabriken eingesetzt werden.

Die Bilanzierbarkeit der Energie lässt sich aus dem Energieerhaltungssatz ableiten: Die Summe aus der Energie W_{Anfang}, die zu einem beliebig gewählten Anfangszeitpunkt in einem System (z. B. der Fabrik, einem Betriebsmittel) gespeichert ist, und der zugeführten Energie/Arbeit W_{zu} ist gleich der Summe der in einem beliebig gewählten Endzustand gespeicherten Energie W_{End} und der abgegebenen Arbeit W_{ab}.

$$W_{Anfang} + W_{zu} = W_{End} + W_{ab} \tag{3.5}$$

In der betrieblichen Praxis können zum Beispiel Lagerbestände an Heizöl oder Treibstoff als gespeicherte Energie verstanden werden. Bei der Bilanzierung von betrieblichen Produktionsprozessen und einzelner Betriebsmittel spielt gespeicherte Energie oft keine Rolle, so dass gilt:

$$W_{zu} = W_{ab} \tag{3.6}$$

Die einer Fabrik oder einem Betriebsmittel zugeführte Energie – meist in Form von Elektroenergie, Erdgas, thermischer Energie oder Druckluft – lässt sich in der Regel auch in der Praxis durch Messung ermitteln (s. Kap. 6). Die abgeführte Energie besteht aus Nutzarbeit W_{Nutz} und sogenannter Verlustarbeit $W_{Verlust}$ (= Anergie).

$$W_{ab} = W_{Nutz} + W_{Verlust} \tag{3.7}$$

Die Nutzenergie ist in der Praxis messtechnisch meist nur schwer zu ermitteln (z. B. Ermittlung der in einem umgeformten oder spannend bearbeiteten Werkstück gespeicherten Verformungsarbeit). Im besten Fall können Ergebnisse von Laboruntersuchungen übertragen werden, mit denen sich die Nutzenergie berechnen lässt. Dazu dient z. B. der aus technischen Dokumentationen bekannte Wirkungsgrad von Betriebsmitteln. Oft wird auf die zahlenmäßige Ermittlung der Nutzenergie verzichtet.

Zur Verlustenergie zählt vor allem Wärme, die durch Reibung entsteht oder unerwünscht aus thermischen Produktionsprozessen oder beheizten Räumen entweicht. Die Verlustenergie ist Ausdruck des Zweiten Hauptsatzes der Thermodynamik. In einigen Fällen gelingt es, vermeintliche Verlustenergie wieder- oder weiter zu nutzen:

- Verlustenergie kann ggf. noch auf einem geringeren Energieniveau genutzt werden (sogenannte Nutzungskaskade, z. B. Prozessabwärme für die Warmwasserbereitung im Sanitärbereich).
- Verlustenergie kann durch Zufuhr von wenig zusätzlicher Energie auf ein höheres Energieniveau gehoben werden und zum Einsatz kommen (z. B. Wärmerückgewinnung mit integrierter Wärmepumpe).

Ansätze für Energieeinsparungen

Der Energiebedarf einer Fabrik – die zugeführte Energie – lässt sich nach (3.7) auf dreierlei Weise reduzieren:

1. durch die Verringerung der erforderlichen Nutzenergie,
2. durch die Minderung energetischer Verluste bei der Umwandlung der zugeführten Energie in Nutzenergie und
3. durch Wieder- und Weiternutzung der Verlustenergie.

Diesen drei Möglichkeiten der Energiereduzierung widmet sich das vorliegende Buch an verschiedenen Stellen. Beispiele werden vor allem im Kap. 5 (Energierelevante Planungsobjekte) erläutert.

Weiterhin kann aus dem Zweiten Hauptsatz der Thermodynamik geschlussfolgert werden, dass

4. mit hochwertiger, vollständig wandelbarer Energie (z. B. Elektroenergie) besonders sparsam umzugehen ist, bzw. dass Energie, deren Niveau gerade noch für die technische Anwendung ausreicht (z. B. niederkalorische Wärme für Niedertemperaturheizungen), bevorzugt eingesetzt werden sollte.

Dieser Sachverhalt wird besonders im folgenden Abschnitt erläutert.

3.2 Energieumwandlungskette

Produzierende Unternehmen beziehen Energie in unterschiedlicher Form: als Elektrizität, Erdgas, Diesel, Fernwärme u. a. m. Jede dieser Energieformen durchläuft eine Energieumwandlungskette: von der Rohstoffgewinnung und -aufbereitung über verschiedene Stufen der Energiewandlung und des Transports bis hin zur Auslieferung an den Verbraucher.[14] Abbildung 3.2 zeigt die in diesem Zusammenhang wichtigen Begriffe, die nachfolgend näher erläutert werden.

---

[14] entspricht dem Produktlebensweg (vgl. Abschn. 2.4)

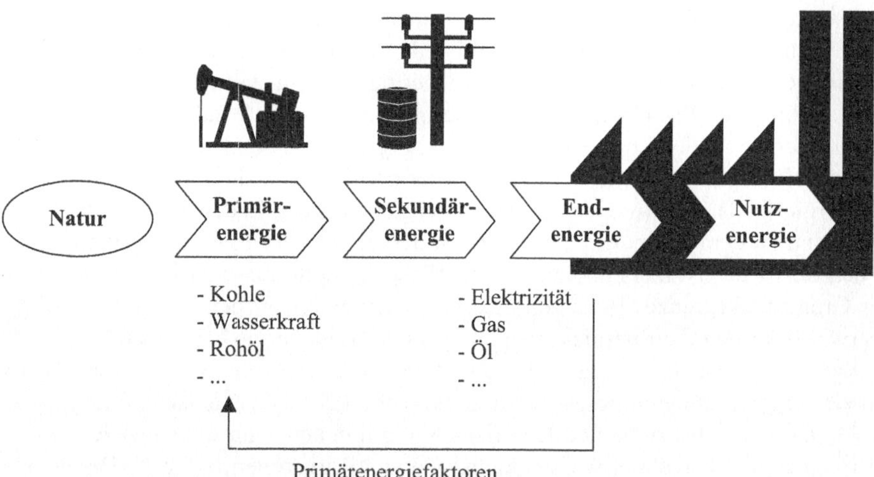

Abb. 3.2. Energieumwandlungskette

Energieträger sind alle Quellen oder Stoffe, in denen Energie mechanisch, thermisch, chemisch oder physikalisch gespeichert ist. Dabei werden primäre und sekundäre Energieträger unterschieden.

Primärenergie ist der Energieinhalt von natürlich vorkommenden Energieträgern, die noch keiner Umwandlung durch den Menschen unterworfen worden sind. Primäre Energieträger sind z. B. die solare Einstrahlung, Wasserkraft, Wind, fossile Energieträger (z. B. Kohle, Mineralöl, Erdgas), Biomasse, Kernkraft und Erdwärme. Abbildung 3.3 zeigt, welche der eben genannten Energieträger zu welchen Anteilen im ersten bis dritten Quartal 2008 in Deutschland zum Einsatz kamen.

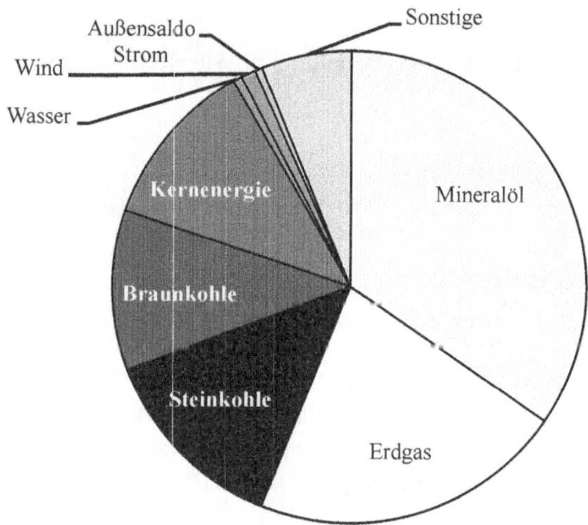

Abb. 3.3. Anteile verschiedener Energieträger am Primärenergieverbrauch Deutschlands, I. bis III. Quartal 2008, eigene Darstellung nach (AG Energiebilanzen 2008)

Sekundärenergie ist der Energieinhalt jener Energieträger, die vom Menschen durch Umwandlung natürlich vorkommender Energieträger gewonnen wurden. Sekundärenergieträger sind z. B. Elektroenergie, Benzin, Diesel, Heizöl. Bei der Umwandlung von Primär- in Sekundärenergie treten Verluste auf.

Endenergie ist der Energieinhalt jener Energieträger, die dem Nutzer letztendlich zur Verfügung gestellt werden. Endenergie gleicht in ihrer Form der Sekundärenergie (z. B. Elektroenergie). Der Energieinhalt der Endenergie wird an der Stelle und zu dem Zeitpunkt gemessen, an der/zu dem der Energieträger physisch in den Besitz des Nutzers übergeht (z. B. Einspeisestelle für elektrischen Strom an der Grundstücksgrenze, Betanken eines Kraftfahrzeugs an der Tankstelle). Üblicherweise werden die Energiekosten an Hand der Endenergie berechnet.

Nutzenergie ist die Energie, die unmittelbar für die vom Nutzer gewünschte Anwendung/Leistung eingesetzt wird (z. B. Licht, Kälte, mechanische Energie).

Primärenergiefaktoren sind Koeffizienten, mit denen – für eine gegebene Endenergiemenge – berechnet werden kann, wie viel Primärenergie für die Bereitstellung der Endenergie aufgewendet werden musste. Der Primärenergieaufwand wird dabei von der Gewinnung der Primärenergieträger über die Energieumwandlung bis hin zum Transport zum Endabnehmer kumuliert. Für einzelne Länder und die EU werden gemittelte Primärenergiefaktoren als Standardwerte veröffentlicht. So gilt für den deutschen Strommix ein Primärenergiefaktor von 3, d. h. für 1 kWh elektrischen Strom werden 3 kWh Primärenergie eingesetzt (s. Tabelle 3.3).

Tabelle 3.3. Primärenergiefaktoren f_P für Standard-Wärmeversorgung gemäß DIN V 4701-10

Energieträger	f_P
Brennstoffe als Energieträger (Wandlung in Wärme innerhalb der Gebäude)	
Heizöl EL, Erdgas H, Flüssiggas und Steinkohle	1,1
Braunkohle	1,2
Holz	0,2
Fern-/Nahwärme aus Kraft-Wärme-Kopplung (Wandlung in Wärme außerhalb der Gebäude)	
Erzeugung mit fossilen Brennstoffen	0,7
Erzeugung mit regenerativen Brennstoffen	0,0
Fern-/Nahwärme aus Heizwerken (Wandlung in Wärme außerhalb der Gebäude)	
Erzeugung mit fossilen Brennstoffen	1,3
Erzeugung mit regenerativen Brennstoffen	0,1
elektrische Energie (Wandlung in Wärme und als Hilfsenergie, z. B. für Pumpen)	
Strom-Mix	3,0

Im Unternehmen ist der Energieverbrauch zunächst als Endenergieverbrauch aus den Rechnungen der Energieversorger oder aus Messungen (z. B. Stromzähler) bekannt. Die Größe „Endenergieverbrauch“ ist somit für das Unternehmen gut nachvollziehbar und wirtschaftlich bewertbar.

Aus Sicht der Energieeffizienz ist es jedoch falsch, z. B. eine Kilowattstunde Elektroenergie mit einer Kilowattstunde Erdgas gleichzusetzen, da für die Kilowattstunde Elektroenergie deutlich mehr Primärenergie aufgewendet werden muss. Dies widerspiegelt sich letztlich auch in der Differenz des spezifischen Preises für eine Kilowattstunde elektrischen Strom und eine Kilowattstunde Erdgas.

Zur adäquaten Beurteilung der Energieeffizienz ist daher der Endenergieverbrauch durch Multiplikation mit den oben genannten Primärenergiefaktoren auf den Primärenergieverbrauch zurückzuführen. Der Primärenergiegehalt verschiedener Energiearten und -träger lässt sich dann miteinander vergleichen und verrechnen. Der konkrete Primärenergiegehalt der eingesetzten Endenergie kann den Rechnungen des Energielieferanten entnommen werden oder ist dort nachzufragen. Alternativ sind die in Tabelle 3.3 genannten Standards nutzbar.

Die Abb. 3.4 und 3.5 illustrieren das Verhältnis von Endenergieverbrauch und Primärenergieverbrauch an Hand eines vereinfachten Beispiels: In einem Betrieb besteht der Bedarf nach 110 MWh Wärme (Nutzenergie). In Abb. 3.4 wird diese Wärme aus elektrischem Strom erzeugt. Elektroenergie kann nach dem Prinzip der Widerstandsheizung zu nahezu 100 Prozent in Wärme gewandelt werden.[15] Nötig sind also rund 110 MWh Elektroenergie (Endenergie).

In Abb. 3.5 wird die Wärme aus Erdgas erzeugt. Der eingesetzte Brenner hat einen Wirkungsgrad von ca. 85 Prozent, was einen Bedarf von ca. 130 MWh Erdgas (Endenergie) ergibt. Beim Vergleich des Endenergiebedarfs von Abb. 3.4 (110 MWh) und Abb. 3.5 (130 MWh) schneidet also Abb. 3.4 besser ab.

Wie oben gezeigt, werden beim Endenergieverbrauch jedoch „Äpfel mit Birnen" (hier: Elektroenergie mit Erdgas) verglichen. Wird die Endenergie durch Multiplikation mit den entsprechenden Primärenergiefaktoren ($f_{p\_Elektroenergie} = 3$; $f_{p\_Erdgas} = 1{,}1$) auf Primärenergie zurückgeführt, so zeigt sich, dass Abb. 3.5 mit 142 MWh gegenüber 330 MWh von Abb. 3.4 energetisch deutlich günstiger ist.

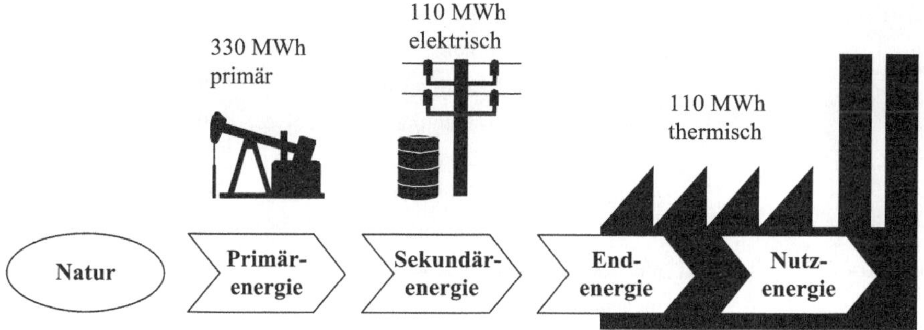

Abb. 3.4. Vergleich von Endenergie- und Primärenergieverbrauch bei der Wärmegewinnung aus Strom

[15] Verluste für die Eigenerwärmung der Widerstandsheizung und bei der Übertragung der Wärme auf das zu erwärmende Medium werden vernachlässigt, da sie entweder nur im Anlauf oder auch in Variante B, also variantenneutral, auftreten.

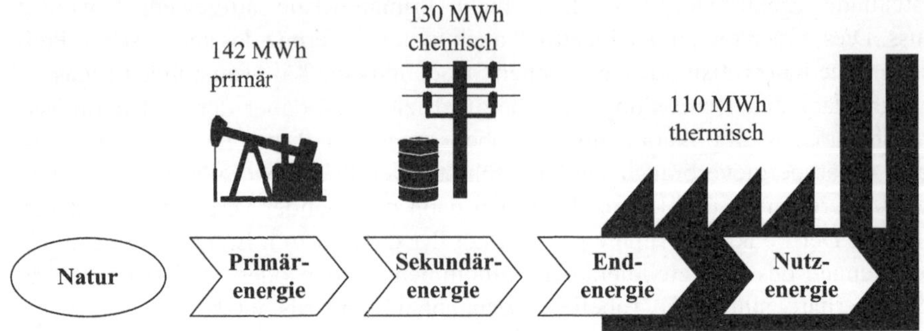

Abb. 3.5. Vergleich von Endenergie- und Primärenergieverbrauch bei der Wärmegewinnung aus Erdgas

Eine typische Kennzahl, mit der Energieumwandlungen bzw. die zugehörigen Prozesse, Betriebsmittel oder deren Komponenten (z. B. Motoren) energetisch beurteilt werden, ist der Wirkungsgrad. Der Wirkungsgrad η beschreibt das Verhältnis der Nutzenergie zur zugeführten Energie. Beispiele zeigt Tabelle 3.4.

$$\eta = \frac{W_{Nutz}}{W_{zu}}; 0 < \eta < 1 \tag{3.8}$$

Tabelle 3.4. Beispiele für Energieumwandlungen, eigene Darstellung nach (Schufft 2003)

Energieumwandlung von	in	Betriebsmittel	Wirkungsgrad [%]
elektrisch	elektrisch	Transformator	95
	mechanisch	Motor	95
	thermisch	Elektroheizung	100
	chemisch	Akkumulator, Elektrolyse	70
		Glühlampe	5
	Strahlung	Leuchtstoffröhre	20
		Laser	bis 35
mechanisch	elektrisch	Generator	95
	mechanisch	Getriebe	99
	thermisch	mechanische Bremse	100
thermisch	elektrisch	Thermoelement	5
	mechanisch	Dieselmotor	35
		Ottomotor	25
	thermisch	Wärmetauscher	90
chemisch	elektrisch	Akkumulator	70
		Brennstoffzelle	45
	thermisch	Kohleheizung	70

Strahlung	elektrisch	Solarzelle	15
	thermisch	Solarthermie	50
	chemisch	Photosynthese	1
nuklear	thermisch	Atomreaktor	100

In Energieumwandlungsketten multiplizieren sich die Wirkungsgrade der einzelnen Energieumwandlungen zu einem Gesamtwirkungsgrad:

$$\eta_{gesamt} = \eta_1 \cdot \eta_2 \cdot \ldots \cdot \eta_n = \prod_{i=1}^{n} \eta_i \tag{3.9}$$

Treten viele Energieumwandlungsstufen auf, wird der Gesamtwirkungsgrad wegen der Multiplikation der Einzelwirkungsgrade oft sehr klein. Orientiert die Fabrikplanung auf möglichst kurze Energieumwandlungsketten, kann meist Energie gespart werden.

3.3 Grundlagen ausgewählter Formen der Energie und Arbeit

3.3.1 Mechanische Energie und mechanische Arbeit

Mechanische Energie bzw. Arbeit wird in der Fabrik für Transformations- und Transportprozesse benötigt. Für das Planen und Betreiben von Fabriken sind vordergründig folgende mechanische Energien von Interesse.

Die potenzielle Energie W_{pot} eines Körpers im erdnahen Gravitationsfeld – z. B. einer im Hochregallager eingelagerten Palette mit Material – berechnet sich aus der Höhe h, um die der Körper gegenüber einer Bezugshöhe angehoben wurde, der Masse m des Körpers und der Erdbeschleunigung g. Die potenzielle Energie entspricht der geleisteten Hubarbeit.

$$W_{pot} = m \cdot g \cdot h \tag{3.10}$$

Die kinetische Energie der Translation W_{kin} – z. B. der Bewegung eines Werkstücks von Maschine zu Maschine oder der Vorschubeinheit einer Werkzeugmaschine – hängt von der Masse m des transportierten Körpers und der Geschwindigkeit v ab.

$$W_{kin} = \frac{1}{2} m \cdot v^2 \tag{3.11}$$

Die kinetische Energie der Rotation – z. B. der Rotation von Werkzeugmaschinenspindeln – ergibt sich aus dem Trägheitsmoment J und der Winkelgeschwindigkeit ω.

$$W_{kin} = \frac{1}{2} J \cdot \omega^2 \tag{3.12}$$

Das Trägheitsmoment J ist von der Masse m und vom Radius r abhängig.

$$J = \int r^2 \, \mathrm{d}m \tag{3.13}$$

Auf die allgemeine Berechnungsformel der Arbeit ($W = F \cdot s$) wurde bereits im Abschn. 3.1 hingewiesen. Für die spezielle Form der Reibungsarbeit W_R ist die Reibungszahl μ zu berücksichtigen:

$$W_R = \mu \cdot F \cdot s \tag{3.14}$$

Für die Beschleunigungsarbeit W_B ist die Kraft als Masse m multipliziert mit der Beschleunigung a zu spezifizieren.

$$W_B = m \cdot a \cdot s \tag{3.15}$$

In der Zusammenschau der oben stehenden Gleichungen ergeben sich für das Planen und Betreiben von energieeffizienten Fabriken folgende Ansätze:

1. Die Masse von bewegten Körpern gering halten!
2. Die Radien bei der Rotation von Körpern gering halten. Der Radius geht im Quadrat in den Energiebedarf ein!
3. Die Geschwindigkeit, mit der Körper bewegt werden, gering halten. Die Geschwindigkeit geht im Quadrat in den Energiebedarf ein!
4. Die Wege, über die Körper bewegt werden müssen, gering halten!
5. Die Reibung durch geeignete Materialpaarungen (geringe Reibungszahl) gering halten!
6. Die Beschleunigung gering halten!

Die Umsetzung dieser Ansätze ist in der Praxis nicht trivial. Oft stehen die energetischen Verbesserungsansätze anderen Anforderungen an die Fabrik diametral gegenüber: So führen geringe Geschwindigkeiten bei der Bearbeitung von Werkstücken und beim Transport meist zu längeren Durchlaufzeiten, was in der Regel nicht hinnehmbar ist.

Andererseits existieren Situationen, in denen z. B. ein Regalbediengerät ein Lagergut mit hoher Geschwindigkeit und einem hohen Energieverbrauch zu einem Regalfach transportiert und anschließend längere Zeit auf einen neuen Auftrag wartet. In einem solchen Fall kann der Energieverbrauch des Regalbediengeräts verringert werden, indem die Beschleunigung und die Geschwindigkeit gesenkt werden. Die Maßnahme hat keine Auswirkung auf die Ausbringungsmenge und die Durchlaufzeiten.

3.3.2 Thermische Energie und Wärme

Die Wärme Q ist die über die Systemgrenze hinweg zu- oder abgeführte thermische Energie. Wärmezufuhr bzw. -abfuhren bewirken Temperaturänderungen, Phasenübergänge (z. B. Schmelzen, Erstarren), Druck- und Volumenänderungen (in Gasen).

In der Produktionstechnik wird Wärme in allen Verfahrensgruppen benötigt: beim Urformen (z. B. Schmelzen des Werkstoffs vor dem Gießen, Spritzgießen), beim Umformen (z. B. Erwärmen zum Freiformschmieden, Warmstrangpressen), beim Trennen (z. B. Brennschneiden), beim Stoffeigenschaftsändern (z. B. Erwärmen zum Härten, Normalglühen), beim Fügen (z. B. Schweißen, Erwärmen vor dem Fügen von Presspassungen, Erwärmen von Klebern) und beim Beschichten (z. B. Lacktrocknen, Flammspritzen). Hinzu kommen Hilfsprozesse wie die Teilereinigung (z. B. unterstützende Heizung der Reinigungsbäder) und die Raumheizung.

Typische Anwendungen für Wärme sind also das Erwärmen von Körpern, das Schmelzen und das Verdampfen. Für das Erwärmen eines Körpers berechnet sich die Wärmemenge aus der Masse m des Körpers, dessen spezifischer Wärmekapazität c und der Temperaturdifferenz ΔT (Grundgleichung der Wärmelehre):

$$Q = m \cdot c \cdot \Delta T \tag{3.16}$$

Für das Schmelzen und Verdampfen sind die stoffspezifische Schmelz- bzw. Verdampfungswärme (c_S bzw. c_V) zu berücksichtigen:

$$Q = m \cdot c_S \tag{3.17}$$

$$Q = m \cdot c_V \tag{3.18}$$

Aus den Gleichungen lässt sich bereits die Forderung ableiten, dass die Masse von Körpern oder Flüssigkeiten, die erwärmt, geschmolzen oder verdampft werden sollen, gering zu halten ist. Beim Planen und Betreiben von Fabriken spielt diese Forderung z. B. bei der Dimensionierung von beheizten Behältern oder Tauchbädern eine Rolle.

Die Wärmemenge Q wird als Wärmestrom $\dot{Q}$ über eine Zeit t zugeführt:

$$Q = \dot{Q} \cdot t \quad (3.19)$$

In Analogie zur Gleichung 3.7 gilt weiterhin, dass von einem zugeführten Wärmestrom nur ein Teil in Nutzwärme verwandelt werden kann und ein weiterer Teil unerwünscht verloren geht:

$$\dot{Q}_{zu} = \dot{Q}_{Nutz} + \dot{Q}_{Verlust} \quad (3.20)$$

Die Verluste treten an verschiedenen Stellen der Wärmeübertragung auf. Bei der Wärmeübertragung sind Wärmeleitung, Konvektion und Strahlung zu unterscheiden. Diese Mechanismen der Wärmeübertragung werden nachfolgend in Anlehnung an (Schieferdecker 2006) erläutert.

Wärmeleitung

Wärmeleitung ist der Wärmefluss in einem festen Körper, einer (stehenden) Flüssigkeit oder einem Gas, der durch Schwingungen und andere Teilchenbewegungen zu Stande kommt. Wärmeleitung erfolgt ohne Stoffaustausch. Nach dem 2. Hauptsatz der Thermodynamik fließt die Wärme stets von einem Körper höherer Temperatur zu einem Körper niederer Temperatur.

Bei der Berechnung der Wärmeleitung wird modellhaft eine Wand, die aus einer oder mehreren Schichten besteht, zu Grunde gelegt. Der Wärmestrom ergibt sich aus der Zahl der wärmeleitenden Schichten i, der Wärmeleitzahl λ dieser Schichten, der Wandstärke s der Schichten, der Wärmeübergangsfläche A und der Temperaturdifferenz zwischen Außen- und Innenfläche (T_A-T_I).

$$\dot{Q} = \sum_{i=1}^{n} \frac{\lambda_i}{s_i} \cdot A \cdot \left(T_A - T_I\right) \quad (3.21)$$

In technischen Systemen – und dies betrifft auch das Planen und Betreiben von Fabriken – werden bezüglich der Wärmeleitung zwei Zielstellungen verfolgt:

1. Eine gute Wärmeleitung, bei der sich die Temperaturen auf der Außen- und Innenfläche möglichst angleichen (T_A=T_I). Diese Anforderung sollte z. B. in Wärmetauschern und Flächenheizkörpern umgesetzt werden. Dafür sind Materialien mit großer Wärmeleitzahl einzusetzen. Fläche und Schichtdicke ergeben sich meist aus mechanischen und prozesstechnischen Anforderungen.
2. Eine gute Isolation, bei der die Wärmeleitung möglichst unterbunden werden soll ($T_A \gg T_I$ oder $T_A \ll T_I$). Diese Anforderung sollte z. B. bei der Einhausung von Trocknern, Glühöfen, Kühllagern oder Leitungen, die kalte oder warme Medien führen, sowie bei der Hülle beheizter oder gekühlter Gebäude umge-

setzt werden. Um eine gute Isolation zu erreichen, sind Materialien mit kleiner Wärmeleitzahl und großen Schichtdicken zu verwenden.

Konvektion

Konvektion heißt die Wärmeübertragung zwischen einem strömenden Medium und einem festen Körper bzw. – mit geringerer Bedeutung für die Produktionstechnik und die Fabrik – die Wärmeübertragung zwischen einem strömenden Medium und einem anderen Fluid (z. B. in Wirbelschichten). Ursachen für die Strömung sind u. a. die Schwerkraft sowie Druck-, Dichte-, Temperatur- oder Konzentrationsunterschiede. Die Wärmeübertragung findet an der Grenzfläche zwischen den Medien statt. Deren Oberfläche (Gestalt, Rauheit), Stoffeigenschaften (Aggregatzustand) und Strömungseigenschaften (laminar, turbulent) beeinflussen die Konvektion entscheidend und werden mit der Wärmeübergangszahl α charakterisiert. Weiterhin spielen die Wärmeübergangsfläche A und die Temperaturdifferenz (T_A-T_I) eine Rolle.

$$\dot{Q} = \alpha \cdot A \cdot (T_A - T_I) \qquad (3.22)$$

Ein Beispiel für die Konvektion ist die freie Konvektion an Heizkörpern: Die Strömung entsteht hierbei durch den Effekt, dass sich die Luft bei Erwärmung ausdehnt und nach oben steigt, während kühlere Luft vom Boden aus nachströmt. Freie Konvektion wirkt auf Grund der Gravitation immer nur in vertikaler Richtung. Für horizontale Wärmetransporte mittels Konvektion muss die Strömung „erzwungen" werden, was einen zusätzlichen Energieeinsatz erfordert. Ein Beispiel für erzwungene Konvektion ist der Wärmetransport im Heizkreislauf von Warmwasserheizungen durch Pumpen.

Fabrikplaner und Fabrikbetreiber können u. a. folgende Maßnahmen ergreifen, um Wärmeübertragungen durch Konvektion effizient zu gestalten:

1. Nutzung der freien Konvektion zur Abfuhr von Abwärme (und von Schadstoffen) aus dem Aufenthaltsraum von Mitarbeitern: Dazu dürfen die natürlichen vertikalen Luftströmungen in Produktionshallen nicht durch Einbauten oder Querströmungen gestört werden.
2. Begünstigung von laminaren Strömungen in wärmeführenden Leitungen durch geradlinige Leitungsführung und großzügige Biegeradien.
3. Regelmäßige Reinigung von Wärmeübergangsflächen im Rahmen der Wartung.

Außerdem tritt in Fabriken unerwünschte Konvektion auf. Maßgeblich sind hierbei Effekte, die durch Zugluft – z. B. in Folge offener Hallentore (beim Be- und Entladen) oder offener Fenster – ausgelöst werden. Mitarbeiter, die von Zugluft betroffen sind, fühlen sich unbehaglich oder können im Extremfall erkranken. Materialien und Betriebsmittel kühlen unter Zuglufteinwirkung lokal aus, was zu unterschiedlichen Längenausdehnungen und Qualitätsproblemen führen kann.

Wärmestrahlung

Wärmestrahlung ist eine elektromagnetische Strahlung, die Körper in Abhängigkeit von ihrer Temperatur aussenden. Treffen diese elektromagnetischen Schwingungen auf einen Körper, so werden sie teils absorbiert, teils reflektiert und teils hindurchgelassen. Die Absorption führt zu einer Wärmezufuhr im absorbierenden Körper.

Zwischen zwei parallelen Flächen unterschiedlicher Temperatur berechnet sich der durch Strahlung erzeugte Wärmestrom aus dem resultierenden Emissionsgrad der Flächen ε_{res}, der Strahlungszahl des definierten schwarzen Körpers[16] C_S, der bestrahlten Fläche A und der Temperaturen der strahlenden und bestrahlten Flächen T_1 und T_2. Der Energiebedarf ermittelt sich also aus dem Absorptionsvermögen der bestrahlten Fläche und dem Strahlungsvermögen der strahlenden Fläche.

$$\dot{Q} = \varepsilon_{res} \cdot C_S \cdot A \cdot \left[\left(\frac{T_1}{100} \right)^4 - \left(\frac{T_2}{100} \right)^4 \right] \tag{3.23}$$

$$\varepsilon_{res} = \frac{1}{\frac{1}{\varepsilon_1} + \frac{1}{\varepsilon_2} - 1} \tag{3.24}$$

Anwendungen in der Fabrik sind z. B. Heizstrahler in der technischen Trocknung, Deckenheizstrahler und Niedertemperaturflächenheizsysteme, wie die Fußboden-, Wand- und Deckenheizung. Die Auslegung solcher Systeme bleibt dem Fachplaner vorbehalten. Die Fabrikplanung muss sicherstellen, dass Wärmestrahlungssysteme nur dort eingesetzt werden, wo die emittierenden und absorbierenden Flächen über den Fabriklebenszyklus frei zugänglich bleiben.

Außerdem kann die Wärmestrahlung durch eine entsprechende Farbgebung (dunkel: absorbierend, hell: reflektierend) unterstützt oder unterdrückt werden. Im Fabrikbetrieb ist darauf zu achten, dass bestrahlte und strahlende Flächen sauber gehalten und nicht verstellt oder verbaut werden.

Zusammenfassend lassen sich aus den thermodynamischen Zusammenhängen folgende Konsequenzen für das Planen und Betreiben energieeffizienter Fabriken ableiten:

1. Die Masse von Körpern oder Flüssigkeiten, die zu erwärmen, zu schmelzen oder zu verdampfen sind, gering halten (geringer Wärmebedarf)!
2. Verluste an wärmeübertragenden Bauteilen (Wärmeleiter) durch Einsatz von Materialien mit großer Wärmeleitzahl mindern!

---

[16] idealisierter Körper, der elektromagnetische Strahlung vollständig absorbiert; Strahlungszahl $C_S = 5\ W/m^2hK^4$

3. Verluste an wärmeisolierten Anlagen- und Gebäudeteilen durch Einsatz von Materialien mit kleiner Wärmeleitzahl und großer Schichtdicke mindern!
4. Freie Konvektion zur Abfuhr von Abwärme und Schadstoffen aus dem Aufenthaltsraum von Mitarbeitern nutzen!
5. Unerwünschte Konvektion durch offene Tore und Fenster sowie undichte Bauteile (Zugluft) vermeiden!
6. Verluste in wärmeführenden Leitungen durch geradlinige Leitungsführung und großzügige Biegeradien verhindern!
7. Verluste an Wärmeübergangsflächen (z. B. Radiatorheizung) durch regelmäßige Reinigung mindern!
8. Verluste in Wärmestrahlungssystemen mindern durch die Sicherung einer ungehinderten Abstrahlung von emittierenden Flächen und einer ungehinderten Einstrahlung auf absorbierende Flächen! (Nicht verbauen oder verstellen und sauber halten!)

3.3.3 Elektrische Energie und elektrische Arbeit

Die elektrische Energie – kurz: Elektroenergie, umgangssprachlich auch Strom – ist eine der wichtigsten Energieformen, die in der Fabrik eingesetzt werden. Sie ist eine „hochwerte" Energie (Exergie), die sich in nahezu alle anderen Energieformen wandeln lässt.

Bei der elektrischen Energie beruht das Arbeitsvermögen auf Phänomenen, die von ruhenden oder bewegten elektrischen Ladungen sowie von deren elektrischen und magnetischen Feldern ausgehen. Die Träger der elektrischen Ladung sind negativ geladene Elektronen und Anionen sowie positiv geladene Protonen und Kationen. Gleichnamige Ladungen stoßen sich ab, ungleichnamige Ladungen ziehen sich an. Elektrische Ladungen erzeugen elektrische Felder, bewegte elektrische Ladungen erzeugen zusätzlich magnetische Felder. Die Phänomene werden insgesamt durch den Überbegriff Elektrizität bezeichnet.

Gleichspannung

Die energetischen Zusammenhänge lassen sich zunächst gut für Stromkreise mit Gleichspannung beschreiben. Bei Gleichstrom (DC, direct current) bleiben der Betrag der Spannung und die Polarität an der Spannungsquelle über die Zeit konstant. Spannungsquellen für Gleichspannung sind Batterien, Akkumulatoren und Fotovoltaikzellen.

Die elektrische Energie E oder die Arbeit A, beide meist als W_{el} geschrieben, berechnet sich aus der elektrischen Leistung P_{el} und der Zeit t:

$$W_{el} = P_{el} \cdot t \tag{3.25}$$

Die elektrische Leistung ergibt sich aus der Spannung U und dem Strom I. Die Einheit der Leistung ist Watt [W].

$$P_{el} = U \cdot I \tag{3.26}$$

Die elektrische Spannung U gibt an, wie viel Arbeit W verrichtet wird, um elektrische Ladungen bzw. ihre Träger – im üblichen metallischen Leiter Elektronen – entlang eines elektrischen Felds zu bewegen.

$$U = \frac{W}{Q} \tag{3.27}$$

Die elektrische Spannung wird durch Ladungstrennung in einer Spannungsquelle aufgebaut. Dabei werden die positiven und negativen Ladungen jeweils an einem Pol der Spannungsquelle konzentriert. Bei der Batterie erfolgt diese Trennung z. B. durch eine chemische Reaktion. Wird zwischen den beiden Polen eine leitfähige Verbindung hergestellt, fließt ein elektrischer Strom. Die Einheit der Spannung ist Volt [V].

Die physikalische Größe elektrischer Strom I gibt an, wie viel Ladung Q pro Zeit t fließt. Die Einheit des elektrischen Stroms ist Ampere [A].

$$I = \frac{Q}{t} \tag{3.28}$$

Dem Stromfluss stellt sich im elektrischen Leiter ein Widerstand R entgegen, der vom Leiterquerschnitt A, vom spezifischen Widerstand ρ des Leitermaterials und der Länge des Leiters l abhängig ist. Zugleich ist der Widerstand der Quotient aus Spannung und Strom.

$$R = \frac{\rho \cdot l}{A} = \frac{U}{I} \tag{3.29}$$

Wechselspannung

Bei Wechselstrom (AC, alternating current) ändern sich der Betrag und die Polarität der Spannung und des Stroms zyklisch. Die Zyklen folgen in der Regel der Sinusfunktion. Die Anzahl der Sinusschwingungen pro Sekunde heißt Frequenz F und wird in Herz [Hz] angegeben.

$$1\ Hz = 1\ \frac{1}{s} \tag{3.30}$$

Auf Grund der zeitlichen Veränderlichkeit von Wechselstrom bzw. -spannung muss zwischen Effektivwert, Scheitelwert und Spitze-Spitze-Wert der Spannung und der Stromstärke unterschieden werden (s. Abb. 3.6).

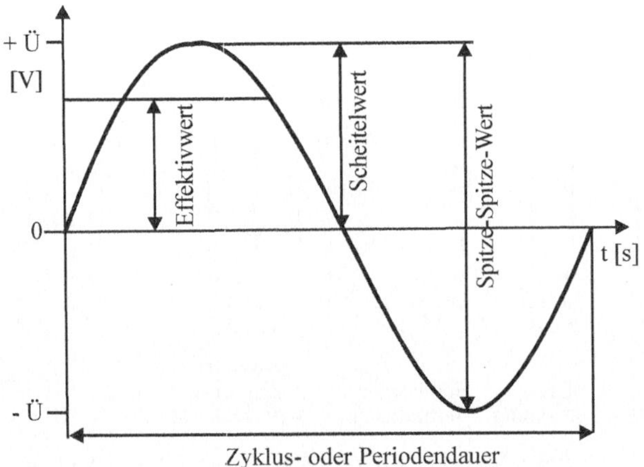

Abb. 3.6. Sinusförmige Wechselspannung

Der Effektivwert der Spannung U_{eff} berechnet sich aus der Periode T der Schwingung und dem Flächenintegral über der Momentanspannung u. Eine andere Berechnung nutzt nur den Scheitelwert û.

$$U_{eff} = \sqrt{\frac{1}{T}\int_0^T u^2 dt} = \frac{\hat{u}}{\sqrt{2}} \tag{3.31}$$

Die Effektivspannung entspricht der in der Technik und im Alltag verwendeten Größe für die Netzspannung. Für Einphasen-Wechselspannung beträgt die Netzspannung in Europa 230 Volt, bei dreiphasiger Wechselspannung (Drehstrom) 400 Volt. Die Netzfrequenz beträgt in beiden Fällen 50 Hz.

Dreiphasiger Wechselstrom (Drehstrom) kommt zu Stande, weil die Generatoren in den Kraftwerken mit drei um 120 Grad versetzt angeordneten Magnetspulen arbeiten. Bei jeder Umdrehung des Generators werden in den Spulen drei Spannungen induziert, deren Sinusschwingungen zeitlich versetzt den Scheitelpunkt bzw. Nulldurchgang erreichen. Die drei Phasen werden mit L1, L2 und L3 bezeichnet und belegen im Energieversorgungsnetz getrennte Leiter. Über einen vierten Leiter, dem Neutralleiter N, erfolgt der Rückfluss des Stroms zum Erzeuger. An dieses Vierleitersystem bestehen verschiedene Anschlussmöglichkeiten (s. Abb. 3.7). Verbraucher ab ca. 2,2 kW werden mit 400 Volt an allen drei Phasen betrieben. Kleinere Verbraucher arbeiten mit 230 Volt aus einer Phase.

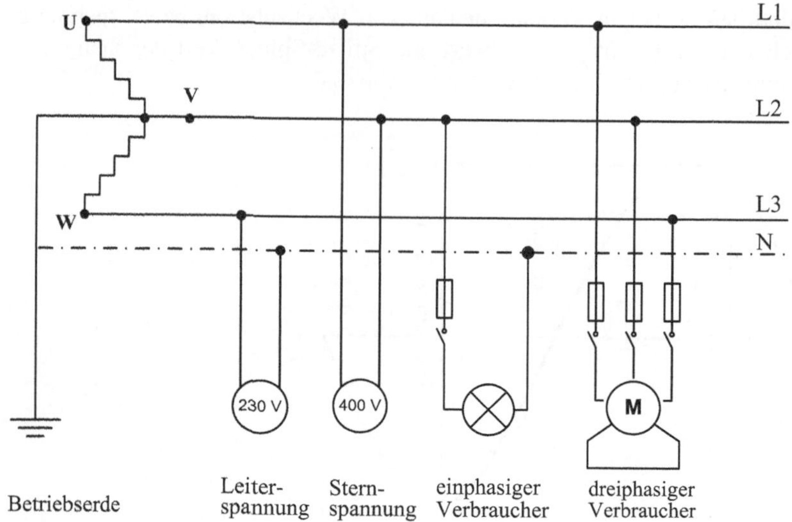

Abb. 3.7. Anschlussmöglichkeiten an das Vierleiter-Dreiphasennetz, eigene Darstellung in Anlehnung an (Schütz 2003)

Der Anschluss dreiphasiger Verbraucher kann dabei in Stern- oder Dreieckschaltung erfolgen (s. Abb. 3.8). Tabelle 3.5 zeigt die Berechnung von Strangspannung, Strangstrom und Wirkleistung. Die Größen unterscheiden sich zwischen Dreieck- und Sternschaltung im Verhältnis 1:3.

Dieser Unterschied wird z. B. bei der Stern-Dreieck-Schaltung genutzt: Große, leistungsstarke Kurzschlussläufermotoren (ab ca. 5,5 kW), die normal in Dreieckschaltung betrieben werden, werden beim Anlauf auf Stern geschaltet, um beim Einschalten große Stromspitzen (und das Auslösen von Sicherungen) zu vermeiden.

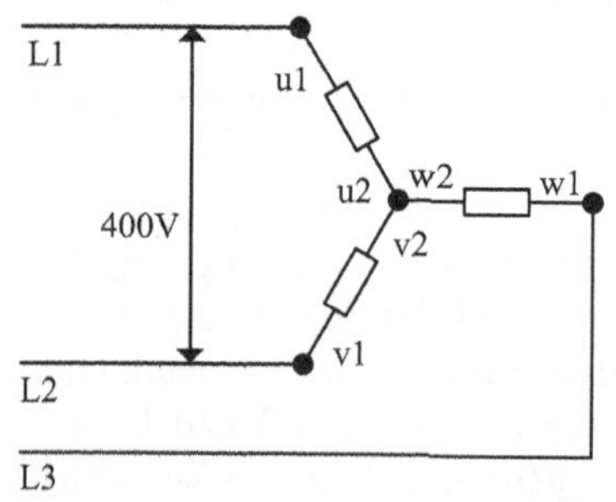

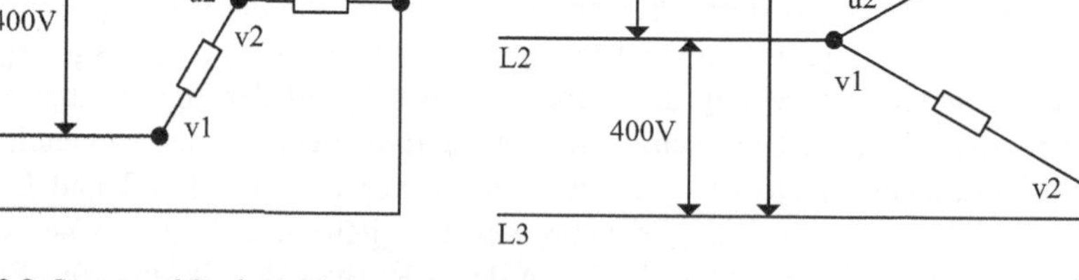

Abb. 3.8. Stern- und Dreieckschaltung

Tabelle 3.5. Strangspannung, -strom und Wirkleistung bei Stern- und Dreieckschaltung

	Sternschaltung Y	**Dreieckschaltung Δ**	**Verhältnis Y: Δ**
Strangspannung	$U_Y = \frac{U}{\sqrt{3}}$	$U_\Delta = U$	1:3
Strangstrom	$I_Y = I = \frac{U}{\sqrt{3} \cdot R}$	$I_\Delta = \frac{I}{\sqrt{3}} = \frac{U}{R}$	1:3
Wirkleistung	$P = P_1 + P_2 + P_3$	$P = P_1 + P_2 + P_3$	1:3

Befinden sich induktive und kapazitive Verbraucher im Stromkreis, so können diese eine Phasenverschiebung zwischen Spannung und Strom bewirken. Die Effektivwerte für Spannung und Strom werden dann in komplexer Schreibweise in einem Zeigerdiagramm mit reeller und imaginärer Achse angeben, um neben dem Betrag auch die Lage zur Phase zu berücksichtigen. Die Phasenverschiebung zwischen dem Spannungs- und Stromzeiger wird mit dem Winkel φ ausgedrückt (s. Abb. 3.9).

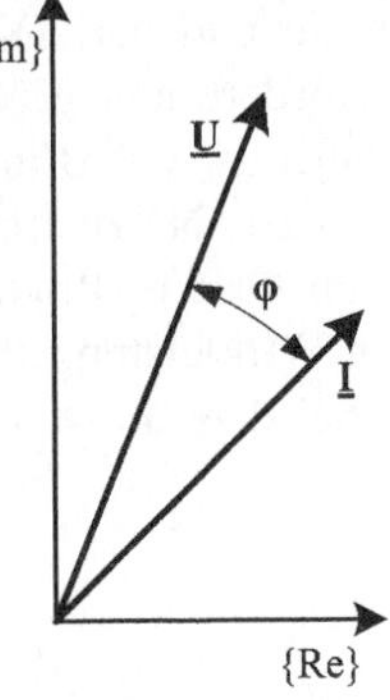

Abb. 3.9. Komplexe Effektivwerte für Spannung U und I sowie Phasenverschiebungswinkel φ im Zeigerdiagramm

Die Phasenverschiebung hat folgenden Hintergrund und folgende Auswirkung auf die elektrische Arbeit: Induktive Verbraucher, wie Asynchronmotoren, Drosselspulen, Transformatoren, Induktionserwärmungsanlagen und Leuchtstofflampen, bauen während ihres Betriebs funktionsbedingt magnetische Felder auf; kapazitive Verbraucher, wie Kondensator-Motoren, erzeugen elektrische Felder.[17] Zum Aufbau der magnetischen bzw. elektrischen Felder wird eine Leistung – die sogenannte Blindleistung – benötigt. Die Blindleistung bildet mit der Scheinleistung und der Wirkleistung im Zeigerdiagramm ein Leistungsdreieck (s. Abb. 3.10).

[17] Kapazitive Verbraucher haben jedoch für produzierende Unternehmen – bis auf Ausnahmen wie 230-Volt-Handwerkzeuge – wenig Bedeutung.

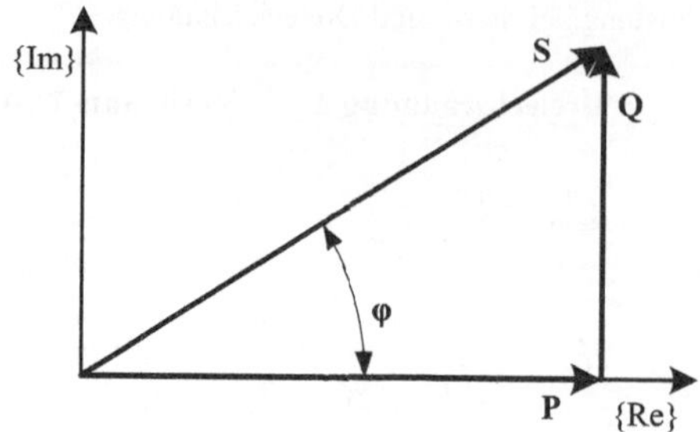

Abb. 3.10. Leistungszeigerdiagramm

Die Blindleistung ergibt sich aus Scheinleistung und Wirkleistung. Die Blindleistung wird – zur Unterscheidung von der Wirkleistung – in Var [var] oder Voltampere [VA] angegeben (1 var = 1 VA = 1 W).

$$Q = \sqrt{S^2 - P^2} \tag{3.32}$$

Je nach Betriebszustand (Auf- oder Abbau der Felder) pendelt ein mehr oder minder großer Strom zwischen Verbraucher und Versorger hin und her. Dieser Strom lässt sich zwar nicht für eine Wirkarbeit nutzen, er erfordert aber größere Leistungsquerschnitte, Generatoren und Transformatoren. Daher ist die Blindarbeit, wenn sie eine gewisse Größe übersteigt, dem Versorger bzw. Netzbetreiber zu vergüten (derzeit ca. ein Cent/kVAh). Ein üblicher Maßstab für die Blindleistung Q ist der Leistungsfaktor cos φ, d. h. das Verhältnis von Wirkleistung P zur Scheinleistung S. Ein cos φ größer 0,97 gilt als guter Wert, bei dem meist keine zusätzlichen Kosten für Blindarbeit anfallen.

$$\cos\varphi = \frac{P}{S} \tag{3.33}$$

Die Scheinleistung ist das Produkt aus den Effektivwerten von Strom I und Spannung U und gleichzeitig die geometrische Summe aus Wirkleistung und Blindleistung. Elektrische Betriebsmittel, die Leistung übertragen (z. B. Transformatoren, elektrische Leitungen), müssen auf die Scheinleistung ausgelegt werden. Die Scheinleistung wird – zur Unterscheidung von der Wirkleistung – in Voltampere [VA] angegeben.

$$S = U \cdot I = \sqrt{P^2 + Q^2} \tag{3.34}$$

Die Wirkleistung – die tatsächlich am Verbraucher umgesetzte Leistung – berechnet sich im Wechselstromkreis wie folgt:

$$P = U \cdot I \cdot \cos\varphi \tag{3.35}$$

Die Gleichung der Wirkarbeit im Wechselstromkreis gleicht der Gleichung für Gleichspannung. P verkörpert hier jedoch die Wirkleistung:

$$W = P \cdot t \tag{3.36}$$

Dass der Faktor Zeit in diese Gleichung der elektrischen Arbeit eingeht, ist für das Planen und Betreiben energieeffizienter Fabriken von großer Bedeutung. Auch ohne sich eingehender mit der elektrischen Leistung von Energieverbrauchern zu beschäftigen, haben Produktionsingenieure die Möglichkeit, allein durch Verringerung der Zeit, in der elektrische Verbraucher betrieben werden, den Energiebedarf der Fabrik zu senken.

Weitere Schlussfolgerungen werden in Zusammenschau mit den energiewirtschaftlichen Aspekten am Ende des Abschn. 3.4.1 gezogen.

3.4 Energiewirtschaftliche Grundlagen

3.4.1 Elektrizitätswirtschaft

3.4.1.1 Struktur der Elektrizitätswirtschaft

Die Elektrizitätswirtschaft produziert, handelt und verteilt Elektroenergie an die Endkunden. Seit der Einführung des Energiewirtschaftsgesetzes (EnWG) im Jahre 1998 wird unterschieden zwischen:

- Netzbetreibern (Übertragungsnetzbetreiber, Versorgungsnetzbetreiber),
- Energieerzeugern und
- Energielieferanten.

Energielieferanten sind im Wesentlichen als Händler zu verstehen, die jedoch auch eigene Kraftwerke besitzen können. Insbesondere zwischen Netzbetreibern und Energielieferanten (Energieversorger) erfolgt jedoch eine klare organisationale und gesellschaftsrechtliche Trennung (sogenanntes Unbundling). Daraus ergeben sich unterschiedliche Beziehungen zwischen den Akteuren der Elektrizitätswirtschaft, die in Abb. 3.11 vereinfacht dargestellt sind.

Die Notwendigkeit, komplexe Stromversorgungsnetze aufzubauen und zu unterhalten, resultiert aus den physikalischen Eigenschaften des elektrischen Stroms und den wirtschaftlichen Rahmenbedingungen der Stromerzeugung:

- Elektroenergie kann nur schlecht gespeichert werden. Im Wesentlichen muss die Energie zu dem Zeitpunkt erzeugt werden, an dem sie verbraucht wird. In den Stromnetzen muss also zu jedem Zeitpunkt ein Gleichgewicht zwischen eingespeister und abgegebener Energie herrschen.
- Die Erzeugung von Elektroenergie ist derzeit vor allem in großen Kraftwerken wirtschaftlich. Die Kraftwerkstandorte liegen oft weit entfernt von den Verbrauchern; sie richten sich nach der örtlichen Verfügbarkeit von Primärenergieträgern (z. B. Braunkohle), nach Sicherheitsaspekten (z. B. Erdbebensicherheit für Atomkraftwerke), nach der Genehmigungsfähigkeit u. a. m.
- Einige Kraftwerkstypen wie Kohlekraftwerke sind in ihrem Betriebsverhalten relativ träge. Sie können ihre Leistung kaum und schon gar nicht in kurzer Zeit an die Nachfrage anpassen.
- Die Übertragung von Energie über weite Strecken ist nur bei hoher Spannung wirtschaftlich (bis zu 110 kV). Auf der Ebene der Verbraucher soll dagegen aus Sicherheitsgründen nur eine niedrige Spannung anliegen.

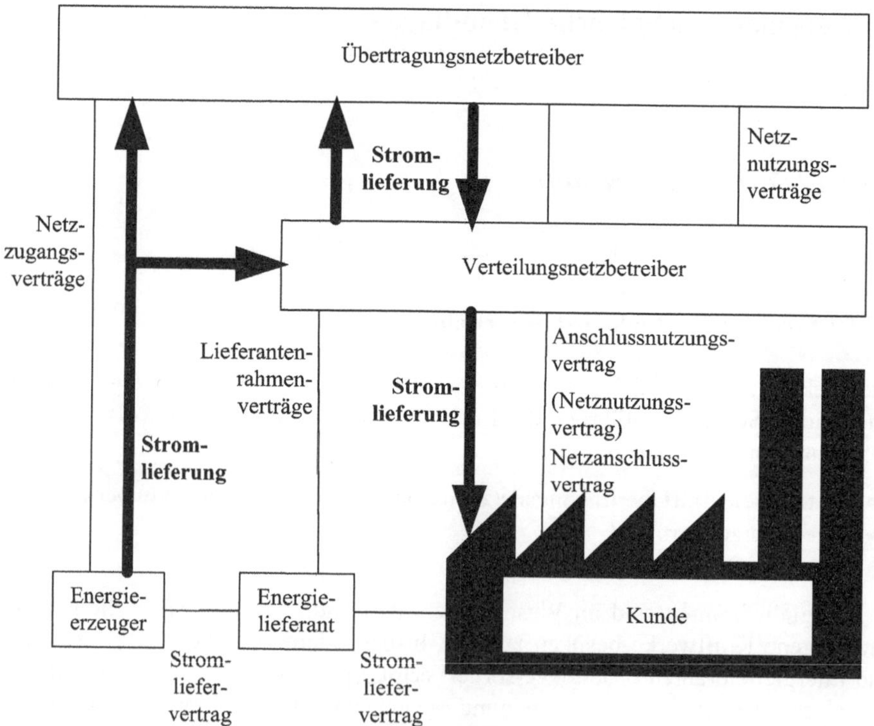

Abb. 3.11. Akteursbeziehungen in der Elektrizitätswirtschaft, eigene Darstellung in Anlehnung an (Heuck et al. 2007)

Die in Abb. 3.11 dargestellte Netzstruktur umfasst neben internationalen Verbundnetzen die überregionalen Übertragungsnetze und die regionalen bzw. lokalen Verteilungsnetze. Die Netze sind in Regelzonen und weiter in Bilanzkreise aufgeteilt, in denen die Einspeisung in die Netze, die Abnahme aus den Netzen sowie Stromlieferungen über die Regelzonen- bzw. Bilanzkreisgrenzen hinweg in Einklang gebracht werden müssen.

Dazu werden aus den Fahrplänen der Verbraucher – den geplanten bzw. prognostizierten Lastgängen – die Einsatzpläne der Kraftwerke für den Folgetag erstellt.[18] Dabei wird versucht, die jeweils zu einer bestimmten Tageszeit geforderte Leistung durch eine technisch und wirtschaftlich optimierte Kombination von Grundlast-, Mittellast- und Spitzenlastkraftwerken abzudecken. Abbildung 3.12 erläutert die Begriffe Grund-, Mittel- und Spitzenlast.

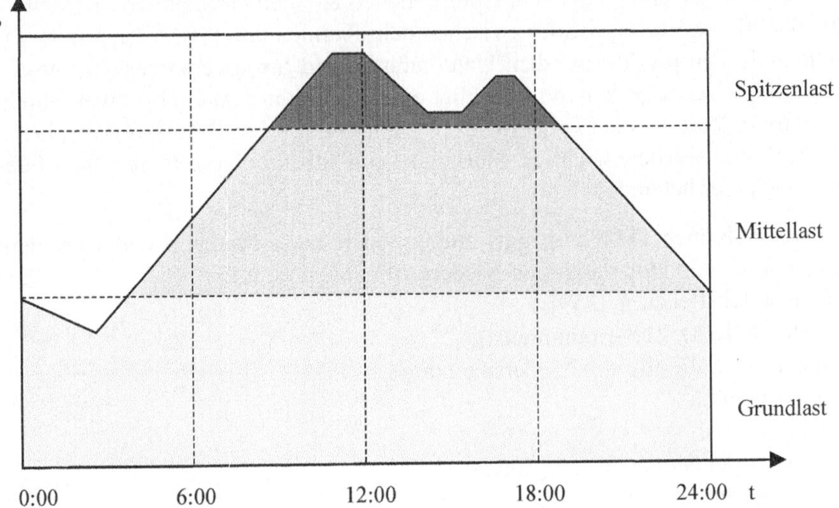

Abb. 3.12. Grund-, Mittel- und Spitzenlast, eigene Darstellung in Anlehnung an (Schufft 2007)

Grundlast-, Mittellast- und Spitzenlastkraftwerke unterscheiden sich in der Zeit, die benötigt wird, um die Kraftwerke hoch- bzw. herunterzufahren. Dabei sind Spitzenlastkraftwerke zeitlich am flexibelsten, d. h., die dort eingesetzten Anlagen – meist Gasturbinen – können extrem schnell hoch- bzw. heruntergefahren werden. Grundlastkraftwerke, z. B. Kohlekraftwerke, sind dagegen relativ träge, gegenüber Spitzenlastkraftwerken sind die Herstellkosten für die kWh Elektroenergie jedoch deutlich günstiger.

Nicht prognostizierbare, kurzfristig auftretende Lastspitzen werden durch automatisch (über die Netzfrequenz) gesteuerte Regelkraftwerke abgefangen (Regelenergie). Außerdem sind mit einigen Kunden sogenannte abschaltbare Leistungen

[18] Die Erstellung der Einsatzpläne ist tatsächlich wesentlich komplexer: So müssen nicht oder schlecht prognostizierbare Energieeinspeiser wie Wind- oder Fotovoltaik-Kraftwerke ebenso berücksichtigt werden wie geplante Wartungs- und Instandsetzungsarbeiten an konventionellen und Atomkraftwerken.

vereinbart, d. h. der Kunde fährt nach Aufforderung des Energieversorgers oder durch automatische Steuerung seine Verbraucher herunter und trägt so kurzfristig dazu bei, Lastspitzen im Netz abzubauen.

Neben der Deckung der Last müssen beim Betrieb der Netze weitere Parameter eingehalten werden, um die Ausfallsicherheit (thermische Belastung, Kurzschlussfestigkeit u. a.) und die Qualität der Stromversorgung (Frequenz-, Spannungsschwankungen u. a.; vgl. DIN EN 50160) zu garantieren (s. Abschn. 3.4.1.3)

3.4.1.2 Energiewirtschaftliche Verträge und Tarife

Für den strombeziehenden Produktionsbetrieb sind besonders die aus dem in Abb. 3.11 gezeigten Beziehungsgeflecht resultierenden Kundenverträge von Interesse.

Der wichtigste Vertrag ist der zwischen dem Kunden und dem Energielieferanten. Die zwischen produzierendem Unternehmen und Stromversorger geschlossenen *Stromlieferverträge* laufen meist über einen Zeitraum von ein bis zwei Jahren. Die Lieferung kann an einen oder mehrere Zähler oder einen Bilanzkreis erfolgen.

Nachfolgend werden wichtige Merkmale von Stromlieferverträgen für Lieferungen an Zähler behandelt:

- Jahresverbrauch [MWh/a], ggf. aufgegliedert nach Monaten und nach dem Verhältnis von Hochtarif- und Niedertarifmengen (s. u.),
- Jahreshöchstleistung [kW],
- Lieferstelle(n), Zählernummer(n),
- Spannung (Mittel- oder Niederspannung),
- Grundgebühr,
- Arbeitspreis,
- Jahres- oder Monatsleistungspreis,
- Vertragsdauer,
- Modalitäten zur Zählerablesung bzw. zur Übermittlung von Messdaten,
- Zahlungsmodalitäten.

Bei großen Liefermengen unterscheidet sich der Arbeitspreis nach Tarifzeiten, die zwischen Sommer und Winter variieren können:

- Hochtarif (HT), z. B. 8.00 bis 20.00 Uhr,
- Niedertarif (NT), z. B. 20.00 bis 8.00 Uhr.

Weiterhin kann der Arbeitspreis über die Laufzeit des Vertrags variabel gestaltet werden. Dazu erfolgt eine Bindung an Preisindizes. Üblich ist eine Bindung an Strommarktpreise der europäischen Strombörse EEX (European Energy Exchange). Der Arbeitspreis AP ergibt sich dann aus einem bei Vertragsabschluss verhandelten Basisarbeitspreis und strommarktpreisabhängigen Zuschlägen. Die Zuschläge werden aus einem Bindungsfaktor (α bzw. β) und der Differenz des aktuellen Base- oder Peakpreises und einem zugehörigen Basisbase- oder Basispeakpreis kalkuliert.

$$AP = AP_0 + \alpha \cdot \left(Base_t - Base_0\right) + \beta \cdot \left(Peak_t - Peak_0\right) \tag{3.37}$$

Zusätzlich ist bei großen Liefermengen bzw. hohen Leistungen auch der zeitliche Verlauf des Strombezugs zu berücksichtigen. Hierzu werden folgende Parameter vereinbart:

- Jahres-, Monats-, Wochen-, Tageslastgang [kW] und dazugehörige
- Toleranzen (z. B. Leistungstoleranzband, zulässige monatliche Abweichungen vom Verhältnis der Hochtarif- zu den Niedertarifmengen) und ggf. Pönalen für Abweichungen sowie
- der Leistungspreis, optional:
  - Monatsleistungspreis (höchster Viertelstundenmittelwert eines Monats, s. Abb. 3.13),
  - Jahresleistungspreis (arithmetisches Mittel aus den zwei oder drei höchsten Monatshöchstleistungen),
  - Jahreshöchstleistungspreis (höchste Leistung innerhalb eines Jahres).

Für Verbraucher mit einem Jahresverbrauch von mehr als 100 MWh/a werden die tatsächlichen Lastgänge gemessen (sogenannte gemessene Lastprofile). Dazu werden Viertelstundenlastgangzähler verwendet, die per Telekommunikation auslesbar sind (s. Abschn. 6.5.1.3). Die Viertelstundenmittelwerte sind auch als Informationsquelle für das betriebliche Energiemanagement nutzbar. Produzierende Unternehmen sollten daher bei Vertragsabschluss darauf drängen, dass ihnen der Energieversorger die Viertelstundenwerte in geeigneter Form überlässt.

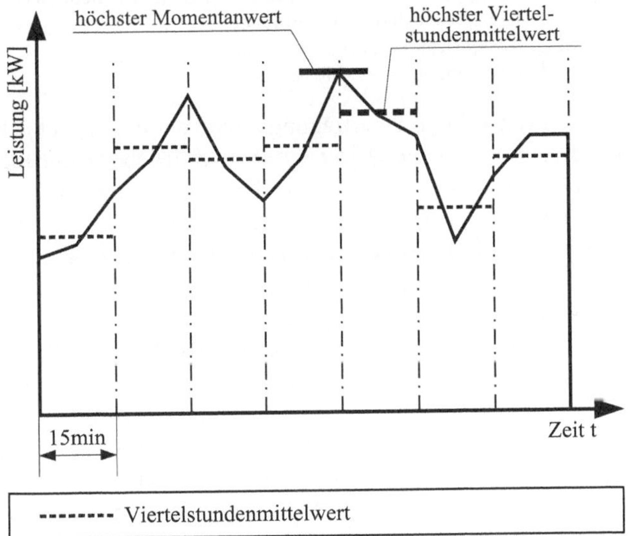

Abb. 3.13 Viertelstundenmittelwerte der elektrischen Leistung

Für Verbraucher mit geringerem Jahresverbrauch ist die Lastgangmessung zu aufwändig. Für diese Verbraucher kommen sogenannte Standardlastprofile zum Einsatz, die das typische zeitliche Verbrauchsverhalten einer charakteristischen Kundengruppe oder Branche aufzeigen. Dabei werden neun Standard-Tageszeitprofile unterschieden (drei Typtage: Wochentag, Samstag, Sonntag; drei jahreszeitliche Abschnitte: Übergangsjahreszeit, Sommer, Winter). Durch Gewichtung der Standardlastprofile an Hand der geschätzten bzw. in der letzten Abrechnungsperiode gemessenen Jahresarbeitsmenge und ggf. unter Berücksichtigung von Außentemperaturprognosen werden die Lastprofile für (Klein-)Verbraucher erstellt. Aus der Kombination der verschiedenen Parameter der Stromlieferverträge ergeben sich die in Tabelle 3.6 genannten Tariftypen.

Tabelle 3.6. Tariftypen (Menke 2007)

Tariftyp	Beschreibung	Beispiel
Pauschaltarif	fixer Grundpreis, kein Arbeitspreis, unabhängiger Verbrauch, Kostenstruktur wird relativ gut abgebildet, keine Messtechnik erforderlich	Telefonzellen, Mobilfunkanlagen
Zählertarif	fixer Arbeitspreis, ein Grundpreis, abhängig vom Verbrauch, Kostenstruktur wird relativ schlecht abgebildet, Messtechnik erforderlich	Preisbegrenzung
Grundpreistarif	fixer Grundpreis, fixer Arbeitspreis, abhängig vom Verbrauch, Kostenstruktur kann durch geeignete Wahl von Grund- und Arbeitspreis berücksichtigt werden, Messtechnik erforderlich	Grundversorgung und Ersatzversorgung
Zonentarif	unterschiedliche Arbeits- und/oder Gruppenpreise in abgrenzbaren Zonen, Zonen sind z. B. verbrauch- oder zeitabhängig, Kostenstruktur ist relativ genau abbildbar, hohe Anforderungen an die Messtechnik	Hochtarif, Niedertarif

Für die Durchleitung des Stroms durch Übertragungs- und Verteilungsnetze bis hin zu einer Lieferstelle ist ein *Netznutzungsvertrag* abzuschließen. Gegebenenfalls ist zusätzlich ein *Anschlussnutzungsvertrag* – für die Nutzung des Anschlusses der Lieferstelle an das unmittelbar anliegende Verteilungsnetz – nötig. Diese Nutzungsverträge regeln das Verhältnis zwischen Kunden und Verteilungsnetzbetreiber, der anteilige Nutzungsentgelte auch an übergeordnete Übertragungsnetzbetreiber weiterleitet. Zusätzlich kann eine Messgebühr vereinbart werden. In einigen Fällen ist auch die Blindarbeit [kVAh] zu vergüten (s. Abschn. 5.2.1.2).

Oft übernimmt der Stromlieferant für den Kunden den Abschluss von Netz- und Anschlussnutzungsverträgen. Regelungen zur Netz- und Anschlussnutzung werden dann Bestandteil der Stromlieferverträge. Der Stromlieferant seinerseits regelt seine Beziehungen zu den Netzbetreibern in Rahmenverträgen.

Falls die Lieferstelle bisher noch nicht an das Netz angeschlossen war, ist zudem ein *Netzanschlussvertrag* nötig. Dieser kommt zwischen dem Grundstücks- bzw. Hauseigentümer (Anschlussnehmer) und dem Verteilungsnetzbetreiber zu Stande. Für die Einrichtung des Netzanschlusses fallen einmalig Kosten an.

Aus den Stromliefer- und den Netz- bzw. Anschlussnutzungsverträgen ergeben sich dagegen dauerhaft sowohl fixe als auch variable Kosten. Bei den variablen Kosten sind weiterhin leistungsabhängige und arbeitsabhängige Kosten zu unterscheiden (s. Tabelle 3.7).

Tabelle 3.7. Beispiel für variable Kosten aus einem Stromliefervertrag eines KMU

	Leistung	**Arbeit**	**Preis pro Einheit**	**Gesamtkosten**
Elektroenergieverbrauch HT	-	275.666 kWh/Jahr	0,0603 €/kWh	16.622,66 €/Jahr
Elektroenergieverbrauch NT	-	56.036 kWh/Jahr	0,0552 €/kWh	3.093,19 €/Jahr
Blindarbeit	-	171.738 kVarh/Jahr	0,0100 €/kVarh	1.717,38 €/Jahr
Jahresspitzenleistung	135 kW	-	94,50 €/kW	12.757,50 €/Jahr
Summe (ohne Blindarbeit)	-	331.702 kWh/Jahr	-	34.190,73€/Jahr

Klein- und mittlere Kunden erhalten häufig standardisierte Verträge und Tarife. Für größere Bezugsmengen werden individuelle Verträge ausgearbeitet, denen eine detaillierte Prognose des Kundenlastgangs zu Grunde liegt. Die Arbeitspreise sind dabei oft an Einkaufspreise bzw. Preisindizes gekoppelt (s. o.).

Außerdem spielen staatlich determinierte Preisbestandteile eine Rolle. Dazu zählen Energie- und Ökosteuern sowie die Umlagen der Einspeisevergütungen nach dem Kraft-Wärme-Kopplungsgesetz (KWKG) und dem Erneuerbare-Energien-Gesetz (EEG). Tabelle 3.8 zeigt, welche Bestandteile des Energiepreises an welchen Zahlungsempfänger gehen.

Tabelle 3.8. Bestandteile des Strompreises in Deutschland und Zahlungsempfänger (BMU 2008)

	Energie-erzeuger	**Netz-betreiber**	**Energie-versorger**	**Anlagen-betreiber (EEG bzw. KWKG)**	**Bund**	**Länder**	**Kom-munen**	**Renten-versiche-rung**
Strom-erzeugung	x	-	-	-	-	-	-	-
Transport	-	x	-	-	-	-	-	-
Vertrieb	-	-	-	-	-	-	-	-
Messung	-	x[19]	-	-	-	-	-	-
Umlage EEG	-	-	-	x	-	-	-	-
Umlage KWKG	-	-	-	x	-	-	-	-
Konzessions-abgabe	-	-	-	-	-	-	x	-
Stromsteuer	-	-	-	-	x	-	-	x
Umsatzsteuer	-	-	-	-	x	x	x	z. T.

[19] z. T. auch beauftragte Dritte

Die Ökosteuer kann in einigen Fällen anteilig erstattet werden. Zwischen Lieferanten und Kunden ist auszuhandeln, ob und nach welchem Verfahren die Umlagen berechnet werden oder ob der Lieferant seine Preise inklusive Umlagen anbietet.

Während die Preisgestaltung vor allem durch kaufmännische und juristische Expertisen beeinflussbar ist, bietet der physische Elektroenergiebedarf ein breites Gestaltungsfeld für Fabrikplanung und Fabrikbetrieb. Ausgehend von der Gl. 3.25 für die elektrische Arbeit liegen die wichtigsten Ansatzpunkte für Energieeinsparungen in der Verringerung bzw. zeitliche Steuerung:

- der elektrische Leistung der Betriebsmittel und
- deren Einschaltzeit.

Tabelle 3.9 zeigt, welche energiebezogenen Kosten durch Änderungen an der elektrischen Leistung der Verbraucher oder der Betriebszeit der Verbraucher beeinflusst werden können.

Tabelle 3.9. Beeinflussbarkeit von Energiekosten durch Leistung und Zeit

	Leistung	**Zeit**
Betriebskosten		
- Arbeit [Cent/kWh]	Momentanleistung	Betriebszeit
- Leistung [€/kW]	Maximalleistung	-
- Blindarbeit [Cent/kVA]	Blindleistung	Betriebszeit
- Netznutzung, Messgebühr	-	-
Investitionskosten		
- energietechnische Anlagen	Anschlussleistung	-

Insgesamt ergeben sich aus den elektrotechnischen und elektrizitätswirtschaftlichen Zusammenhängen folgende Ansätze für den sparsamen Elektroenergieeinsatz in Fabriken:

1. Stromverbrauch absolut verringern (Reduktion der Wirkarbeitskosten)!
2. Strombedarfe aus der Hochtarif- in die Niedertarifzeiten verschieben (Reduktion der Wirkarbeitskosten, ggf. sind zulässige Toleranzen für die Verschiebung zu berücksichtigen)!
3. Blindarbeit gering halten (Reduktion der Blindarbeitskosten)!
4. Anschlussleistung senken (Reduktion der Anschlusskosten)!
5. Leistungsspitzen vermeiden (Reduktion der Jahres- oder Monatsleistungskosten oder von Pönalen für Mehrleistung)!
6. Zuverlässigkeit der Lastgangprognose erhöhen (Minderung der Gefahr von Pönalen; Chance auf günstigere Arbeitspreise, wenn engeren Leistungstoleranzen zugestimmt wird)!
7. Gegebenenfalls abschaltbare Leistungen vereinbaren (Chance auf Erlöse)!

Abbildung 3.14 zeigt ein Beispiel für das Vermeiden von Leistungsspitzen durch ein aktives Lastmanagement. Im Beispiel werden das Ein- und Ausschalten der Last 1 zeitlich verschoben. Dadurch gelingt eine in Relation zu Last 2 und 3 azyklische Fahrweise, in deren Folge die höchste Gesamtleistung auf 60 Prozent sinkt.

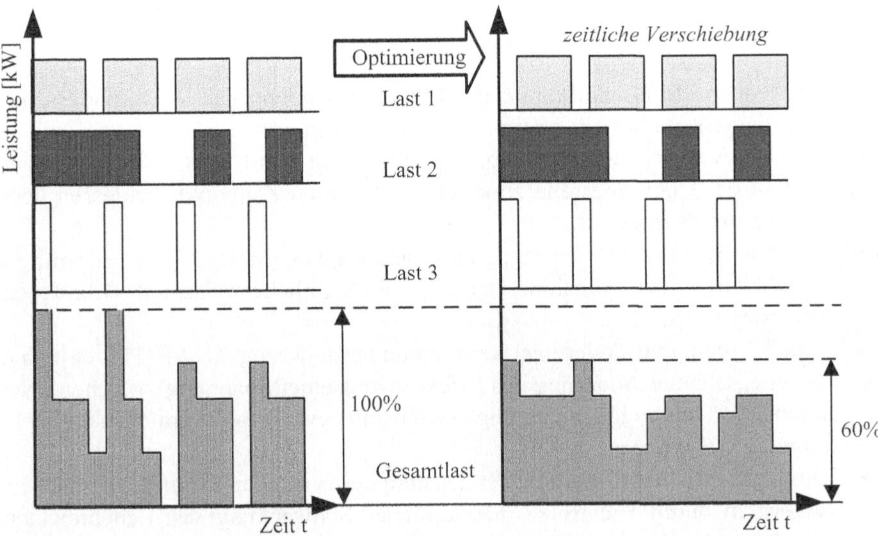

Abb. 5.14. Vermeiden von Leistungsspitzen durch Lastmanagement

Bei der wirtschaftlichen Bewertung von Energieeinsparungen ist zu berücksichtigen, dass unternehmensintern meist mit einem Mischpreis kalkuliert wird. Hierzu werden häufig alle über ein Jahr angefallenen Kosten aus Abrechnungen des Energieversorgers und ggf. des Netzbetreibers summiert und durch die bezogene Energiemenge geteilt. Dieses Verfahren ist in vielen Fällen hinreichend. Zielt eine Energieeinsparmaßnahme dagegen einseitig auf spezielle Aspekte der Stromnutzung ab (z. B. das Vermeiden von Spitzenlasten oder das Verschieben von Verbräuchen aus Hochtarif- in Niedertarifzeiten), so müssen die Einspareffekte für die einzelnen Strompreisbestandteile detailliert analysiert werden.

3.4.1.3 Netzqualität

In den letzten Jahren dokumentierten großflächige Versorgungsunterbrechungen in verschiedenen Ländern die Abhängigkeit der Wirtschaft und der privaten Haushalte von einer sicheren elektrischen Energieversorgung. Neben der Verfügbarkeit von Kraftwerken und Netzen spielt dabei auch die Netzqualität eine Rolle.

Probleme mit der Netzqualität kosten die europäische Wirtschaft jährlich mehr als 150 Milliarden Euro (Targosz u. Manson 2007). Allein Spannungseinbrüche und kurzzeitige Unterbrechungen verursachen 50 Prozent der Verluste, die vor allem den Industriesektor treffen. Dabei sind viele Netzstörungen vermeidbar, da sie ihre Ursache auch im Spannungsnetz der Endverbraucher haben.

Netzqualität – auch Stromqualität, Spannungsqualität oder Power Quality genannt – bezeichnet die Übereinstimmung der Eigenschaften einer Spannungsquelle beim Verbraucher mit den zugesagten oder spezifizierten Eigenschaften des Energieversorgers.

Nach der Norm DIN EN 50160 sind am Übergabepunkt zwischen Energieversorger und Kunden folgende Parameter relevant:

- Netzfrequenz f: Wiederholrate der Grundschwingung der Versorgungsspannung, gemessen über ein bestimmtes Zeitintervall,
- Höhe der Versorgungsspannung, Nennspannung U_N: Effektivwert der Spannung an der Übergabestelle zu einem bestimmten Zeitpunkt, gemessen über ein bestimmtes Intervall,
- langsame Spannungsänderung, Nennspannungsänderung ΔU_N in Prozent: eine Erhöhung oder Abnahme der Spannung, üblicherweise auf Grund von Laständerungen,
- schnelle Spannungsänderung, Nennspannungsänderung ΔU_N in Prozent: eine einzelne, schnelle Änderung des Effektivwerts einer Spannung zwischen zwei aufeinander folgenden Spannungswerten mit jeweils bestimmter, aber nicht festgelegter Dauer,
- Flimmern, Flicker: Eindruck der Unstetigkeit visueller Empfindungen, hervorgerufen durch Lichtreize mit zeitlicher Schwankung der Leuchtdichten oder der spektralen Verteilung:
  - Kurzzeit-Flickerstärke P_{st}: gemessen über ein Zeitintervall von zehn Minuten,
  - Langzeit-Flickerstärke P_{lt}: berechnet aus einer Folge von zwölf P_{st}-Werten über ein Zwei-Stunden-Intervall,
- Einbruch der Versorgungsspannung (Anzahl, Dauer und Tiefe der Einbrüche): Plötzlicher Rückgang der Versorgungsspannung auf einen Wert zwischen 90 und einem Prozent der vereinbarten Versorgungsspannung, dem nach kurzer Zeit eine Spannungswiederkehr folgt.
- kurze Unterbrechung der Versorgungsspannung (Anzahl der Unterbrechungen pro Jahr und Dauer der Unterbrechung): Zustand, in dem die Spannung an der Übergabestelle über einen Zeitraum bis zu drei Minuten weniger als ein Prozent der vereinbarten Spannung beträgt.
- lange Unterbrechung der Versorgungsspannung (Anzahl pro Jahr und Dauer der Unterbrechung): Zustand, in dem die Spannung an der Übergabestelle über einen Zeitraum von über drei Minuten weniger als ein Prozent der vereinbarten Spannung beträgt.
- zeitweilige netzfrequente Überspannung zwischen Außenleitern und Erde (Vielfaches der vereinbarten Versorgungsspannung U_N): Überspannung an einem bestimmten Ort mit verhältnismäßig langer Dauer
- Transiente Überspannung zwischen Außenleiter und Erde (Vielfaches der vereinbarten Versorgungsspannung U_N): kurzzeitige, schwingende oder nicht

schwingende Überspannung, die in der Regel stark gedämpft ist und eine Dauer von einigen Millisekunden oder weniger aufweist.

- Unsymmetrie der Versorgungsspannung, Unsymmetriegrad U_2/U_1 und U_0/U_1: Zustand in einem Mehrphasensystem (z. B. Dreiphasenwechselstromkreis), in dem die Effektivwerte der Spannung zwischen den Leitern (Grundschwingungsanteil) oder die Phasenwinkeldifferenzen zwischen aufeinander folgenden Leiterspannungen nicht alle gleich sind. Der Grad der Ungleichheit wird üblicherweise als Verhältnis der Gegenkomponente der Spannung (negative Halbschwingung) und der Nullkomponente der Spannung zur Mitkomponente der Spannung (positive Halbschwingung) ausgedrückt.
- Oberschwingungsspannung: sinusförmige Spannung mit einer Frequenz, die ein ganzzahliges Vielfaches (Ordnungszahl) der Grundschwingungsfrequenz der Versorgungsspannung ist. Zur Charakterisierung existieren zwei Größen:

– Oberschwingungsspannung U_h in Prozent der Grundschwingungsspannung U_N und
– Gesamtoberschwingungsgehalt (THD = Total Harmonic Distortion).

- Zwischenharmonische Spannung: sinusförmige Spannung, deren Frequenz zwischen denen der Oberschwingungen liegt, das heißt, ihre Frequenz ist kein ganzzahliges Vielfaches der Grundschwingungsfrequenz.

Gegenwärtig sind Schäden an elektrischen Betriebsmitteln und Produktionsausfälle, die auf mangelnde Spannungsqualität zurückgehen, eher selten. Besonders im Zuge der verstärkten informations-, kommunikations- und steuerungstechnischen Vernetzung der Produktion steigt jedoch auch die Anfälligkeit gegenüber Netzstörungen. Insofern kann es lohnen, bei unerklärten Prozessunsicherheiten und Qualitätsproblemen in der Fertigung auch die Netzqualität als Fehlermöglichkeit zu betrachten. Im Sinne eines umfassenden Qualitätsmanagements wird es künftig vermehrt notwendig sein, die Netzqualität präventiv zu sichern.

Qualitätsanforderungen an betriebliche Elektrizitätsnetze sind jedoch derzeit nicht normiert und müssen im Einzelfall durch eine Zusammenarbeit von Elektro-, Automatisierungs- und Informationstechnikern mit Technologen und Qualitätsexperten spezifiziert werden. Die für öffentliche Netze geltende DIN EN 50160 reicht ggf. für sensible Fertigungen nicht aus.

In jedem Fall ist zu vermeiden, dass die Betriebsmittel, die in der Fabrik betrieben werden, ihrerseits das öffentliche – und das betriebliche – Netz stören. Bei der Ausschreibung von Ausrüstungen sind daher auch Anforderungen an die elektromagnetische Verträglichkeit zu stellen.

In diesem Zusammenhang ist das Gesetz über die elektromagnetische Verträglichkeit von Betriebsmitteln (EMVG) zu beachten. Das Gesetz betrifft ausdrücklich auch Industrieausrüstungen, es ist sowohl an Hersteller als auch an Betreiber adressiert.

Für die Umsetzung des Gesetzes gilt insbesondere der Stand der Technik nach der Norm DIN EN 61000. Diese definiert für die elektromagnetische Verträglichkeit zwei Parameter:

- den Verträglichkeitspegel (die am Anschlusspunkt zu erwartenden Qualitätsminderungen) und
- den Störfestigkeitsgrenzwert (Sollwert, bis zu dem ein System gegenüber einer externen Störquelle ungestört arbeiten kann).

Tabelle 3.10 führt die Bestandteile der Norm im Detail auf. Neben der Definition von Umgebungsbedingungen und Grenzwerten regelt die Norm auch die anzuwendenden Prüf- und Messverfahren.

Tabelle 3.10. Bestandteile und Inhalte der DIN EN 61000

Norm DIN EN	Inhalt
61000-2-2	EMV-Umgebungsbedingungen: Verträglichkeitspegel für niederfrequente leitungsgeführte Störgrößen und Signalübertragung in öffentlichen Niederspannungsnetzen
61000-2-4	EMV-Umgebungsbedingungen: Verträglichkeitspegel für niederfrequente leitungsgeführte Störgrößen in Industrieanlagen
61000-2-12	EMV-Umgebungsbedingungen: Verträglichkeitspegel für niederfrequente leitungsgeführte Störgrößen in öffentlichen Mittelspannungsnetzen
61000-3-2	EMV-Grenzwerte: Grenzwerte für Oberschwingungsströme (Geräteeingangsstrom ≤ 16 A/Leiter)
61000-3-12	EMV-Grenzwerte: Grenzwerte für Oberschwingungsströme (Geräteeingangsstrom > 16 A und ≤ 75 A/Leiter)
61000-3-3	EMV-Grenzwerte: Grenzwerte für Spannungsschwankungen und Flicker in öffentlichen Niederspannungsnetzen für Geräteeingangsstrom ≤ 16 A/Leiter
61000-3-11	EMV-Grenzwerte: Grenzwerte für Spannungsschwankungen und Flicker in öffentlichen Niederspannungsnetzen für Geräteeingangsstrom > 16 A und ≤ 75 A/Leiter
61000-4-7	EMV-Prüf- und Messverfahren: Allgemeiner Leitfaden für Verfahren und Geräte zur Messung von Oberschwingungen und Zwischenharmonischen in Stromversorgungsnetzen und angeschlossenen Geräten
61000-4-15	EMV-Prüf- und Messverfahren: Flickermeter-Funktionsbeschreibung und Auslegungsspezifikation

Die elektromagnetische Verträglichkeit von Betriebsmitteln steht im Zusammenhang mit den generellen Anforderungen an die Maschinensicherheit seitens der EG-Maschinen-Richtlinie und den geltenden Vorschriften (z. B. EN 60204 zur „Sicherheit von Maschinen/Elektrische Ausrüstung von Maschinen"). Deshalb geht die elektromagnetische Verträglichkeit auch in die Konformitätsprüfung zum Erwerb des CE-Kennzeichens ein. Der Erwerb CE-gekennzeichneter Ausrüstung ist daher zu empfehlen.

Tabelle 3.11 stellt dar, welche Störphänomene von welchen Ursachen abhängen und wer diese Störungen beeinflussen bzw. abwenden kann. Dabei kommt eine Mitverantwortung des Verbrauchers, z. B. des Betreibers von Fabriken, deutlich zum Ausdruck.

Tabelle 3.11. Beispielhafte Störungen, Ursachen und Beeinflussbarkeiten, in Anlehnung an (Höck 2009)

Störphänomen	**Hauptursachen**	**beeinflussbar durch Versorger**	**beeinflussbar durch Verbracher**
Frequenzschwankung	Laständerungen, Verlust von Erzeugungsleistung	ja	nein
langsame Spannungs-änderungen	Laständerungen	ja	nein
schnelle Spannungs-änderungen/Flicker	Schalthandlungen, spezielle Lasten, Schweranlauf	nein	ja
Spannungsunsymmetrie	unsymmetrische Belastung der Phasen, unsymmetrischer Systemwiderstand	teilweise	ja
Oberschwingungen und Zwischenharmonische	nichtlineare Last, Resonanzen, Trafo-Sättigung	teilweise	ja
Signalspannungen	Informationsübertragung	ja	ja
Gleichströme oder -spannungen	spezielle Geräte (Einweg-gleichrichtung)	nein	ja
Spannungseinbrüche und -unterbrechungen	Fehler im Versorger-/ Verbrauchernetz (Kurzschlüsse, Unterbrechungen), Schweranlauf, Lastabwurf	nein	nein
zeitweilige Überspannung	Fehler im Verbrauchernetz, Resonanzen im Netz	nein, teilweise	teilweise, nein
transiente Überspannung	Blitzeinschläge, Schaltvorgänge	nein	nein

3.4.2 Gaswirtschaft

Die Gaswirtschaft produziert, handelt und verteilt Stadt- und Ferngas (z. B. Kokerei-Ferngas), Naturgas (Erdgas) und Flüssiggas (Propan, Butan) an die Endkunden. Nachfolgend wird nur auf die Versorgung mit Erdgas eingegangen. Dabei werden zwei Sorten unterschieden:

1. Erdgas H (high gas): Der Brennwert liegt zwischen 10 und 11,1 kWh/m³. Das in Mitteleuropa verwendete Gas stammt aus der GUS, Norwegen, den Niederlanden und Dänemark.
2. Erdgas L (low gas): Der Brennwert liegt zwischen 8,2 und 8,9 kWh/m³. Das Gas wird in der Nordsee und in den Niederlanden gefördert.

Erdgas wird von der Förderstelle über ein international verflochtenes Leitungsnetz bis zum Kunden transportiert. In dieses Netz wird zusätzlich verflüssigtes

Gas (LNG: liquified natural gas) eingespeist, das mit Tankschiffen in ausgewählten europäischen Häfen anlandet. Das deutsche Netz umfasst drei Stufen:

1. Ferngasleitungen transportieren Gas richtungsgebunden von einem Einspeisepunkt zu einem Ausspeisepunkt. Der Betriebsdruck liegt bei 60 bis 80 bar.
2. Regionalgasleitungen transportieren Gas von einem Einspeisepunkt (Übergang zum Ferngasnetz) zu mehreren Ausspeisepunkten. Der Betriebsdruck beträgt zwischen 15 und 40 bar.
3. Endverteilernetze transportieren das Gas weiter bis zum Endabnehmer. Der Betriebsdruck liegt unter 16 bar.

In das Gasnetz sind verschiedene Speicher (z. B. Untertagespeicher, Röhrenspeicher, Kugelspeicher) integriert, mit denen Schwankungen zwischen Verbrauch und Gasförderung ausgeglichen werden können. Gasdruckregel- und Gasdruckmessanlagen sorgen für ausreichenden und gleichmäßigen Druck sowie für die Erfassung der Gasmengen beim Übergang zwischen verschiedenen Netzteilen.

Gas lässt sich deutlich besser speichern als Elektroenergie. Daher muss in Gasnetzen lediglich die stündliche Bilanz von Einspeisung und Ausspeisung aus einem Bilanzkreis ausgeglichen sein. Erst wenn dieses Kriterium nicht eingehalten wird, ist Ausgleichsenergie zu beziehen.

Nach der Novellierung des Energiewirtschaftsgesetztes wurde auch der Gasmarkt liberalisiert. Seit 2007 sind die Netzbetreiber rechtlich selbständige Einheiten. Jedem Gaslieferanten muss ein diskriminierungsfreier Zugang zu den Netzen gewährt werden. Infolgedessen entstanden ähnliche Akteurs- und Vertragsbeziehungen, wie sie schon für die Stromwirtschaft vorgestellt wurden (s. Abb. 3.15).

Aus Sicht des Endkunden – z. B. des Fabrikbetreibers – ist der Gasliefervertrag, der mit dem Gashändler geschlossen wird, die wichtigste vertragliche Beziehung.[20] Zwischen Gashändler und Endkunden können Lieferverträge zur Vollversorgung, Fahrplanlieferungen oder die Lieferung von Bändern (Jahres-, Saisonal-, Quartals- und Monatsbänder) vereinbart werden.

Wichtige Parameter von Gaslieferverträgen sind:

- Lieferstelle,
- Gassorte,
- Druck an der Übergabestelle (in der Regel Niederdruck),
- Ausspeisekapazität [kW],
- Jahresmenge [kWh],
- Stundenhöchstleistung [kW],
- Laufzeit des Vertrags sowie
- Abrechnungs- und Zahlungsmodalitäten.

[20] Davon abgesehen ist im Rahmen der Standortwahl zu klären, ob das Fabrikgrundstück durch eine Gasleitung erschlossen ist. Für Netznutzung und Netzanschluss existieren dann meist standardisierte Verträge. Die Preise für die Netznutzung unterliegen der staatlichen Aufsicht.

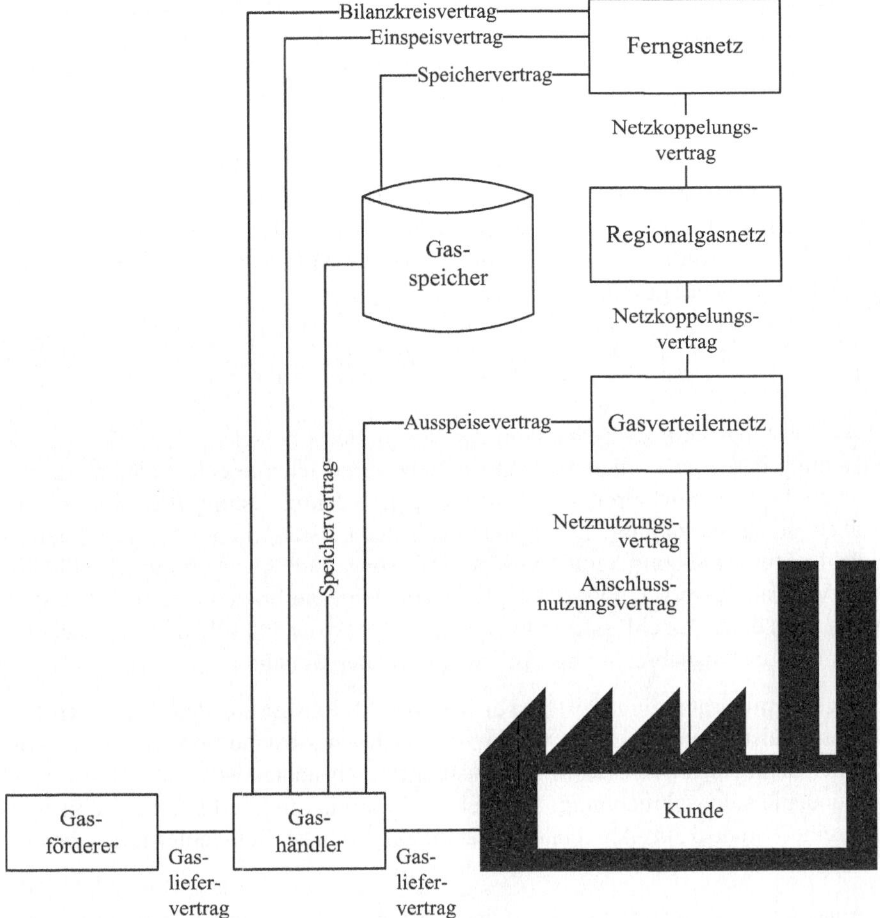

Abb. 3.15. Akteursbeziehungen in der Gaswirtschaft

Preisbestandteile von Gaslieferverträgen sind:

- der Grundpreis (Euro, optional),
- der Arbeitspreis (Preis für die gelieferte Wärmeeinheit in Cent/kWh),
- der Leistungspreis (Preis für die bestellte und vorgehaltene oder maximal in Anspruch genommene Wärmemenge pro Zeiteinheit, z. B in Cent/kWh/d/a) und
- ggf. ein Überschreitungspreis, der bei Überschreitung der Stundenhöchstleistung fällig wird (Euro/kW).

Arbeits- und Leistungspreise können als fixer oder variabler Preis bestimmt werden. Variable Preise sind mittlerweile für Industriekunden üblich.

Der variable Arbeitspreis AP ergibt sich aus einem Basisarbeitspreis AP_0, der zum Zeitpunkt der Vertragsunterzeichnung festgelegt wird, einem Zuschlag, der die Bindung an den Konkurrenzenergiepreis herstellt, und Nachlässen, die aus der Erdgassteuer resultieren (N_S) oder auf die bezogene Menge gewährt werden (N_M). Üblich ist eine Bindung an schweres Heizöl (HSL) oder leichtes Heizöl (HEL). Beispielhaft wird die Bindung an HEL dargestellt: Der Zuschlag ergibt sich aus der Multiplikation eines verhandelten Bindungsfaktors k mit der Differenz zwischen dem jeweils aktuellen Heizölpreis HEL_t und dem Heizölpreis zum Zeitpunkt der Vertragsunterzeichnung HEL_0. Die Höhe der Referenzpreise für HEL wird amtlichen Statistiken entnommen. Die Kalkulation des Arbeitspreises wird in der Regel für bestimmte Stichtagstermine oder für Mittelwerte bestimmter Perioden (Monat, Woche) durchgeführt.

$$AP = \left[AP_0 + k \cdot \left(HEL_t - HEL_0\right)\right] - N_S - N_M \tag{3.38}$$

Die Leistung wird als Bestandteil der Preisbildung berücksichtigt, um die Bereitstellung der Transportkapazitäten im Netz verursachergerecht vergütet zu bekommen. Der Leistungspreis wird in der Regel als Jahresleistungspreis vereinbart, ist aber monatlich zahlbar. Die Abrechnung der Leistung bedingt eine registrierende Leistungsmessung (automatische Erfassung und Speicherung der stündlichen Verbrauchswerte). Diese ist ab einem Jahresverbrauch von ca. 500.000 kWh/a bzw. einer Anschlussleistung von ca. 300 kW bis 500 kW wirtschaftlich.

Für die Leistungsabrechnung sind zwei Varianten üblich:

1. Tagesleistungsabrechnung: Hierbei wird der Mittelwert aus den zwei höchsten Monatsleistungen errechnet, wobei zusätzlich ein Abstand von 14 Tagen zwischen den beiden höchsten Monatsleistungen zu beachten ist.
2. Stundenleistungsabrechnung: Hierbei wird die maximal aufgetretene Leistung in einer Stunde zur Abrechnung herangezogen. Die Stundenleistungsabrechnung ist für größere Kunden gebräuchlich.

Auch der Leistungspreis LP kann über die Laufzeit des Gasliefervertrags variabel gestaltet werden. Dazu wird ein Basisleistungspreis LP_0 vereinbart und ein veränderlicher Zuschlag addiert. Der Zuschlag kann über einen Bindungsfaktor k an verschiedene Indizes, die über wirtschaftlich relevante Preisveränderungen Auskunft geben, gebunden werden (z. B. Lohnindizes). Für die Berechnung wird die Differenz zwischen dem jeweils aktuellen Indexpreis L und dem Basisindexpreis L_0 zum Zeitpunkt der Vertragsunterzeichnung gebildet.

$$LP = LP_0 + k \cdot \left(L - L_0\right) \tag{3.39}$$

Für nicht leistungsgemessene Kunden wird ersatzweise die volumetrische Abrechnung angewandt. Sie erfolgt auf Basis des gemessenen Volumens an verbrauchtem Gas [m^3] und unter Verwendung eines Abrechnungsbrennwerts, der den Mittelwert der Brennwerte in den einzelnen Monaten verkörpert. Die Abrechnung erfolgt jährlich.

Weitere Kosten für den Endnutzer entstehen aus dem *Anschlussnutzungsvertrag* (inklusive Messgebühren) und dem *Netzanschlussvertrag*. Für beide Verträge sind die Verhältnisse am Gasmarkt vergleichbar mit denen am Elektrizitätsmarkt. Lediglich für die Blindarbeit existiert in der Gaswirtschaft kein Äquivalent. Für Gas sind momentan keine Umlagen nach EEG und KWKG und keine speziellen Steuern (außer Umsatzsteuer) zu entrichten.

Für Fabrikplanung und Fabrikbetrieb ergeben sich aus den gaswirtschaftlichen Zusammenhängen folgende Gestaltungsansätze:

1. Absolute Höhe des Gasverbrauchs mindern (Reduktion der Arbeitskosten)!
2. Erforderliche Ausspeisekapazität des Anschlusses verringern (Reduktion der Anschlusskosten)!
3. Leistungsspitzen vermeiden (Reduktion der Jahresleistungskosten oder Abwehr von Überschreitungskosten)!
4. Zuverlässigkeit der Lastgangprognose verbessern (Minderung der Gefahr von Überschreitungskosten; Chance auf günstigere Arbeitspreise, wenn engeren Leistungstoleranzen zugestimmt wird)!
5. Gegebenenfalls abschaltbare Leistungen vereinbaren (Chance auf Erlöse)!

3.5 Zusammenfassung

Aus den dargestellten energetischen Grundlagen lassen sich für das Planen und Betreiben energieeffizienter Fabriken folgende wichtige Zusammenhänge und Handlungsansätze erkennen:

1. Die Gesamtheit aller Energien in einem abgeschlossenen System bleibt über die Zeit konstant (Energieerhaltungssatz). Nur durch einen Energieaustausch mit der Umwelt kann ein System Energie gewinnen oder abgeben. Energie ist also eine Bilanzgröße. Durch Energiebilanzen (Gegenüberstellen der Energieeingaben und -ausgaben der Fabrik) können die Energieflüsse in der Fabrik analysiert und kontrolliert werden.
2. Technisch und wirtschaftlich wertvoll sind frei verfügbare und vollständig wandelbare Energien (physikalisch: Exergie, z. B. Elektroenergie). Bei ihrer Umwandlung werden diese Energien nach dem 2. Hauptsatz der Thermodynamik zu Energien entwertet, die nicht mehr (vollständig) gewandelt werden können (physikalisch: Anergie, z. B. niederkalorische Wärme). Dieser Vorgang wird physikalisch nicht korrekt – aber in Technik und Alltag üblich – als Energieverbrauch bzw. Energieverlust bezeichnet. Aus dieser Energieentwertung ergeben sich folgende Forderungen für das Planen und Betreiben energieeffizienter Fabriken:

   – Minderung des Bedarfs an Nutzenergie,
   – Minderung energetischer Verluste bei der Umwandlung der zugeführten Endenergie in Nutzenergie,

- Wieder- und Weiterverwenden von Verlustenergie und
- besonders sparsamer Umgang mit hochwertiger, vollständig wandelbarer Energie (z. B. Elektroenergie) bzw. bevorzugter Einsatz von Energie, deren Niveau gerade noch für die technische Anwendung ausreicht (z. B. niederkalorische Wärme für Niedertemperaturheizungen).

3. Energieverluste treten bereits entlang der Energieumwandlungsketten von der Energierohstoffgewinnung (Primärenergie) bis zur Lieferung der Endenergie an die Fabrik auf. Bei der Planung von Fabriken und bei der Beschaffung der Endenergie sollten daher Endenergieformen bevorzugt werden, für die wenig Primärenergie aufgewendet werden musste. Ein Maß dafür ist der Primärenergiefaktor.
4. Sowohl in der externen als auch in der fabrikinternen Energieumwandlungskette sind wenige Energieumwandlungsstufen tendenziell von Vorteil, da sich die Wirkungsgrade der einzelnen Energieumwandlungsstufen zu einem Gesamtwirkungsgrad multiplizieren. Jeder Wirkungsgrad ist auf Grund des 2. Hauptsatzes der Thermodynamik kleiner eins, so dass das Produkt aus mehreren Wirkungsgraden oft sehr klein ist.
5. Eine der wichtigsten Nutzenergien in der Produktion ist die mechanische Energie. Um der Forderung nach einer Minderung des Bedarfs an Nutzenergie nachzukommen, existieren für mechanische Energie folgende physikalisch begründete Ansätze:

- Minderung der Masse bewegter Körper,
- Reduktion der Rotationsradien von rotierenden Körpern,
- Minderung der Geschwindigkeit von bewegten Körpern,
- Verkürzung der Wege, über die Körper bewegt werden,
- Verringerung der Reibung und
- Reduktion von Beschleunigungen.

6. Eine weitere bedeutende Nutzenergie in der Produktion ist die thermische Energie. Um den Bedarf an thermischer Energie bzw. Wärme zu mindern, können aus physikalischer Sicht folgende Ansätze verfolgt werden:

- Minderung der Masse von Körpern oder Flüssigkeiten, die zu erwärmen, zu schmelzen oder zu verdampfen sind (z. B. durch angemessene Dimensionierung von Behältern),
- Minderung von Verlusten an wärmeübertragenden Bauteilen (Wärmeleiter) durch den Einsatz von Materialien mit großer Wärmeleitzahl,
- Minderung von Verlusten an wärmeisolierten Anlagen- und Gebäudeteilen durch den Einsatz von Materialien mit kleiner Wärmeleitzahl und großer Schichtdicke,
- Nutzung der freien Konvektion zur Abfuhr von Abwärme und Schadstoffen aus dem Aufenthaltsraum von Mitarbeitern,
- Verhinderung unerwünschter Konvektion durch offene Tore und Fenster sowie undichte Bauteile (Zugluft),

- Minderung von Verlusten in wärmeführenden Leitungen durch geradlinige Leitungsführung und großzügige Biegeradien,
- Minderung von Verlusten an Wärmeübergangsflächen durch regelmäßige Reinigung,
- Minderung von Verlusten in Wärmestrahlungssystemen durch Sicherung der ungehinderten Abstrahlung von den emittierenden Flächen und der ungehinderten Einstrahlung auf die absorbierenden Flächen (unverbaut, unverstellt und sauber).

7. Die wertvollste Endenergie, die in Fabriken eingesetzt wird, ist die elektrische Energie. Bei der Verringerung des Elektroenergieverbrauchs sind physikalische und energiewirtschaftliche Zusammenhänge zu berücksichtigen:

- Minderung des absoluten Stromverbrauchs (Reduktion der Arbeitskosten); Elektrische Arbeit ist das Produkt aus elektrischer Leistung und Zeit. Die Einsparung von Zeiten ist eine originäre Aufgabe bei der Fabrikplanung und im Fabrikbetrieb. Werden bei zeitökonomischen Verbesserungen auch die verschiedenen Zeiten elektrischer Betriebsmittel (Volllast, Teillast, Leerlauf, Stand-by) berücksichtigt, kann Elektroenergie – oft auch ohne größere Änderungen am elektrischen Verbraucher – eingespart werden.
- Verschiebung von Strombedarfen aus der Hochtarif- in die Niedertarifzeiten (Reduktion der Wirkarbeitskosten; ggf. sind zulässige Toleranzen für die Verschiebung zu berücksichtigen),
- Minimierung der Blindarbeit (Reduktion der Blindarbeitskosten),
- Senkung der Anschlussleistung (Reduktion der Anschlusskosten),
- Vermeidung von Leistungsspitzen (Reduktion der Jahres- oder Monatsleistungskosten oder von Pönalen für Mehrleistung),
- Erhöhen der Zuverlässigkeit der Lastgangprognose (Minderung der Gefahr von Pönalen; Chance auf günstigere Arbeitspreise, wenn engeren Leistungstoleranzen zugestimmt wird),
- Vereinbarung von abschaltbaren Leistungen (Chance auf Erlöse).

8. Eine weitere wichtige Endenergie, die von produzierenden Unternehmen bezogen wird, ist Erdgas. Aus den gaswirtschaftlichen Zusammenhängen ergeben sich folgende Gestaltungsansätze für energieeffiziente Fabriken:

- Minderung des absoluten Gasverbrauchs (Reduktion der Arbeitskosten),
- Senkung der erforderlichen Ausspeisekapazität des Anschlusses (Reduktion der Anschlusskosten),
- Vermeiden von Leistungsspitzen (Reduktion der Jahresleistungskosten oder Abwehr von Überschreitungskosten),
- Zuverlässigkeit der Lastgangprognose (Minderung der Gefahr von Überschreitungskosten; Chance auf günstigere Arbeitspreise, wenn engeren Leistungstoleranzen zugestimmt wird) und
- Vereinbaren von abschaltbaren Leistungen (Chance auf Erlöse).

Erkenntnisse für das Planen und Betreiben energieeffizienter Fabriken
Aus physikalischen und energiewirtschaftlichen Gleichungen und Zusammenhängen können grundlegende Regeln und Gestaltungsansätze für das Planen und Betreiben energieeffizienter Fabriken abgeleitet werden.

Literatur

AG Energiebilanzen (2008) Primärenergieverbrauch in der Bundesrepublik Deutschland. www.ag-energiebilanzen.de Zugriffsdatum 18.11.2008

BMU (Hrsg) (2008) Strom aus erneuerbaren Energien. Broschüre, Berlin

DIN (1996 ff.) DIN 61000 ff. – Elektromagnetische Verträglichkeit (EMV). Beuth Verlag, Berlin

DIN (1999 ff.) DIN EN 60204 ff. – Sicherheit von Maschinen/Elektrische Ausrüstung von Maschinen. Beuth Verlag, Berlin

DIN (2003) DIN 4701-10 – Energetische Bewertung heiz- und raumlufttechnischer Anlagen – Teil 10: Heizung, Trinkwassererwärmung, Lüftung. Beuth Verlag, Berlin

DIN (2008) DIN EN 50160 – Merkmale der Spannung in öffentlichen Elektrizitätsversorgungsnetzen. Beuth Verlag, Berlin

Fleischer LG (2008) Reflexionen zur Triade Energie-Entropie-Exergie – einer universellen Qualität der Energie. LIFIS ONLINE, Leibnitz Institut, Berlin, www.leibnitz-institut.de Zugriffsdatum 21.08.2008

Heuck K, Dettmann KD, Schulz, D (2007) Elektrische Energieversorgung. 7. Aufl, Vieweg, Wiesbaden

Höck G (2009) „Dirty Power" Oberschwingungen durch nichtlineare Verbraucher. GMC-I Gossen-Metrawatt GmbH. www.gmc-instruments.ch/src/download/dDirty_Power.pdf Zugriffsdatum 09.01.2009

Menke N (2007) Elektroenergiewirtschaft. In: Schufft W (Hrsg) Taschenbuch der Elektrischen Energietechnik. Fachbuchverlag Leipzig im Carl Hanser Verlag, München

Schieferdecker B (2006) Technische Tools im Industriellen Energiemanagement. In: Schieferdecker B (Hrsg) Energiemanagement-Tools. Springer, Berlin, Heidelberg

Schufft W (2003) Elektrische Energietechnik. Vorlesungsskript. Technische Universität Chemnitz

Schufft W (2007) Energiebegriff, allgemeine Grundlagen. In: Schufft W (Hrsg) Taschenbuch der Elektrischen Energietechnik. Fachbuchverlag Leipzig im Carl Hanser Verlag, München

Schütz P (2003) Ökologische Gebäudeausrüstung. Springer, Wien

Targosz R, Manson J (2007) Pan European LPQI Power Quality Survey. In: Proceedings of 19th International Conference on Electricity Distribution, Council of European Energy Regulators, Vienna, 21–24 May 2007

4 Planung energieeffizienter Fabriken

4.1 Methodische Grundlagen der Fabrikplanung

4.1.1 Begriff und Abgrenzung

Die Energieeffizienz künftiger Fabriken wird maßgeblich von der heutigen Planungspraxis determiniert (s. Kap. 1, Abb. 1.19). Deshalb wird der Planung energieeffizienter Fabriken an dieser Stelle ein eigenständiges Kapitel eingeräumt, das mit einer Einführung in die methodischen Grundlagen beginnt.

Planung ist die gedankliche Vorwegnahme einer zielgerichteten, aktiven Zukunftsgestaltung (REFA 1985). Die Fabrikplanung befasst sich mit:

- der Neuplanung,
- der Erweiterungsplanung,
- der Umplanung und
- der Rückbauplanung/Revitalisierungsplanung von Fabriken (Schenk u. Wirth 2004).

Das Planungsobjekt Fabrik und objekttheoretische Modelle, die bei der Fabrikplanung genutzt werden können, wurden bereits im Kap. 2 vorgestellt.

Die Fabrikplanung umfasst die Planung von Fabriken als Gesamtsystem, die Planung ihrer Teilsysteme (z. B. Produktionsbereiche) und die Überwachung der Realisierung bis zum Anlauf der Produktion (Eversheim u. Schuh 1999, Schmigalla 1995).

Ergänzende und abweichende Definitionen finden sich bei (Aggteleky 1987, Dolezalek u. Warnecke 1981, Felix 1998, Kettner et al. 1984, Pawellek 2008, Schenk u. Wirth 2004, Wirth 1989). Synonym oder in großer begrifflicher Nähe werden auch die Begriffe:

- Arbeitsstättenplanung,
- Betriebsprojektierung (Rockstroh 1977),
- Betriebsstättenplanung (Lehder u. Uhlig 1998),
- Fertigungssystemplanung (Wirth 1989),
- Industrieprojektierung (Papke 1980),
- Produktionssystemplanung und -gestaltung (Eversheim u. Schuh 1999) und
- Werksplanung verwendet.

Fabrikplanungsprojekte werden in Situationen veranlasst, in denen das vorhandene Produktionssystem (die Fabrik) neuen, geänderten und sich absehbar verändernden Bedingungen nicht mehr genügt (neue Produkte, veränderte Mengen, kürzere Durchlaufzeiten, stärkerer Kostendruck, verschärfte Emissionsgrenzwerte). Durch die Planung und die anschließende Realisierung soll der defizitäre Ist-Zustand in einen gewünschten Soll-Zustand überführt werden.

Die Fabrikplanung bearbeitet insofern einmalige, zeitlich begrenzte Vorhaben, die mit Investitionen und wirtschaftlichen Risiken verbunden sind. Die Vorhaben werden in der Regel interdisziplinär bearbeitet und beschäftigen sich – in Abgrenzung zum Tagesgeschäft der Unternehmen (z. B. der Auftragsabarbeitung) – mit strukturellen Veränderungen, die einer besonderen Betreuung erfordern. Die Fabrikplanung hat daher *Projekt*charakter.

4.1.2 Vorgehensweise der Fabrikplanung

4.1.2.1 Planungsphasen

Die Fabrikplanung kann methodisch als ein Problemlösungsprozess verstanden werden, mit dem ein defizitärer Ist-Zustand in einen gewünschten Soll-Zustand überführt werden soll.

Innerhalb des Problemlösungsprozesses sind folgende grobe Planungsphasen zu durchlaufen (Aggteleky 1987):

- Zielplanung,
- Konzeptplanung und
- Ausführungsplanung.

Bei der *Zielplanung* gilt es, die Ausgangssituation und den Veränderungs- bzw. Planungsbedarf zu beschreiben. Dazu ist das Planungsobjekt abzugrenzen (z. B. Wertschöpfungsnetz, Fabrikstandort, Produktionsbereich, s. Abschn. 2.2.3). Eingangsgrößen der Planung sind zu definieren bzw. Prinziplösungen für den Soll-Zustand der Fabrik zu entwerfen, zu bewerten und auszuwählen (grobe Absatz- und Beschaffungsplanung, grobes Produktionsprogramm, technologisches Konzept, Personalkonzept, langfristige Finanzplanung, langfristiges Wirtschaftlichkeitskonzept). In einer Machbarkeitsstudie sind die grundsätzlichen Erfolgsaussichten, die notwendigen Ressourcen, das Budget und die Dauer des Projekts abzuschätzen. Im Ergebnis ist der Projektauftrag zu formulieren und ein Projektablaufplan zu erstellen.

Bei der *Konzeptplanung* wird die Lösung der fabrikplanerischen Aufgabe entwickelt. Die Lösungsentwicklung erfolgt meist in Varianten. Die Varianten werden typischerweise in einem Groblayout detailliert. Die in Varianten erarbeiteten Entwürfe werden einer Bewertung unterzogen. Die beste Variante wird dem Entscheidungsträger zur Freigabe empfohlen. Ergebnis der Konzeptplanung ist die Freigabe eines Entwurfs zur Ausführungsplanung und Realisierung. Gleichzeitig werden grundlegende Informationen und Daten an die Ausführungsplanung übergeben. Teilweise werden während der Konzeptplanung bereits erste Genehmigungen eingeholt (z. B. Bauvoranfrage, Vorhaben- und Erschließungsplan).

Die *Ausführungsplanung* muss die Ergebnisse der Konzeptplanung soweit detaillieren, dass die verschiedenen Lieferanten die zugehörigen Anlagen, Ausrüstungen und Bauteile liefern und verschiedene Gewerke die geplante Fabrik errichten und in Betrieb nehmen können (z. B. Bauprojekt, Montageplanung, Inbetriebnahmeplanung). Die Ausführungsplanung umfasst die abschließende Genehmigungsplanung, die Ausschreibung und Vergabe von Leistungen, die Überwachung der Realisierung und die Abnahme von Leistungen. Abbildung 4.1 zeigt die Planungsphasen und ihre weitere Spezifizierung in Planungsaktivitäten und Planungsschritte.

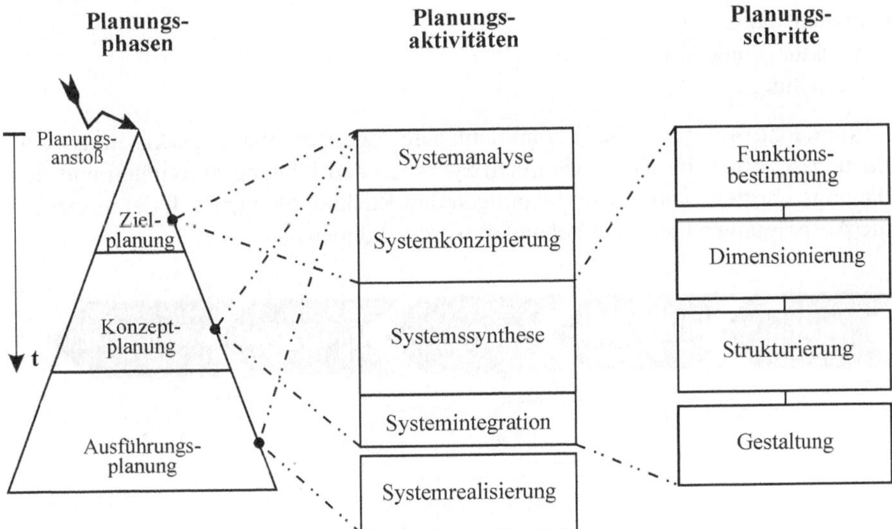

Abb. 4.1. Planungsphasen nach (Aggteleky 1987), Planungsaktivitäten nach (Schmigalla 1995) und Planungsschritte nach (Schenk u. Wirth 2004, Schmigalla 1995, Wirth 1989)

4.1.2.2 Planungsaktivitäten

Als Planungsaktivitäten werden folgende grundlegende Tätigkeiten des Planers bezeichnet (Schmigalla 1995):

- Systemanalyse,
- Systemkonzipierung,
- Systemsynthese und
- Systemintegration.

Im Anschluss daran erfolgt die Systemrealisierung. Die Fabrikplanung begleitet die Realisierung durch Mitwirkung bei der:

- Ausschreibung von Leistungen,
- Vergabe von Leistungen,
- Überwachung der Leistungserstellung und Änderungsplanung,
- Abnahme von Leistungen.

Die Planungsaktivitäten werden in den oben genannten Planungsphasen mit unterschiedlicher Detailliertheit – häufig mehrfach und teils iterativ – durchlaufen. Innerhalb der Planungsaktivitäten Konzipierung, Synthese und Integration kommen folgende Planungsschritte zur Anwendung (Schenk u. Wirth 2004, Schmigalla 1995, Wirth 1989):

- Funktions-/Prozessbestimmung,
- Dimensionierung,
- Strukturierung und
- Gestaltung.

Abbildung 4.2 zeigt die Zusammenhänge zwischen Planungsaktivitäten und Planungsschritten. In der Praxis treten zwischen den Planungsaktivitäten und den Planungsschritten weitere Überlappungen und Rückkopplungen auf, deren vielfältige Ausprägungen hier nicht behandelt werden können.

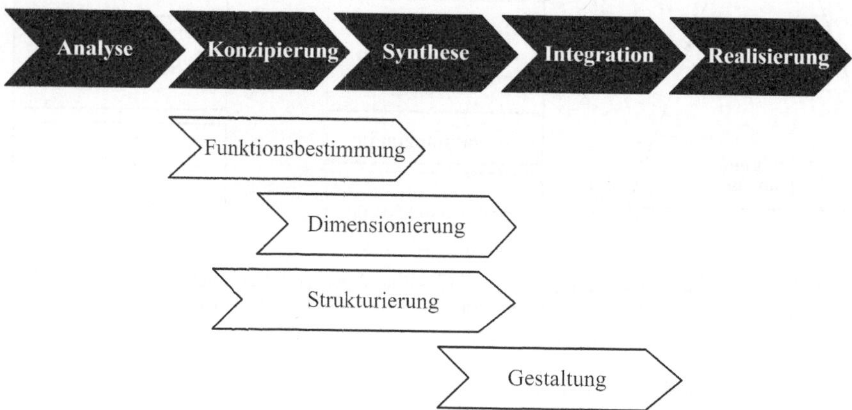

Abb. 4.2. Planungsaktivitäten nach (Schmigalla 1995) und Planungsschritte nach (Schenk u. Wirth 2004, Schmigalla 1995, Wirth 1989)

Im nachfolgenden Abschnitt werden die Planungsschritte, die den inhaltlichen Kern der Fabrikplanung darstellen, im Einzelnen beschrieben.

4.1.2.3 Planungsschritte

Funktionsbestimmung

Die Funktionsbestimmung legt – ausgehend vom Produktionsprogramm – die Elemente und Prozesse der Fabrik fest. Zu den Festlegungen zählen:

- die Art der Prozesse,
- die Art der Betriebsmittel,
- die Art der erforderlichen Mitarbeiterkompetenzen/-qualifikationen sowie
- die Art der Stoff-, Energie- und Informationsflüsse.

Bei der Prozessbestimmung werden die Produktionsprozesse bezüglich ihrer Produktionsstufen gegliedert und die Produktionsverfahren ausgewählt. Die Produktionsstufen bestehen aus:

- der Teilefertigung,
- der Baugruppenmontage (ggf. in mehreren Stufen) und
- der Endmontage.

Die Fertigungsverfahren werden nach DIN 8580 unterschieden in:

- Urformen,
- Umformen,
- Trennen,
- Fügen,
- Stoffeigenschaftsändern und
- Oberflächenbeschichten.

Abbildung 4.3 zeigt symbolisch und beispielhaft die Funktionsbestimmung für die Herstellung eines einzelnen Erzeugnisses. Aus der Produktstruktur – dem Aufbau des Erzeugnisses aus Baugruppen und Komponenten – ergibt sich die Prozessfolge. Diese besteht aus den Stufen:

- Fertigung der Komponenten,
- Montage der Komponenten zu Baugruppen und
- Montage der Baugruppen zum Endprodukt.

Für die Prozesse sind die zu verwendenden Betriebsmittel, die Stoff-, Energie- und Informationsflüsse und das Personal zu bestimmen. In der Regel beeinflussen sich die Festlegungen zu Betriebsmitteln, Flüssen und Personal gegenseitig: Betriebsmittel müssen z. B. zu den Qualifikationen der verfügbaren Mitarbeiter passen (z. B. bei Verlagerungen in Niedriglohnländer). Betriebsmittel können nur gewählt werden, wenn bestimmte Stoff- und Energieflüsse bereitgestellt werden können (z. B. Kühlmittel für Laseranlagen).

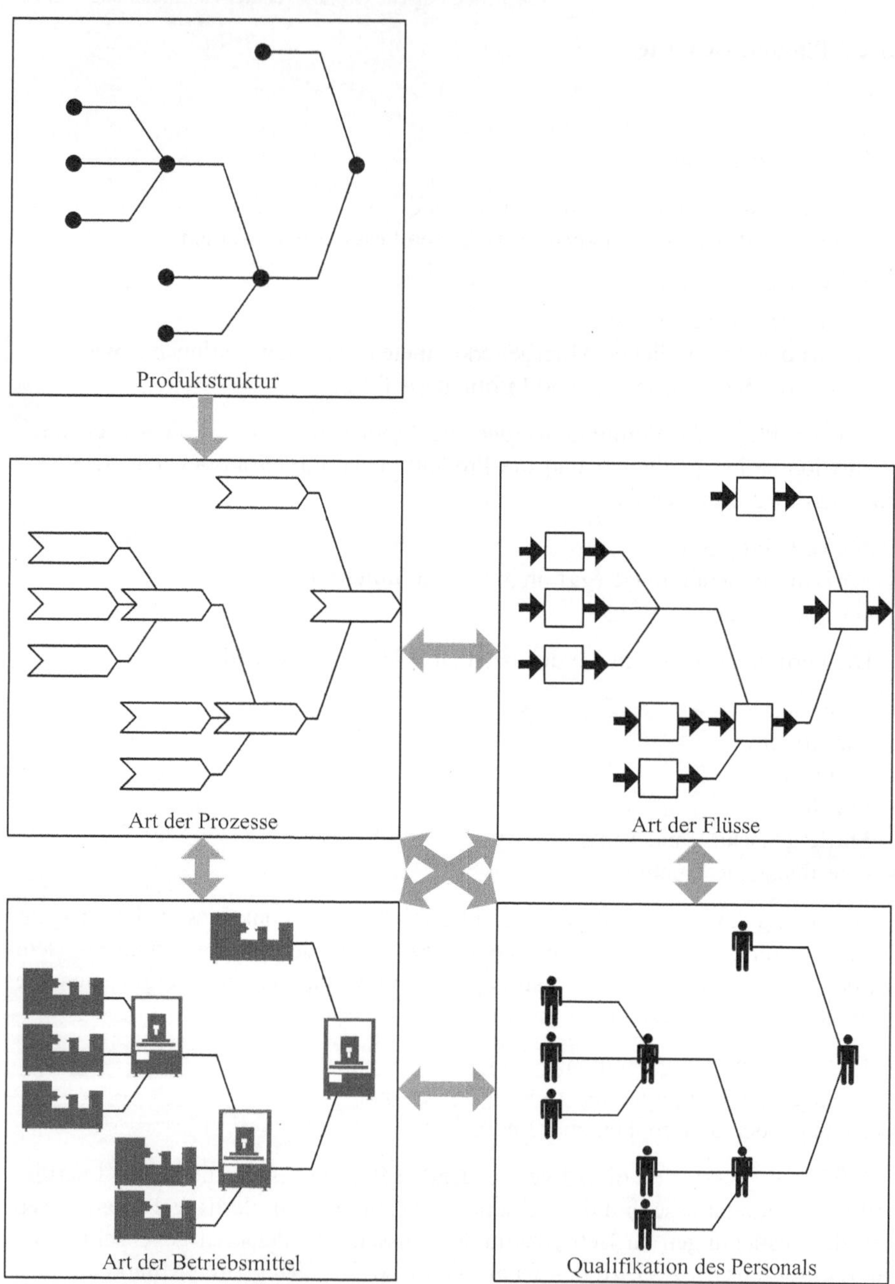

Abb. 4.3. Funktionsbestimmung

Dimensionierung

Die Dimensionierung ist die quantitative Bestimmung der Systemelemente:

- Betriebsmittel,
- Arbeitskräfte,
- Flussgrößen und
- Flächen.

Bei der Dimensionierung wird die zu erwartende Belastung und die Belastbarkeit der einzelnen Elemente über die Anzahl der Systemelemente (z. B. Anzahl der Betriebsmittel) abgeglichen. Die Elementezahl ist stets ganzzahlig.

$$Elementezahl \geq \frac{Belastung}{Belastbarkeit\ des\ Elements} \tag{4.1}$$

Beispielsweise ergibt sich die Anzahl der erforderlichen Montagemitarbeiter (Elementezahl) aus den jährlich zu erbringenden Arbeitsstunden (Belastung) und der Jahresarbeitszeit des einzelnen Montagearbeiters (Belastbarkeit des Elements):

$$14 \geq \frac{23000\,h}{1700\,h} \tag{4.2}$$

Aufbauend auf der Anzahl der Elemente sind die Flächen und die Mengen der Flussgrößen Stoff, Energie und Information je Periode zu berechnen.

Ein kreatives Element bei der Dimensionierung ist die Variation des Schichtregimes (Einschichtbetrieb, Zweischichtbetrieb, Dreischichtbetrieb, rollende Woche). Durch Mehrschichtbetrieb wird die produktive Zeit (Belastbarkeit) des Elements Betriebsmittel erhöht (z. B. von acht auf maximal 24 Maschinenstunden pro Tag), gleichzeitig steigt die notwendige Anzahl der Mitarbeiter, da deren Belastbarkeit konstant bleibt (z. B. acht Stunden je Tag). Bei der Ermittlung der erforderlichen Mitarbeiterzahl ist zusätzlich die Möglichkeit der Mehrmaschinenbedienung zu prüfen: Da die Zeiten des aktiven Handelns von Maschinenbedienern (z. B. Beschicken, Entnehmen) häufig nur einen Bruchteil der Zykluszeit der Maschine ausmachen, können Mitarbeiter oft mehrere Maschinen gleichzeitig bedienen.

Bei gleicher Ausbringung spart ein Mehrschichtbetrieb gegenüber einem Einschichtbetrieb Betriebsmittel, Flächen und unproduktive Zeiten. In den meisten Fällen dürften auf diese Weise auch Energieeinsparungen möglich sein, da Stand by-Zeiten und fixe Verbräuche der Betriebsmittel sinken. Auf weitere Aspekte der Energieeffizienz bei der Dimensionierung – z. B. die Dimensionierung energierelevanter Anlagen – wird u. a. im Kap. 5 näher eingegangen.

Abbildung 4.4 führt das oben vorgestellte Planungsbeispiel weiter: Aus den Produktionsmengen (Stückzahlen) werden die erforderlichen Prozesszeiten, die Anzahl der Betriebsmittel, die Mengen der Flüsse und die Anzahl der Mitarbeiter sowie die Größe der Flächen ermittelt.

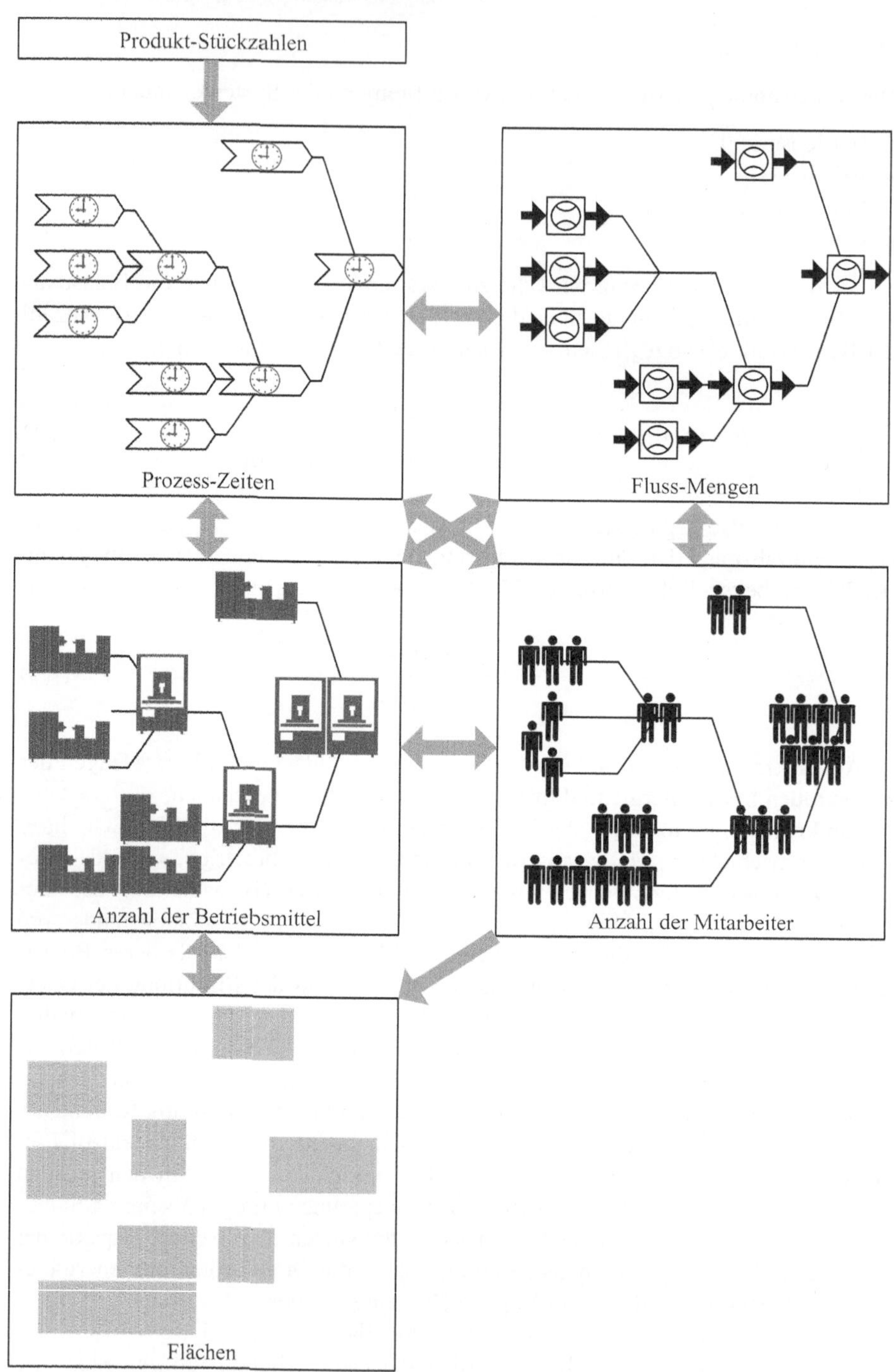

Abb. 4.4. Dimensionierung

Strukturierung

Bei der Strukturierung sind die Elemente der Fabrik räumlich, in ihrer Lage zueinander anzuordnen. Dazu dienen folgende idealtypische Schritte (s. Abb. 4.5):

- Bestimmen des idealen Funktionsschemas: Die Lagebeziehungen der Elemente der Fabrik werden u. a. aus der technologischen Folge der Produktionsprozesse, der Arbeitsstrukturierung und aus logistischen Anforderungen heraus (z. B. Transportoptimierung) hergeleitet.
- Bestimmen des flächenmaßstäblichen Funktionsschemas: Die im Funktionsschema dargestellten Funktionen werden durch die pro Funktion benötigten Flächen ersetzt.
- Bestimmen des Ideallayouts als Blocklayout: Das flächenmaßstäbliche Funktionsschema wird in eine Form überführt, die den Abmessungen üblicher Industriebauten entspricht (Länge und Breite verkörpern ein n-Faches des Rastermaßes). Innerhalb dieser Form sollen keine unbelegten Flächen auftreten.

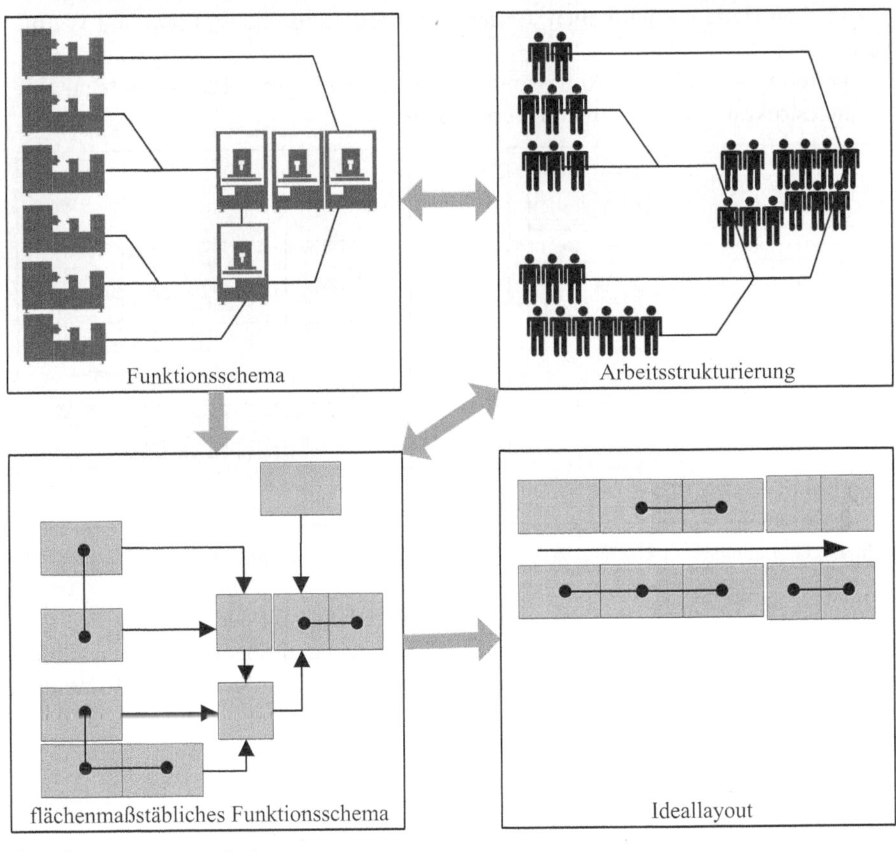

Abb. 4.5. Strukturierung

Die die Strukturierung kann z. B. durch geeignete Zonierungen (z. B. Kaltlager vs. Warmlager, natürlich belichtete Arbeitsplätze vs. unbelichtete Maschinenräume) und durch die Optimierung von Wegen (Minderung des Energieverbrauchs von Förderzeugen) und Leitungslängen (z. B. Minderung von Druckverlusten) zur Energieeffizienz beitragen.

Gestaltung

Während im Rahmen der Strukturierung die Lagebeziehungen zwischen den Elementen bestimmt werden, geht es bei der Gestaltung um die umsetzungsreife, maßgenaue Anordnung. Aus dem Ideallayout der Strukturierung entsteht das Reallayout.

Dieses berücksichtigt notwendige Abstandsmaße (Arbeitssicherheit), notwendige Fundamentierungen für Betriebsmittel und die vorhandenen oder zu schaffenden baulichen Gegebenheiten (Hallenaufteilung, Türen, Tore, Verbindungswege zwischen Hallen, Raumhöhen, Bodenlasten, Raumaufteilung, Licht und Wärme etc.).

Abbildung 4.6 zeigt die Anpassung des oben entwickelten Ideallayouts an eine Gebäudestruktur und den äußeren Verkehrsfluss.

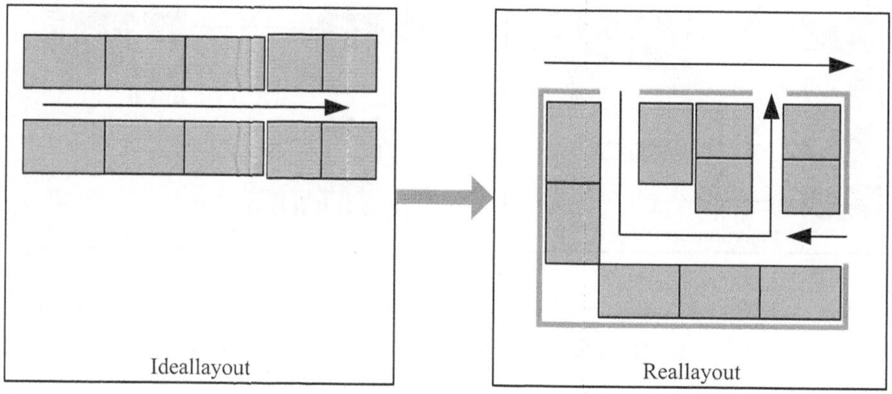

Abb. 4.6. Gestaltung

Die Gestaltung steht in einem engen Zusammenhang mit der Formulierung von Aufgaben für Spezialprojekte (z. B. Industriebau). Zu den Spezialprojekten zählen auch energierelevante Gewerke (z. B. Elektroinstallation, Heizungs-, Lüftungs- und Klimatechnik).

4.1.3 Planungsgrundsätze

Bei der Fabrikplanung sind komplexe Aufgabenstellungen zu lösen. Um diese zu bewältigen, hilft die Orientierung an heuristischen Planungsgrundsätzen (Daenzer

u. Huber 2002, Schmigalla 1995). Die Grundsätze dienen einerseits zur Wegleitung für ein systematisches Vorgehen. Andererseits fördern sie, z. B. durch einen Perspektivenwechsel, auch die Kreativität im Planungsprozess.

Der Grundsatz *Top-down* oder das *Hierarchieprinzip* hilft, trotz hoher Komplexität den Überblick und die Zielorientierung im Planungsprojekt zu wahren. Top-down heißt, dass alle Entscheidungen im Planungsprozess am übergeordneten Ganzen auszurichten sind. Der Grundsatz kommt in folgenden Prinzipien zum Ausdruck:

– Vom-Groben-zum-Feinen,
– Vom-Komplexen-zum-Detail,
– Vom-Typischen-zum-Speziellen.

Der komplementäre Grundsatz *Bottom-up* reflektiert die Tatsache, dass die Fabrik als Ganzes erst durch das Zusammenwirken der Subsysteme und Elemente funktioniert. Daher ist im Planungsprozess auch Detailwissen und Bereichsexpertise notwendig. In einem „Gegenstromprinzip“ müssen Zielvorgaben und Lösungsvorschläge, die Top-down erarbeitet wurden, durch Detailanalysen, Berechnungen und Bewertungen Bottom-up ergänzt werden. Der Grundsatz Bottom-up lässt sich auch formulieren als:

– Vom-Einzelnen-zum-Ganzen oder
– Vom-Element-zum-System.

Der Grundsatz *Vom-Zentralen-zum-Peripheren* orientiert auf eine Priorisierung der Planung an Hand der peripheren Gliederung der Fabrik (s. Abschn. 2.2.3). Zuerst werden die Hauptprozesse und die ihnen zugeordneten Betriebsmittel geplant (Produktionsprozesse und -maschinen). Anschließend erfolgt die Planung der Hilfsprozesse und der peripheren Anlagen. Hierzu zählen auch die energietechnischen Anlagen.

Der Grundsatz *Von-Außen-nach-Innen* beschreibt eine zum letztgenannten Grundsatz komplementäre Sichtweise auf die Fabrik: Äußere Bedingungen bestimmen die innere Abläufe und Strukturen der Fabrik. Zum Beispiel bestimmt der Absatzmarkt die Produktionsmengen und -termine. Die verkehrstechnische Erschließung des Fabrikstandorts bestimmt die innere Verkehrsinfrastruktur der Fabrik (Lage der Ein- und Ausfahrten, Eisenbahnbe- und -entladung).

Der Grundsatz *Vom-Idealen-zum-Realen* verlangt, zunächst frei von Einschränkungen durch reale Gegebenheiten, die Erarbeitung einer möglichst vollkommenen Planungslösung. Ausgehend von diesem Ideal sind erst in den folgenden Planungsteilschritten „Kompromisslösungen“ unter Berücksichtigung der realen Bedingungen zu finden.

Der Grundsatz *Optimieren-und-Variieren* spricht zwei Vorgehensweisen beim Problemlösen an:

– Für eine Klasse von Problemen kann durch Berechnung eine optimale Lösung gefunden werden (z. B. Transportoptimierung). Dazu müssen die Probleme mathematisch beschreibbar sein.
– Für Probleme, die sich auf Grund ihrer Komplexität, fehlender Informationen und anderer Umstände einer solchen Beschreibung entziehen, müssen

mehrere Lösungsvarianten erarbeitet werden. Die Lösungsvarianten sind zu bewerten. Die beste Lösung, die Vorzugsvariante, wird für die weitere Planung oder Realisierung ausgewählt.

4.1.4 Energieeffizienz als neue Planungsanforderung

Die Anforderungen an die Fabrikplanung unterlagen in der historischen Entwicklung verschiedenen Schwerpunktsetzungen (z. B. Flexibilität, Schnelligkeit, Vernetzung, s. Abb. 4.7).

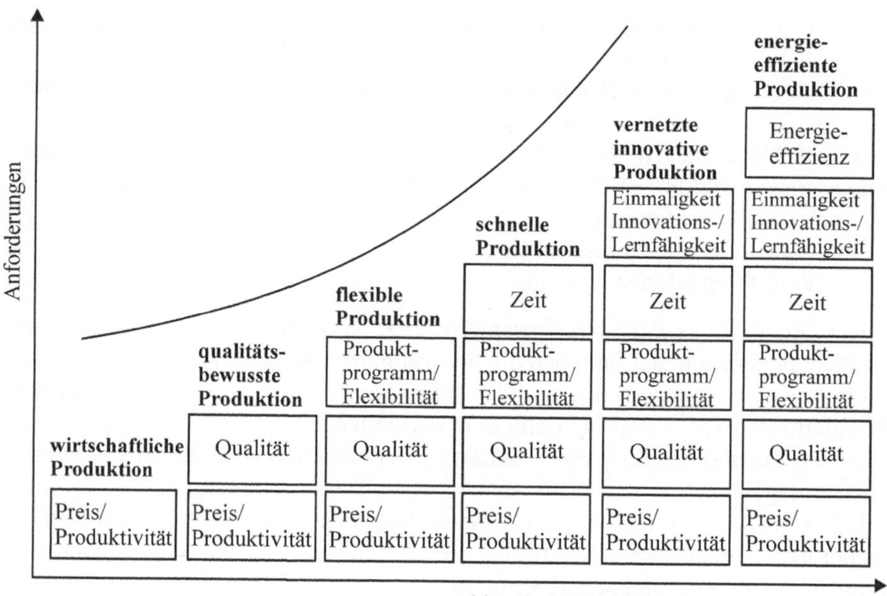

Abb. 4.7. Energieeffizienz als neue Anforderung an die Fabrikplanung, eigene Darstellung in Anlehnung an (Zahn u. Schmid 1996)

Bisher dominierten bei der Fabrikplanung die Planungsprämissen:

- Kosten,
- Zeit,
- Funktion und
- Qualität.

Aus diesen Prämissen leiteten sich u. a. folgende, bisher vorherrschende Gestaltungsgrundsätze ab:

- Anordnung der Elemente der Fabrik nach logistischen Aspekten:
  - Minimierung der Durchlaufzeiten,
  - Minimierung der Transportaufwände,
- Minimierung des Flächenbedarfs oder
- Zusammenfassen von Maschinen mit ähnlichen Qualitätsanforderungen (z. B. Schwingungsfreiheit, Staubfreiheit).

Energieeffizienz spielte in diesem Zusammenhang nur in energieintensiven Branchen (Papier, Keramik, Chemie etc.) eine größere Rolle. Energieeffizienz wurde in den bisher geltenden Gestaltungsgrundsätzen und Planungszielen kaum berücksichtigt.

Energie wurde in der Fabrikplanung vor allem innerhalb der Planung von Ver- und Entsorgungssystemen betrachtet. Hierbei wurden die Ver- und Entsorgungssysteme auf Basis gegebener Anschlussleistungen der Produktionsanlagen und sonstiger (peripherer) Anlagen geplant. Eine gezielte Auswahl energieeffizienter Produktionsanlagen war bislang kein Planungsschwerpunkt. Daher fehlt bis dato auch weitgehend eine methodische Verknüpfung der technologisch orientierten Fabrikplanung mit den energietechnischen Spezialplanungen.

Auf Grund der im Kap. 1 beschriebenen Tendenzen gewinnt die Energieeffizienz derzeit auch in der weniger energieintensiven Stückgutindustrie – und namentlich im Automobilbau – zunehmend an Bedeutung.

4.2 Integration von Energieeffizienz-Aspekten in die Fabrikplanung

4.2.1 Handlungsansätze zur Energieeffizienz-Steigerung

4.2.1.1 Überblick

> „Passend zur Vielzahl von Prozessen und unterschiedlichen betriebsspezifischen Produktionsbedingungen gibt es ein kaum überschaubares Spektrum von technischen, betrieblichen oder organisatorischen Maßnahmen zur Steigerung der Energieeffizienz. Entsprechend kommt einer einfachen Systematisierung dieser Maßnahmen eine große Bedeutung zu.“ (Seefeldt et al. 2007)

Im Abschn. 1.1 wurde definiert, dass das System, welches bei definiertem Output den geringsten Energieeinsatz benötigt, die höchste Energieeffizienz aufweist.

Als Messgröße dient der spezifische Energiebedarf. Der spezifische Energiebedarf wird für den Vergleich von Prozessen, Betriebsmitteln und Produktionssystemen sowie als Planungsgröße genutzt. Der spezifische Energiebedarf lässt sich bei konstanter Stückzahl allein durch die Reduzierung des Energieeinsatzes senken. Bestimmungsfaktoren für den spezifischen Energiebedarf und somit für die Energieeffizienz sind im Einzelfall individuell zu ermitteln.

Dies soll zunächst am Beispiel der Elektroenergie erläutert werden (s. Abb. 4.8). Prinzipiell bestehen die Möglichkeiten, die Energiebereitstellung, die Übertragung und die Nutzung zu optimieren. Nachfolgend wird auf die Optimierung der Nutzung eingegangen: Die elektrische Arbeit ergibt sich aus der elektrischen Leistung über der Zeit (s. Gl. 3.36). Bestimmungsfaktoren der Energieeffizienz sind also die elektrische Leistung und die Einschaltzeit der elektrischen Verbraucher. Um die Energieeffizienz zu verbessern, gilt es, die Einschaltzeit, die Leistung oder beides zu verringern. Bei der Einschaltzeit können sowohl produktive als auch unproduktive Zeiten reduziert werden. Durch Optimierung von Produktionsverfahren und logistischen Abläufen können produktive Zeiten gesenkt werden (z. B. Hochgeschwindigkeitsbearbeitung, kürzere Transportwege). Durch Verbesserung der Anlagensteuerung können Anlagen bedarfsweise ausgeschaltet werden, was unproduktive Zeiten bzw. Stand-by-Verbräuche vermeidet.

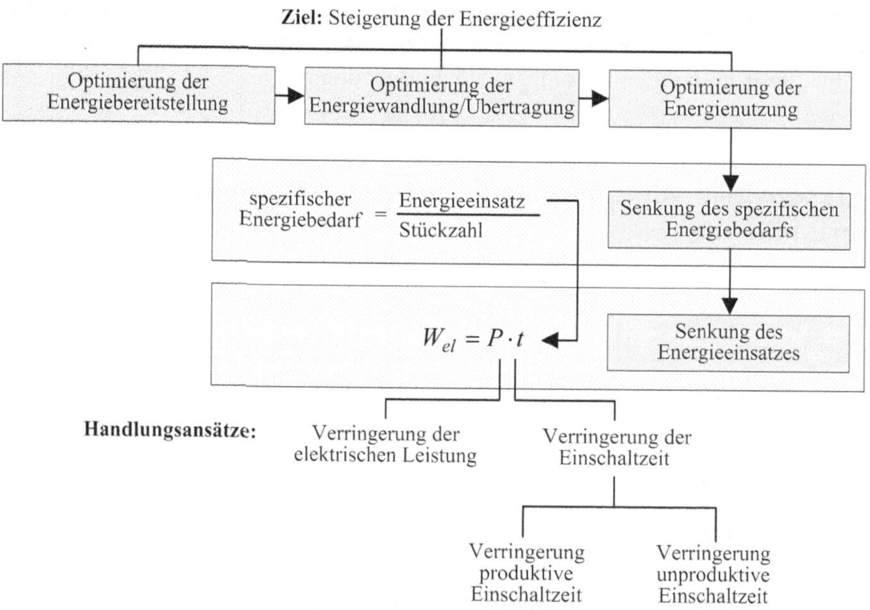

Abb. 4.8. Handlungsansätze zur Verbesserung der Energieeffizienz am Beispiel der Nutzung von Elektroenergie

Die Bestimmungsfaktoren der Energieeffizienz sind prozess- und anlagenspezifisch sowie abhängig von den eingesetzten Energieträgern. Eine allgemeingültige Identifikation konkreter Bestimmungsfaktoren ist nur schwer möglich. Aus diesem Grund werden hier Handlungsansätze vorgestellt, die auf einem allgemeinen Modell der Energieumwandlung in Produktionsanlagen beruhen.

Die Abb. 4.9 zeigt eine Produktionsanlage als Black Box, in der Energie und Werkstoffe transformiert werden. Als Eingabe werden der Energieeinsatz $E_{Einsatz}$ und die Werkstoffe betrachtet. Als Ausgabe ergeben sich daraus die Produkte und die Verlustenergie[21] $E_{Verlust}$. Ein Teil der Verlustenergie kann als Anfall-Energie[22] E_{Anfall} weitergenutzt werden.

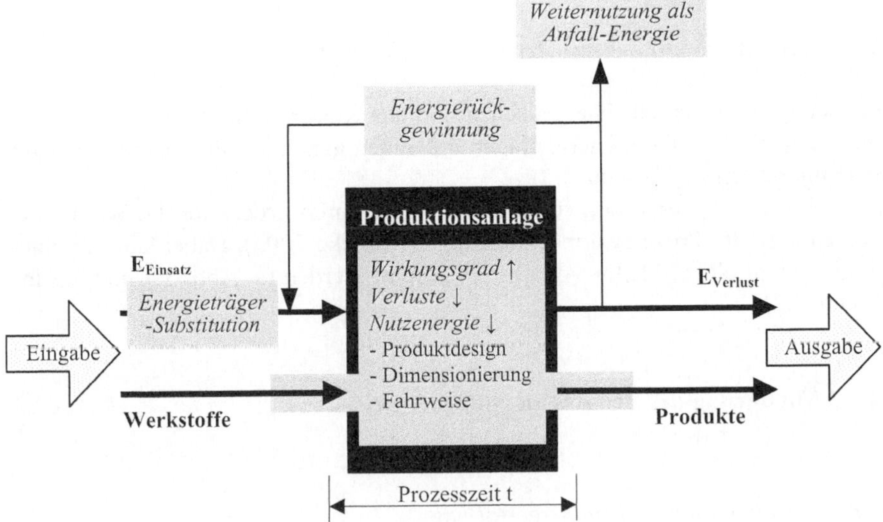

Abb. 4.9. Handlungsansätze zur Steigerung der Energieeffizienz in Produktionsanlagen

Als allgemeingültige Handlungsansätze zur Steigerung der Energieeffizienz in Produktionsanlagen ergeben sich:

- Substitution der eingesetzten Energieträger,
- Minderung des Bedarfs an Nutzenergie, z. B. durch:
  - energetisch optimierte Produktgestaltung,
  - energetisch optimierte Dimensionierung,
  - energiesparende Fahrweisen;
- Steigerung des Wirkungsgrads,
- Reduktion der Verlustenergie,
- Energierückgewinnung und
- Weiternutzung von Verlustenergie als Anfall-Energie.

---

21 Als Energieverlust wird hierbei der aus einem System austretende, nicht im Sinne des Prozesses genutzte Teil der zugeführten Energie bezeichnet (VDI 2003).

22 Summe der Abwärme von Personen, elektrischen Betriebsmitteln, prozesswärmetechnischen Anlagen, Warmwasseranlagen etc., die zur Wärmebilanz eines Raums beiträgt und nicht durch die Heizungsanlagen aufgebracht werden muss.

Die Handlungsansätze dienen dazu, in den Planungsaktivitäten Konzipieren und Synthese/Integration energieeffiziente Planungslösungen zu generieren bzw. Ansatzpunkte für die energetische Optimierung zu finden. Die Handlungsansätze lassen sich sowohl für Neu- und Erweiterungsplanungen als auch für die Überplanung bestehender Anlagen nutzen.

Nachfolgend werden die Handlungsansätze im Einzelnen erläutert.

4.2.1.2 Substitution der eingesetzten Energieträger

Energieträger können aus energetischen und aus Kostengründen substituiert werden. Energetisch sollten Energieträger mit einer günstigen Primärenergiebilanz bevorzugt werden (s. Abschn. 3.2).

Ein Beispiel ist der Ersatz von Elektroenergie durch Erdgas für die Warmwasserbereitung oder Prozesswärmeerzeugung (Hennicke 2005). Dabei kann Primärenergie bis zu einem Faktor von ca. 2,3 gespart werden (s. Abb. 3.4 und 3.5 im Abschn. 3.2).

4.2.1.3 Minderung des Bedarfs an Nutzenergie

a) energetisch optimierte Produktgestaltung

Die Produktgestaltung definiert bereits den Aufwand der Produktion und damit den Bedarf an Nutzenergie bei der Be- und Verarbeitung. Ansätze für eine energetisch optimierte Produktgestaltung sind:

- geringe Werkstückmassen (Einsparung von Schmelzaufwand beim Ur- und Umformen, Einsparung von Energie für den Transport),
- Formgebung, die eine energetisch günstige Fertigung zulässt (z. B. kurze Prozessketten, endformnahe Rohteile, wenig Verschnitt und wenig Spanvolumen),
- Formgebung, die eine einfache, energiesparende Reinigung im Produktionsprozess zulässt,
- energetisch günstig gestaltete Fügeverbindungen (z. B. geringe Querschnitte von Schweißverbindungen etc.),
- konstruktive Vorgabe von Stoff- und Oberflächeneigenschaften, die nur so viel wie nötig Stoffeigenschaftsänderungen und Oberflächenbehandlungen erfordern.

b) energetisch optimierte Dimensionierung

Unter der optimalen Dimensionierung ist eine den kommenden tatsächlichen Verhältnissen entsprechende Dimensionierung von Energieerzeugungs-, Energieverteil- und Energienutzungseinrichtungen zu verstehen. „Wenn die Planung vom Betriebsingenieur vorgenommen wird, besteht die Gefahr der Überdimensionierung oder der übermäßigen Reserven zur Begegnung von Störungen." (Aggteleky 1987) Aus möglichen Überdimensionierungen resultieren Teillastzustände mit schlechten Wirkungsgraden (Seefeldt et al. 2007).

Darüber hinaus erzeugt eine über den Bedarf installierte Versorgungsinfrastruktur energetische Leerlaufverluste und unnötige Investitionskosten. Ziel ist eine Dimensionierung der Anlagen und Versorgungsinfrastruktur, die dem heutigen und zukünftigen Bedarf entspricht.

c) energetisch optimierte Fahrweise

Unter einer energetisch optimierten Fahrweise lassen sich zwei Optimierungsrichtungen zusammenfassen:

- Zum einen kann durch eine optimierte Auftragssteuerung ein energetisch günstiger Lastgang erzielt werden (z. B. Bildung von Auftragsblöcken zur Vermeidung von Leerlauf, Teillast und Stand-by-Zeiten, zeitversetztes Anfahren von Fertigungsanlagen).
- Zum anderen kann der Energiebedarf durch eine optimierte Anlagensteuerung gesenkt werden. Ziel einer energetisch optimierten Anlagensteuerung ist die Anpassung der Energieaufnahme an die aktuell abgeforderte Leistung (z. B. Kopplung von technischen Abluftanlagen an die SPS der Produktionsanlage, frequenzgeregelte Steuerung elektrischer Antriebe).

4.2.1.4 Steigerung des Wirkungsgrads

„Ein Wirkungsgrad ist der Quotient aus der nutzbaren abgegebenen Leistung und der zugeführten Leistung" (VDI 2003), oder das Verhältnis zwischen nutzbarer abgegebener und zugeführter Arbeit (s. Gl. 3.8).

Der Wirkungsgrad misst die energetische Effizienz für einen bestimmten, meist den optimalen, Betriebspunkt des jeweiligen Prozesses oder der jeweiligen Anlage. Häufig können die Prozesse und Anlagen nicht über die gesamte Betriebszeit hinweg in diesem günstigen Betriebspunkt gefahren werden. Der Nutzungsgrad n bietet sich als alternative Kennzahl an. Deren Berechnung ähnelt der des Wirkungsgrads; für die zugeführte Energie und die Nutzenergie werden jedoch periodenbezogene Summen eingesetzt (z. B. Jahresverbrauch, Jahresnutzenergie).

$$n = \frac{W_{Nutz}}{W_{zu}} \tag{4.3}$$

Um den Wirkungsgrad zu erhöhen, existieren wiederum mehrere generelle Lösungsansätze:

Prozessintegration

Infolge der Multiplikation der Einzelwirkungsgrade zu einem Gesamtwirkungsgrad ist eine geringe Zahl von Energieumwandlungsstufen energetisch meist vorteilhaft (s. Gl. 3.9). Daher können verschiedene Möglichkeiten zur Verkürzung von Prozessketten dazu beitragen, den Gesamtwirkungsgrad in der Produktion zu erhöhen. Diese sind:

- Zusammenführen von mehreren Hauptprozessen zu einem Hauptprozess (z. B. Herstellung von Haupt- und Nebenformen in einem Umformprozess statt mehrerer spanender Prozesse),
- Integration von Hilfsprozessen in Haupt- oder übergeordnete Hilfsprozesse (z. B. prozessintegriertes Prüfen statt sequenzielles Fertigen – Reinigen – Prüfen).

Abbildung 4.10 illustriert den Handlungsansatz Prozessintegration an einem Beispiel: Eine konventionelle Prozesskette zur Herstellung gehärteter rotationssymmetrischer Teile wird durch eine verkürzte Prozessfolge ersetzt, in der Rohteile mit bereits ausreichender Härte eingesetzt werden und Schrupp-, Schlicht- und Feinbearbeitung auf einer Maschine erfolgen. Neben dem Härten entfallen auch mehrere (energieintensive) Reinigungsstufen.

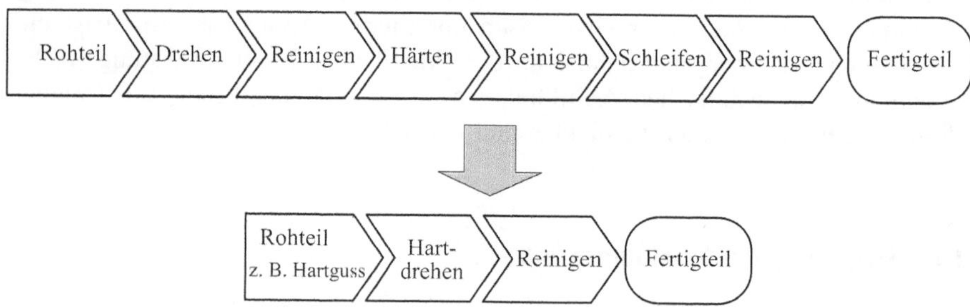

Abb. 4.10. Verkürzen der Prozesskette am Beispiel Hartdrehen

Substitution

Im Rahmen der Fabrikplanung kann dem Ansatz Steigerung des Wirkungsgrads vor allem durch die Auswahl von Anlagen und Anlagenkomponenten (z. B. Elektromotoren) mit einem hohen energetischen Wirkungsgrad entsprochen werden. Das Prinzip der Wirkungsgradverbesserung bezieht sich ebenfalls auf die Auswahl effizienter Verfahren (z. B. Stablaser vs. Scheibenlaser, Warmumformen vs. Kaltumformen) oder Materialien (z. B. Warmkleber vs. Kaltkleber).

Prozesssicherheit/Fehlerrobustheit

Ausschuss, Fehlchargen und Nacharbeit konsumieren Energie, ohne einen adäquaten Nutzen zu generieren. Daher tragen sichere, fehlerrobuste Prozesse maßgeblich zur Energieeffizienz bei (Neugebauer 2008).

Sophistication[23]

Einige betriebliche Prozesse können durch die intelligente Nutzung natürlicher (kostenloser) Energie, Kräfte und Effekte realisiert werden. Hierzu gehören u. a. schwerkraftgetriebene Transporte, auf Sedimentation beruhende Abscheideprozesse, die solare Wärmegewinnung, die Lüftung durch freie Konvektion sowie die natürliche Belichtung bzw. Verschattung.

4.2.1.5 Reduktion von Verlusten

„Der Energieverlust ist der aus einem System austretende, nicht im Sinne des Prozesses genutzte Teil der zugeführten Energie." (VDI 2003) Energieverluste setzen sich aus Umwandlungs-, Transport-, Regel-, Verteil- und Anwendungsverlusten entlang der gesamten Energieumwandlungskette zusammen (Offner 2001).

Die Ausprägung der Verluste erfolgt in drei Kategorien (Schieferdecker et al. 2006):

- direkt stoffgebundene Verluste (z. B. warmes Abwasser, heißes Abgas),
- indirekt stoffgebundene Verluste (z. B. Wärmeinhalt von Zwischenprodukten),
- diffuse Verluste (z. B. Wärmeverluste an der Oberfläche von Anlagen, Leckageverluste an wärmeführenden Leitungen, Reibungswärme).

Energieverluste gehen nach Gl. 4.4 in den Wirkungsgrad ein und werden deshalb prinzipiell schon vom Handlungsansatz Steigerung des Wirkungsgrads erfasst.

$$\eta = \frac{W_{Nutz}}{W_{zu}} = \frac{W_{zu} - W_{Ver}}{W_{zu}} = 1 - \frac{W_{Ver}}{W_{zu}} \tag{4.4}$$

Der Handlungsansatz Reduktion von Verlusten wird hier aber explizit vorgestellt, um auf folgende operationalisierte Ansätze hinzuweisen:

- Reduktion von Prozesstemperaturen,
- Verbesserung von Wärmeübertragungsprozessen (s. Abschn. 3.3.2),
- Verbesserung der Isolation von wärme- und kälteführenden Leitungen und Anlagenteilen,
- Reduktion von unproduktiven Einschaltzeiten (z. B. Stand-by),
- Reduktion von Reibungsverlusten sowie
- Vermeidung von Leckagen aus wärme- oder kälteführenden Leitungen und Anlagen durch regelmäßige Wartung und Instandhaltung.

[23] in Anlehnung an (von Gleich 1994)

4.2.1.6 Energierückgewinnung

Nach der Energienutzung im Produktionsprozess und von anderen Verbrauchern verbleibt Energie, die zum Teil für eine erneute energetische Verwendung nutzbar gemacht werden kann. (Wohinz u. Moor 1989, Bundesamt für Konjunkturfragen 1992). Dabei ist zu prüfen, ob entsprechend:

- dem Medium,
- der anfallenden Energiemenge,
- dem zeitlichen Anfall/Verlauf,
- den örtlichen Gegebenheiten

geeignete Anwendungsmöglichkeiten gegeben sind (Wohinz u. Moor 1989). Anwendungsmöglichkeiten ergeben sich z. B. aus:

- der Nutzung von Prozessabwärme zum Vorheizen von Bädern, Zuluftströmen etc.,
- der Rückgewinnung von Bremsenergie aus elektrischen Antrieben zur Netzrückspeisung.

4.2.1.7 Weiternutzung von Anfall-Energie

Eine besondere Form der „Energierückgewinnung“ ist die Nutzung der spontan durch freie Konvektion, Strahlung und Wärmeleitung an Räume übertragene Abwärme von Personen, elektrischen Betriebsmitteln, prozesswärmetechnischen Anlagen, Warmwasser- und anderen Anlagen zur Heizung. Diese, die Heizung unterstützende Abwärme, heißt Anfall-Energie.

Im Rahmen der Fabrikplanung ist darauf zu achten, dass diese Abwärme in die Wärmebilanz der Heizungsplanung aufgenommen wird und keine überflüssigen Heizungskapazitäten installiert werden. Gegebenenfalls gelingt es, Abwärmeströme mit einfachen Mitteln gezielt in zu beheizende Räume zu leiten (z. B. bei der Planung des Aufstellungsorts von wärmeabgebenden Aggregaten, bei der Zonierung von Gebäuden).

4.2.2 Rückkopplung zwischen Fabrikplanung und Fabrikbetrieb

Allein die Beschaffung von Energiedaten in den Ziel- und Konzeptphasen von Neu-, Erweiterungs- und Überplanungen ist oft mangelhaft. Nicht selten muss auf Erfahrungswerte zurückgegriffen werden, die vielfach geschätzt und häufig mit hohen Sicherheitszuschlägen behaftet sind. Deshalb ist es notwendig, die Planung energieeffizienter Fabriken eng mit dem Fabrikbetrieb, also mit energetischen Betrachtungen über den gesamten Fabriklebenszyklus (s. Abschn. 2.5), zu verknüpfen.

Abbildung 4.11 schlägt dazu zwei Regelkreise vor:

- zwischen der operativen und der Steuerungsebene im Fabrikbetrieb und
- zwischen dem Fabrikbetrieb und der Fabrikplanung.

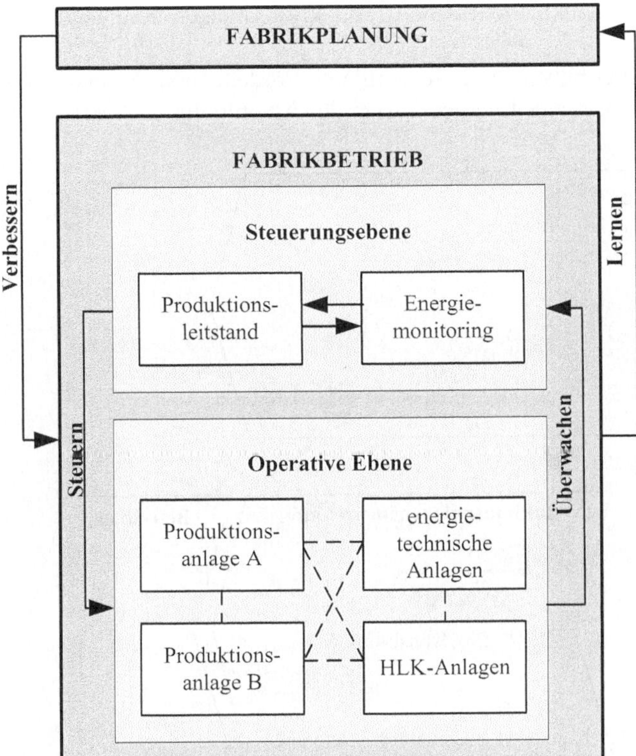

Abb. 4.11. Regelkreise in der energieeffizienten Fabrik

Zwischen operativer Ebene und Steuerungsebene erfolgt die Überwachung des Energieverbrauchs durch ein entsprechendes Energiemonitoring. Die Informationen, die aus dem Energiemonitoring gewonnen werden (z. B. Lastspitzen), müssen in Zukunft noch stärker als Parameter für die Produktionssteuerung genutzt werden (z. B. Lastmanagement unter Nutzung von Anlagenleitständen). Das Energiemonitoring, die Erfassung und Bewertung von Energieverbräuchen, wird im Kap. 6 näher erläutert.

Zwischen dem Fabrikbetrieb und der Fabrikplanung ergibt sich ein Kreislauf der kontinuierlichen Verbesserung. Die Fabrikplanung lernt energetische Zusammenhänge aus dem Fabrikbetrieb kennen und generiert energetische Planungsdaten. Aus diesen Kenntnissen und deren kreativen Verarbeitung kann bei der nächsten Neu-, Erweiterungs- oder Überplanung die Energieeffizienz verbessert werden.

Für die dauerhafte Sammlung und Fortschreibung energetischer Planungsdaten unterbreitet Kap. 6 einen Vorschlag.

4.2.3 Simultane Produkt-, Prozess- und Anlagenplanung

Neben der methodischen Verknüpfung von Fabrikplanung und Fabrikbetrieb gilt es, die Planung von Produkt, Prozess und Produktionsanlagen aufeinander abzustimmen.

Abbildung 4.12 zeigt beispielhaft die simultane Produkt- und Produktionsanlagenentwicklung (Simultaneous Engineering) in der Automobilindustrie.

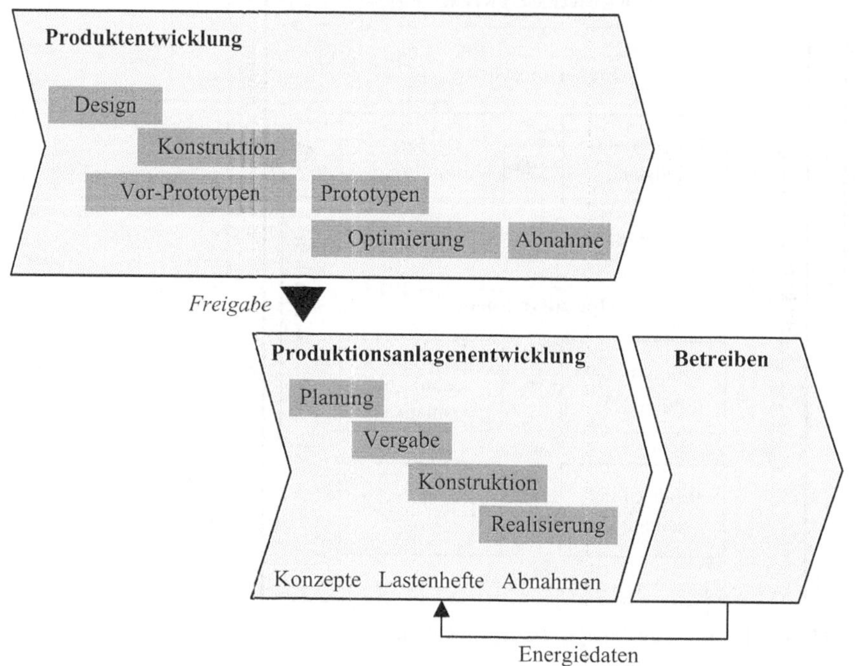

Abb. 4.12. Simultane Planung von Produkt und Produktionsanlage in der Automobilindustrie, in Anlehnung an (Hab u. Wagner 2006)

Beide Entwicklungsprozesse, die Produktentwicklung und die Produktionsanlagenentwicklung, enden mit dem Produktionsbeginn (SOP = Start of Production) bzw. der Markteinführung. Mit der Markteinführung bzw. dem Produktionsbeginn endet üblicherweise auch die Verantwortung der Planer (Hab u. Wagner 2006). Informationen aus der Nutzungsphase, wie Energieverbräuche und Energiekosten, fließen nicht in den Planungsprozess zurück.

Ein Schwerpunkt der energieeffizienzorientierten Fabrikplanung liegt daher in der Erweiterung der Planungsverantwortung bis hin zum Produktionsende (EOP = End of Production) (Müller et al. 2008). Energierelevante Informationen sind während des Fabrikbetriebs zu erfassen und in zukünftige Planungen zu integrieren (s. Abschn. 4.2.2).

Eine besondere Herausforderung liegt in der Beteiligung verschiedener Akteure. Während die übergreifende Fabrikplanung unternehmensintern oder von spezialisierten externen Planungsbüros erstellt wird, sind in die detaillierte Prozess- und Anlagenplanung in der Regel Experten der Anlagenlieferanten involviert.

Daraus ergibt sich eine Reihe von Schnittstellen für den Austausch von Daten, u. a. von Energiedaten. Für Lasten- und Pflichtenhefte sowie für die technische Abnahme von Anlagen sind energetische Parameter zu definieren, die im anschließenden Fabrikbetrieb überwacht werden können. Gleichzeitig bilden solche Kennzahlen die Grundlage für energietechnische Spezialprojekte (z. B. Planung der Elektroenergiebereitstellung, s. Abschn. 5.2.1).

4.3 Methodik zur energieeffizienzorientierten Fabrikplanung

4.3.1 Überblick

Die hier vorgestellte Methodik zur energieeffizienzorientierten Fabrikplanung basiert auf den im Abschn. 4.1 vorgestellten Planungsaktivitäten Systemanalyse, Systemkonzipierung, Systemsynthese/Integration und Begleitung der Systemrealisierung.

Ausgehend von den in den Abschn. 4.2.2 und 4.2.3 dargelegten Defiziten liegt ein Schwerpunkt der Methodik im Austausch von Energiedaten:

1. zwischen den Planungsaktivitäten der Fabrikplanung und dem Fabrikbetrieb sowie
2. zwischen verschiedenen Fachdisziplinen (Technologieentwicklung, Anlagenentwicklung etc.).

Abbildung 4.13 zeigt die Methodik im Überblick.

Für die einzelnen Planungsaktivitäten lassen sich die wichtigsten Inhalte wie folgt zusammenfassen:

- In der Planungsaktivität Systemanalyse werden Energiedaten und -kennzahlen ermittelt. Diese dienen der Beschreibung der Ausgangssituation und zur Zielbestimmung (z. B. Vorgaben zur Energieeinsparung in Prozent).
- Während der Systemkonzipierung und Systemsynthese/Integration werden mit unterschiedlichem Detaillierungsgrad Lösungen entworfen und schließlich zur Realisierung ausgewählt.
  - Die Suche nach energieeffizienten Lösungen unterstützen die im Abschn. 4.2.1 vorgestellten Handlungsansätze.
  - Die entworfenen Lösungen sind auch unter energetischen Gesichtspunkten zu optimieren, zu variieren und zu bewerten (s. Planungsgrundsätze,

Abschn. 4.1.3). Dafür werden Energiedaten benötigt, die weitgehend aus dem Betrieb bestehender Fabriken generiert werden müssen.
- Im Ergebnis der Planungsaktivitäten Systemkonzipierung und Systemsynthese/Integration ist eine Lösung zur Realisierung auszuwählen. Um bei dieser Bewertung und Auswahl die Energieeffizienz der Anlagen und Prozesse angemessen berücksichtigen zu können, müssen die Lebenszykluskosten, die die Energiekosten enthalten, ein maßgebliches Bewertungskriterium sein.

- Nach Abschluss der Systemrealisierung sind die errichteten Anlagen abzunehmen. Dabei sind u. a. die angenommenen bzw. von Lieferanten zugesicherten Energieparameter zu prüfen und zu dokumentieren.
- Während der Nutzung sind die Energieparameter zu überwachen (Energiemonitoring). Mit der Überwachung wächst die Wissensbasis zum energetischen Verhalten der Produktionsanlagen.

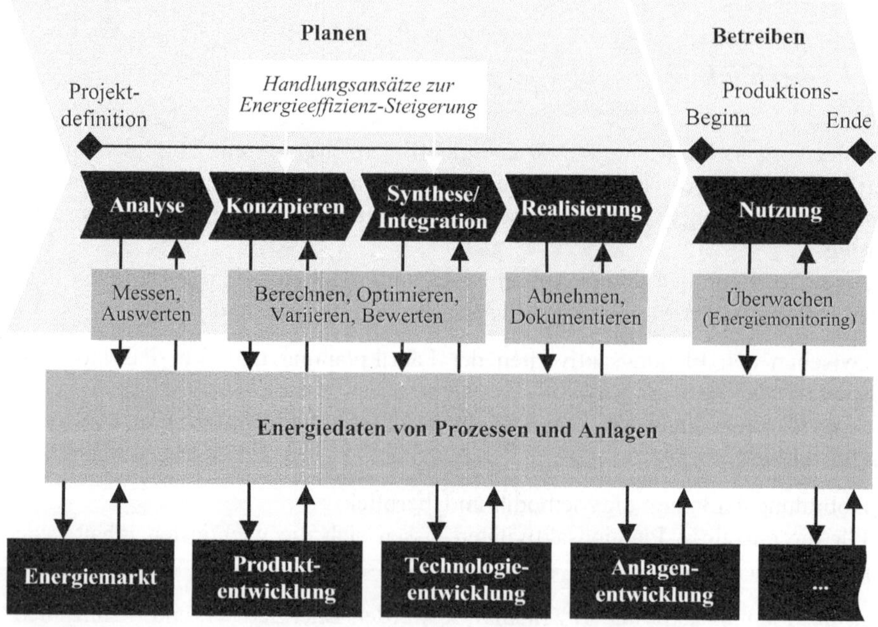

Abb. 4.13. Methode zur Integration von Energiedaten in den Planungsprozess

Mit dieser Methodik soll die Verantwortung des Planers für den gesamten Lebenszyklus der Fabrik erhöht werden. Gleichzeitig verbessert das wachsende Erfahrungswissen aus energetischen Analysen bestehender Produktionsanlagen die Ausgangssituation für künftige Planungen.

Die Generierung und Aufbereitung von Energiedaten aus dem laufenden Fabrikbetrieb wird im Kap. 6 näher erläutert. Zusätzlich wird empfohlen, weitere Informationsquellen einzubeziehen. In der oben genannten Abb. 4.13 werden Energiemarktdaten und Informationen aus der Produktentwicklung, Technologieentwicklung und Anlagenentwicklung explizit benannt. Umgekehrt können diese Fachbereiche auch von dem Energiedatenpool der Fabrik profitieren.

In den folgenden Abschnitten werden die energierelevanten Aspekte für jede Planungsaktivität erläutert.

4.3.2 Planungsaktivität Systemanalyse

Die Systemanalyse (s. Abb. 4.14) bezieht sich auf eine vorgefundene Ist-Situation (laufender Betrieb) oder findet im Rahmen einer Iterationsstufe zwischen den Planungsphasen Ziel-, Konzept- und Ausführungsplanung (s. Abschn. 4.1.2) statt.

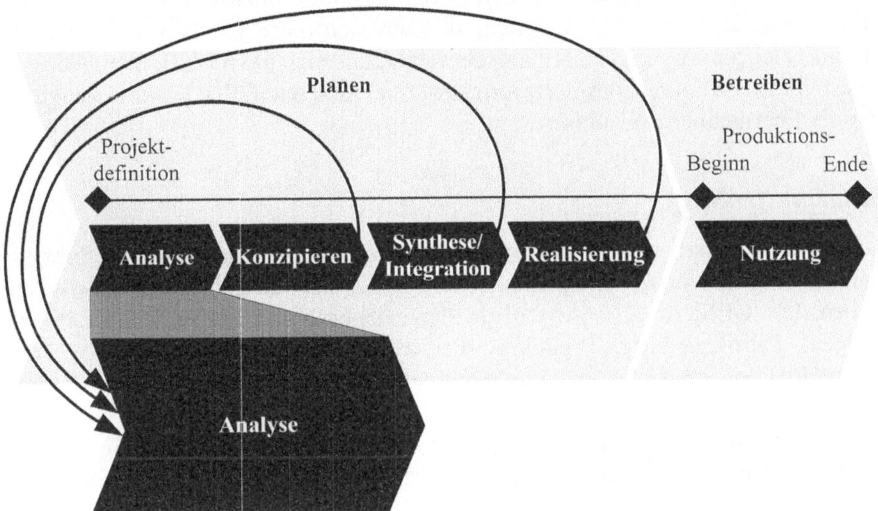

Abb. 4.14. Planungsaktivität Systemanalyse

Im Fall einer iterativ durchgeführten Analyse liegt ein Entwurfskonzept aus der Planungsaktivität Konzipieren oder Synthese/Integration vor. Nach der Systemrealisierung kann die Methodik der Systemanalyse zur Überprüfung der Ergebnisse eingesetzt werden (s. Abb. 4.14).Bei der Systemanalyse werden aus energetischer Sicht folgende Analyseschritte durchlaufen:

1. Systemabgrenzung/Festlegen des Bilanzkreises,
2. qualitative Analyse,
3. quantitative Analyse,
4. Auswertung.

Die Analyseschritte werden nachfolgend im Einzelnen beschrieben.

Systemabgrenzung/Festlegen des Bilanzkreises

Das Festlegen des Bilanzkreises des zu betrachtenden Systems erfolgt in Anlehnung an die Modelle der Fabrik: funktional, hierarchisch und/oder peripher (s. Abschn. 2.2). Weiterhin kann zwischen Handlungs- und Wirkraum unterschieden werden:

Der *Handlungsraum* besteht aus den zu planenden Produktionsprozessen und Elementen der Fabrik (Betriebsmittel, Material etc.). Deren konkrete Abgrenzung leitet sich von der Aufgabenstellung und vom Entscheidungs- bzw. Gestaltungs-Spielraum im konkreten Planungsprojekt her (z. B. Überplanung eines Produktionsbereichs, Neuplanung eines Fabrikstandorts). In der späteren Auswertung müssen eben für diesen Handlungsraum Entscheidungs- und Gestaltungsempfehlungen gefunden werden.

Der *Wirkraum* entspricht dem von der Planung bzw. der anschließenden Realisierung und dem Betrieb der Fabrik beeinflussten System. Aus energetischer Sicht kann der Wirkraum deutlich über den Handlungsraum hinausreichen. Wird z. B. nur ein Produktionsbereich überplant, so kann sich diese Planung auf räumlich entfernt gelegene Energieversorgungseinrichtungen auswirken (z. B. Veränderung der erforderlichen Kapazität der zentralen Druckluftstation, der Dampferzeugung oder der Energieübergabestation).

Qualitative Analyse

Die qualitative Analyse gliedert den abgegrenzten Untersuchungsraum in Subsysteme, dass nachfolgend deren energetische Ein- und Ausgaben erfasst werden können. Die Gliederung kann je nach Planungsphase unterschiedlich detailliert, erfolgen: Fabrikgebäude, Produktionsbereiche, Fertigungsplatzgruppen, Fertigungsplätze/Betriebsmittel (s. hierarchische Gliederung der Fabrik, Abschn. 2.2.3).

In der feinsten Detaillierung (Ebene der Fertigungsplätze) benennt die qualitative Analyse alle zu untersuchenden: Prozesse, Betriebsmittel und Energiearten.

Die Ergebnisse der qualitativen Analyse können grafisch (Vorgangsfolgegraf für Prozesse, Blocklayout für Produktionsbereiche und Fertigungsplatzgruppen, Maschinenaufstellplan für Fertigungsplätze/Betriebsmittel) oder in Listen (Ausrüstungslisten, s. Abschn. 5.2, Tabelle 5.3) dargestellt werden.

Die qualitative Analyse folgt idealerweise dem Planungsgrundsatz Vom-Zentralen-zum-Peripheren und nutzt das Modell der peripheren Gliederung der Fabrik. Das Modell und die Vorgehensweise wurden im Abschn. 2.2.4 und besonders in den Abb. 2.7 und 2.8 erläutert.

Quantitative Analyse

Bei der quantitativen Analyse sind folgende Faktoren zu ermitteln:

- der Energieeinsatz (Eingabe in das System),
- ggf. Energieabgaben (Ausgabe aus dem System),

- Bezugsgrößen und
- Kosten.

Die Daten können sich je nach Prozess, Betriebsmittel und Energieart deutlich unterscheiden.

Als Beispiel für Daten zum Energieeinsatz werden nachfolgend Parameter für Verbraucher, die Elektroenergie und Druckluft benötigen, benannt:

- Elektroenergie (s. Abschn. 5.2):
  - Anschlussleistung,
  - Maximalleistung,
  - Leistung bei verschiedenen Betriebszuständen,
  - Arbeit pro Periode,
  - Blindarbeit pro Periode,
  - Spannung,
  - Frequenz,
  - ggf. weitere Qualitätsparameter (Toleranzen für Spannungsschwankungen, Oberschwingungen etc.),
- Druckluft (s. Abschn. 5.2.2.2):
  - Druck,
  - Volumenstrom,
  - Nutzungsgrad,
  - Druckluftqualität (Klasse).

Als Bezugsgrößen eignen sich Stückzahlen produzierter Teile (z. B. Tagesstückzahl) oder Zeiten (z. B. Zykluszeiten, Taktzeiten, Betriebsstunden). Die Energieverbrauchswerte lassen sich als Energiebilanz (Tabelle) oder Sankey-Diagramm darstellen. Kapitel 6 geht näher auf die Messung von energetischen Größen ein.

In Vorbereitung der wirtschaftlichen Bewertung – der Berechnung von Amortisationszeiten und des Wirtschaftlichkeitsvergleichs – sind vor allem folgende Preise und Kosten von Interesse:

- Investitionskosten,
- Instandhaltungskosten und
- Energiepreise nach Energieträgern.

Zusätzlich wird für die Wirtschaftlichkeitsberechnung die geplante Lebensdauer der Betriebsmittel benötigt.

Auswertung

a) Ermittlung Zyklusbedarf, maximale und minimale Leistung des Systems

Produktionsanlagen in der Stückgutindustrie durchlaufen typischerweise sich wiederholende Betriebszyklen. Die Zyklusdauer reicht von wenigen Sekunden (z. B. Montagen in der Elektronik- und bei Automobilzulieferern), über Minuten (z. B. Automobilproduktion) bis hin zu Stunden (z. B. Gießereien). Gelingt es, den Zyklusbedarf durch Messung oder Berechnung zu ermitteln, können ausgehend vom Zyklusbedarf die Energiebedarfe pro Schicht, Tag, Woche, Monat, Jahr oder Lebenszyklus des Betriebsmittels oder der Fabrik hochgerechnet werden. Abbildung 4.15 stellt einen beispielhaften Zyklusverlauf einer Produktionsanlage dar.

Die Ermittlung des Zyklusenergiebedarfs durch Messung – z. B. der Elektroenergie – ist in der Regel bereits durch mobile Messtechnik möglich. Künftig sollten Anlagenlieferanten in der Lage sein, entsprechende Angaben zum Zyklusenergiebedarf zuverlässig zu liefern.

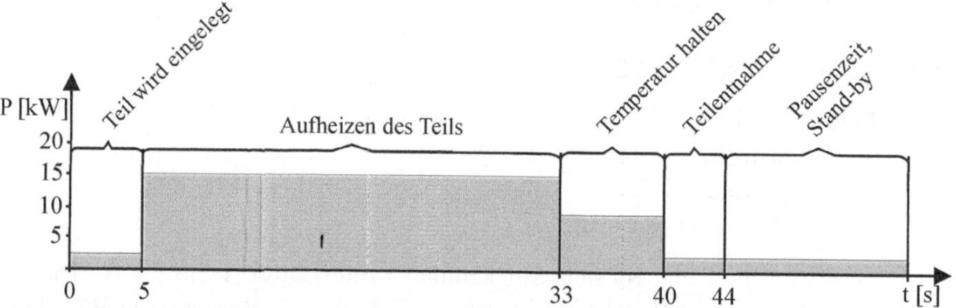

Abb. 4.15. Zyklusverlauf einer Produktionsanlage nach (Engelmann u. Tunger 2008)

Die maximale Leistung während des Zyklus dient der Dimensionierung der Energiebereitstellung. Mit Hilfe der insgesamt über den Zyklus verbrauchten Energie (Arbeitspreis) und der maximalen Leistung (Leistungspreis) können die Energiekosten abgeschätzt werden.

b) Erstellung der Verbrauchsfunktion

Mit Hilfe der Verbrauchsfunktion kann die Abhängigkeit des Werteverzehrs in der Produktion von der produzierten Stückzahl oder von der Zeit dargestellt werden. Allgemeingültig und in ihrer einfachsten Form werden Energieverbrauchsfunktionen durch eine lineare Gleichung angegeben (Wohinz u. Moor 1989).

$$W = W_0 + W_F \cdot n \tag{4.5}$$

W ... Energiebedarf

W_0 ... fixer, fertigungsmengenunabhängiger Anteil des Energiebedarfs

W_F … variabler, fertigungsmengenabhängiger Anteil des Energiebedarfs

n … Fertigungsmenge

Die Verbrauchsfunktion wird nachfolgend beispielhaft für den Energieträger Strom aufgezeigt. Vereinfacht wird folgender Zusammenhang angenommen:

$$W_{el} = (t_{gesamt} - (n \cdot t_{Zyklus})) \cdot P_{el,Standby} + P_{el,Zyklus} \cdot t_{Zyklus} \cdot n \tag{4.6}$$

W_{el} … Energiebedarf in kWh (in Abhängigkeit von der Stückzahl)

$P_{el,Zyklus}$ … mittlere Leistung im Zyklus in kW

$P_{el,Standby}$ … Stand-by-Leistung in kW

t_{Zyklus} … Zykluszeit in h

t_{gesamt} … verfügbare Gesamtzeit im Betrachtungszeitraum

n … Stückzahl

Die Zyklusarbeit wird ermittelt nach:

$$W_{el,Zyklus} = P_{el,Zyklus} \cdot t_{Zyklus} \tag{4.7}$$

$W_{el,Zyklus}$ … Energiebedarf pro Zyklus in kWh

Die Energiekosten zur Bestimmung des wertmäßigen Verbrauchs berechnen sich wie folgt:

$$K_{Energie} = W_{el} \cdot K_{Leistungseinheit} \tag{4.8}$$

$K_{Energie}$ … Energiekosten in Euro (Mischpreis)

$K_{Leistungseinheit}$ … Energiepreis pro Leistungseinheit in Euro/kWh

4.3.3 Planungsaktivität Systemkonzipierung

In der Regel existiert eine kaum überschaubare Zahl von Möglichkeiten, um ein bestimmtes Produktionsprogramm herzustellen. Es können z. B. verschiedene Fertigungs- und Montageverfahren eingesetzt, die Fertigungs- und Montageprinzipien verändert und die Arbeitsteilung innerhalb der Wertschöpfungskette durch Make-or-Buy-Entscheidungen variiert werden. Die Vielfalt dieser Lösungsvarianten kann nicht detailliert „ausgeplant“, optimiert und/oder miteinander verglichen werden.

Deshalb werden durch die Systemkonzipierung grundlegende Lösungsprinzipien entworfen, um so den Lösungsraum für die zu planende Fabrik einzuschränken. Die Systemkonzipierung (s. Abb. 4.16) ist ein gutes Beispiel für die Umsetzung des Planungsgrundsatzes Vom-Groben-zum-Feinen.

Die Konzipierung verknüpft unternehmerische Prämissen (z. B. hohe Fertigungstiefe) mit den Erfahrungen und der Kreativität des Planers. Obwohl die Konzipierung mit einem relativ geringen Zeitaufwand verbunden ist, sind die Einflussmöglichkeiten auf die technische und ökonomische (und energetische) Effizienz sehr hoch (Schmigalla 1995).

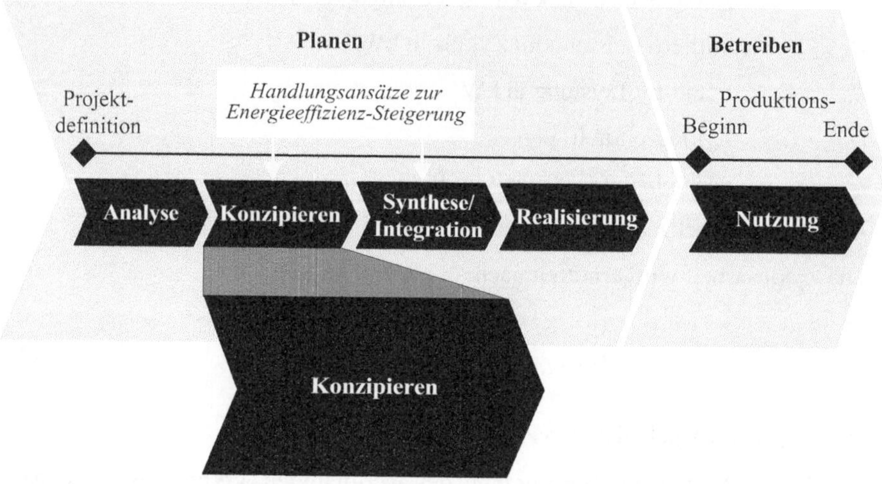

Abb. 4.16. Planungsaktivität Systemkonzipierung

Wie im Abschn. 4.1.2 gezeigt, werden – in jeweils unterschiedlicher Detailliertheit – sowohl während der Konzipierung als auch während der Synthese/Integration die Planungsschritte Funktionsbestimmung, Dimensionierung und Strukturierung durchlaufen. Im Interesse eines durchgängigen Verständnisses werden diese Schritte ausführlich im folgenden Abschnitt zur Synthese/Integration behandelt.

4.3.4 Planungsaktivität Systemsynthese und Integration

4.3.4.1 Überblick

Innerhalb der Planungsaktivität Systemsynthese und Integration (s. Abb. 4.17) werden die im Abschn. 4.1.2.3 erläuterten Planungsschritte:

- Funktionsbestimmung,
- Dimensionierung,
- Strukturierung und Gestaltung detailliert und häufig in mehreren Iterationen durchlaufen.

Nachfolgend wird beschrieben, welche Relevanz die Planungsschritte für die Energieeffizienz aufweisen und durch welche gestalterischen Ansätze in den Planungsschritten die Energieeffizienz der künftigen Fabrik verbessert werden kann.

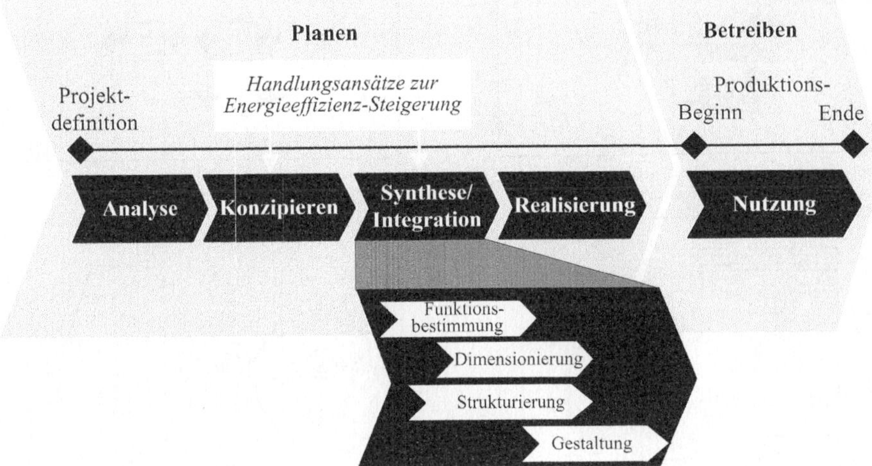

Abb. 4.17. Planungsaktivität Systemsynthese und Integration

4.3.4.2 Funktionsbestimmung

Mit der Auswahl von Prozessen und Betriebsmitteln im Rahmen der Funktionsbestimmung werden folgende energierelevante Bestimmungsstücke der Fabrik festgelegt:

- die für die Prozesse und Betriebsmittel in der Fabrik eingesetzten Energien,
- davon abgeleitet die Prozesse und Betriebsmittel der Energiebereitstellung,
- das dafür zusätzlich benötigte Personal bzw. die notwendigen energiebezogenen Zusatzqualifikationen sowie
- die für die gesamte Fabrik am Markt zu beschaffende Endenergie.

Durch Anwendung der Handlungsansätze aus Abschn. 4.2.1 können die energierelevanten Aktivitäten bei der Funktionsbestimmung zudem einen kreativen Beitrag leisten, um die fabrikplanerischen Lösungen zu verbessern oder neue Lösungsvarianten zu generieren. Abbildung 4.18 zeigt die energierelevanten Aktivitäten bei der Funktionsbestimmung an einem Beispiel. Der nachfolgende Text erläutert die Aktivitäten im Einzelnen.

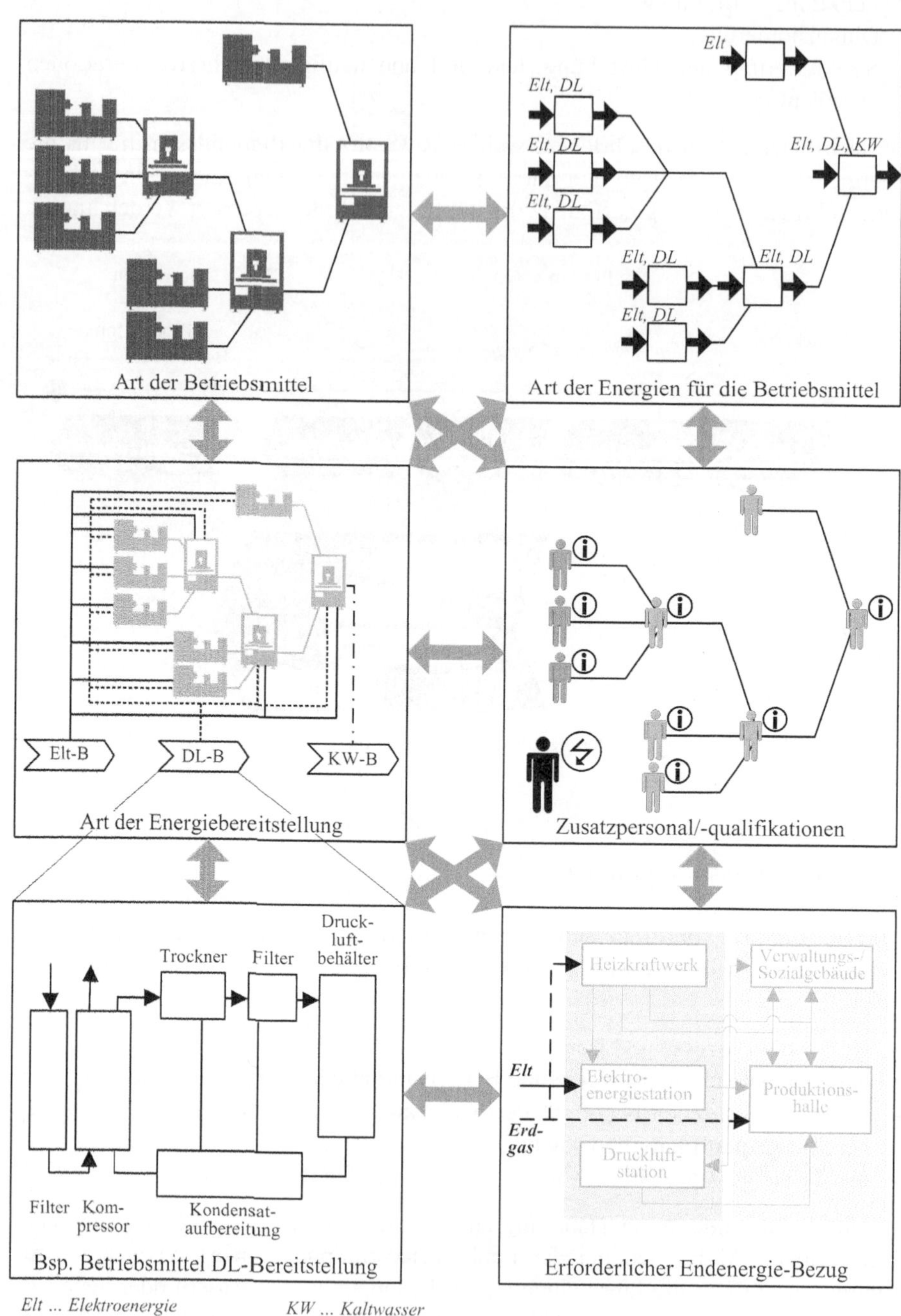

Abb. 4.18. Energierelevante Aktivitäten bei der Funktionsbestimmung

Ermittlung der in der Fabrik eingesetzten Energiearten

Für jeden Prozess und jedes Betriebsmittel ist zu ermitteln, welche Energien benötigt werden. Die Ermittlung der benötigten Energien beginnt sinnvollerweise bei den Hauptprozessen und schreitet mit den Hilfsprozessen der ersten, zweiten und dritten Peripherie fort.

Das Vorgehen wurde bereits im Abschn. 2.2.4 (s. Abb. 2.7) erläutert und ist mit der energetischen Systemanalyse (s. Abschn. 4.3.2) identisch. Abbildung 4.19 illustriert die Auswahl von Fertigungsverfahren und Betriebsmitteln am Beispiel des Fügens im Karosseriebau.

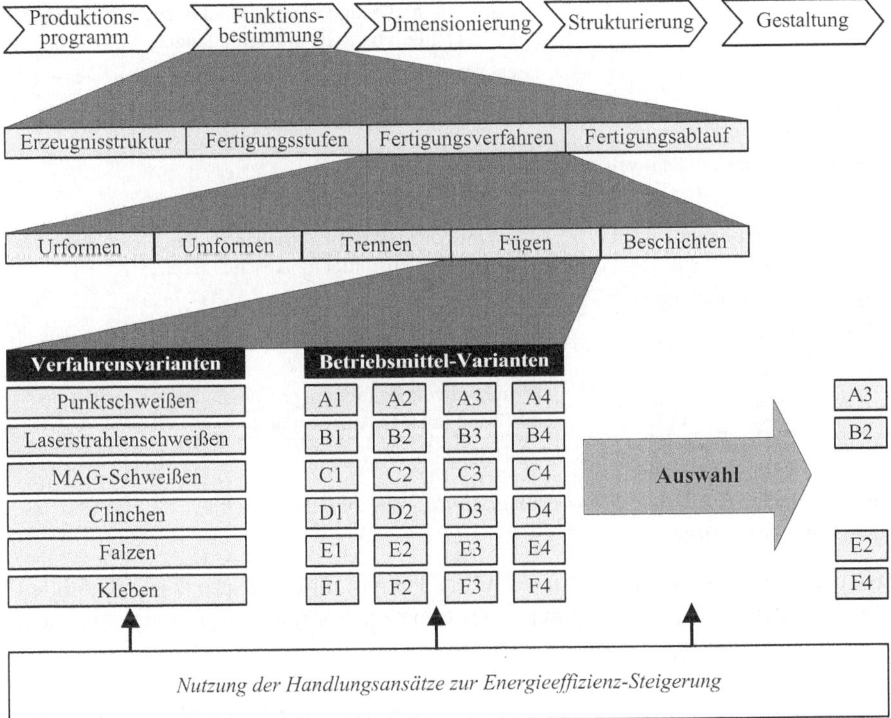

Abb. 4.19. Funktionsbestimmung im energieeffizienzorientierten Planungsprozess

Tabelle 4.1 zeigt, wie unter Anwendung ausgewählter Handlungsansätze aus dem Abschn. 4.2.1 die Lösungsvarianten verbessert oder neue Varianten generiert werden können. Neben dem anvisierten Einfluss auf die Verfahrensauswahl und die Auswahl der Betriebsmittel ergeben sich unter Umständen auch Rückkopplungen an die Produktgestaltung.

Tabelle 4.1. Anwendung ausgewählter Handlungsansätze bei der Funktionsbestimmung

Handlungsansatz	Beispiel
Minderung des Nutzenergiebedarfs	
optimierte Produktgestaltung	- Hinterfragen von Produkteigenschaften im Rahmen der Analyse der Erzeugnisstruktur - geringe Werkstückmassen (Energieeinsparung bei Transport, Handhabung, Schmelzen, Glühen etc.) - günstige Gestalt (z. B. endformnahe Rohteile, wenig Verschnitt, geringes Spanvolumen) - energetisch günstige Fügeverbindungen (z. B. geringe Querschnitte von Schweißverbindungen) - energetisch günstige Stoff- und Oberflächeneigenschaften
optimale Dimensionierung	
energetisch günstige Fahrweisen	- optimierte Auftragssteuerung - optimierte Anlagensteuerung
Substitution von Energieträgern	- Auswahl von elektrisch betriebenen statt pneumatisch betriebener Betriebsmittel (s. Abschn. 5.2.2.2)
Steigerung des Wirkungsgrads	
Prozessintegration	- Um- und Urformen von Haupt- und Nebenformen statt mehrstufiges Spanen - Einsparen von Reinigungsprozessen durch Komplettbearbeitung in einer Aufspannung

Bestimmen der Funktionen und Betriebsmittel der betrieblichen Energiebereitstellung

Aus der Kenntnis der im Betrieb für die Haupt- und Hilfsprozesse benötigten Energien ergibt sich, welche Energieverteilnetze, Energieumwandlungsstationen, Schaltanlagen und ggf. Energieerzeuger in der Fabrik benötigt werden.

Das Bestimmen der Prozesse und Betriebsmittel der betrieblichen Energieversorgung erfolgt in Zusammenarbeit von Generalisten der Fabrikplanung mit entsprechenden Spezialplanern. Einige Grundlagen werden im Kapitel 5 vermittelt (z. B. Elektroenergieverteilung im Abschn. 5.2.1, Druckluft im Abschn. 5.2.2.2).

Bestimmen zusätzlich benötigten Personals bzw. energiebezogener Zusatzqualifikationen

Insbesondere aus den Prozessen der Energiebereitstellung kann ein Bedarf an zusätzlichem Personal für den Betrieb und die Wartung der entsprechenden Anlagen (Heizkraftwerke, Umspannstationen, Kompressoren) erwachsen. Im Rahmen der Funktionsbestimmung ist dieser Bedarf qualitativ, d. h. an Hand der erforderlichen Qualifikationen, zu beschreiben.

Gleichzeitig sind ggf. die Qualifikationsprofile der anderen Mitarbeiter um Energiekompetenzen zu ergänzen (z. B. energieeffiziente Fahrweise der Betriebsmittel, Wartung dezentraler Energieversorgungsanlagen). Unter Umständen sind Positionen für ein übergreifendes Energiemanagement vorzusehen (z. B. Energiebeauftragte).

Bestimmen der am Markt zu beschaffenden Endenergie

Schließlich ist zu ermitteln, welche Endenergien für die Fabrik zu beschaffen sind. Dazu ist der betriebliche Energiefluss von den Hauptprozessen über die Hilfsprozesse und die betriebliche Energiebereitstellung bis an die Unternehmensgrenze heran zurückzuverfolgen.

Typischerweise zu beschaffende Endenergien sind:

- Elektroenergie,
- Erdgas,
- Fernwärme,
- ggf. Fernkälte und
- nicht leitungsgebundene Brennstoffe, wie
  - Heizöl,
  - Flüssiggas,
  - Kohle oder
  - Biomasse.

Die energiewirtschaftlichen Aspekte der Beschaffung (Parameter zur Beschreibung von Liefermengen und Lieferqualität, Preisbildung etc.) können – beispielhaft für Elektroenergie und Erdgas – dem Abschn. 3.4 entnommen werden.

4.3.4.3 Dimensionierung

Bei der Dimensionierung sind aus energetischer Sicht:

- die Mengen der für die Prozesse und Betriebsmittel in der Fabrik eingesetzten Energien zu ermitteln,
- die Prozesse und Betriebsmittel der Energiebereitstellung zu dimensionieren,
- das dafür zusätzlich benötigte Personal zu berechnen sowie
- die Menge der für die gesamte Fabrik am Markt zu beschaffenden Endenergie zu kalkulieren.

Abbildung 4.20 zeigt diese Aktivitäten im Überblick.

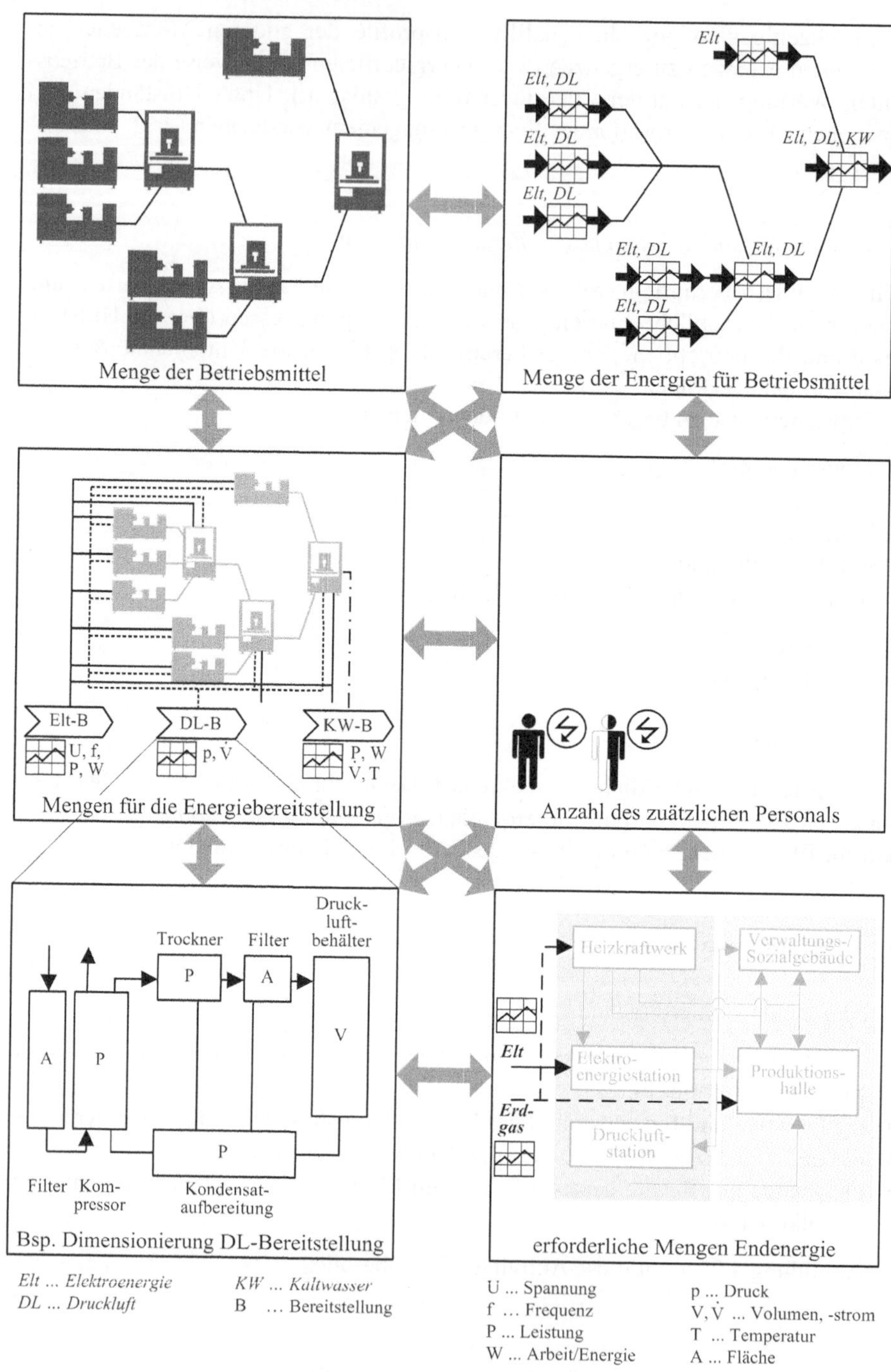

Abb. 4.20. Energierelevante Aktivitäten bei der Dimensionierung

Ermittlung der in der Fabrik eingesetzten Energiemengen

Für jede Energieart, die in der Funktionsbestimmung ermittelt wurde, sind nun die Mengen zu kalkulieren. Neben den reinen Energiemengen spielen dabei, je nach Energieträger, weitere quantitative Größen eine Rolle:

- Elektroenergie: Maximalleistung, Blindarbeit, Frequenz, Spannung und ggf. weitere Qualitätsparameter (s. Abschn. 3.3.3, 3.4.1 und 5.2),
- Druckluft: Druck, Volumenstrom, ggf. Feuchte (s. Abschn. 5.2.2.2),
- Prozesswärme: Temperaturniveau, Volumenstrom.

Idealerweise kann der Energie- bzw. Leistungsbedarf zeitabhängig dargestellt werden (z. B. Lastgang). Leistungsaufnahme bzw. Energieverbrauch sind jedoch zumindest für bestimmte Betriebszustände (Anlauf, Normalbetrieb, Abschalten, Stand-by) zu charakterisieren.

Auch bei der Dimensionierung greifen einige der oben genannten Handlungsansätze: Aus Sicht der Energieeffizienz gilt es vor allem, eine Überdimensionierung zu verhindern, um fixe Energieverbräuche durch installierte aber nicht produktiv genutzte Betriebsmittel, Flächen usw. zu vermeiden.

Überkapazitäten entstehen dadurch,

- dass die Elemente der Fabrik (Betriebsmittel) nur in ganzzahliger Anzahl eingesetzt werden können, selbst wenn nur Teilkapazitäten benötigt würden,
- dass im Rahmen der Planung (oft an mehreren Stellen) Sicherheitszuschläge kalkuliert werden (z. B. Zuschlag zu den Mengen im Produktionsprogramm, Zuschlag zu den erforderlichen Maschinenstunden, Zuschlag zur Leistung der Antriebe, s. Abb. 4.21) oder
- dass Reserven bewusst vorgehalten werden, um flexibel auf Belastungsspitzen und Nachfragezuwachs reagieren zu können.

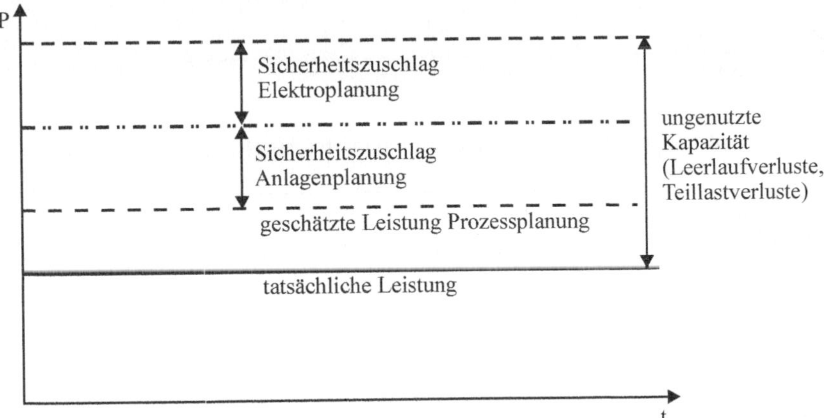

Abb. 4.21. Ursachen für die Überdimensionierung der elektrischen Anschlussleistung

Insbesondere die oft überzogenen Sicherheitszuschläge sind eine maßgebliche Herausforderung für die Planung energieeffizienter Fabriken. Die von den Planungsbeteiligten (z. B. Technologen, Anlagenlieferanten, Elektroplaner) für die Dimensionierung getroffenen Annahmen müssen transparent sein und sollten möglichst durch Messung oder Vergleich mit gemessenen Werten aus dem Fabrikbetrieb plausibilisiert werden.

Weiterhin ist darauf zu achten, dass bei der Dimensionierung der Energiebereitstellung die zurückgewonnenen Energiemengen und bei der Dimensionierung der Heizung die Anfall-Energie adäquat berücksichtigt werden.

Bestimmen der Anzahl und Größe der Betriebsmittel der betrieblichen Energiebereitstellung

Aus den für die Betriebsmittel der Haupt- und Nebenprozesse erforderlichen Energiemengen ergeben sich Anzahl bzw. Größe der Betriebsmittel der betrieblichen Energiebereitstellung. Der Eigenbedarf der energietechnischen Anlagen ist zum Gesamtenergiebedarf hinzuzurechnen.

Ein Ansatz für die Optimierung der Dimensionierung energietechnischer Anlagen besteht in der Flexibilisierung von Kapazitäten (s. Abb. 4.22).

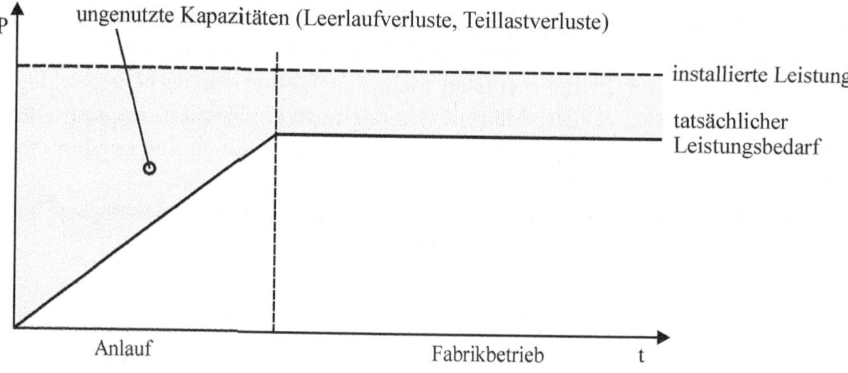

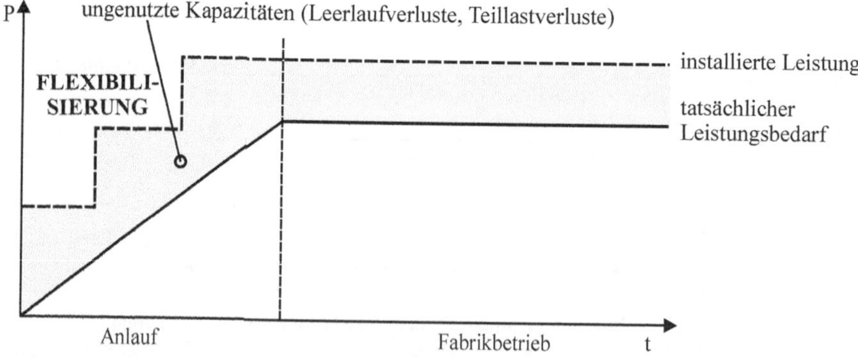

Abb. 4.22. Reduzierung von Leerlauf- und Teillastverlusten durch flexible Kapazitäten

Bei der Flexibilisierung von Kapazitäten wird die maximale Belastung auf mehrere energietechnische Betriebsmittel (z. B. Transformatoren, Druckluftkompressoren) aufgeteilt, die bedarfsweise – je nach Lastzustand – ein- oder ausgeschaltet werden können. Auf diese Weise werden ungenutzte Kapazitäten und damit Leerlauf- und Teillastverluste vermieden (s. Kap. 5). Abbildung 4.22 verdeutlicht die Effekte am idealisierten Beispiel des Anlaufs einer Fabrik.

Die konkrete Auslegung der energietechnischen Anlagen ist wiederum Aufgabe von Spezialplanern. Kapitel 5 enthält einige Hinweise zur Dimensionierung.

Bestimmen der Anzahl zusätzlich benötigten Personals

Das Betreiben der energietechnischen Anlagen erfordert in der Regel keine größere Zahl vollbeschäftigter Mitarbeiter. Häufig werden die energietechnischen Aufgaben mit anderen Tätigkeiten der Instandhaltung sowie der Ver- und Entsorgung kombiniert.

Bestimmen der am Markt zu beschaffenden Endenergiemengen

Abschließend sind die am Markt zu beschaffenden Energiemengen zu ermitteln. Besonders für leitungsgebundene Energieträger (Elektroenergie, Erdgas, Fernwärme, Fernkälte) ist der Bedarf in seinem zeitlichen Verlauf zu bestimmen (Lastgang bzw. -profile, s. Abschn. 3.4).

Für in diskreten Mengen angelieferte Energieträger (z. B. Heizöl, Kohle, Biomasse) sind zusätzlich die betrieblichen Lagerkapazitäten, die jeweilige Liefermenge und die Lieferzyklen – in wechselseitiger Abhängigkeit – festzulegen.

Tabelle 4.2 fasst nochmals ausgewählte energieeffizienzorientierte Handlungsansätze für den Planungsschritt Dimensionierung zusammen.

Tabelle 4.2. Anwendung ausgewählter Handlungsansätze bei der Dimensionierung

Handlungsansatz	**Beispiel**
Minderung des Nutzenergiebedarfs	
optimale Dimensionierung	- optimale Dimensionierung der Energieverbraucher
	- optimale Dimensionierung der betrieblichen Energiebereitstellung
Energierückgewinnung	- Berücksichtigung von Abwärmemengen bei der Dimensionierung der Prozesswärmebereitstellung
	- Berücksichtigung von rückgewinnbarer Bremsenergie bei der Dimensionierung von Antrieben bzw. der Energiebereitstellung
Nutzung von Anfall-Energie	- Berücksichtigung der Anfall-Wärme bei der Dimensionierung der Heizung, Lüftung, Klimatisierung (s. Abschn. 5.5)

4.3.4.4 Strukturierung

Die Strukturierung der Fabrik beeinflusst die Energieeffizienz u. a. auf folgende Weise:

Räumliche Strukturen (Layoutplanung):

- Die räumliche Anordnung der Produktionsbereiche, Fertigungsplatzgruppen, Fertigungsplätze und Lager bestimmt die Transportaufwände für Material, Erzeugnisse und Abfall.
- Die räumliche Anordnung der Produktionsbereiche, Fertigungsplatzgruppen, Fertigungsplätze und Lager in Relation zu den energietechnischen Anlagen (z. B. Druckluftzentrale, Elektroenergiestation, Heizwerk) bestimmt die Leitungslängen und damit die Druck- und Wärmeverluste in Wasser-, Druckluft- und Warmwasserleitungen.
- Die räumliche Anordnung von Abwärmequellen und von Wärmeverbrauchern entscheidet über die Anwendung und Effizienz von Energierückgewinnungsmaßnahmen.
- Die räumliche Anordnung der Produktionsbereiche, Fertigungsplatzgruppen, Fertigungsplätze etc. bestimmt auch die Flexibilität der Fabrik (Umbau, Kapazitätszu- und -rückbau, Modernisierung). Energetisch bestehen folgende Zusammenhänge:
  - Erlauben die Fabrikstrukturen einen einfachen Kapazitätszu- und -rückbau bzw. die zeitweise Stilllegung von Betriebsmitteln und Gebäudeabschnitten, so kann der Energieverbrauch für den Betriebsmittel-Stand-by, die Lüftung, die Heizung und die Beleuchtung reduziert werden.
  - Erlauben die Fabrikstrukturen einen einfachen Umbau, so lassen sich auch energetische Modernisierungsmaßnahmen (z. B. Austausch von ineffizienten Betriebsmitteln) einfach und wirtschaftlich umsetzen.

Zeitliche Strukturen (Ablaufplanung):

Kurze Prozesszeiten werden in der Regel durch einen hohen Energie- und Materialeinsatz erkauft. Aus energetischer Sicht sind daher einseitige Maßnahmen zur Zeiteinsparung zu hinterfragen:

So werden z. B. gereinigte Teile oft technisch getrocknet, obwohl die Durchlaufzeit der Fertigungsaufträge durch die gesamte Fabrik ausreichend Wartezeiten enthält, in denen – bei entsprechender Ablauforganisation – ein Abtrocknen durch natürliche Konvektion erfolgen könnte. Tabelle 4.3 zeigt an Beispielen, wie im Planungsschritt Strukturierung energieeffiziente Lösungen erzeugt werden können.

Tabelle 4.3. Anwendung ausgewählter Handlungsansätze bei der Strukturierung

Handlungsansatz	Beispiel
Minderung des Nutzenergiebedarfs	- Transportoptimierung
	- Zonierung von Produktionsbereichen und Fertigungsplatzgruppen, so dass Zonen bedarfsweise stillgelegt werden können. (Minderung des Energieverbrauchs für Stand-by, Heizung, Lüftung, Beleuchtung)
	- flexible Strukturen (parallele Strukturen, mäandernde Reihenstrukturen, U-förmige Strukturen, Sternstruktur), um durch Kapazitätsanpassungen den Energiebedarf zu variabilisieren (Deinstallation nicht mehr benötigter Verbraucher, einfacher Zubau von energietechnischen Anlagen bei Bedarfszuwachs)
	- flexible Strukturen, um durch günstige Zugänglichkeit (energetische) Modernisierungen zu ermöglichen
Steigerung des Wirkungsgrads	
Sophistication	- Nutzung von Wartezeiten im Auftragsdurchlauf für natürliche Trocknung, Sedimentations-Abscheideprozesse etc.
Reduktion von Verlusten	- geringe Leitungslängen und Leitungsverluste durch günstige Anordnung von zentralen energietechnischen Anlagen und Verbrauchern
Energierückgewinnung	- räumliche Nähe von Abwärmequellen und Wärmeverbrauchern

4.3.4.5 Gestaltung

Mit der Festlegung des endgültigen Layouts und der Einordnung in die bauliche Hülle sowie die umgebende Infrastruktur werden u. a. folgende energetische Aspekte berührt:

- detaillierte Transportwegführung (Energieverbrauch der Fördertechnik),
- detaillierte Leitungsführung (z. B. Druckverluste, Verluste durch Leitungswiderstand, Wärmeverluste),
- Ausrichtung der Produktionsräume zu den Himmelsrichtungen (Energieverbrauch für Heizung, Kühlung und künstliche Beleuchtung).

Für die Gestaltung gelten im Wesentlichen alle energieeffizienzorientierten Handlungsansätze, die bereits bei der Strukturierung benannt wurden. Sie sind jedoch auf einer sehr viel detaillierteren Ebene umzusetzen. Tabelle 4.4 ergänzt zusätzliche ausgewählte Beispiele.

Hinweise zur Integration in die Gebäudehülle und zur Einbindung der Heizungs-, Lüftungs- und Klimatechnik geben außerdem die Abschn. 5.5 und 5.6.

Tabelle 4.4. Anwendung ausgewählter Handlungsansätze bei der Gestaltung

Handlungsansatz	Beispiel
Minderung des Nutzenergiebedarfs (auch im Sinne von Sophistication)	- Berücksichtigung von schwerkraftgetriebenen Transportmöglichkeiten bei der räumlichen Anordnung (z. B. Rollenbahnen, Rutschen, z. B. in Geschossbauten) - Berücksichtigung natürlicher Belichtung/Verschattung und Besonnung bei der räumlichen Anordnung
Reduktion von Verlusten	- kurze, geradlinige Leitungsverläufe bzw. Leitungsbögen mit weitem Radius (Druckluft, Prozesswärme) - Schaffung von räumlichen Klimapuffern zwischen beheizten Gebäudeteilen und den Außenanlagen (z. B. eingehauste Anlieferzone)
Weiternutzen von Anfall-Energie	- Berücksichtigung der Anfall-Energie in der Wärmebilanz für Heizung, Lüftung, Klimatisierung (s. Abschn. 5.5)

4.3.5 Planungsaktivität Begleitung der Systemrealisierung

Im Rahmen der Systemrealisierung kommen der Fabrikplanung folgende Aufgaben zu (s. Abb. 4.23):

- die Ausschreibung von Leistungen,
- die Vergabe von Leistungen,
- die Überwachung der Leistungserbringung und Änderungsplanungen sowie
- die Abnahme der Leistungen.

Unter Leistungen werden dabei sowohl die Entwicklung/Konstruktion, Herstellung und Lieferung von Anlagen (Maschinen, Ausrüstungen, Bauwerksteile) als auch handwerkliche und bautechnische Arbeiten an der Fabrik verstanden.

Ferner können nach der beschriebenen Vorgehensweise auch Planungsleistungen extern beauftragt werden, um z. B. die unternehmenseigene Fabrikplanung zu unterstützen oder spezielle Objekte zu planen (Energiebereitstellung, Heizung, Lüftung, Klimatisierung). Die Ausschreibung, Vergabe und Abnahme der Planungsleistungen würde dann eher in die Planungsaktivitäten Konzipieren und Synthese/Integration fallen.

Auch die Ausschreibung von Anlagen kann bereits in den Planungsaktivitäten Konzipieren und Synthese beginnen, um die Kompetenzen der Anlagenlieferanten während der Planung nutzen zu können. Dann würden Teilleistungen – wie die Entwicklung bzw. Projektierung der Anlage – schon früher ausgeschrieben werden.

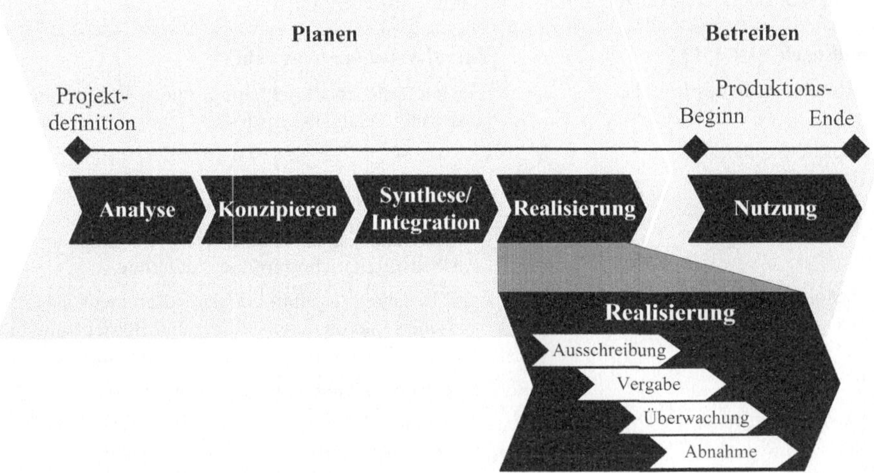

Abb. 4.23. Planungsaktivität Begleitung der Systemrealisierung

Ausschreibung

Der Auswahlprozess beginnt mit der Erstellung eines für alle potenziellen Auftragnehmer verbindlichen Lastenhefts. Die inhaltliche Basis des Lastenhefts bilden die Ergebnisse der Planungsaktivität „Synthese/Integration".

Die VDI-Richtlinie 2519 (VDI 2001) definiert den Zweck des Lastenhefts wie folgt: „Im Lastenheft sind die Anforderungen aus Anwendersicht einschließlich aller Randbedingungen zu beschreiben. Diese sollten quantifizierbar und prüfbar sein."

Das Lastenheft beschreibt somit das „Was" und „Wofür" einer zu vergebenden Leistung. Die genannte VDI-Richtlinie empfiehlt, im Lastenheft auf folgende Inhalte einzugehen:

1. Einführung in das Projekt,
2. Ausgangssituation,
3. Aufgabenstellung,
4. Schnittstellen,
5. Anforderungen an die Systemtechnik,
6. Anforderungen für die Inbetriebnahme und den Einsatz,
7. Anforderungen an die Qualität und
8. Anforderungen an die Projektabwicklung.

Energetische Parameter und Energieeffizienzkennzahlen spielten bisher in Lastenheften für die Errichtung von Produktionsanlagen in der Stückgutindustrie kaum eine Rolle. In Zukunft wird es darauf ankommen, energierelevante Parameter in größerem Umfang und mit hoher Aussagekraft in den Lastenheften zu verankern. Tabelle 4.5 zeigt mögliche Ansatzpunkte.

Tabelle 4.5. Energierelevanzen in Lastenheften für Betriebsmittel

Inhalt nach VDI 2519	Energierelevanz (Auswahl)
1. Einführung in das Projekt	relevant, falls das Projekt aus Gründen der Energieeinsparung veranlasst wird
2. Ausgangssituation	s. o.
3. Aufgabenstellung	- ggf. Energieeffizienzziele formulieren - Angaben zu Kapazitätsreserven, Erweiterungen, Ausbaustufen, Schrumpfung, Änderung
4. Schnittstellen	- ggf. Beschreibung funktionaler Zusammenhänge zwischen Energiebereitstellung und Betriebsmitteln (z. B. im Falle von Energierückgewinnung) - technische Schnittstellen s. Punkt 5
5. Anforderungen an die Systemtechnik	- Anschlüsse/Übergabestellen an Energieversorgungssysteme nach Art, Menge und Qualität - Messgrößen, Signal-/Datenformate für Energiemonitoring-Systeme
6. Anforderungen für die Inbetriebnahme und den Einsatz	- energieeffiziente Fahrweisen bei Anlauf (z. B. Limitierung von Einschaltspitzenlasten) - energieeffiziente Fahrweisen im Betrieb (z. B. Limitierung der Toleranzbänder für die Leistungsaufnahme)
7. Anforderungen an die Qualität	- Energiequalität (z. B. Oberschwingungen, Leistungsfaktor) - Notversorgung - Testplan für Energiekennzahlen
8. Anforderungen an die Projektabwicklung	- Zusammenarbeit mit Energieplanern (z. B. Termine für die Übermittlung von Anschlusswerten)

Vergabe

Auf Basis des Lastenhefts werden von potenziellen Lieferanten Angebote eingeholt. Die Angebote umfassen neben den kaufmännisch-juristischen Angaben jeweils ein sogenanntes Pflichtenheft, in dem aus Sicht des Lieferanten beschrieben wird, Wie und Womit die Anforderungen des Lastenhefts technisch realisiert werden (VDI 2001). Das Pflichtenheft detailliert die Anforderungen des Auftraggebers (Punkte 1 bis 8) und beschreibt die Anforderungen seitens der Realisierung in den zusätzlichen Gliederungspunkten:

9. Systemtechnische Lösungen und
10. Systemtechnik.

Tabelle 4.6 zeigt die Energierelevanzen der im Pflichtenheft zusätzlich enthaltenen Realisierungsanforderungen.

Tabelle 4.6. Energierelevanzen in Pflichtenheften für Betriebsmittel

Inhalt nach VDI 2519	Energierelevanz (Auswahl)
1. bis 8.	analog zum Lastenheft (s. Tabelle 4.5), jedoch aus Perspektive des Lieferanten
9. Systemtechnische Lösungen	- Strukturplan der Energiewandlung im angebotenen System
	- Beschreibung von energietechnischen Komponenten (z. B. beigestellte Transformatoren etc.)
10. Systemtechnik	- energetische Leistungs- und Verbrauchsdaten für Komponenten und das Gesamtsystem
	- energierelevante Daten zur Umgebung (z. B. Temperaturen, Luftfeuchte etc.)
	- sonstige Angaben (z. B. elektrische Schutzklassen)

Mit dem Vorliegen von Angeboten verschiedener Lieferanten fällt in der Regel der Fabrikplanung die Aufgabe zu, die Entscheidung über die Annahme eines Angebots, d. h. über die Vergabe der Leistung an einen konkreten Lieferanten, vorzubereiten.

Aus energetischer Sicht ist dazu die Erfüllung der im Lastenheft gestellten Anforderungen zu prüfen. Dabei ist zwischen Muss- und Wunsch-Zielen zu unterscheiden (Züst 1997):

- *Muss-Ziele* sind unbedingt einzuhaltende Restriktionen (z. B. Anschluss der Maschine an ein 400-V-Elektroenergienetz und ein 7-bar-Druckluftnetz, Bereitstellung von 24-V-Messignalen der elektrischen Leistungsmessung für das Energiemonitoring). Die Einhaltung der Muss-Ziele kann mit einem jeweils klaren Ja oder Nein beantwortet werden. Angebote, die Muss-Ziele nicht einhalten, sind abzuweisen.
- *Wunsch-Ziele* sind dagegen Optimierungsziele (z. B. Energieeffizienz). Bezüglich der Wunsch-Ziele sind diejenigen Angebote zu bevorzugen, die die Ziele in einem besonders hohen Maß erfüllen (z. B. hohe Energieeffizienz bzw. geringer Verbrauch).
- Muss- und Wunsch-Ziele können miteinander kombiniert sein. Dann gilt ein bestimmter Grenzwert als Muss-Ziel, dessen möglichst weite Über- oder Unterschreitung als Wunsch-Ziel (z. B. die maximale Leistungsaufnahme darf 60 kW nicht überschreiten).

Während sich Angebote, die Muss-Ziele nicht erfüllen, auf einfache Weise aussondern lassen, verlangt die Beurteilung der Angebote bezüglich der Wunsch-Ziele-Erfüllung mehrdimensionale Vergleichsmethoden. Beispiele sind die Nutzwertanalyse, die Argumenten-Bilanz oder SWOT[24]-Analysen. Mit diesen Methoden lassen sich Beurteilungen verschiedenster Kriterien (z. B. Funktion, Kosten, Qualität) zu einer Entscheidung zusammenführen (Daenzer u. Huber 2002, Züst 1997).

---

[24] Strengths (Stärken), Weaknesses (Schwächen), Opportunities (Chancen), Threats (Gefahren)

Innerhalb der Kriterien kommt der Wirtschaftlichkeit eine besondere Bedeutung zu. Da sich die zu vergleichenden Angebote auf eine gleiche, im Lastenheft definierte Leistung beziehen (z. B. Schweißen von 600 Karosserien pro Tag), sind die Erlöse in der Regel entscheidungsneutral. Deshalb fokussiert die Wirtschaftlichkeitsberechnung bei der Vergabe von Leistungen meist auf einen Vergleich der Kosten.

Ein sachgerechter Kostenvergleich muss alle Kosten, die von der jeweiligen Anschaffung verursacht werden, erfassen und zwar über den gesamten Lebenszyklus des anzuschaffenden Betriebsmittels hinweg. Dies ist insbesondere auch aus Sicht der Energieeffizienz zu fordern, da die Energiekosten erst in der Betriebsphase von Anlagen maßgeblich wirksam werden.

Bislang werden Investitionsentscheidungen oft noch vordergründig nach den günstigsten Anschaffungskosten getroffen. Dies liegt sowohl an der oft verteilten Kostenverantwortung – die Planer verantworten die Beschaffung, die Werkstechnik verantwortet die Instandhaltung – als auch an der mangelhaften Verfügbarkeit von Daten über die Lebenszykluskosten.

Investitionsentscheidungen auf Basis der Lebenszykluskosten zu treffen (englisch Life Cycle Costing – LCC), ist jedoch der entscheidende Hebel, um bei den Anlagenherstellern stärkere Bemühungen zur Steigerung der Energieeffizienz auszulösen:

> „Die Notwendigkeit Lebenszykluskosten bei der Entwicklung neuer Maschinen und Anlagen seitens der Hersteller zu berücksichtigen, wird umso dringlicher, je mehr Kunden (Betreiber) Beschaffungsentscheidungen auf der Basis einer LCC-Betrachtung treffen und entsprechende Informationen vom Hersteller über die zu erwartenden Kosten in den verschiedenen Phasen des Lebenszyklus einfordern.“ (VDI 2005)

Lebenszykluskosten gliedern sich nach dem VDMA-Einheitsblatt 34160 in drei Phasen des Lebenszyklus von technischen Anlagen (VDMA 2006):

- Entstehungsphase,
- Betriebsphase und
- Verwertungsphase.

Tabelle 4.7 gibt eine Übersicht über ausgewählte Lebenszykluskosten (VDI 2005, VDMA 2006) und zeigt energierelevante Beispiele. Dabei wird deutlich, dass sich aus der Energienutzung und -bereitstellung in allen Lebenszyklusphasen Kosten ergeben.

Die größte Kostenposition bilden jedoch in der Regel die Energiekosten selbst. Auf Grund der Veränderlichkeit der Energiemarktpreise sollten bei der Berechnung der Lebenszykluskosten für die Energiekosten (s. Abschn. 1.2.2) verschiedene Szenarien betrachtet werden (z. B. Fortschreibung der aktuellen Preise, steigende und fallende Preisentwicklung).

Die eigentliche Berechnung der Lebenszykluskosten greift auf bekannte Verfahren der Investitionsrechnung zurück. Dabei sollten die dynamischen Verfahren – vor allem die Kapitalwertmethode – bevorzugt werden. Erläuterungen finden sich in der Anlage B.

Tabelle 4.7. Übersicht der Kostenarten zur Bestimmung der Lebenszykluskosten

Lebenszyklus-phase	Kostenart	energierelevante Beispiele
Entstehung	Anschaffungskosten	- zusätzliche, beigestellte Transformatoren für 110-V-Betriebsmittel
		- beigestellte Kältemaschinen
	Installationskosten	- Druckluftverrohrung
		- Verkabelung
Betrieb	Hilfs- und Betriebsstoffkosten	- Filter für Druckluft
	Energiekosten	- Elektroenergie
		- Prozesswärme
	Instandhaltungskosten	- Leckagesuche und Leckageinstandsetzung im Druckluftsystem
		- Abgasprüfung an Brennern zur Wärmeerzeugung
Verwertung	Demontagekosten	s. Installationskosten
	Entsorgungskosten	- Pufferbatterien für Notstrom
		- Kondensatrückstände von Druckluftanlagen
		- Kältemittel

Im Ergebnis der Bewertung der Angebote schlägt die Fabrikplanung dem Auftraggeber (Bauherr, Kunde, in der Regel Fabrikbetreiber) ein Angebot zur Vergabe vor. Folgt der Auftraggeber dem Vorschlag, wird der Bieter mit der Lieferung der Leistung beauftragt.

Überwachung der Leistungserbringung

Während der Leistungserbringung durch den Lieferanten kommt der Fabrikplanung meist die Aufgabe zu, die Lieferung, Montage und Probeinbetriebnahme der bestellten Anlagen bezüglich der Funktionalität, Termintreue und Qualität zu überwachen. Maßstab sind die Vorgaben des Lasten- und Pflichtenhefts.

Wichtige Teilaufgaben der Überwachung sind:

- das Schnittstellenmanagement (Koordination verschiedener, sich gegenseitig beeinflussender Lieferanten und Gewerke) und
- das Änderungsmanagement (Überarbeitung von Planungen auf Grund von Abweichungen bei der Realisierung bzw. auf Grund neuer Erkenntnisse).

Bezüglich der energetischen Aspekte sind die Lieferanten der Produktionsanlagen mit den Planern und Installateuren der energietechnischen Anlagen von der übergeordneten Fabrikplanung/Projektüberwachung zu koordinieren. Bei Änderungen an den Produktionsprozessen und Produktionsanalagen ist sicher zu stellen, dass die energetischen Anschlusswerte eingehalten bzw. Veränderungen an die Energieplaner übermittelt werden.

Ziel der Überwachung der Leistungserbringung ist auch, Mehrkosten und Gewährleistungs- und Garantieansprüche, die sich aus nachträglichen Änderungen der Leistung oder durch gegenseitige Behinderung verschiedener Lieferanten und Gewerke ergeben können, abzuwehren.

Abnahme

Nach Fertigstellung bzw. im Rahmen der Probeinbetriebnahme sind die Leistungen der Lieferanten abzunehmen. Dabei wird geprüft, ob die Vorgaben aus dem Lasten- und Pflichtenheft eingehalten wurden. Die Prüfergebnisse sind zu dokumentieren.

Für die Zukunft wird empfohlen, im Rahmen der Abnahme auch die energetischen Parameter, die im Lasten- bzw. Pflichtenheft vereinbart wurden, messtechnisch zu prüfen. Vorzugsweise sollten für typische Betriebszustände der abzunehmenden Anlagen die entsprechenden Lastgänge aufgenommen werden. Typische Betriebszustände sind u. a.:

- das Einschalten (der Hochlauf),
- der Normalbetrieb,
- der Stand-by-Betrieb und
- das Abschalten.

Je nach Betriebsmittel können weiterhin Lastgänge während folgender Betriebszustände von Bedeutung sein:

- Werkstückwechsel,
- Werkzeugwechsel,
- spezielle energieintensive Wartungsarbeiten (z. B. das Rückspülen von Filtern) und
- bestimmte Teillastbereiche (z. B. Probebetriebe, manuelle Fahrweisen).

An Hand der Dokumentation der Lastgänge kann im späteren Betrieb kontrolliert werden, ob sich die energetischen Parameter reproduzieren lassen. Gegebenenfalls kann auf Fehler und Verschleißerscheinungen geschlossen werden.

4.3.6 Nutzung

Während der Nutzung (s. Abb. 4.24) können Langzeiterfahrungen zum Verbrauchsverhalten der Fabrik gesammelt werden:

> „Die Basis energetischer Betriebsanalysen, größerer Energiespar-Aktivitäten und vor allem des Energieflussplanungs- und Energiekontrollsystems bilden energietechnische Messungen.“ (Wohinz u. Moor 1989)

Ein Ziel, das mit Energiemessungen verfolgt wird, ist dabei auch das Generieren von Planungsdaten für künftige energieeffizienzorientierte Fabrikplanungsprojekte.

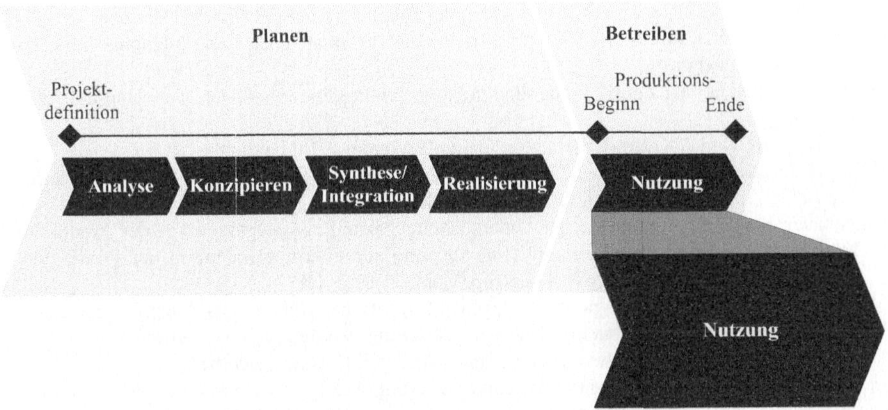

Abb. 4.24. Phase der Nutzung bzw. des Fabrikbetriebs

Die dazu notwendige Analyse und Bewertung von Energiedaten dient gleichzeitig auch verschiedenen Zielen eines energieeffizienzorientierten Fabrikbetriebs (bedarfsgerechte Energiebeschaffung, Optimierung der Fahrweisen, verursachergerechte Allokation der Energiekosten).

Der Analyse und Bewertung von Energiedaten ist deshalb ein eigenes Kapitel (s. Kap. 6) gewidmet.

Für die Zukunft ist anzustreben, die Energiedaten in abgestimmter Weise für das konventionelle Energiemanagement, den energiesparenden Fabrikbetrieb und die energieeffizienzorientierte Fabrikplanung zu nutzen.

Literatur

Aggteleky B (1987) Fabrikplanung Bd 1 – Grundlagen. Carl Hanser Verlag, München, Wien

Bundesamt für Konjunkturfragen (Hrsg) (1992) Materialien zu RAVEL – Grundbegriffe der Energiewirtschaft. Bern

Daenzer W, Huber F (2002) Systems Engineering – Methodik und Praxis. Verlag Industrielle Organisation, Zürich

DIN (2003) DIN 8580 – Fertigungsverfahren – Begriffe, Einteilung. Beuth Verlag, Berlin

Dolezalek HW, Warnecke HJ (1981) Planung von Fabrikanlagen. 2. Aufl, Springer, Berlin, Heidelberg

Engelmann J, Tunger R (2008) Blue Motion Factory – Energieeffizienzorientierte Fabrikplanung in der Automobilindustrie. Internationaler Rohbau Expertenkreis, 38. Fachtagung Prozesskette Karosserie, Ludwigsburg

Eversheim W, Schuh G (1999) Produktion und Management 3 – Gestaltung von Produktionssystemen. Springer, Berlin

Felix H (1998) Unternehmens- und Fabrikplanung. Carl Hanser Verlag, München

Gleich A v (1994) Umwelteinflüsse neuer Werkstoffe. Institut für Ökologische Wirtschaftsforschung, Heidelberg

Hab G, Wagner R (2006) Projektmanagement in der Automobilindustrie – Effizientes Management von Fahrzeugprojekten entlang der Wertschöpfungskette. Gabler Verlag, Wiesbaden

Hennicke P (2005) Potentiale, Konzepte und Leitbild für eine strategische Stromsparinitiative für Gewerbe und Industrie. Jahresveranstaltung der Initiative Energieeffizienz, Berlin

Kettner H, Schmidt J, Grein HR (1984) Leitfaden der systematischen Fabrikplanung. Carl Hanser Verlag, München

Kühn W (2006) Digitale Fabrik – Fabriksimulation für Produktionsplaner. Carl Hanser Verlag, München

Lehder G, Uhlig D (1998) Betriebsstättenplanung. Weinmann, Filderstadt

Müller E, Engelmann J, Strauch J (2008) Energieeffizienz als Planungsprämisse. Industrie Management, Ausgabe Juni 2008, GITO Verlag, Berlin

Neugebauer R (2008) Ergebnisse der Untersuchungen zur Energieeffizienz in der Produktion. Vortrag zum Öffentlichen Diskurs „Untersuchung zur Energieeffizienz in der Produktion", Fraunhofer Gesellschaft/VDMA, Frankfurt/Main, 21.01.2008

Offner K (2001) Betriebliches Energiemanagement. Deutscher Universitätsverlag, Wiesbaden

Papke HJ (Hrsg) (1980) Handbuch Industrieprojektierung. Verlag Technik, Berlin

Pawellek G (2008) Ganzheitliche Fabrikplanung. Springer, Berlin, Heidelberg

REFA (1985) Methodenlehre der Planung und Steuerung. Bd 2, Carl Hanser Verlag, München

Rockstroh W (1977) Die technologische Betriebsprojektierung. Bd 1 – Grundlagen und Methoden der Projektierung. Verlag Technik, Berlin

Schenk M, Wirth S (2004) Fabrikplanung und Fabrikbetrieb – Methoden für die wandlungsfähige und vernetzte Fabrik. Springer, Berlin

Schieferdecker B, Fünfgeld C, Bonneschky A (2006) Energiemanagement-Tools – Anwendung im Industrieunternehmen. Springer, Berlin

Schmigalla H (1995) Fabrikplanung – Begriffe und Zusammenhänge. Carl Hanser Verlag, München

Seefeldt F, Wünsch M, Michelsen C et al (2007) Potenziale für Energieeinsparung und Energieeffizienz im Lichte aktueller Preisentwicklungen. Prognos, Berlin

VDI (2001) VDI 2519 – Vorgehensweise bei der Erstellung von Lasten-/Pflichtenheften. Beuth Verlag, Berlin

VDI (2003) VDI 4661 – Energiekenngrößen – Definition, Begriffe, Methodik. Beuth Verlag, Berlin

VDI (2005) VDI 2884 – Beschaffung, Betrieb und Instandhaltung von Produktionsmitteln unter Anwendung von Life Cycle Costing (LCC). Beuth Verlag, Berlin

VDMA (2006) VDMA 34160 – Prognosemodell für die Lebenszykluskosten von Maschinen und Anlagen. Beuth Verlag, Berlin

Wirth S (Hrsg) (1989) Flexible Fertigungssysteme. Verlag Technik, Berlin

Wohinz J, Moor M (1989) Betriebliches Energiemanagement. Springer, Berlin

Zahn E, Schmid U (1996) Produktionswirtschaft 1 – Grundlagen und operatives Produktionsmanagement. UTB Lucius & Lucius, Stuttgart

Züst R (1997) Einstieg ins System Engineering. Verlag Industrielle Organisation, Zürich

5 Energierelevante Prozesse und Anlagen

5.1 Überblick

In diesem Kapitel sollen ausgewählte energierelevante Prozesse und Anlagen näher vorgestellt werden. Die Gliederung des Kapitels lehnt sich an den Fluss der verschiedenen Energiearten durch die Fabrik an (s. Abb. 5.1).

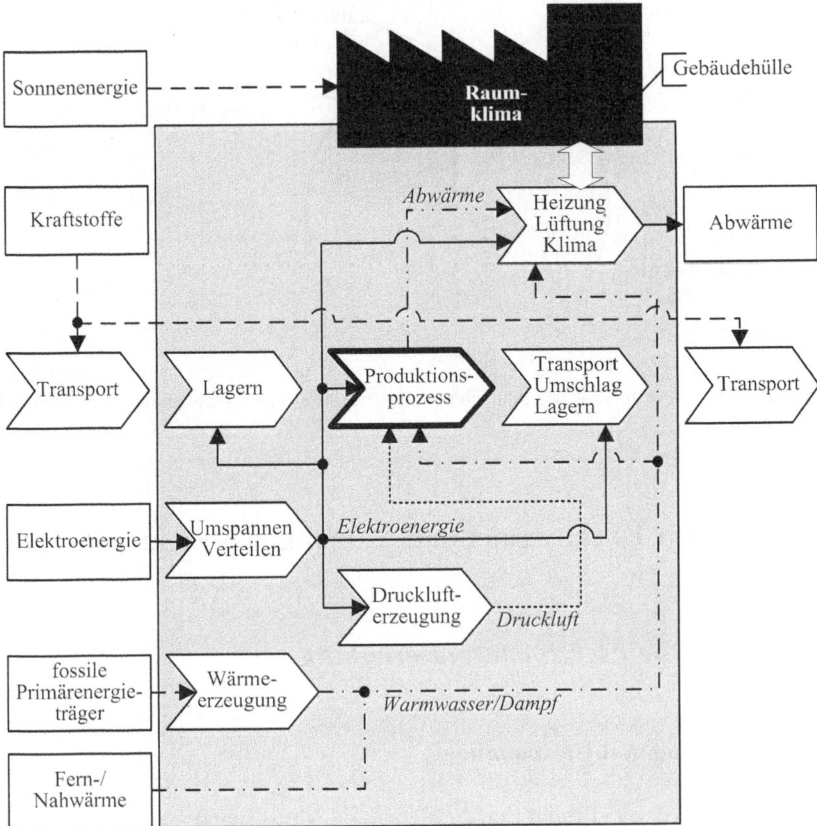

Abb. 5.1. Typischer Energiefluss durch eine Fabrik

Im Einzelnen sollen folgende Prozesse und Anlagen vorgestellt werden:

- Anlagen zur Übertragung und Nutzung von Elektroenergie (inkl. Druckluft),
- Prozesswärme,
- Heizung, Lüftung, Klimatisierung und
- die Gebäudehülle.

Die getroffene Auswahl konzentriert sich vor allem auf Querschnittstechnologien, d. h. auf Verfahren und Methoden, die branchenübergreifend eingesetzt werden und auf Prozesse und Anlagen, die insbesondere in der Stückgutindustrie häufig vorkommen.

Zur besseren Einordnung der Bedeutung einzelner Technologien zeigt Abb. 5.2 die Anteile verschiedener Anwendungen am Endenergieverbrauch der gesamten deutschen Industrie. In der Stückgutindustrie dürfte der Anteil der mechanischen Energie zu Lasten der Prozesswärme etwas höher liegen.

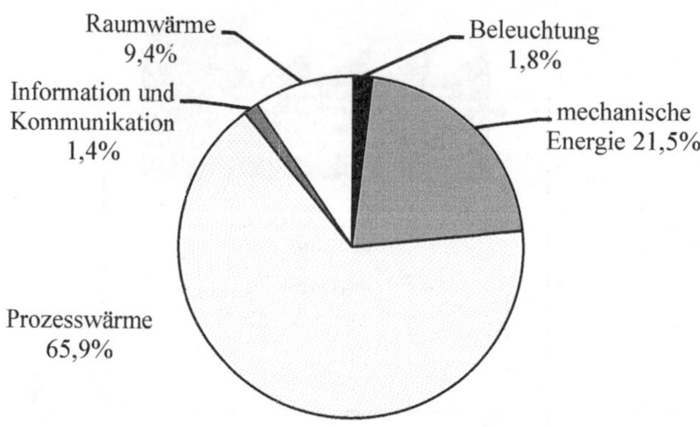

Abb. 5.2. Endenergieverbrauch der deutschen Industrie 2003 nach Anwendungen, Daten nach (Geiger et al. 2005)

5.2 Anlagen zur Übertragung und Nutzung von Elektroenergie

5.2.1 Betriebliche Elektroenergieverteilung

5.2.1.1 Einspeisung und Umspannung

Elektroenergie wird von Produktionsbetrieben als Mittelspannung (10 bis 20 kV) oder – bei kleineren Lasten und Liefermengen – als Niederspannung (400 Volt) bezogen. Die Einspeisung in das Unternehmen erfolgt über eine Netzstation bzw. Übergabestation. Dort erfolgt auch die Messung der zu vergütenden Leistung bzw. Arbeit.

Wird Mittelspannung geliefert, ist diese betriebsintern durch Transformatoren in Niederspannung umzuspannen. An diese Niederspannungsnetze (400 Volt) können Verbraucher mit einer Einzelleistung bis zu ca. 300 kW angeschlossen werden (Heuck et al. 2007). Treten höhere Lasten auf, müssen die innerbetrieblichen Netze unterteilt und ggf. mit mehreren Spannungsebenen und entsprechend mehreren Transformatoren betrieben werden. Als weitere Spannungsebenen sind 690 oder 1000 Volt üblich.

Transformatoren sind u. a. auch nötig, wenn Maschinen eingesetzt werden, deren Nennspannung vom europäischen Standard abweicht (z. B. Importmaschinen, die für 110-Volt-Netze in den USA ausgelegt sind). In diesen Einsatzfällen werden den betroffenen Maschinen meist kleinere, auf die Maschinenleistung abgestimmte Transformatoren beigestellt.

Transformatoren bestehen im Wesentlichen aus zwei Spulen. In der Primärspule wird durch eine Wechselspannung (z. B. Mittelspannung aus dem öffentlichen Stromnetz) ein veränderliches Magnetfeld erregt. Dieses Magnetfeld erzeugt in der Sekundärspule induktiv eine Sekundärspannung (z. B. die im Produktionsbetrieb benötigte Niederspannung).

Das Verhältnis zwischen Primär- und Sekundärspannung wird durch das Verhältnis der Windungszahlen der Spulen bestimmt. Die Funktionsweise des Transformators – die Erregung eines veränderlichen Magnetfelds in der Primärspule und die anschließende induktive Erregung der Sekundärspannung – bedingt, dass Transformatoren nur Wechselstrom umspannen können. Um Gleichspannung auf eine andere Spannungsebene zu transferieren, muss diese zunächst mit einem Wechselrichter in Wechselspannung gewandelt werden.

Transformatoren werden nach ihrer Bemessungsleistung P_r (Index r für rated value) in kVA klassifiziert. Für Niederspannungsnetze sind die Baugrößen 250 kVA, 400 kVA, 630 kVA und seltener 1000 kVA üblich.

Transformatoren haben einen relativ hohen Bemessungswirkungsgrad (s. Tabelle 5.1), der sich jedoch sowohl bei geringer (< 0,6) als auch bei hoher Auslastung (> 0,8) zum Teil drastisch verringert (s. Abb. 5.3). Auch ein schlechter Leistungsfaktor mindert den Wirkungsgrad (s. Abschn. 5.2.1.2).

Tabelle 5.1. Bemessungslastwirkungsgrade für Transformatoren (Giersch et al. 2003)

Bemessungsleistung P_r	**Bemessungswirkungsgrad η**
100 VA	0,88
1 kVA	0,9
10 kVA	0,96
100 kVA	0,97
1 MVA	0,98
10 MVA	0,99

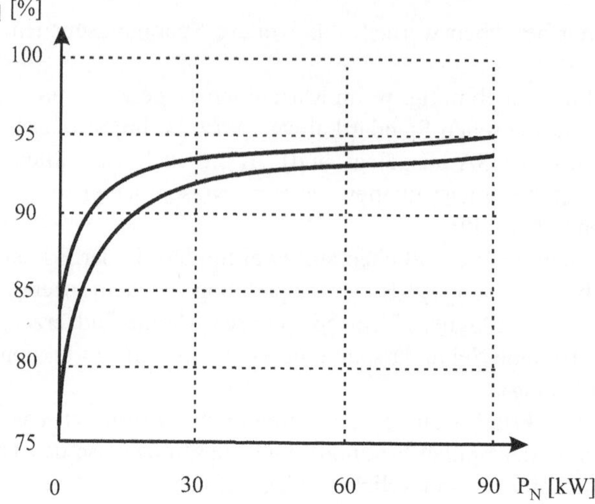

Abb. 5.3. Abhängigkeit des Transformatorenwirkungsgrads vom relativen Belastungsstrom I/I_N bei verschiedenen Leistungsfaktoren cos φ, in Anlehnung an (Giersch et al. 2003)

Transformatoren werden auf Spitzenlast ausgelegt. Entsprechend erfolgt die Auswahl von Transformatoren für Produktionsbetriebe an Hand der maximal auftretenden Leistung P_{max}. Diese ermittelt sich aus der Summe der installierten Leistung P_i aller elektrischen Verbraucher und dem Gleichzeitigkeitsfaktor g.

$$P_{\max} = \sum P_i \cdot g \tag{5.1}$$

Der Gleichzeitigkeitsfaktor ist das Verhältnis der maximal in einem Stromnetz abgeforderten elektrischen Leistung zur installierten elektrischen Leistung. Er berücksichtigt, dass die elektrischen Verbraucher, die an ein Stromnetz angeschlossen sind, selten alle gleichzeitig – und unter Volllast – arbeiten.

Gleichzeitigkeitsfaktoren sind meist nur als Erfahrungswerte der Elektroplaner verfügbar (s. Tabelle 5.2). Diese beziehen sich in der Regel auf die Haupteinspeisung für ein gesamtes Gebäude, einen Gebäudeteil oder Verbrauchergruppen (z. B. Beleuchtung, Steckdosen).

Gleichzeitigkeitsfaktoren für die verschiedenen Verbraucher innerhalb einzelner Maschinen und Anlagen sind derzeit kaum verfügbar. Gerade in komplexen Produktionsanlagen (z. B. Taktstraßen, Bearbeitungszentren) sind nie alle elektrischen Verbraucher gleichzeitig im Volllastbetrieb.

Die Kenntnis über und das sichere Beherrschen von maschineninternen Gleichzeitigkeitsfaktoren bergen daher das Potenzial, die Maschinenanschlüsse, eventuell notwendige anlagenseitige Transformatoren, die Schaltanlagen und das gesamte betriebliche Netz schlanker zu dimensionieren.

Tabelle 5.2. Gleichzeitigkeitsfaktoren für die Haupteinspeisung (Kliem u. Zimmermann 2003)

Art der elektrischen Anlage oder des Gebäudes	Gleichzeitigkeitsfaktor g
Büros und Verwaltung allgemein	
- Beleuchtung	0,8 bis 0,9
- Steckdosen	0,1 bis 0,6
- Klima, Lüftung	0,8 bis 1
- Heizung	0,8 bis 1
- Aufzüge	0,5 bis 0,9
- Kücheneinrichtung	0,5 bis 0,6
kleine Büros	0,5 bis 0,7
große Büros (Banken/Versicherungen/öffentliche Verwaltung)	0,7 bis 0,8
Industrie	
Metallbearbeitung	0,25
Automobilbau	0,25
Papier- und Zellstoff-Fabriken	0,5 bis 0,7
Spinnereien	0,75
Webereien, Textilausrüstung	0,6 bis 0,7
Gummi-Industrie	0,6 bis 0,7
Chemische Industrie, Erdölindustrie	0,5 bis 0,7
Zementwerke	0,8 bis 0,9
Nahrungsmittelindustrie	0,7 bis 0,9
Außenbeleuchtung	1

In der heutigen Fabrikplanungspraxis basiert die Elektroplanung üblicherweise auf Ausrüstungslisten. Diese enthalten die Bezeichnung der Verbraucher, deren Nennleistung und Nennspannung, die Nennleistung der ggf. notwendigen maschinennahen Transformatoren und Angaben zum Schichtbetrieb. Tabelle 5.3 zeigt das Beispiel eines Betriebs der spanenden Metallbearbeitung.

In den Ausrüstungslisten werden die Nennleistungen für Beleuchtung und 230-Volt-Kleingeräte oft zusammengefasst und von der Elektroplanung an Hand der Raumgröße oder Mitarbeiterzahl geschätzt.

Die Gleichzeitigkeitsfaktoren werden derzeit ebenfalls meist erfahrungsgeleitet festgelegt für:

- die gesamte Fabrik (z. B. branchenspezifische Gleichzeitigkeitsfaktoren),
- einzelne Bereiche (z. B. Produktion, Lager, Verwaltung) oder
- Verbrauchergruppen (z. B. Produktionsmaschinen, Beleuchtung, Lüftungsanlagen).

Tabelle 5.3. Beispiel einer Ausrüstungsliste mit Angaben zum elektrischen Leistungsbedarf

Bezeichnung	**Nennleistung [kW]**	**Transformator-leistung [kVA]**	**Nenn-spannung [V]**	**Gleichzeitig-keitsfaktor**	**Schicht-betrieb**
CNC-Drehmaschine 1	43	55	400	0,25	3
CNC-Drehmaschine 2	43	55	400	0,25	3
CNC-Drehmaschine 3	43	55	400	0,25	3
CNC-Drehmaschine 4	43	55	400	0,25	3
CNC-Drehmaschine 5	22		400	0,25	3
CNC-Drehmaschine 6	22		400	0,25	3
CNC-Drehmaschine 7	22		400	0,25	3
CNC-Drehmaschine 8	22		400	0,25	3
CNC-Drehmaschine 9	22		400	0,25	3
CNC-Drehmaschine 10	22		400	0,25	3
Säulenbohrmaschine 1	1		400	0,25	1
Säulenbohrmaschine 2	1		400	0,25	1
DNC-Drehmaschine 1	6,3		400	0,25	2
DNC-Drehmaschine 2	6,3		400	0,25	2
DNC-Drehmaschine 3	6,3		400	0,25	2
CNC-Fräsmaschine 1	20		400	0,25	3
CNC-Fräsmaschine 2	25		400	0,25	3
CNC-Fräsmaschine 3	43		400	0,25	3
Fräsmaschine 1	7		400	0,25	2
Abluft Fräserei	2		400	0,25	3
Säge	2,5		400	0,25	2
Schleifmaschine 1	1		400	0,25	2
Schleifmaschine 2	1		400	0,25	2
Gleitschleifanlage 1	1,5		400	0,25	2
Gleitschleifanlage 2	1,5		400	0,25	2
Bandschleifer	3,4		400	0,25	1
Druckluft-Kompressor	18,5		400	0,25	3
Druckluft-Trockner	2		400	0,25	3
Teilereinigung	18		400	0,25	2
Kleinverbraucher	12		230	0,25	2
Beleuchtung	10		230	1	3
Summe	493,3	220			

Viele Produktionsbetriebe benötigen die für die Bemessung der Transformatoren ausschlaggebende Spitzenleistung nur kurze Zeit (z. B. tatsächliche Einsatzzeiten der Lichtbögen oder Laser in Schweißanlagen). Deshalb sind Transformatoren in Produktionsbetrieben oft nur gering ausgelastet, was deren Wirkungsgrad senkt. In diesen Fällen muss bei der Beschaffung der Transformatoren auf geringe

Leerlaufverluste (P_0) geachtet werden. Sind die Transformatoren dagegen regelmäßig hoch ausgelastet (z. B. bei kontinuierlichen Produktionsprozessen), sind Transformatoren mit geringen Kurzschlussverlusten (P_K) zu bevorzugen.

Darüber hinaus gilt: Wird häufig nur ein Teil der Transformatorleistung abgefordert, so sind mehrere parallel geschaltete Transformatoren, die je nach Last zu- und abgeschaltet werden können, günstiger als ein großer Transformator, der dann oft im Teillastbereich liefe (s. Abb. 5.4).

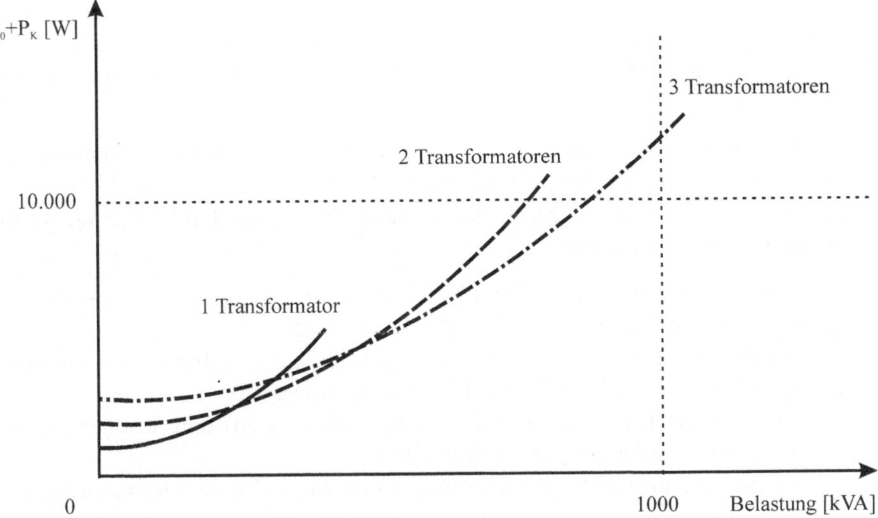

Abb. 5.4. Gesamtverluste ($P_0 + P_K$) von einem, von zwei und von drei parallel geschalteten 400-kVA-Transformatoren, eigene Darstellung nach (Siemens AG)

Erkenntnisse für das Planen und Betreiben energieeffizienter Fabriken

Bei der Einspeisung, Umspannung und Verteilung der Elektroenergie treten systembedingt energetische Verluste auf. Bei günstiger Auslastung sind die Verluste an den Transformatoren sehr gering, sie steigen aber bei geringer oder hoher Auslastung teils drastisch an.

Je genauer die installierte Leistung, der Gleichzeitigkeitsfaktor und ggf. der differenzierte zeitliche Lastverlauf bekannt sind, umso exakter und damit verlustärmer kann der Elektroplaner die energietechnischen Anlagen auslegen. Die Fabrikplanung muss die entsprechenden Daten ausreichend früh zur Verfügung stellen.

Oft liegen dem Fabrikplaner aber – in frühen Planungsphasen – keine genauen Daten zu den elektrischen Verbrauchern vor und/oder die Fabrik soll flexibel auf Änderungen des Produktionsprogramms, der Technologien und Ausrüstungen reagieren. In diesen Fällen kann durch mehrere parallel angeschlossene, zu- und abschaltbare Transformatoren eine energieeffiziente Lösung geschaffen werden. Die Aufgabenstellung an die Elektroplanung muss dann solche Flexibilitätsanforderungen explizit enthalten.

In der Zukunft sollten Lasten- und Pflichtenhefte bzw. technische Dokumentationen von Maschinen und Anlagen verstärkt Angaben zu maschineninternen Gleichzeitigkeitsfaktoren und zu den Lastverläufen enthalten, um eine angemessene Dimensionierung von Transformatoren zu ermöglichen.

5.2.1.2 Blindleistungskompensation

Im Abschn. 3.3.3 wurden das Entstehen und die Folgen der Blindleistung erläutert. Um die Blindleistung zu mindern, können drei Ansätze verfolgt werden (Schieferdecker 2006):

- (1) Der Teillastbetrieb von induktiven Verbrauchern (Motoren, Transformatoren) ist zu vermeiden oder zu vermindern, da sich im Teillastbereich der Leistungsfaktor cos φ verschlechtert. Der Teillastbetrieb kann durch folgende Maßnahmen vermieden werden:
  - Motoren, Transformatoren und andere induktive Anlagen nicht überdimensionieren (adäquate Auswahl der Nennleistung),
  - längeren Leerlauf vermeiden (Zwangsabschaltung, jedoch unter Berücksichtigung von Verschleiß und Leistungsspitzen),
  - parallel betriebene Transformatoren je nach Last zu- und abschalten, anstatt sie im Teillastbereich zu fahren und
  - Stern-Dreieck-Schaltung beim Anlauf von Kurzschlussläufermotoren nutzen (Vermeiden von Stromspitzen beim Anlaufen).
- (2) Blindleistung, die sich nicht nach oben genanntem Ansatz vermeiden lässt, kann durch den Einsatz von Kompensationsanlagen ausgeglichen werden (z. B. durch Leistungskondensatoren, die zu induktive Blindleistung verursachenden Verbrauchern parallel geschaltent werden). Kompensationsanlagen werden eingesetzt:
  - an einzelnen Verbrauchern (Stand der Technik für Motoren, Leuchtstofflampen etc.),
  - in einzelnen Stromkreisen (z. B. je Transformatorenstation, Gebäude, Fertigungsabschnitt) oder
  - zentral an der Einspeisestelle des Betriebs.
- (3) Blindleistung kann auch durch Erhöhen der Anschlussleistung reduziert werden. Durch die Beziehungen zwischen Schein-, Wirk- und Blindleistung im Leistungsdreieck verringert eine höhere Wirkleistung (der Anschlusswert) die Blindleistung, denn die Scheinleistung bleibt konstant. Die Wirtschaftlichkeit dieser Maßnahme ist auf Grund höherer Anschaffungs- und Betriebskosten für größer dimensionierte Leitungen und Schaltanlagen fraglich.

Tendenziell sollte der Ansatz (1) bevorzugt werden, da damit die Ursachen für Blindarbeit und Blindleistung behoben werden. Ansatz (2) kann in vielen Fällen eine sinnvolle Ergänzung sein, da es in der Praxis kaum möglich ist, elektrische

Maschinen und Anlagen so zu betreiben, dass keine Blindleistung entsteht. Ansatz (3) ist im Sinne einer ganzheitlichen Strategie zur Verbesserung der Energieeffizienz eher kontraproduktiv.

Erkenntnisse für das Planen und Betreiben energieeffizienter Fabriken
In Produktionsunternehmen sind induktive elektrische Verbraucher (z. B. Asynchronmotoren, Induktionsöfen) und seltener kapazitive elektrische Verbraucher (elektrische Handwerkzeuge) im Einsatz, die eine Blindleistung bzw. Blindarbeit verursachen. Die Blindarbeit ist – bei entsprechender Größe – dem Energieversorger bzw. Netzbetreiber zu vergüten.
Die richtige Dimensionierung von elektrischen Verbrauchern und energietechnischen Anlagen sowie das Vermeiden von Leerlauf sind wesentliche Stellhebel für die Fabrikplanung, um Blindarbeit zu vermeiden.
Darüber hinaus können von der Elektroplanung Blindleistungskompensationsanlagen vorgesehen werden.

5.2.2 Anlagen zur Elektroenergie-Anwendung

5.2.2.1 Elektromechanische Antriebe

Elektrische Energie wird in Produktionsunternehmen zu einem erheblichen Teil in mechanische Energie gewandelt, um Werkzeuge, Transportbänder, Aufzüge, Pumpen, Ventilatoren und andere sogenannte Arbeitsmaschinen anzutreiben. Die Wandlung der elektrischen Energie in mechanische erfolgt dabei durch Antriebsmaschinen (Elektromotoren). Diese erzeugen in der Regel rotierende Bewegungen, die bei Bedarf über Getriebe in geradlinige und bahnförmige Bewegungen übersetzt werden. Eine Ausnahme ist der Linearmotor, der direkt translatorische Bewegungen erzeugt.

Die Elektromotoren müssen während der Betriebsdauer der Maschinen ein bestimmtes, ggf. auch veränderliches Drehmoment aufbringen, um verschiedene Widerstände, die der gewünschten Bewegung entgegenwirken, zu überwinden (Schwerkraft, Zentrifugalkraft, Reibung, Verformungen etc.).

Beim Anfahren oder Beschleunigen der Maschine ist zusätzlich Energie nötig, um die Massenträgheit zu überwinden. Umgekehrt wird beim Bremsen kinetische Energie „vernichtet", respektive in Wärme gewandelt. Letztlich geht nahezu die gesamte, in Produktionsbetrieben genutzte elektrische Energie durch Reibung in Wärme über (s. Abschn. 5.5 zu Heizung, Lüftung, Klimatisierung). Nur ein kleiner Teil der zugeführten Elektroenergie wird als innere Energie in die Werkstücke eingebracht (z. B. durch Verformungen).

Energieeinsparungen bei elektromechanischen Antrieben lassen sich zuerst mit den aus der Mechanik bekannten Ansätzen erzielen (s. Abschn. 3.3.1): geringe bewegte Massen, kleine Rotationsradien, geringe Geschwindigkeiten, kurze Wege, wenig Reibung und kleine Beschleunigungen. Diese Ansätze sind vor allem bei der Gestaltung der Arbeitsmaschinen umzusetzen.

Die Antriebsmaschinen – die Elektromotoren – bestehen aus einem beweglichen Teil, dem Läufer oder Rotor, und einem fest stehenden Teil, dem Ständer oder Stator. Der eine Teil ist als Magnet, der andere Teil ist als Spule ausgebildet. Wird die Spule von Strom durchflossen, so übt das Magnetfeld auf diesen stromdurchflossenen Leiter eine Kraft aus, die den Rotor in Bewegung setzt. Dieses elektromotorische Prinzip findet sich in verschiedenen Bauformen wieder, die hier nicht näher erläutert werden sollen. Wichtigste Vertreter sind:

- Gleichstrommotoren (Kommutator-Motoren),
- Universalmotoren (modifizierte Kommutator-Motoren zum wahlweisen Einsatz mit Gleich- und Wechselstrom),
- einphasige Wechselstrommotoren (Synchronmotor, Einphasen-Asynchronmotor),
- Drehstrommotoren (Drehstrom-Asynchronmotor, Drehstrom-Synchronmotor).

Zusätzlich müssen Motoren oft eine Bremsfunktion erfüllen (Motorbremse) – als Betriebs- und Haltebremse bei planmäßiger Unterbrechung der Bewegung (z. B. bei Hubbewegungen und Positionierbewegungen) oder als Notstoppbremse in Gefahrensituationen. Motorbremsen werden meist durch in den Motor integrierte Permanentmagnet- oder Federkraftbremsen realisiert. Im stromlosen Zustand ist die Bremse geschlossen. Wenn der Motor läuft, wird auch ein zusätzlich eingebauter Elektromagnet bestromt. Sein Magnetfeld hebt das Magnetfeld des Permanentmagneten oder der Federkraft auf und lüftet die Bremse. Bei Fehlfunktion, Notstopp oder planmäßigem Halt wird die Stromversorgung des Elektromagneten unterbrochen und die Bremse fällt selbsttätig durch Federkraft ein (Hilfert 2007, Mack u. Wagner-Ambs 2001).

In der Industrie kommen zu ca. 87 Prozent Drehstrom-Asynchronmotoren zum Einsatz (Pacas u. Schröder 2000). Ihr Leistungsbereich reicht von einigen hundert Watt bis über 750 kW. Der Wirkungsgrad moderner Drehstrom-Asynchronmotoren liegt zwischen 91 und 95 Prozent. Der Wirkungsgrad η ist der Quotient aus abgeführter und zugeführter Leistung P_{ab} und P_{zu}.

$$\eta = \frac{P_{ab}}{P_{zu}} \tag{5.1}$$

Die abzuführende Leistung wird aus der erforderlichen Drehzahl n und dem erforderlichen Drehmoment M hergeleitet.

$$P_{ab} = 2 \cdot \pi \cdot n \cdot M \tag{5.2}$$

Die zuzuführende Leistung berücksichtigt zusätzlich die Verlustleistung P_V.

$$P_{zu} = P_{ab} + P_V \tag{5.3}$$

Die Verlustleistung des Asynchronmotors setzt sich zusammen aus: Kupferverlusten P_{Cu} (Abwärme der stromdurchflossenen Motorwicklung), Eisenverlusten P_{Fe} (Abwärme aus der Ummagnetisierung), Reibungsverlusten P_R (Abwärme aus Reibung in Lagern und von Kühlluftventilatoren) sowie Stabverlusten P_{St} (Abwärme der stromdurchflossenen Leiter) (Mack u.Wagner-Ambs 2001).

$$P_V = P_{Cu} + P_{Fe} + P_R + P_{St} \tag{5.5}$$

Aus den Formeln ergeben sich folgende Ansätze zur Steigerung der Energieeffizienz:

- Bei der Gestaltung der Arbeitsmaschinen ist – aus energetischer Sicht – auf möglichst geringe notwendige Drehzahlen und Drehmomente zu achten. Dies mündet in oben genannte Ansätze zur Einsparung mechanischer Energie.
- Bei der Auswahl der Motoren sind solche zu bevorzugen, bei denen die Verlustleistung gering bzw. die Energieeffizienz hoch ist. Bei der Gestaltung der Motoren werden geringe Verluste erreicht durch (Mack u.Wagner-Ambs 2001):
  - hohen Kupfereinsatz in den Motorwicklungen,
  - hohen Einsatz von Eisenblechen sowie
  - optimierte Lager und Lüfter.

Die Energieeffizienz von Elektromotoren wird von der International Electrotechnical Commission (IEC) und vom Committee of Manufacturers of Electrical Machines and Power Electronics (CEMEP) klassifiziert (s. Tabelle 5.4). Die Motoren sind mit entsprechenden Labels gekennzeichnet.

Tabelle 5.4. Energieeffizienzklassen für elektrische Antriebe

IEC Code (Energieklasse)	CEMEP-Effizienzklasse
IE4 (Super Premium Efficiency)	
IE3 (Premium Efficiency)	
IE2 (High Efficiency)	EFF1
IE1 (Standard Efficiency)	EFF2
schlechter als der Stand der Technik	EFF3

Elektromotoren werden oft gemeinsam mit Stromumformern (Umrichtern) und Kraftübertragungseinheiten (Getrieben) als mehr oder minder komplexe Antriebssysteme ausgebildet (s. Abb. 5.5).

Die Umrichter dienen im Antriebssystem dazu, die zugeführte elektrische Leistung durch Veränderung der Frequenz oder des Betrags der Spannung an die jeweilige, ggf. auch veränderliche Last (veränderliche Drehzahl bzw. veränderliches Drehmoment) anzupassen.

Getriebe passen die vom Motor abgegebene Drehzahl bzw. das abgegebene Drehmoment durch Über- bzw. Untersetzung an die Drehzahl und das für den Betrieb der Arbeitsmaschine erforderliche Drehmoment an.

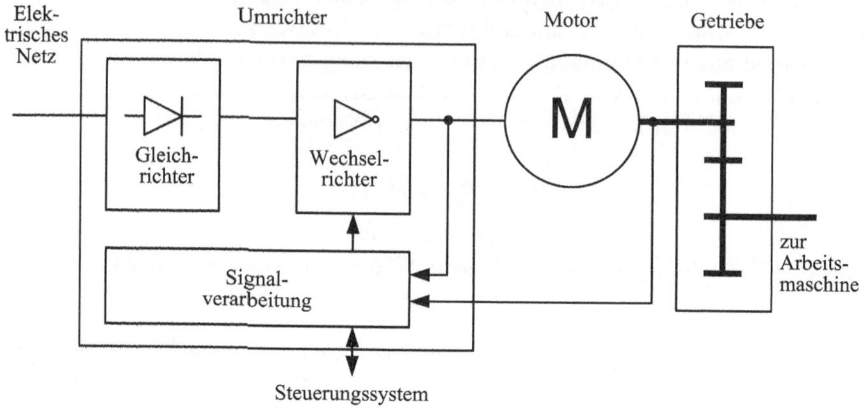

Abb. 5.5. Antriebssystem, eigene Darstellung in Anlehnung an (Kiel 2007)

Bezüglich der Energieeffizienz von Antriebssystemen konkurrieren zwei physikalische Grundsätze miteinander:

- Einerseits ist es von Vorteil, wenn Elektromotoren in einem Betriebspunkt gefahren werden, in dem möglichst wenig Wirkleistung aufgenommen wird. Dazu ist es – besonders bei veränderlicher Last – notwendig, Umrichter und/oder Schaltgetriebe einzusetzen.
- Andererseits sinkt der Gesamtwirkungsgrad des Antriebs, um so mehr Teilsysteme (Umrichter, Getriebe) zusammenwirken (Multiplikation der Einzelwirkungsgrade, s. Gl. 3.9).

Wegen letztgenannter Tatsache kann es – vor allem bei konstanter Last – sinnvoll sein, Drehstrom-Asynchronmotoren direkt am Netz, d. h. ungeregelt zu betreiben. Die Motoren müssen in diesen Fällen präzise dimensioniert werden, um energieeffizient zu arbeiten.

Eine preiswerte Möglichkeit für eine einfache Steuerung liefern polumschaltbare Motoren: Durch Umschalten zwischen niedriger und hoher Polzahl kann zwischen schnellem und langsamem Lauf gewählt werden. Die Anzahl der wählbaren Geschwindigkeiten wird durch die Anzahl der Pole und der Schaltmöglichkeiten begrenzt.

Bei stark veränderlicher Last dominieren die Vorteile der durch Umrichter gesteuerten Antriebe. Abbildung 5.6 zeigt am Beispiel einer Lüftungsanlage, dass die Ansteuerung mit einem Frequenzumrichter im Teillastbereich überproportional hohe Energieeinsparungen zulässt.

Einige Umrichter sind zudem rückspeisefähig. Sie können Energie, die beim Abbremsen des Motors auftritt, in das Netz einspeisen oder über Zwischenkreise mit anderen Antrieben austauschen. Ohne Bremsenergierückgewinnung wird die Bremsenergie über Bremswiderstände in Wärme gewandelt (Kiel 2007).

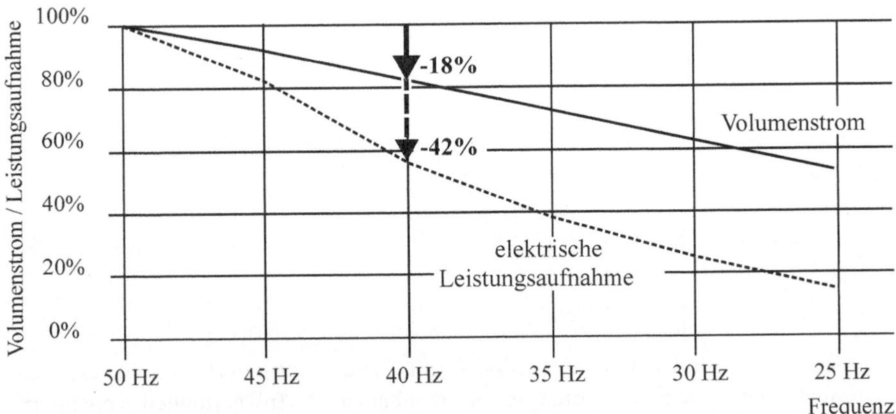

Abb. 5.6. Reduktion des Volumenstroms und der Leistungsaufnahme einer frequenzumformergesteuerten Lüftungsanlage (Döhler u. Engelmann 2009)

Für höhere Anforderungen an Dynamik und Präzision werden zunehmend Servo-Antriebe genutzt. Bei dieser Bauart wird ein Servo-Motor von einem Servo-Umrichter momenten-, geschwindigkeits- oder positionsabhängig geregelt. Die Servo-Motoren besitzen als Voraussetzung für diese präzise Regelung Sensoren zur genauen Ermittlung der Rotorlage. Servo-Motoren und Servo-Umrichter genügen insgesamt hohen Anforderungen an Dynamik und Präzision (z. B. geringe Trägheit der Rotoren, schnelle Zykluszeit der Regelkreise). Servo-Motoren können sehr genau Positionen anfahren und dauerhaft hohe Haltemomente überlastsicher aufbringen (Isermann 2007).

Selbst bei gesteuerten Motoren ist es oft erforderlich, die Abtriebsdrehzahlen der Elektromotoren durch mechanische Getriebe zu unter- bzw. zu übersetzen. Tabelle 5.5 zeigt die Wirkungsgrade unterschiedlicher Getriebe.

Die Getriebe können als separate Baueinheiten ausgeführt oder mit dem Motor in einem Gehäuse vereinigt sein (Getriebemotor). Die kompakte Bauweise der Getriebemotoren kommt auch einem hohen Wirkungsgrad zugute.

Kommen Motoren ohne Getriebe zum Einsatz, wird von Direktantrieben gesprochen. Bei diesen Antrieben entfallen die Getriebeverluste und es wird ein hoher Gesamtwirkungsgrad des Antriebsystems erreicht. Typische Vertreter der Direktantriebe sind:

- Motorspindeln und
- Linearmotoren.

Tabelle 5.5. Wirkungsgrade von Getrieben, Daten nach (Niemann et al. 1989)

Getriebeart	**Wirkungsgrad**
Stirnradgetriebe	0,93–0,99
Planetengetriebe	0,98–0,99
Kegelradgetriebe	0,97–0,98
Schneckengetriebe	0,20–0,97 (fallend mit zunehmender Übersetzung)
Flachriemengetriebe	0,96–0,98
Keilriemengetriebe	0,92–0,94
Zahnriemengetriebe	0,96–0,98
Reibradgetriebe	0,90–0,98
Kettengetriebe	0,97–0,98

Zusammenfassend können folgende Maßnahme identifiziert werden, die den Verbrauch von elektrischer Energie für mechanische Anwendungen verringern helfen:

- Zu bewegende Massen, Rotationsradien, Geschwindigkeiten, Wege und Beschleunigungen gering halten.
- Antriebe nicht überdimensionieren. (Nicht zu viel Sicherheit einplanen! Oft können Motoren schadlos für kurze Zeit bis zu 25 Prozent überlastet werden!)
- Antriebe gezielt zu- und abschalten, wenig Leerlauf und Teillast zulassen (z. B. Steuerung durch Zeitschaltuhr oder Sensor, manuelles Abschalten bei Nicht-Gebrauch).
- Energiesparende Motoren einsetzen (nach dem Standard IEC 60034-2-1 oder der CEMEP-Effizienzklasse), für Antriebe mit hoher Betriebsstundenzahl sollen Motoren der Klasse EFF1/IE2 und besser eingesetzt werden; für Antriebe mit geringer Betriebsstundenzahl sind Motoren der Klasse EFF2/IE1 akzeptabel).
- Antriebe drehzahl- bzw. drehmomentabhängig steuern.
  - Polumschaltbare Getriebemotoren für einfaches Umschalten zwischen schnellem Betrieb (niedrige Polzahl) und langsamem Betrieb (hohe Polzahl) einsetzen.
  - Drehzahl- und drehmomentgesteuerte Antriebe einsetzen (z. B. auch Nachrüstung von Frequenzumrichtern).
- Effiziente Kraftübertragungseinrichtungen/Getriebe einsetzen (z. B. Zahnriemen statt Keilriemen, Getriebemotoren).
- Antriebe regelmäßig und wirksam warten (z. B. Einsatz langlebiger Leichtlaufschmieröle für Getriebe).
- Direktantriebe (Spindelmotoren und Linearantriebe) einsetzen, um Getriebeverluste zu vermeiden.
- Bremsenergie wieder nutzen (z. B. rückspeisefähige Umrichter, Wirbelstrombremsen, Rückgewinnung von hydraulischem Druck, Innenzahnrad-Triebwerke als Pumpe/Motor in Hydraulikanwendungen).

5.2.2.2 Druckluft

Druckluft ist verdichtete atmosphärische Luft. Durch die Verdichtung wird Energie gespeichert, die, wenn die Druckluft wieder entspannt wird, Arbeit leisten kann.

Druckluft wird in Betrieben meist an zentraler Stelle, in einer Druckluftstation, aus elektrischer Energie hergestellt (komprimiert), über ein mehr oder minder weit verzweigtes Leitungsnetz im Betrieb verteilt und an verschiedenen Verbrauchsstellen meist in mechanische Arbeit umgesetzt.

Die betriebliche Druckluftstation ist in der Regel aus folgenden Elementen aufgebaut (s. Abb. 5.7):

- Zuluftfilter, ggf. Lufttrockner,
- Kompressor (Motor-Kompressor-Einheit mit Kompressorkühlung),
- Drucklufttrockner,
- Druckluftfilter,
- Druckluftbehälter,
- Druckluftleitung (häufig als Ringleitung),
- Kondensatableitung, -aufbereitung oder -entsorgung,
- Lüftung der Druckluftstation.

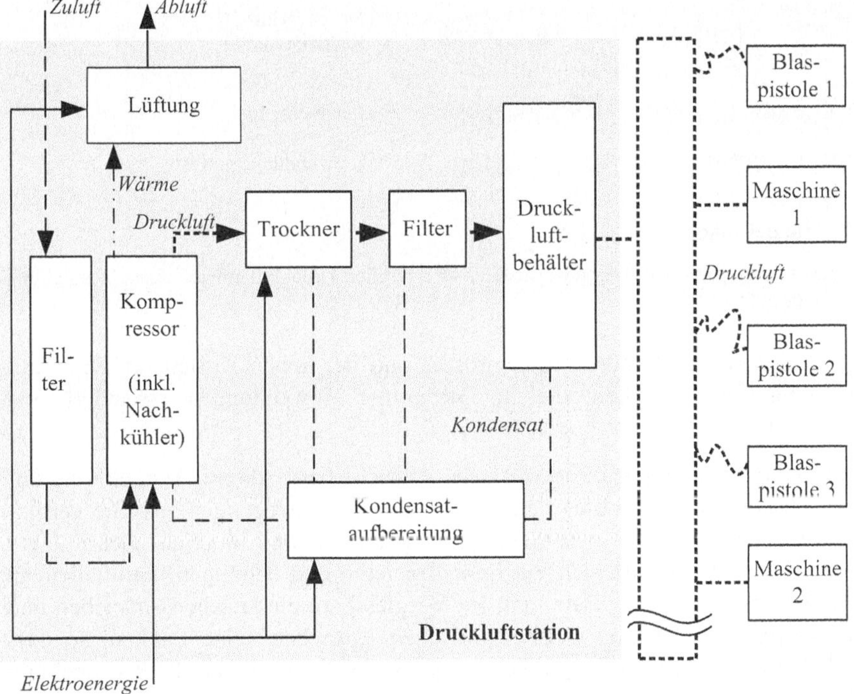

Abb. 5.7. Prinzipaufbau einer Druckluftanlage

Die Umwandlung von elektrischer Energie in Druckluft und weiter in mechanische Energie ist im Vergleich zur direkten Wandlung von Elektroenergie in mechanische Bewegungen ein Umweg. Dies schlägt sich in einem hohen Primärenergieeinsatz und in hohen Kosten nieder. Druckluft ist regelmäßig die teuerste Energie, die in Betrieben eingesetzt wird!

Abbildung 5.8 zeigt den Energiefluss durch eine beispielhafte Druckluftanlage, in der 5 Prozent der eingesetzten elektrischen Leistung als Nutzleistung wirksam werden. In besseren Anlagen werden Nutzleistungen bis ca. 10 Prozent erreicht.

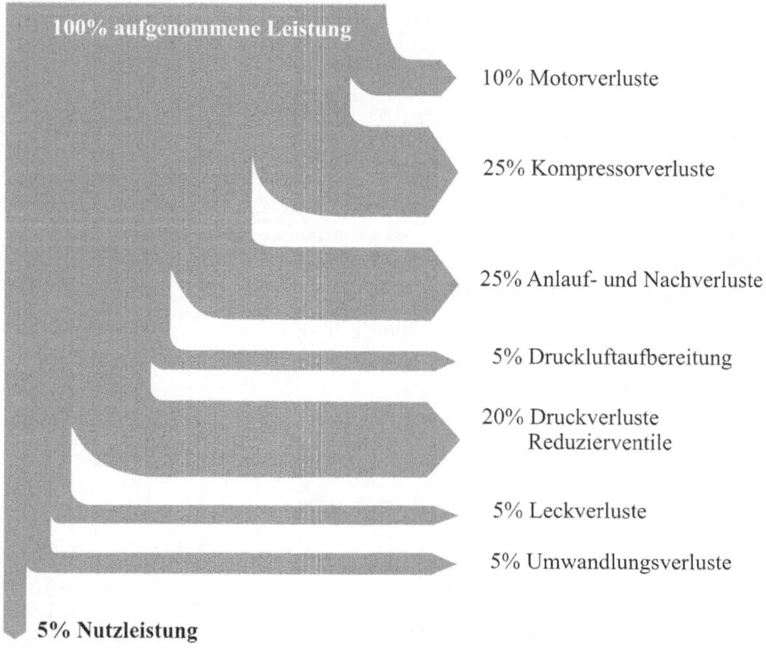

Abb. 5.8. Energiefluss und Energieverluste einer typischen Druckluftanlage, eigene Darstellung nach (Gloor 2000)

Trotz des hohen Primärenergieeinsatzes und der hohen Kosten hat Druckluft eine Reihe von Vorzügen, die für bestimmte Anwendungen essenziell sind (Fraunhofer ISI 2003):

- *Arbeitsluft (Pneumatik):* Pneumatische Antriebe bzw. Aktoren (Druckluftzylinder, -motoren und -ventile) führen mechanische Bewegungen aus. Sie verbinden dabei hohe Arbeitsgeschwindigkeit mit Kraft und hinreichender Präzision.[25] Zudem lassen sie sich gut miniaturisieren und benötigen unmittelbar an der Arbeitsstelle wenig Bauraum. Im Vergleich zu elektrischen Antrieben und Schaltanlagen entstehen in pneumatischen Antrieben keine Funken, so dass sich Druckluftantriebe für Anwendungen in explosionsgefährdeter Umgebung

[25] Eine höhere Präzision wird z. B. durch Hydraulik erreicht. Da sich Öle im Gegensatz zu Luft kaum komprimieren lassen, ist die Positioniergenauigkeit hydraulischer Systeme höher.

eignen (z. B. Drucklufthebezeuge in Lackierereien und staubgefährdeten Schüttgutlagern). Pneumatische Aktoren sind in der Anschaffung oft deutlich günstiger als elektrische Antriebe.
- *Aktivluft:* Druckluft wird bei einigen Anwendungen direkt als Arbeits-, Transport- und Hilfsmedium genutzt. Dazu zählen das weit verbreitete Reinigen von Werkstücken, Werkzeugen und Arbeitsplätzen mit Blas- und Saugluft (Venturi-Prinzip), das Blasen von Kunststoffbehältern, das Blasen von Schüttgut in Rohrleitungssystemen, die Rohrpost, das Schießen von Schiffchen in Webstühlen oder das Vereinzeln von Papierseiten in Druckmaschinen. Weitere Anwendungen sind die Luftlagerung und Sperrluft. Bei der Luftlagerung „schweben" die zu lagernden Bauelemente von Maschinen oder Geräten auf einem dünnen Luftpolster, wodurch störende Vibrationen weitgehend kompensiert werden können (z. B. Lagerung und Justage von Lasereinrichtungen, Messeinrichtungen, Präzisionswerkzeugmaschinen). Mit Sperrluft werden z. B. rotierende Teile in Spindeln von Werkzeugmaschinen gegen feststehende Teile abgedichtet. Damit wird u. a. vermieden, dass Kühlschmierstoffemulsionen aus dem Bearbeitungsraum der Maschine in Antriebs- und Getriebebaugruppen eindringen und die dort befindlichen Schmieröle kontaminieren.
- *Prozessluft:* Druckluft ist zudem als chemischer oder chemisch-physikalischer Reaktionspartner an verfahrenstechnischen Prozessen (z. B. Fermentation, Oxydation) beteiligt (z. B. in Klärwerken, Brauereien).

Für die Planung von Druckluftanlagen sind folgende Parameter entscheidend:

- der Druck,
- der Volumenstrom und
- die Druckluftqualität.

Druck

Druckluft wird in der Industrie in verschiedenen Druckbereichen verwendet. Der Druck p ist allgemein der Quotient aus der Kraft F und der Fläche A.

$$p = \frac{F}{A} \tag{5.6}$$

Für Gase (Luft) gilt die thermische Zustandsgleichung idealer Gase, wonach für eine abgeschlossene Gasmenge (Masse ist konstant) das Arbeitsvermögen eines Gases (spezifische Gaskonstante R) vom Druck p, vom Volumen V und von der Temperatur T abhängt. Die Volumenarbeit (z. B. Expansion eines Pneumatikzylinders) ist in der Regel das Ziel der industriellen Druckluftanwendung.

$$\frac{p \cdot V}{T} = R = const. \tag{5.7}$$

$$R_{Luft} = 0{,}287 \frac{kJ}{kg \cdot K} \tag{5.8}$$

Der Druck wird als Überdruck $p_ü$ (absoluter Druck p_a minus atmosphärischer Druck p_{amb}) angegeben.

$$p_ü = p_a - p_{amb} \tag{5.9}$$

Als Druckeinheit wird in der Praxis weiterhin Bar [bar] verwendet.

$$1\ bar = 100.000\ Pa \tag{5.10}$$

Standardanwendungen arbeiten mit ca. 7 bis 10 bar Überdruck im Druckluftnetz. Der Druck im Netz stellt sicher, dass eine ausreichende Luftmenge mit dem nötigen Druck bei den Verbrauchern anliegt. Werkzeugmaschinen benötigen z. B. meist 5 bis 6 bar. Viele Druckluftwerkzeuge arbeiten mit 6 bar.

Niederdruckanwendungen kommen mit 1 bis 2,5 bar Überdruck aus. Beispiele sind Farbspritzpistolen für dünne Lacke. Oft werden Niederdruckverbraucher auch an ein 7-bar-Netz angeschlossen. Der Druck ist dann an den Verbrauchsstellen entsprechend zu reduzieren. Hierbei kann geprüft werden, ob ein separater Niederdruckkompressor möglicherweise wirtschaftlicher arbeitet.

Hochdruckanwendungen können Drücke von mehreren hundert Bar erreichen. Sind wenige Hochdruckanwendungen im Einsatz, so kann es wirtschaftlich sein, diese am 7-bar-Netz zu betreiben und den Druck an den Verbrauchsstellen durch Booster zu erhöhen.

Für die Ermittlung des notwendigen Drucks im Druckluftbehälter sind neben dem Mindestdruck beim Verbraucher die Differenzdrücke (der jeweilige Druckabfall) der Druckluftsystemkomponenten zu berücksichtigen. Durch die Addition der Regeldifferenz der Kompressoren zu dem Mindestdruck im Behälter ergibt sich der erforderliche Maximaldruck der Kompressoren. Ein Beispiel gibt Tabelle 5.6.

Tabelle 5.6. Berechnung des Mindestdrucks im Druckluftbehälter und des Maximaldrucks der Kompressoren, Werte nach (Kaeser 2008)

Komponente	Druck/Differenzdruck
Mindestdruck am Verbraucher	6 bar
+ Differenzdruck Rohrleitung	0,1 bar
+ Differenzdruck Anschlussleitung	0,1 bar
+ Differenzdruck Kältetrockner	0,5 bar
= Mindestdruck im Behälter	6,7 bar
+ Regeldifferenz der Kompressoren	0,2 bar
= Maximaler Druck der Kompressoren	6,9 bar

Volumenstrom

Für die Dimensionierung von Druckluftanlagen (z. B. die Fördermenge des Kompressors, Leitungsquerschnitte) ist neben dem Druck auch der Volumenstrom entscheidend.

Während die Thermodynamik mit Normvolumina arbeitet – die Normbedingungen sind null Grad Celsius, 1,01325 bar auf Meereshöhe und null Prozent Luftfeuchte –, verwendet die Drucklufttechnik stets Normalvolumina. Das Normalvolumen bezeichnet das Volumen der atmosphärischen, unverdichteten Luft, das vom Kompressor angesaugt wird und später z. B. aus dem Pneumatikzylinder entweicht. Normalvolumina werden auf die Umgebungsbedingungen bezogen. Herstellerangaben von Druckluftanlagen beziehen sich auf Umgebungsbedingungen nach DIN 1945-1/ISO 1217 (20 Grad Celsius, ein Bar atmosphärischer Luftdruck, null Prozent Luftfeuchte).

Das Volumen, das die Druckluft tatsächlich in den Leitungen und im Druckluftbehälter einnimmt, heißt Betriebsvolumen. Das Betriebsvolumen V_1 berechnet sich aus dem Volumen der angesaugten Luft V_0, dem absoluten Druck beim Ansaugen p_0 (in der Regel der atmosphärische Luftdruck) und dem absoluten Betriebsdruck (Überdruck $p_{ü1}$ plus atmosphärischer Druck p_0).

$$V_1 = \frac{V_0 \cdot p_0}{(p_{ü1} + p_0)} \tag{5.11}$$

Ein Kubikmeter Druckluft im 7-bar-Standardnetz (7 bar Überdruck) entspricht acht Kubikmetern Normalluft bei einem Bar atmosphärischem Luftdruck.

Der Volumenstrom berechnet sich vereinfacht aus der Geschwindigkeit des strömenden Gases v und dem Leitungsquerschnitt A. Er wird meist in l/min, m^3/min oder m^3/h angegeben.

$$\dot{V} = A \cdot v \tag{5.12}$$

Für die Dimensionierung von Druckluftanlagen ist zunächst der Luftverbrauch V_{Ges} aller druckluftbetriebenen Maschinen und Werkzeuge zu ermitteln. Dazu werden für jede Gruppe i gleichartiger Maschinen oder Werkzeuge die Anzahl gleichartiger Maschinen oder Werkzeuge, deren Einzelverbrauchswert V_E, deren Nutzungsgrad η_t und der Gleichzeitigkeitsfaktor g benötigt. Die Daten sind den Maschinendokumentationen oder Erfahrungswerten der Druckluftplaner zu entnehmen.

$$\dot{V}_{Ges} = \sum_i n \cdot \dot{V}_E \cdot \eta_t \cdot g \tag{5.13}$$

Der zeitliche Nutzungsgrad ist das Verhältnis der Zeit zur Periode (z. B. Betriebsstunde, Schicht), in der der Druckluftverbraucher tatsächlich betrieben wird. Der Gleichzeitigkeitsfaktor berücksichtigt, wie viel Leistung im Verhältnis zur installierten Leistung tatsächlich abgerufen wird.

Nach der Ermittlung des Gesamtverbrauchs für alle Druckluftverbraucher müssen noch Zuschläge für Leckagen, Sicherheiten gegenüber falschen Annahmen bei der Berechnung des Luftverbrauchs und ggf. Reserven für Erweiterungen addiert werden. Tabelle 5.7 zeigt ein Berechnungsbeispiel.

Tabelle 5.7. Berechnungsbeispiel Gesamtluftverbrauch

Werkzeug-, Maschinengruppe	**Anzahl gleichartiger Werkzeuge, Maschinen n [Stck.]**	**Einzelluft-verbrauch V_E [l/min]**	**zeitlicher Nutzungs-grad η_t**	**Gleichzeitig-keitsfaktor g**	**Gesamtluft-verbrauch V_{Ges} [m³/min]**
Blaspistole 2 mm Düse	10	240	0,10	0,80	0,192
Schrauber	6	400	0,20	0,90	0,432
Montageanlage A	2	1200	0,96	1,00	2,304
Montageanlage B	4	200	0,96	0,90	0,691
Montageanlage C	1	750	1,00	1,00	0,750
Summe Verbraucher	-	-	-	-	4,369
zzgl. Zuschlag Leckage 10%	-	-	-	-	4,806
zzgl. Zuschlag Sicherheit 10%	-	-	-	-	5,287

Druckluftqualität

Die von der Druckluftanlage angesaugte Luft (Außenluft oder Hallenluft) enthält in der Regel Fremdstoffe (Stäube, Aerosole, Schwefeldioxid, Kohlenwasserstoffe, Schwermetalle, Wasserdampf u. a.), die die Druckluftanlage oder die Druckluftanwendung u. a. durch Korrosion, Versottung und Verschmutzung beeinträchtigen oder schädigen können. Um dem vorzubeugen, wird die Luft gefiltert und getrocknet. Auch durch die Wahl adäquater Kompressoren wird die Druckluftqualität – insbesondere der Ölgehalt – beeinflusst.

Exkurs *Luftfeuchte:*
Atmosphärische Luft enthält meist mehr oder minder viel Wasserdampf. Die Fähigkeit, Wasserdampf aufzunehmen hängt von der Temperatur ab – warme Luft kann mehr, kühlere Luft kann weniger Wasser als Dampf aufnehmen. Ist die Luft mit Wasserdampf gesättigt, fällt das Wasser als Kondensat aus. Die Temperatur, bei der Kondensat in atmosphärischer Luft ausfällt, heißt Taupunkt. Das Verhältnis zwischen der tatsächlich aufgenommenen Menge Wasserdampf und der maximal aufnehmbaren Menge heißt relative Luftfeuchte.
Wird der Luftdruck erhöht, verschiebt sich der Taupunkt zu einer höheren Temperatur (sogenannter Drucktaupunkt). In Folge dessen ist Druckluft im Vergleich zu

atmosphärischer Luft bereits bei geringeren Temperaturen mit Wasserdampf gesättigt. Deshalb fällt bei der Kompression von atmosphärischer Luft zu Druckluft Kondensat aus. Zusätzliches Kondensat entsteht, wenn die Druckluft, die auf Grund der Kompression 80 bis 200 Grad Celsius heiß ist, in kühlere Teile der Druckluftanlage (Druckbehälter, Ringleitung) strömt. Damit dies nicht unkontrolliert geschieht, wird zunächst eine Nachkühlung eingesetzt. Nach ggf. zwischengeschalteten Filtern zum Abscheiden von Feststoffen und Ölen wird die Druckluft getrocknet (meist Kältetrockner oder Absorptionstrockner).

Die Druckluftqualität wird nach ISO 8573-1 in zehn Klassen (0–9) eingeteilt. In den Klassen sind Feststoffgehalt, Feuchtigkeit und Ölgehalt der Druckluft vorgegeben. Die Wahl der Qualitätsklasse hängt von den Anforderungen der mit Druckluft betriebenen Betriebsmittel ab.

Die Druckluftqualität sollte nur so fein wie nötig gewählt werden. Übertriebene Anforderungen an die Reinheit (Feststoffgehalt, Ölgehalt) erfordern zusätzliche Filter, die die Strömung im Druckluftsystem bremsen. Dies erfordert zusätzliche Kompressorleistung und einen zusätzlichen Energieeinsatz. Übertriebene Anforderungen an die Feuchtigkeit (sehr niedriger Taupunkt) erfordern bessere und energieintensivere Trockner (Absorptionstrockner statt Kältetrockner).

In der Zusammenschau können vor allem folgende Maßnahmen die Energieeffizienz von Druckluftanwendungen verbessern (BayLfU 2004, Energieagentur NRW 2007, Fraunhofer ISI 2003, Gloor 2000, Kaeser 2008):

Notwendigkeit der Druckluftanwendung prüfen!

- Reinigen mit Druckluft vermeiden. Insbesondere das „Abblasen“ von Werkstücken, Werkzeugen, Maschinen und Arbeitsplätzen ist meist ineffizient. Sauger, Besen oder Putzlappen sind oft die bessere und kostengünstigere Lösung. Auch der Einsatz von druckluftbetriebenen Saugpistolen oder -düsen nach dem Venturi-Prinzip bietet gegenüber Blaspistolen einen Effizienzvorteil.
- Kühlen mit Druckluft vermeiden. Elektrische Gebläse sind meist wirksamer und sparsamer.
- Ersetzbarkeit pneumatischer Antriebe durch elektrische oder hydraulische Antriebe prüfen. Neben oben genannten funktionalen Vorteilen werden pneumatische Antriebe besonders auch wegen ihrer geringen Anschaffungskosten eingesetzt. Ein 1-kW-Pneumatikantrieb benötigt jedoch 10 bis 20 kW Kompressorleistung für die Drucklufterzeugung. Ein gleich starker Hydraulik- oder Elektroantrieb hat eine Leistungsaufnahme von ca. 2 kW. Werden beim Wirtschaftlichkeitsvergleich konsequent alle Lebenszykluskosten berücksichtigt, können elektrische Antriebe durchaus die wirtschaftlichere Alternative sein.

Effizienz der Druckluftverbraucher erhöhen!

Durch die adäquate Auswahl, Dimensionierung und Gestaltung von pneumatischen Antrieben (z. B. Zylinder, Ventile, Vakuumsaugnäpfe) und anderer Druckluftverbraucher können Verluste (Leckagen am Verbraucher, Reibungsverluste etc.) vermindert werden; detaillierte Hinweise finden sich u. a. bei (Lau 2006).

Anlage auf angemessenen Druck auslegen!

- Geringen Standarddruck vorsehen. Als Richtwerte gelten 6 bis 7 bar. Die Reduktion von 10 auf 7 bar spart ca. 25 Prozent der Kosten (Gloor 2000).
- Für einzelne Niederdruckanwendungen den Einsatz von separaten Niederdruckkompressoren prüfen.
- Für einzelne Hochdruckanwendungen den Anschluss an das Standardnetz in Verbindung mit Boostern prüfen.

Druckluftspeicher richtig dimensionieren!

Der Druckluftspeicher fungiert als Pufferspeicher zwischen dem Kompressor und den Druckluftverbrauchern. Der Kompressor fördert solange Luft in den Behälter, bis ein oberer Toleranzwert für den Druck erreicht ist. Vom Behälter strömt die Luft entsprechend des Verbrauchs in das Druckluftnetz ab. Sinkt der Druck im Behälter unter einen Toleranzwert, setzt der Kompressorbetrieb wieder ein. Bei zu kleinem Speicher schaltet der Kompressor zu oft ein und aus und verbraucht dabei zu viel Energie. Tabelle 5.8 zeigt maximal zulässige Schaltspiele.

Tabelle 5.8. Zulässige Schaltspiele für Kompressoren

Kompressorleistung [kW]		
von	**bis**	**max. zulässige Schaltspiele [1/h]**
4	7,5	30
11	22	25
30	55	20
65	90	15
110	160	10
200	250	5

Druckluftnetz regelmäßig auf Leckagen kontrollieren!

Leckagen verursachen erhebliche Energieverluste und Kosten (s. Tabelle 5.9). Leckagen können jedoch nie ganz vermieden werden. Bei Leckageverlusten größer 7 bis 10 Prozent sollten jedoch Gegenmaßnahmen ergriffen werden. Eine einfache Leckagekontrolle ist im Abschn. 6.5.2.3 beschrieben.

Tabelle 5.9. Leckagekosten bei unterschiedlichen Lochdurchmessern am 10-bar-Netz, Leckagemengen nach (Energieagentur NRW 2007), Druckluftkosten nach (BayLfU 2004)

Lochdurchmesser mm	Leckagemenge m^3/min	Druckluftkosten Cent/m^3	Betriebsstunden h/a	Leckagekosten Euro/a
1	0,1	1,47	8250	728
2	0,4	1,47	8250	2911
4	1,62	1,47	8250	11788
6	3,62	1,47	8250	26341

Drucklufterzeugung bedarfsgerecht regeln!

Leerlaufzeiten und Teillastbetrieb sollten minimiert werden. Besser als der Teillastbetrieb eines großen Kompressors ist ein Mix aus Grundlast- und Spitzenlastkompressoren, die bedarfsabhängig zu- und abgeschaltet werden.

Druckverluste vermeiden!

Als Richtwert gilt ein Druckverlust vom Kompressor zum Verbraucher kleiner ein Bar. Bei Neuanlagen können Druckverluste kleiner 0,1 bar erreicht werden. Folgende Maßnahmen helfen, Druckverluste zu mindern:

- Über- und Unterdimensionierung der Leitungen vermeiden,
- Leitungen geradlinig oder in Bögen verlegen, Engstellen vermeiden,
- korrosionsfreie und innen glattwandige Rohre verwenden,
- strömungsgünstige Kugelhähne oder Klappenventile statt Wasserabsperreinheiten bzw. Eckventile verwenden.

Luftkühlung der Wasserkühlung vorziehen!

Kühle, saubere und trockene Frischluft verwenden!

Bevorzugt sollte Außenluft von der Gebäudenordseite angesaugt werden. Die Lufttemperatur am Kompressor sollte zwischen 3 und 40 Grad Celsius liegen. Gegebenenfalls sind Filter einzusetzen.

Sauberes und weiches Kühlwasser verwenden!

Kältetrockner gegenüber Absorptionstrocknern bevorzugen!

Letztere sind nur für hohe Ansprüche an die Druckluftqualität (Drucktaupunkt unter null Grad Celsius) notwendig und arbeiten weniger effizient.

Abwärme der Kompressoren für Warmwasserbereitung, Heizung etc. nutzen!

Die Wärmerückgewinnung von Kompressoren ist mittlerweile Stand der Technik. Viele Kompressoren sind bereits mit Anschlüssen für Wärmetauscher ausgerüstet. Mit der Wärmerückgewinnung können bei Luftkühlung ca. 90 Prozent und bei Ölkühlung ca. 70 Prozent der zugeführten Antriebsenergie des Kompressors zurückgewonnen werden. Tabelle 5.10 zeigt eine Beispielrechnung für Brennstoff- und Brennstoffkosteneinsparungen durch eine Wärmerückgewinnung vom Druckluftkompressor.

Tabelle 5.10. Beispielrechnung Wärmerückgewinnung von einem Druckluftkompressor, in Anlehnung an (Energieagentur NRW 2007)

	Größe	**Einheit**
Antriebsleistung des Kompressors	55	kW
Wirkungsgrad der Wärmerückgewinnung	90	%
nutzbare Wärmeleistung des Kompressors	50	kW
Betriebsstunden des Kompressors	5.000	h
Anteil Volllaststunden	85	%
Volllaststunden	4.250	h
Anteil in der Heizperiode	50	%
effektiv nutzbare Wärmemenge des Kompressors	105.188	kWh
Wirkungsgrad des alternativen Wärmeerzeugers	85	%
eingesparte Brennstoffmenge	136.125	kWh
Brennstoffkosten	4,9	Cent
jährlich eingesparte Brennstoffkosten	6.670	€/Jahr

Druckluftanlagen bei Betriebsruhe abstellen!

Läuft die Druckluftanlage trotz Betriebsruhe, also wenn keine Druckluftverbraucher arbeiten, weiter, so fördert der Kompressor zyklisch die Luftmenge nach, die über unvermeidliche Leckagen aus dem Druckluftsystem entweicht.

Zum Abstellen der Druckluftanlage kann z. B. auch eine Wochenschaltuhr verwendet werden.

Druckluftanlage regelmäßig warten!

Insbesondere Filter und Lufttrockner sind regelmäßig zu reinigen und zu regenerieren. Die Rückstände aus der Kondensataufbereitung (Trennung der Wasser- und Öl-Phase) sind zu entsorgen (Sonderabfall).

Netzbereiche, die nicht mehr genutzt werden, abtrennen bzw. stilllegen!

In Netzbereichen, an denen keine Druckluftverbraucher mehr angeschlossen sind, die aber dennoch von Luft durchströmt werden, entstehen weiterhin Druckabfälle und ggf. Leckagen. Daher sollten nicht mehr notwendige Netzbereiche stillgelegt werden. Für die temporäre Abschaltung können automatische Ventile genutzt werden.

5.2.2.3 Beleuchtung

Obwohl der Anteil der Beleuchtung am Energiebedarf der gesamten deutschen Industrie nur bei wenigen Prozent des Endenergieverbrauchs liegt (s. Abb. 5.2), können Energieeffizienzmaßnahmen in diesem Bereich durchaus lohnen:

- In einigen Industriezweigen und Produktionsbereichen mit hohen Sehanforderungen sind Energieverbrauch und Energiekosten für die Beleuchtung – abweichend von den Durchschnittswerten der Industrie – relativ hoch. Hierzu zählen Montagen und Qualitätskontrollen in der Feinwerktechnik, Elektronik, Elektrotechnik oder im Automobilbau.
- Der Austausch veralteter Beleuchtungsanlagen durch moderne, effiziente Anlagen bzw. deren Umbau hat sich in mehreren Praxisbeispielen bereits in vergleichsweise kurzer Zeit amortisiert.
- Alte ineffiziente Beleuchtungsanlagen verursachen auch hohe innere Wärmelasten. Diese tragen zur Überhitzung der Räume im Sommer bei und verlangen unter Umständen eine energieintensive mechanische Lüftung oder Klimatisierung (s. Abschn. 5.5).

Anforderungen an die Beleuchtung ergeben sich aus der Sehaufgabe und den physiologischen Bedürfnissen des arbeitenden Menschen. Daher regeln Bestimmungen des Arbeits- und Gesundheitsschutzes ganz maßgeblich die Gestaltung der Beleuchtung. Dazu zählen die Arbeitsstätten-Verordnung, die Arbeitsstätten-Richtlinie, die Normen DIN EN 12464-1 und DIN 5035 sowie die Bildschirmarbeitsplatzverordnung. Die Beleuchtungsqualität beeinflusst:

- die Sehleistung (über das Beleuchtungsniveau und die Blendungsbegrenzung),
- den Sehkomfort (über die Farbwiedergabe und die Helligkeitsverteilung) sowie
- das visuelle Ambiente (über die Schattigkeit, Lichtfarbe und Lichtrichtung).

Nachfolgende Ausführungen widmen sich den energetischen Aspekten der Beleuchtung und setzen daher vorrangig beim Beleuchtungsniveau an. Für die industrielle Praxis wird dabei eine direkte Allgemeinbeleuchtung (vorzugsweise durch Pendelleuchten) unterstellt. Für die Planung von Beleuchtungsanlagen sind jedoch auch die anderen Aspekte und Parameter zu beachten!

Das Beleuchtungsniveau wird über die Beleuchtungsstärke E in Lux beschrieben. Die Beleuchtungsstärke ist der Quotient aus dem einfallenden Lichtstrom Φ und der beleuchteten Fläche A (s. Abb. 5.9).

$$E = \frac{\phi}{A} \tag{5.14}$$

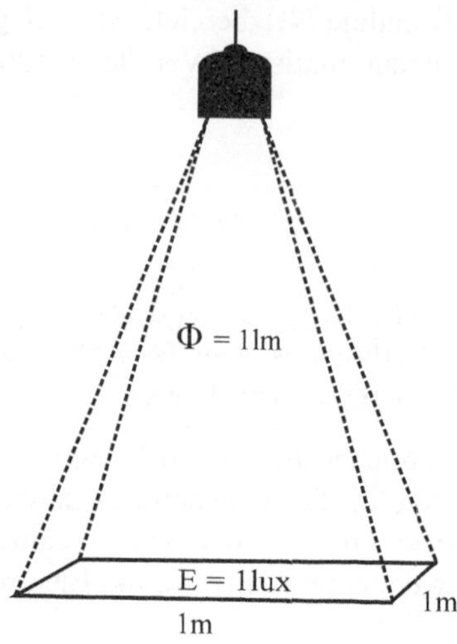

Abb. 5.9. Lichtstrom Φ und Beleuchtungsstärke E

Tabelle 5.11 zeigt Nenn-Beleuchtungsstärken für ausgewählte Tätigkeiten. Im Unterschied zur DIN 5035 dürfen diese Werte nach der DIN EN 12464-1 über die gesamte Lebensdauer der Beleuchtungsanlage hinweg nicht unterschritten werden.

Tabelle 5.11. Sehanforderungen und Beleuchtungsstärken

Sehanforderung	Beispiel	Beleuchtungsstärke in Lux
Orientierungsbeleuchtung	Treppenräume	15
einfache Sehaufgaben	Lagerräume	120
durchschnittliche Sehaufgaben	Büro	500
schwierige Sehaufgaben	Uhrmacher	1000

Der Lichtstrom Φ ist die von einem Leuchtmittel in alle Richtungen ausgesendete und physiologisch bewertete Strahlungsenergie pro Zeit. Die Einheit des Lichtstroms ist Lumen [lm].

Das menschliche Auge ist über dem Bereich der sichtbaren Wellenlängen des Lichts – die Wellenlängen entsprechen den verschiedenen Farben – unterschiedlich empfindlich. Ein Watt Strahlung im gelb-grünen Bereich wird beispielsweise deutlich heller gesehen als ein Watt Strahlung im roten Bereich. Daher sind für die Charakterisierung einer Leuchte nicht allein die physikalische Strahlungsleistung sondern auch die Wellenlängen des abgestrahlten Lichtspektrums von Bedeutung. Die Strahlungsleistung von Leuchten wird daher an Hand einer empirisch ermittelten Hellempfindlichkeitskurve des menschlichen Auges bewertet, um eine aussagekräftige lichttechnische Größe – eben den Lichtstrom – zu erhalten.

Ein Maß für die Wirtschaftlichkeit eines Leuchtmittels ist die Lichtausbeute – das Verhältnis von Lichtstrom und elektrischer Leistung in Lumen/Watt [lm/W]. Tabelle 5.12 zeigt die Lichtausbeute von verschiedenen Lampen sowie deren Lebensdauer und Farbwiedergabe.

Tabelle 5.12. Lichtausbeute von Leuchtmitteln, Lebensdauer und Farbwiedergabe, Daten nach (Fördergemeinschaft Gutes Licht 2008)

Lampe	**Lichtausbeute** lm/W	**Lebensdauer** h	**Farbwiedergabe**[26]	**Bemerkung**
Glühlampe	ca. 12–15	ca. 1000	100	stufenweises Verbot durch die EU ab 09/2009
Halogenlampe	ca. 25	ca. 5000	ca. 90	Bei Niedervolt-Halogenlampen ist ein zusätzliches Netzteil mit entsprechenden Umwandlungsverlusten notwendig.
Leuchtstofflampe	90–100	5000–20000 (45000)	> 90	
Kompaktleuchtstoff- und Energiespar-lampe	50–86	ca. 15000	ca. 80	Elektronisches Vor-schaltgerät (EVG) ein-setzen!
Natriumdampf-Hochdrucklampe	ca. 130	ca. 16000	bis 39	für den Außenbereich
Natriumdampf-Hochdrucklampe, farbverbessert	ca. 50	ca. 16000	bis 85	auch für den Innenbe-reich
Natriumdampf-Niederdrucklampe	bis 176	ca. 16000	kein Farbsehen möglich	nur im Außenbereich, für Tunnel etc.
Halogen-Metalldampflampe	bis ca. 100	bis 30000	bis 96	
LED	ca. 30 (weiß) bzw. über 50 (farbig)	bis 50000	ca. 70–90	Rückgang des Licht-stroms über die Nut-zungsdauer

Die Energieeffizienz der Beleuchtung wird jedoch nicht allein von der Auswahl energieeffizienter Lampen bestimmt. Lampen, Leuchten und Raumeigenschaften wirken bei der Beleuchtung zusammen.

So strahlen Lichtquellen durch den Einsatz von Reflektoren und auf Grund der konstruktiven Gestaltung von Leuchten in der Regel in verschiedene Richtungen unterschiedlich stark. Der in eine bestimmte Richtung abgestrahlte Lichtstrom wird als Lichtstärke I bezeichnet. Einheit ist die Candela [cd].

Bei senkrechtem Lichteinfall hängt die Beleuchtungsstärke E von der Lichtstärke I und dem Abstand der beleuchteten Fläche von der Lichtquelle ab.

[26] Die Bewertung der Farbwiedergabe erfolgt durch einen dimensionslosen Index. Je niedriger der Index, desto schlechter ist die Farbwiedergabe. Der beste erreichbare Wert ist 100. Für die Beleuchtung von Innenräumen sollte der Farbwiedergabeindex mindestens bei 80 liegen.

$$E = \frac{I}{r^2} \tag{5.15}$$

Das System aus Lampe und Leuchte wird mit dem Leuchteneffizienzfaktor LEF bewertet. Dieser setzt sich aus dem Betriebswirkungsgrad der Leuchte und dem Wirkungsgrad des Leuchtmittels zusammen und ist ein Maß für den Lichtstrom pro eingesetzte elektrische Leistung [W/m²].

Für die Physiologie des Sehens ist letztlich eine ausreichende Leuchtdichte entscheidend. Für angeleuchtete Flächen berechnet sich die Leuchtdichte L aus der Beleuchtungsstärke E und dem Reflexionsgrad ρ geteilt durch π (Voraussetzung: Reflexion erfolgt nach allen Seiten gleichmäßig).

$$L = \frac{E \cdot \rho}{\pi} \tag{5.16}$$

Damit wird das von einer ganzheitlichen Beleuchtungsplanung zu gestaltende System auf den Raum – die Reflexionsgrade der raumumfassenden Flächen (Wände, Decken, Oberflächen) und Arbeitsflächen – erweitert. Die Tabellen 5.13 und 5.14 zeigen Reflexionsgrade unterschiedlicher Baustoffe und Anstriche.

Tabelle 5.13. Reflexionsgrad verschiedener Baustoffe

Baustoff	**Reflexionsgrad**
Ahorn, Birke	0,6
Beton	0,15 bis 0,4
Glas, klar	0,06 bis 0,08
Kacheln, Fließen, weiß	0,6 bis 0,75
Gipsputz	0,8

Tabelle 5.14. Reflexionsgrad verschiedener Anstriche

Anstrich	**Reflexionsgrad**
weiß	0,7 bis 0,8
hellgelb	0,55 bis 0,65
beige, olivgrün	0,25 bis 0,35
dunkelgrün, -blau, -rot	0,1 bis 0,15
schwarz	0,04

Die exakte Berechnung von Beleuchtungsanlagen über die Leuchtdichte sowie die empirische Ermittlung der Leuchtdichte erweist sich in der Praxis jedoch als schwierig.

Deshalb wird für quaderförmige Räume und bei gleichmäßig zu verteilenden Leuchten oft das relativ einfache Wirkungsgradverfahren der Lichttechnischen

Gesellschaft (LiTG 1988) angewandt. Voraussetzung ist, dass die Räume einen Raumfaktor k von $0{,}6 \leq k \leq 5{,}0$ aufweisen.

Der Raumfaktor k ist ein Maß für die Proportionen, die sich aus Raumlänge l, Raumbreite b und der Lichtpunkthöhe L_{LP} ergeben. Die Leuchtpunkthöhe ist der Abstand zwischen Arbeitsfläche und Leuchte.

$$k = \frac{l \cdot b}{L_{LP} \cdot (l + b)} \tag{5.17}$$

Die Anzahl n der Leuchten ergibt sich aus der erforderlichen Beleuchtungsstärke E, der beleuchteten Raumfläche A, der Anzahl der Lampen je Leuchte z, dem Lichtstrom einer Lampe Φ, dem Beleuchtungswirkungsgrad η_B und dem Wartungsfaktor WF.

$$n = \frac{E \cdot A}{z \cdot \Phi \cdot \eta_B \cdot WF} \tag{5.18}$$

Der Beleuchtungswirkungsgrad η_B ist das Produkt aus dem Leuchtenbetriebswirkungsgrad η_{LB} und dem Raumwirkungsgrad η_R.

$$\eta_B = \eta_{LB} \cdot \eta_R \tag{5.19}$$

Der Beleuchtungswirkungsgrad wird aus Tabellen entnommen, die die Leuchtenhersteller zur Verfügung stellen. Beleuchtungswirkungsgrade sind dort in Abhängigkeit vom Raumfaktor k und von den Reflexionsgraden der Wände, Decken und Fußböden ablesbar.

Der Wartungsfaktor WF (früher Verminderungsfaktor genannt) widerspiegelt das Verhältnis zwischen dem Wartungswert (einzuhaltender Nennwert) und dem vorzusehenden Neuwert (Anfangswert) der Beleuchtungsstärke.

$$E_{Wartung} = E_{Neu} \cdot WF \tag{5.20}$$

Der Wartungsfaktor setzt sich aus dem Raumwartungsfaktor, dem Leuchtenwartungsfaktor, dem Lampenlichtstromwartungsfaktor und Lampenlebensdauerfaktor zusammen. Richtwerte bzw. Empfehlungen wurden von der Internationalen Beleuchtungskommission (CIE 2005) veröffentlicht. Der Wartungsfaktor ist stets kleiner 1.

Weitere Erläuterungen zur Beleuchtungsplanung finden sich unter anderem in einem Leitfaden zur DIN EN 12464-1 (ZVEI 2005).

Mittelwerte für installierte Leistungen der Beleuchtungsanlagen in Einzel- und Großraumbüros liegen bei ca. 13 bis 13,5 W/m² Bürofläche (Pendelleuchten); Unterschiede bis zu 100 Prozent sind jedoch nicht selten. Optimierte Beleuchtungssystem können mit 4 bis 8 W/m² Fläche auskommen (Gasser u. Gasser 2003).

Ähnliche Werte gelten auch für durchschnittliche Produktionsgebäude. Die Vielfalt ist hier jedoch auf Grund unterschiedlicher Sehaufgaben, Raumhöhen und anderer Bedingungen noch größer.

Folgende Maßnahmen, die z. T. nur in Kooperation von Beleuchtungsplanung und Fabrikplanung bzw. dem Fabrikbetrieb umgesetzt werden können, tragen zur Steigerung der Energieeffizienz von Beleuchtungsanlagen bei:

Tageslicht nutzen!

- Bei der Bebauungsplanung auf eine geringe Verschattung zwischen Gebäuden und Gebäudeteilen achten.
- Es sind ausreichende und richtig gelegene Fensteröffnungen einzuplanen (Blickverbindung nach außen sichern, gute Belichtungstiefe, z. B. durch oben liegendes Lichtband).
- Besonders in Produktions- und Lagerhallen mit großen Raumtiefen sollten ergänzend Oberlichter vorgesehen werden.
- Zum Schutz vor Blendung und sommerlicher Überhitzung sind Verschattungselemente, Folien oder ähnliches vorzusehen.
- Fenster sollten regelmäßig gereinigt werden.

Ein- und Ausschalten der künstlichen Beleuchtung in Abhängigkeit vom Tageslicht und der Anwesenheit von Personen steuern!

Neben der manuellen Betätigung können dazu Präsenzsensoren oder Helligkeits- bzw. Tageslichtsensoren eingesetzt werden.

Angemessene Beleuchtungsstärke vorsehen!

Die Beleuchtungsstärke sollte so hoch wie nötig vorgegeben werden. Besonders durch eine geeignete Kombination von allgemeiner Raumbeleuchtung und individueller Arbeitsplatzbeleuchtung kann Energie gespart werden.

Helle Farben für reflektierende Wände, Decken, Fußböden und Arbeitsflächen verwenden!

Hohen Anteil von Direktbeleuchtung an den Arbeitsplätzen vorsehen!

Die Energieeffizienz der Direktbeleuchtung ist deutlich höher als bei indirekter Beleuchtung. Bei der Beleuchtungsplanung sind jedoch auch starke Schattenwürfe und große Lichtdichteunterschiede zwischen Arbeitsplatz und Umgebung zu vermeiden.

Leuchten mit hohem Leuchteneffizienzfaktor einsetzen!

Zum Beispiel kann durch den Einsatz von Leuchtstofflampen mit Reflektor die Zahl der Leuchten bis zu einem Drittel gegenüber Leuchtstofflampen ohne Reflektor gesenkt werden.

Elektronische Vorschaltgeräte (EVG) einsetzen!

EVG haben geringe Verluste, vermeiden Blindleistung, sind zum Teil dimmbar und erzeugen keine Stromspitzen beim Einschalten. Der EEI (Energy Efficiency Index) unterscheidet sieben Vorschaltgeräte-Klassen, wobei die Klassen C und D nicht mehr zulässig sind:

- A1 dimmbare elektronische Vorschaltgeräte (EVG)
- A2 elektronische Vorschaltgeräte (EVG) mit reduzierten Verlusten
- A3 elektronische Vorschaltgeräte (EVG)
- B1 magnetische Vorschaltgeräte mit sehr geringen Verlusten (VVG)
- B2 magnetische Vorschaltgeräte mit geringen Verlusten (VVG)
- C magnetische Vorschaltgeräte mit moderaten Verlusten (KVG)
- D magnetische Vorschaltgeräte mit hohen Verlusten (KVG)

Leuchten regelmäßig reinigen!

Nach 3.000 Betriebsstunden kann die Lichtausbeute um bis zu 20 Prozent abnehmen.

5.2.2.4 Thermische Energie aus Elektroenergie

Prozesswärme (s. Abschn. 5.3), Heizungswärme und Wärme zur Warmwasserbereitung können u. a. aus Elektroenergie erzeugt werden. Für die Wärmeerzeugung aus Elektroenergie existieren vor allem folgende technische Verfahren (Schieferdecker 2006):

- die direkte Widerstandserwärmung (direkter Anschluss des „Werkstücks“ als Widerstand),
- die indirekte Widerstandserwärmung (z. B. Glühöfen, elektrische Heizstäbe in Kesseln),
- die induktive Erwärmung (z. B. induktives Härten),
- die Lichtbogenerwärmung (z. B. Lichtbogenschweißen, -brennen),
- die kapazitive Erwärmung (z. B. Trockner) und
- die Strahlungserwärmung (z. B. Hellstrahler, Dunkelstrahler, Infrarotstrahler).

Zwar ist die Primärenergiebilanz für die Bereitstellung von Wärme aus Elektroenergie eher schlecht (s. Abschn. 3, Abb. 3.4 und 3.5), dennoch sprechen einige funktionale, wirtschaftliche und in einigen Fällen auch energetische Vorteile dafür, Elektroenergie für die Wärmeerzeugung einzusetzen:

- Die oft einfache Gerätetechnik (z. B. elektrischer Heizdraht) bedingt geringe Anschaffungskosten.
- Elektroenergie ist in allen Fabriken verfügbar. Für andere Energieträger (z. B. Erdgas) muss unter Umständen erst die erforderliche Infrastruktur (z. B. Einspeisestelle, Leitungen) geschaffen werden. Dadurch entstehen auch fixe Kosten (z. B. Versicherung, technische Überwachung), die insbesondere bei geringem Wärmebedarf nur schlecht gedeckt werden.
- Die Wärmeerzeugung aus Elektroenergie kann häufig sehr gut und schnell nach dem tatsächlichen Bedarf gesteuert werden (z. B. Durchlauferhitzer für die Warmwasserbereitung).
- Die elektrischen Verfahren der Wärmeerzeugung ermöglichen oft ein gezieltes Erwärmen eines lokal eingegrenzten Bereichs (z. B. Induktionshärten). Die Randzonen des erwärmten Materials und die Umgebung werden kaum beeinflusst (Reduktion des Nutzenergiebedarfs bzw. Minderung der Verluste).
- Der Wirkungsgrad der elektrischen Wärmeerzeuger ist in vielen Fällen sehr hoch. Beispiele sind:
  - das Widerstandserwärmen, das nahezu 100 Prozent Wirkungsgrad erreicht, während erdgas- oder ölbefeuerte Wärmeerzeuger auf ca. 85 Prozent kommen, oder
  - Elektroschmelzöfen, deren Wirkungsgrad zwischen 65 und 80 Prozent liegt, während brennstoffbefeuerte Tiegel-, Wannen- und Trommelöfen ca. 20 bis 35 Prozent erreichen (Hasse 2008).

5.2.2.5 Sonstige aus Elektroenergie gewandelte Energiearten

In der Produktionstechnik werden noch weitere Arten von Energien eingesetzt, die aus Elektroenergie gewandelt werden, auf deren ausführliche Darstellung aber hier verzichtet werden muss.

Beispiele sind:

- die Wandlung von Elektroenergie in Strahlungsenergie:
  - beim Lichtbogenschweißen und -brennen,
  - bei der Laserbearbeitung sowie
- der Einsatz der Elektroenergie in elektrochemischen Prozessen:
  - beim Erodieren (elektrochemisches Abtragen),
  - beim Galvanisieren.

5.2.2.6 Informations-, Kommunikations- und Steuerungstechnik

Die Planung der Informations-, Kommunikations- und Steuerungsanlagen ist vordergründig eine Aufgabe der entsprechenden Fachplaner. Die übergreifende Fabrikplanung muss im Wesentlichen die für diese Anlagen benötigten Flächen und die Medienversorgung sicherstellen. Selbstverständlich sind Steuerungsstrategien, Standards der Signalübertragung (z. B. Bussysteme) etc. abzustimmen.

Bezüglich der Energieeffizienz sind die Eigenverbräuche der Informations-, Kommunikations- und Steuerungsanlagen bei der Planung der Energieversorgungsanlagen zu berücksichtigen. Neben der Elektroenergie kann vor allem die Versorgung mit Prozesskälte bzw. die Klimatisierung der Aufstellräume eine Rolle spielen.

Wesentliche Schwerpunkte bei der Verbesserung der Energieeffizienz von Informations-, Kommunikations- und Steuerungsanlagen liegen in:

- der Minderung des Stand-by-Verbrauchs und
- der Minderung der erforderlichen Kühlleistung. So sind z. B. pro Watt Serverleistung ein bis zwei Watt Kühlleistung zu kalkulieren.

Die Fabrikplanung sollte im Rahmen ihrer koordinierenden Tätigkeit darauf dringen, dass von den IT-Fachplanern oder Lieferanten Maßnahmen zur Minderung der erforderlichen Nutzenergie getroffen werden. Energieeffiziente Lösungen werden derzeit unter dem Stichwort „Green IT" vermehrt entwickelt.

Beispiele für eine energieeffiziente Datenspeicherung sind:

- die Konzentration der Daten auf einen logischen Bereich und das Abschalten ungenutzter Kapazitäten,
- ein aktives Power Management, z. B. durch Stand-by-Schaltung von zeitweise nicht genutzten Speichern (z. B. Archiv-Speicher, Disk-to-Disk-Backup-Systeme) und
- eine effiziente Kühlung (z. B. Ausnutzung der natürlichen Thermik durch Blade-Bauweise, d. h. durch senkrechte statt horizontale Einschübe für Standard Racks, direkte Kaltluftkühlung der wärmeerzeugenden Bauteile statt Kühlung mit Raumumluft).

Für informations- und kommunikationstechnische Geräte existieren auch Kennzeichnungen bezüglich Energieeffizienz bzw. Umweltverträglichkeit: Die EU-Richtlinie 2005/32/EG „Eco-Design Requirements for Energy Using Products (EuP-Richtlinie)" beschreibt einen Rahmen für die Festlegung von Anforderungen an die umweltgerechte Gestaltung energiebetriebener Produkte. Von der Richtlinie werden jedoch nur Produkte erfasst, die europaweit in Stückzahlen von über 200.000 Stück verkauft werden, die die Umwelt beeinträchtigen und bei denen eine Verbesserung der Umweltverträglichkeit vertretbar ist. Die Richtlinie verpflichtet Hersteller, Händler und Importeure auf Mindeststandards, die sich eher am unteren Niveau der marktüblichen Techniken orientieren.

Zusätzlich vergibt die EU – auch für PC und Notebooks – ein Umweltlabel (die „Euro-Blume"), das aber bislang wenig Verbreitung gefunden hat.

Deutlich breitere Akzeptanz genießt die US-amerikanische Klassifizierung nach dem Energy-Star-System. Die beste verfügbare Klasse ist derzeit „Energy Star 4". Die EU hat mit der US-Regierung vereinbart, die Kennzeichnung mit dem Energy-Star-Label zu koordinieren. Listen mit geprüften und gekennzeichneten Geräten sind auch in Europa verfügbar.[27]

5.3 Prozesswärme

5.3.1 Anwendung

Prozesswärme wird in der Industrie u. a. verwendet, um:

- Stoffe zu erwärmen und zu schmelzen,
- Flüssigkeiten zu erwärmen, zu kochen bzw. zu verdampfen sowie
- Materialien zu trocknen.

Prozesswärme hat insgesamt einen hohen Anteil am Endenergieverbrauch der Industrie (s. Abb. 5.2). Die Anwendungen lassen sich in drei signifikante Temperaturbereiche unterscheiden (s. Abb. 5.10, Seefeldt et al. 2007):

- Prozesse über 500 Grad Celsius kommen vor allem in der Grundstoffindustrie vor. In diesen Temperaturbereich fallen u. a. die Herstellung von Metallen, Keramik und Glas.
- Prozesse zwischen 200 und 500 Grad Celsius sind u. a. in der chemischen Industrie, z. B. bei der Herstellung von Grundstoffen (z. B. Salzen), nötig.
- Ein Großteil der Prozessenergie unter 200 Grad Celsius wird für Trocknungsprozesse genutzt. Ein Beispiel ist die Lackierung von Automobilkarosserien, bei der nach verschiedenen Prozessstufen (Tauchlackieren, Füllern, Basislackierung, Klarlackauftrag) Trocknungs- bzw. Einbrennvorgänge erfolgen.

Der Wärmebedarf unterliegt in den einzelnen Industriezweigen unterschiedlichen saisonalen Schwankungen. Industrien, in denen verfahrenstechnische Prozesse ablaufen, verzeichnen einen vergleichsweise gleichmäßigen Bedarf. Betriebe, die Wärme nur für die Raumheizung und Warmwasserbereitung einsetzen, sind mit deutlichen Unterschieden zwischen Heizperiode und Nicht-Heizperiode konfrontiert. Dies hat deutliche Konsequenzen für die Art und Weise der Wärmeerzeugung. Abbildung 5.11 verdeutlicht den unterschiedlichen Verlauf der nachgefragten thermischen Leistung verschiedener Industriezweige bzw. Versorgungsobjekte an Hand der Jahresdauerlinien.[28]

---

[27] www.eu-energystar.org

[28] zum Begriff der Jahresdauerlinie s. Abschn. 6.4.2

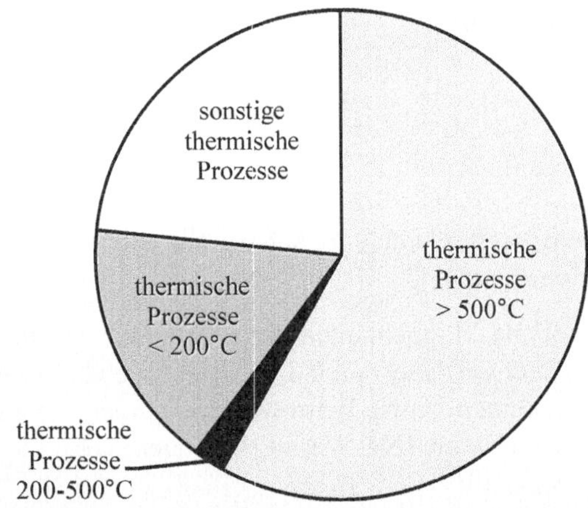

Abb. 5.10. Wärmeverbrauch nach Anwendungen in Deutschland, eigene Darstellung nach Daten von (Seefeldt et al. 2007)

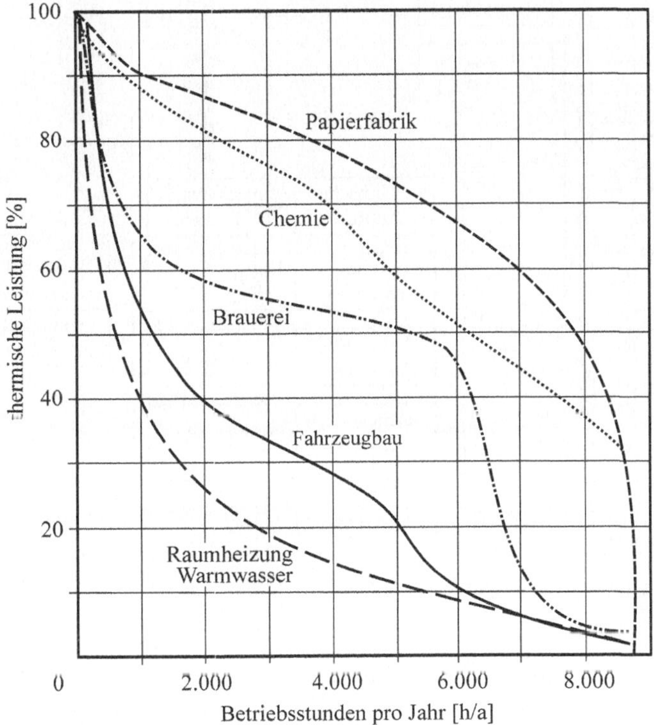

Abb. 5.11. Jahresdauerlinien der erforderlichen thermischen Leistung ausgewählter Versorgungsobjekte, vereinfachte Darstellung nach (Pröger u. Blank 1996)

5.3.2 Erzeugung von Prozesswärme

Die benötigte Prozesswärme kann:

- zentral erzeugt und durch ein Verteilnetz an die jeweiligen Verbraucher übertragen werden oder
- dezentral direkt am Prozess bereitgestellt werden (z. B. Nutzung von Abwärme einer thermischen Nachverbrennungsanlage).

Abbildung 5.12 zeigt unterschiedliche Möglichkeiten der Erzeugung von Prozesswärme im Kontext möglicher Energieflüsse durch Industriebetriebe. In der Stückgut- bzw. Fertigungsindustrie kommen häufig Warmwassererzeuger, die aus Erdgas, Öl oder Kohle Niedertemperaturwärme (NT-Wärme) erzeugen, vor.

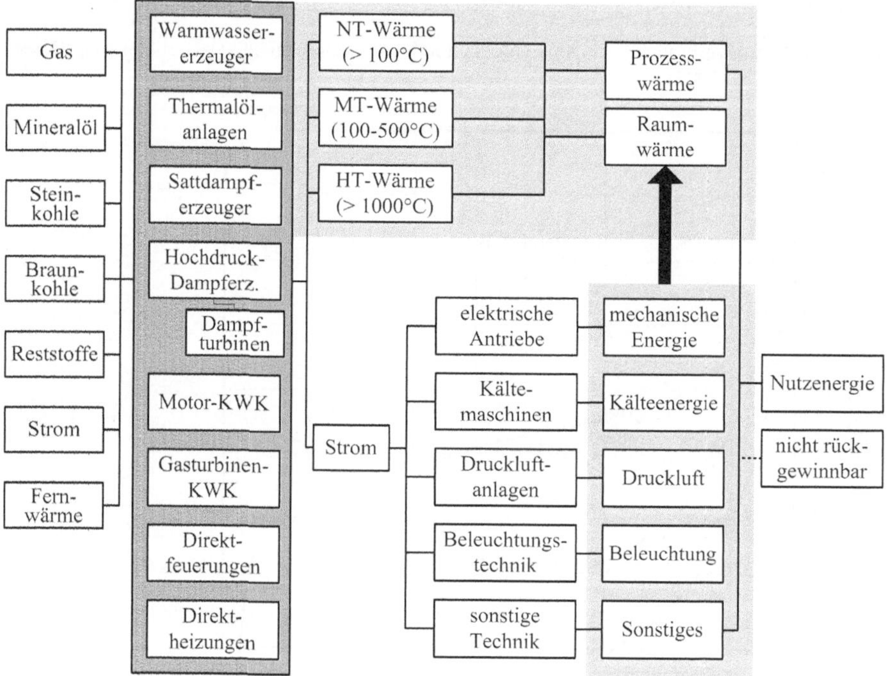

Abb. 5.12. Wärmeerzeugung im Energiefluss von Industriebetrieben, eigene Darstellung in Anlehnung an (Ziolek 1999)

Je nach betrieblicher Strategie, technologischen Gegebenheiten und Verfügbarkeit kommen verschiedene Energieträger zum Einsatz. Besonders häufig werden folgende Energieträger eingesetzt (s. Abb. 5.13):

- Erdgas,
- Kohle,
- Heizöl und
- Elektroenergie (s. Abschn. 5.2.2.4).

Erdgas hat mit einem Anteil von 50 Prozent die größte Bedeutung. Fernwärme und erneuerbare Energien spielen derzeit eine untergeordnete Rolle.

Für die Erzeugung von Prozesswärme im Niedertemperaturbereich stehen u. a. folgende energiesparende Technologien zur Verfügung (Dehli 1998):

- Brennwertkessel,
- Kraft-Wärme-Kopplungsanlagen und
- Wärmepumpen.

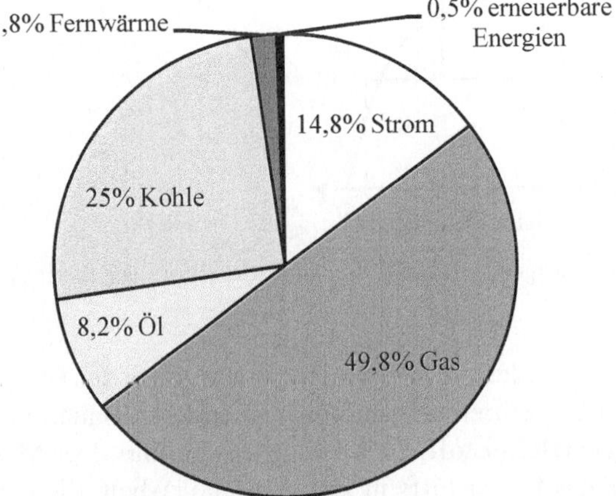

Abb. 5.13. Einsatz von Energieträgern für Wärmeanwendungen, eigene Darstellung nach Daten von (Seefeldt et al. 2007)

Die Auslegung der Wärmeerzeugung erfolgt an Hand der Jahresdauerlinie (s. Kap. 6.4.2). Aus ihr werden die maximale Leistung und die Grundlast ermittelt. Beide Informationen dienen der Strukturierung und Dimensionierung der Wärmeerzeuger: Bei hohem, über das Jahr veränderlichen Wärmebedarf ist vorzugsweise eine Kombination mehrerer Wärmeerzeuger vorzusehen. Zur Grundlastdeckung werden hocheffiziente Anlagen nahezu das gesamte Jahr mit einer hohen Auslastung am optimalen Betriebspunkt gefahren. Kurzzeitige Bedarfsspitzen werden von Anlagen gedeckt, die zwar einen geringeren Nennwirkungsgrad aber oft ein vergleichsweise gutes Teillastverhalten aufweisen und die in der Anschaffung günstiger sind. Abbildung 5.14 zeigt ein Beispiel mit zwei Blockheizkraftwerks-Modulen (BHKW) und einem Spitzenlastkessel.

Bei der Erzeugung von Niedertemperaturwärme sind insbesondere Kraft-Wärme-Kopplungsanlagen (KWK-Anlagen) – auch Blockheizkraftwerke (BHKW) genannt – von energetischem Vorteil. Diese Anlagen wandeln die zugeführte Energie einerseits in elektrische Arbeit und führen andererseits die dabei entstehende Wärme einer Nutzung zu. Infolgedessen kann ein hoher Wirkungs- bzw. Nutzungsgrad erzielt werden.

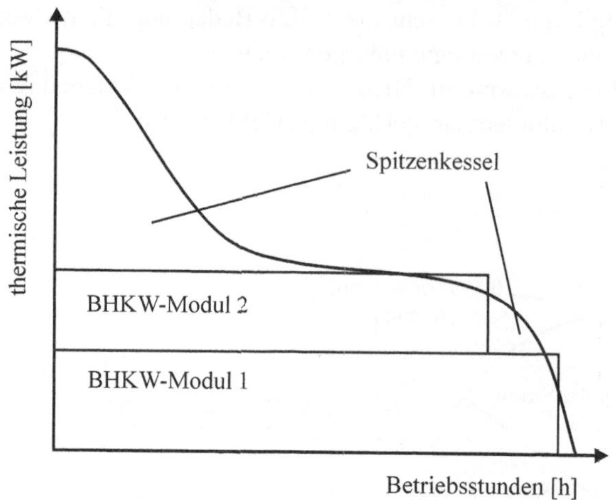

Abb. 5.14. Auslegung einer Wärmeversorgung an Hand der Jahresdauerlinie der thermischen Leistung, in Anlehnung an (Schmid 2004)

Abbildung 5.15 zeigt den prinzipiellen Aufbau einer KWK-Anlage am Beispiel einer Motor-KWK-Anlage. Einem Verbrennungsmotor – in anderen Bauarten einer Turbine – wird Primärenergie (Brennstoff, z. B. Erdgas) zugeführt. Der Motor wandelt die chemische Energie des Brennstoffs in mechanische Arbeit, die einen Generator antreibt. Im Generator wird die mechanische Arbeit in Elektroenergie gewandelt, die im betrieblichen Netz oder zur Einspeisung in das öffentliche Netz zur Verfügung steht. Die beim Verbrennungsprozess im Motor entstehende Wärme wird über Wärmetauscher der betrieblichen Wärmeversorgung zugeführt.

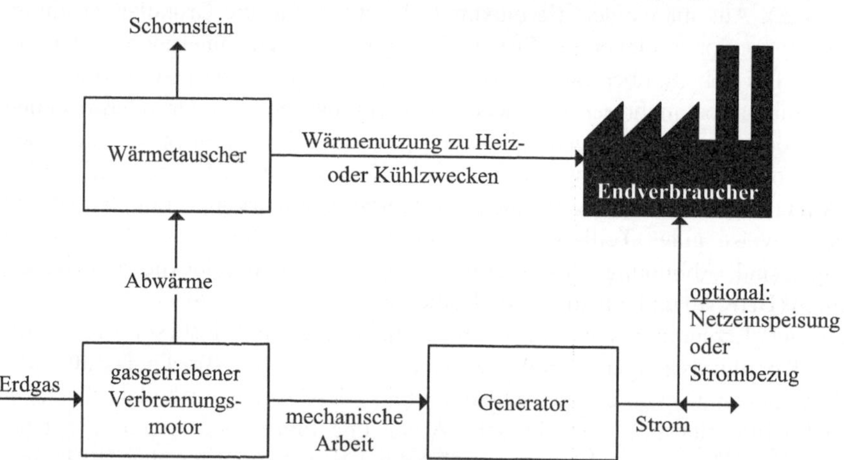

Abb. 5.15. Funktionsweise eines Blockheizkraftwerks

Abbildung 5.16 zeigt das Energieflussbild einer beispielhaften dezentralen KWK-Anlage. Ein zusätzlicher Vorteil der dezentralen KWK-Anlagen liegt darin, dass Umwandlungs- und Übertragungsverluste geringer als beim Elektroenergiebezug von einem zentralen Kraftwerk ausfallen.

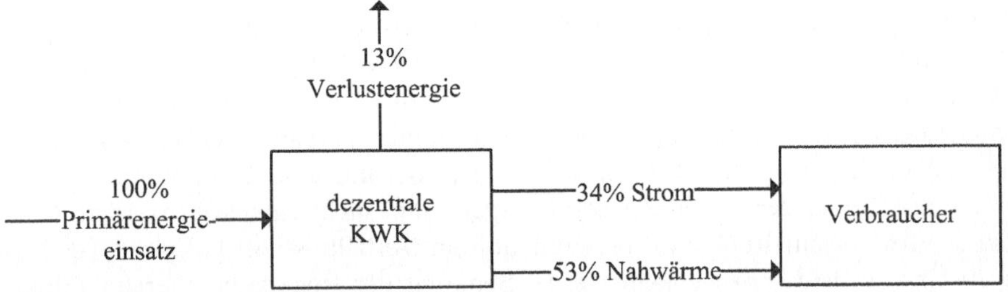

Abb. 5.16. Effizienz der KWK-Anwendung nach (Wanke u. Trenz 2001)

Für KWK-Anlagen existieren verschiedene technische Konzepte. Die Auswahl einer geeigneten Anlage richtet sich primär nach dem Verhältnis der geforderten elektrischen Leistung zur thermischen Leistung (s. Abb. 5.17).

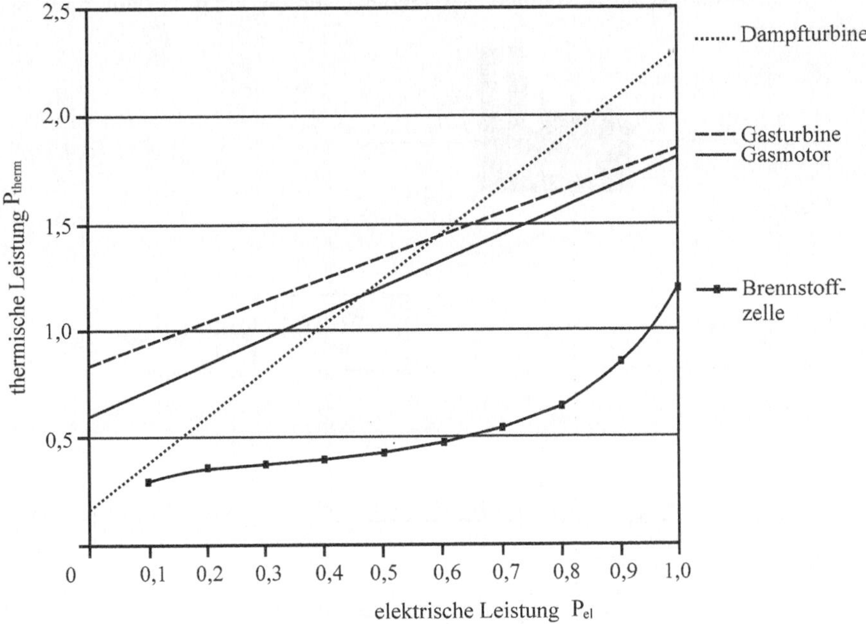

Abb. 5.17. Abhängigkeiten der Wärmeleistung von der elektrischen Leistung in Kraft-Wärme-Kopplungsanlagen[29] (VDI 2005)

Wird konstant eine große Wärmemenge benötigt (z. B. in der Papierindustrie, s. Abb. 5.11), eignet sich u. a. eine Dampfturbine. Steht die Wärmeversorgung nicht im Mittelpunkt (z. B. in der Automobilindustrie), so empfiehlt sich z. B. der Ein-

[29] Wärmeleistung und elektrische Leistung sind auf die elektrische Nennleistung normiert, die Kennlinie der Brennstoffzelle gilt für eine Rücklauftemperatur von 30 Grad Celsius.

satz von Gasmotoren, die bei einer geringen Wärmeauskopplung vergleichsweise viel Elektroenergie erzeugen. Solche KWK-Anlagen sollten so bemessen werden, dass sie wärmeseitig nur die Grundlast abdecken (s. Abb. 5.17).

In diesem Zusammenhang ist auch zu beachten, dass einige besonders energiesparende Technologien (z. B. Gasmotoren-KWK-Anlage) Prozesswärme nur mit einem vergleichsweise niedrigen Temperaturniveau erzeugen können. Läuft das Heißwassernetz eines Industriebetriebs mit einer Vorlauf-Rücklauf-Spreizung von 150 Grad Celsius zu 110 Grad Celsius, so kann eine Gasmotoren-KWK-Anlage auf Grund der hohen Rücklauftemperaturen nicht eingesetzt werden. Gelingt es, die Vorlauf-Rücklauf-Spreizung auf ein Verhältnis von 115 Grad Celsius zu 70 Grad Celsius abzusenken – z. B. Senkung der Rücklauftemperatur durch prozessnahe Energierückgewinnung –, so wird der Einsatz der Gasmotoren-KWK-Anlage möglich.

Eine weitere Technologie der Wärmeerzeugung, die eine hohe Energieeffizienz verspricht, ist der Einsatz von Wärmepumpen. Wärmepumpen basieren auf einem thermodynamischen Kreisprozess (s. Abb. 5.18), der als Umkehrung des Prozesses in Kompressionskältemaschinen verstanden werden kann (Erläuterung s. Abschn. 5.4):

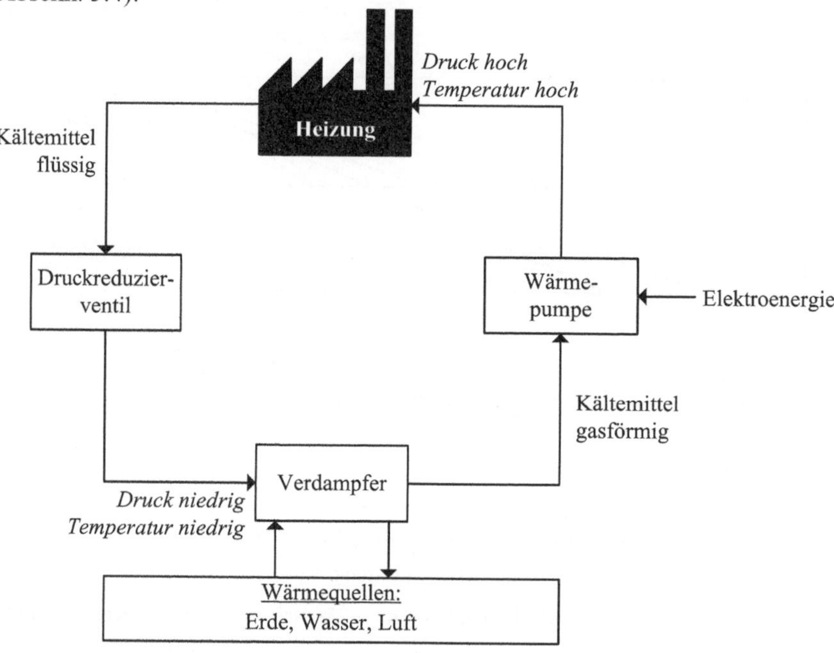

Abb. 5.18. Wärmepumpenprozess

Wärmepumpen entziehen einem Medium, das ein geringes Temperaturniveau aufweist, Wärme und bringen diese Wärme unter Zufuhr von elektrischer Energie auf ein höheres Temperaturniveau. Die Wärme auf hohem Temperaturniveau kann dann für Heizzwecke oder als Prozesswärme genutzt werden.

Bei der Planung energieeffizienter Fabriken ist zu prüfen, ob Wärmepumpen für bestimmte Prozesskombinationen eingesetzt werden können. Dazu sind zwei Fragen zu beantworten:

- Stehen geeignete Wärmequellen zur Verfügung? Vorzugsweise sollten Wärmequellen genutzt werden, denen sowieso Wärme entzogen werden muss (z. B. Kühlwasser). Die Wärmepumpe kann dann gleichzeitig eine Kälteleistung erbringen.
- Existiert eine geeignete Wärmesenke? Auf Grund der vergleichsweise niedrigen Temperaturniveaus, die Wärmepumpen erreichen, kommt hierfür vor allem die Raumheizung oder Warmwasserbereitung in Frage. Moderne Wärmepumpen erzeugen mittlerweile Temperaturniveaus, die auch für industrielle Prozesse interessant sind.

5.3.3 Wärmerückgewinnung

Bei der Planung der Wärmebereitstellung ist die Möglichkeit der Wärmerückgewinnung im Prozess von besonderer Bedeutung. Durch Wärmerückgewinnung kann die primäre Wärmeerzeugung kleiner dimensioniert werden. Wärmerückgewinnung ist sowohl in Produktionsanlagen (z. B. aus der Produktionsabluft) als auch in den Anlagen der Energiebereitstellung (z. B. am Druckluftkompressor) möglich.

Abbildung 5.19 gibt eine Übersicht über Wärmerückgewinnungsverfahren.

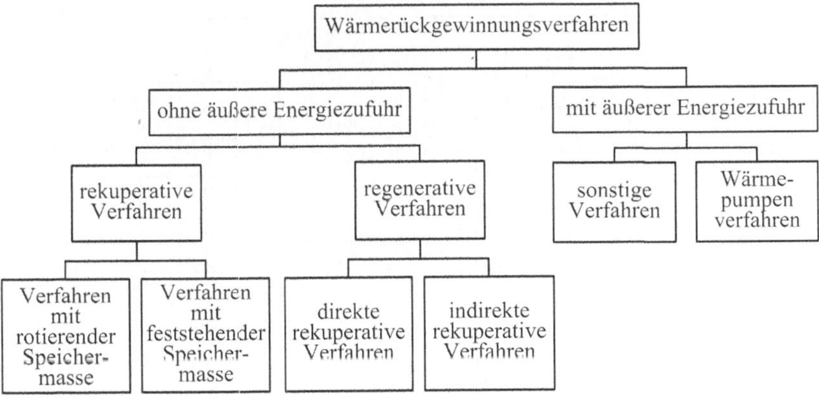

Abb. 5.19. Einteilung der Wärmerückgewinnungsverfahren

Hinter den Verfahren stehen folgende Bauweisen:

- rekuperative Systeme, feststehend: Plattenwärmetauscher, Röhrenwärmetauscher,
- rekuperative Systeme, rotierend: Rotor mit Sorption, Rotor ohne Sorption,

- regenerative Systeme: Kreislauf-Verbundsysteme (Kompakt-Wärmetauscher, Gegenstrom-Schichtwärmetauscher), Wärmerohre (Schwerkraftwärmerohr/ Thermosiphon, Kapillarwärmerohr),
- Wärmepumpen: Kompressor-Wärmepumpe, Adsorptions-Wärmepumpe.

Empfehlungen zur Auswahl von Wärmetauschern gibt die VDI 2071. Wichtige Auswahlkriterien sind:

- die Rückwärmzahl (Verhältnis der übertragenen Temperatur zur maximal übertragbaren Temperatur, d. h. zum Temperaturunterschied der Eintrittsmedien; entspricht dem „Temperaturwirkungsgrad"),
- die Rückfeuchtzahl (Verhältnis der übertragenen absoluten Feuchte zur maximal übertragbaren absoluten Feuchte),
- das Übertragungsverhalten bezüglich Gerüchen, Keimen, Staub, Ölen, Fetten und Gasen sowie
- das Verhalten bei Betriebsstörung.

Ein Beispiel für die Wärmerückgewinnung direkt am Ort der Wärmeerzeugung ist der Economiser. Ein Economiser ist ein Luft-Wasser-Wärmetauscher, der die Wärme der Abgase aus dem Heizkessel zur Aufheizung des Kesselspeisewassers nutzt (s. Abb. 5.20). Entzieht der Economiser dem Abgas so viel Wärme, dass die Abgastemperatur den Taupunkt unterschreitet – also Kondensat ausfällt –, so kann zusätzlich ein zweiter Wärmetauscher vorgesehen werden, der aus dem Abgas auch die Kondensationswärme zurückgewinnt (sogenannter Brennwerteffekt).

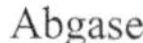
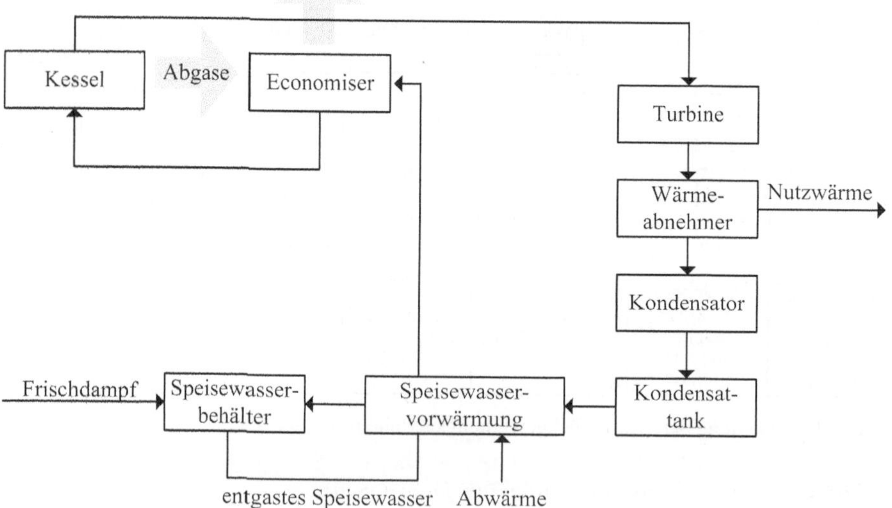

Abb. 5.20. Speisewasservorwärmung mit Economiser

5.3.4 Übertragung von Prozesswärme

Die Übertragung von Prozesswärme ist in der Regel an ein Übertragungsmedium und ein entsprechendes Verteilnetz (s. Abb. 5.21) gebunden:

Die im Wärmeerzeuger produzierte Wärme wird über einen Wärmetauscher an ein Übertragungsmedium, das in den Leitungen des Verteilnetzes zirkuliert, ausgekoppelt. An den Wärmeverbrauchern gibt das Übertragungsmedium die von ihm transportierte Wärme – wiederum über Wärmetauscher – an die jeweiligen Prozesse ab. Ein Beispiel für ein einfaches Verteilnetz mit drei Verbrauchern (z. B. Trocknern) zeigt Abb. 5.21.

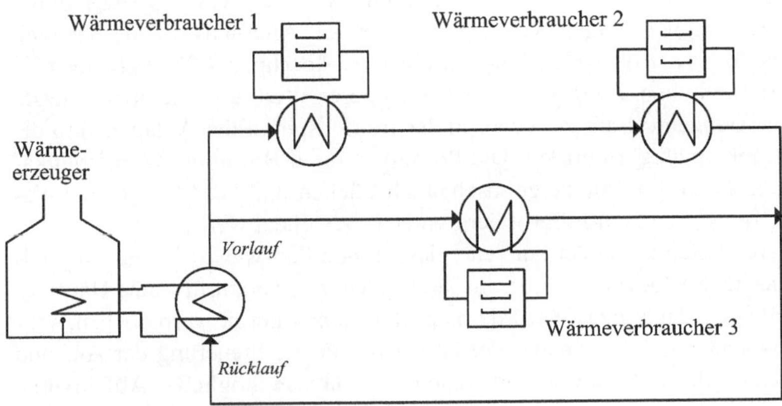

Abb. 5.21. Beispielhaftes Schema eines Wärmeverteilnetzes

Als Übertragungsmedien kommen in der Industrie vor allem Wasser, Wasserdampf und Thermoöl zum Einsatz. Thermoöl hat einen deutlich höheren Siedepunkt als Wasser, so dass es auch bei hohen Temperaturen (über 300 Grad Celsius) eingesetzt werden kann. Im Vergleich zu Dampf kann Thermoöl drucklos, also mit geringeren Risiken, eingesetzt werden.

Ein erstes Kriterium für die Energieeffizienz bei der Wärmeverteilung ist die verlustarme Übertragung der erzeugten Wärme auf das Übertragungsmedium. Dafür sind Wärmetauscher mit einem hohen Wirkungsgrad zu wählen. Im laufenden Betrieb sind die Wärmetauscher vor Verschmutzung zu schützen.

Nach dem Wärmeübergang vom Wärmeerzeuger auf das Verteilnetz kommt der adäquaten Gestaltung der Leitungen des Verteilnetzes eine große Bedeutung zu. Als wesentliche Einflussfaktoren sind zu nennen:

- kurze Wege von der Erzeugung zum Verbraucher,
- günstige Strömungsverhältnissen zur Verminderung von Verlusten (Strömungsverluste, Vermischung),
- ausreichende Isolation der wärmeführenden Leitungen,
- bedarfsorientierte Förderung des Übertragungsmediums (bedarfsorientierte Regelung von Pumpen und Ventilatoren).

Letztlich ist auch die Übertragung der Wärme aus dem Netz an den Verbraucher ebenso effizient zu gestalten wie vom Erzeuger an das Netz (Auswahl und Wartung der Wärmetauscher).

5.3.5 Nutzung von Prozesswärme

Bei der Nutzung der Prozesswärme können ebenfalls die in Abschn. 4.2.1 beschriebenen Handlungsansätze verfolgt werden.

Abwärme, die aus dem Prozess abzuführen ist, sollte vorzugsweise durch Wärmerückgewinnungsanlagen weitergenutzt werden. Alternativ ist die Nutzung der Abwärme in einer Absorptionskältemaschine (s. Abschn. 5.4.2) zu erwägen.

Besonders bei hohen Temperaturen ist besonderer Wert auf eine ausreichende Isolation der Anlagentechnik zu legen. In der Betriebsphase der Anlagen sind die Isolierungen regelmäßig zu prüfen. Die Prüfung kann z. B. mittels Wärmebildkamera erfolgen. Diese Prüfung zeigt anschaulich Lücken und Schäden in der Isolation auf. Alternativ kann ein Infrarotthermometer verwendet werden.

Ein weiteres Potenzial bietet eine energiesparende Fahrweise. Als günstig gelten kontinuierliche Blockfahrweisen auf konstanten Temperaturniveaus. Häufiges An- und Abfahren der Prozesse würde nicht nur mehr Energie verbrauchen, sondern mindert auch die Lebensdauer der Anlagen. Für die Steuerung der An- und Abfahrprozesse gilt der Grundsatz „Anfahren so spät wie möglich – Abfahren so zeitig wie möglich".

Grundsätzlich ist zu prüfen, ob sich die Prozesstemperaturen senken lassen. Prozesstemperaturen haben in der Regel einen direkten Einfluss auf die Produkteigenschaften. Daher ist eine Absenkung von Prozesstemperaturen zwischen Fabrik- und Prozessplanung sowie Produktentwicklung abzustimmen.

5.3.6 Zusammenfassung

Für die Bereitstellung von Prozesswärme sind aus Sicht der energieeffizienten Fabrikplanung vor allem folgende Maßnahmen zu beachten:

- kritische Überprüfung des Wärmebedarfs (Ist z. B. eine Absenkung des Temperaturniveaus möglich?),
- gute Isolation aller wärmeführenden Leitungen und Anlagenteile,
- günstige Strömungsverhältnisse in wärmeführenden Leitungen,
- kurze Entfernungen zwischen Wärmeerzeugung und Wärmeverbrauchern,
- hoher Wirkungsgrad aller Wärmetauscher,
- Berücksichtigung von Wärmerückgewinnungspotenzialen,
- bedarfsorientierte Dimensionierung der Wärmeerzeugungsanlagen,
- Auswahl energiesparender Wärmeerzeugungstechnologien,

- kombinierte Betrachtung von Kraft-Wärme-Erzeugung sowie Wärme- und Kälteerzeugung (s. Abschn. 5.4) und
- regelmäßige Inspektion und Wartung von Isolation, Wärmetauschern, Wärmeerzeugern und anderen relevanten Baugruppen.

5.4 Prozesskälte

5.4.1 Anwendung

Neben der Prozesswärme ist die Erzeugung von Kälte ein besonders energierelevantes Planungsobjekt.

Ein Großteil der erzeugten Prozesskälte wird in der Nahrungsmittelindustrie benötigt (s. Abb. 5.22). Daneben nimmt auch der Kältebedarf für die Klimatisierung beständig zu. Ursachen sind nicht allein zunehmende sommerliche Temperaturen in Folge der Klimaerwärmung sondern vor allem auch höhere Ansprüche an die Temperaturkonstanz seitens:

- neuer, temperatursensibler Produktionstechnologien,
- miniaturisierter Produkte und
- enger Maßtoleranzen.

Temperaturschwankungen würden in diesen Fällen vor allem zu unerwünschten Längen- und Gestaltänderungen führen, die die Qualität bzw. Prozessfähigkeit gefährden.

Tabelle 5.15 stellt ergänzend wesentliche Anwendungsgebiete und Temperaturbereiche der Kälteanwendung vor.

Tabelle 5.15. Temperatur und Leistung von Kälteanwendungen nach (Schmid 2004)

Anwendungsgebiet	Temperatur der Kühlanwendung	Typischer Leistungsbereich
Klimatisierung	+20 bis 0°C	5kW bis 5MW
Maschinenkühlung	+20 bis 0°C	50kW bis 5MW
Lebensmittelkühlung	+5 bis -5°C	50kW bis 50MW
Lebensmitteltiefkühlung	-18 bis -30°C	1 bis 500kW
Prozesskühlung	0 bis -40°C	100kW bis 5MW
Gasverflüssigung	-182°C	-
Tieftemperaturtechnik	-110 bis -273°C	1mW bis 1kW

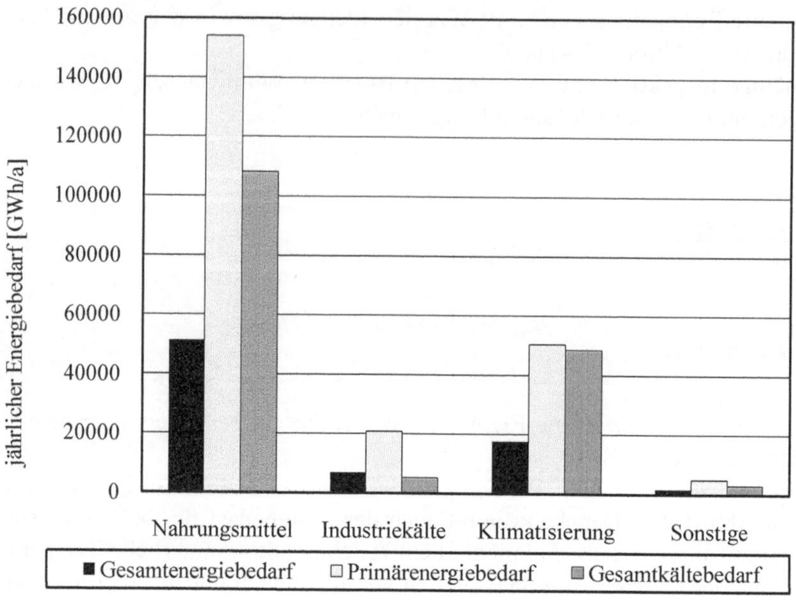

Abb. 5.22. Energiebedarf zur technischen Erzeugung von Kälte in Deutschland 1999, nach (Kruse u. Rüssmann 2006)

5.4.2 Erzeugung

Für die industrielle Kälteerzeugung stehen folgende Technologien zur Verfügung:

- freie Kühlung,
- Verdunstungskühlung über Nasskühlturm,
- Kompressionskälteprozess,
- Wärmepumpenprozess und
- Absorptionskälteprozess.

Die freie Kühlung findet vor allem bei geringer Kälteleistung ihre Anwendung. Die Wärme wird durch freie Konvektion (s. Abschn. 3.3.2) an die kühlere Außenluft abgegeben (direkte freie Kühlung). Alternativ kann die Wärme über Wärmetauscher an die kühle Außenluft oder an kühles Grund- oder Fließwasser übertragen werden (indirekte freie Kühlung). Bei der Übertragung an die Außenluft können auch Trockenkühltürme eingesetzt werden. Der natürliche Zug im Kühlturm unterstützt die Konvektion. Zusätzliche Ventilatoren können die Luftgeschwindigkeit und damit die Wirkung der Konvektion nochmals erhöhen.

Im Nasskühlturm wird dagegen der Effekt der Verdunstungskühlung genutzt. Dazu wird zunächst die Wärme aus einem Prozesskreislauf (Dampf, Heißwasser) über einen Wärmetauscher an einen Kühlkreislauf (Wasser) übertragen. Das Wasser des Kühlkreislaufs wird dann im Kühlturm verrieselt oder versprüht. Luft, die durch den natürlichen Zug im Kühlturm seitlich angesaugt wird, nimmt a) durch Konvektion und b) durch Verdunstungseffekte Wärme aus dem Kühlwasser auf. Die feuchte warme Luft steigt im Kamin auf und entweicht – meist sichtbar – als Dampfschwaden. Dem Kühlkreislauf geht auf diese Weise ein großer Teil des Wassers verloren, das in der Regel aus einem natürlichen Fließgewässer nachgespeist wird.

Abbildung 5.23 zeigt einen Nasskühlturm der für die Ablaufkühlung ausgelegt ist. Bei dieser Bauart wird das gesamte nicht verdunstete Wasser, das sich am Boden des Kühlturms – in der sogenannten Kühlturmtasse – sammelt, in ein Fließgewässer geleitet. Im Gegenzug muss dem Gewässer das gesamte benötigte Kühlwasser entnommen werden.

Davon abweichend wird bei der Umlaufkühlung das nicht verdunstete Wasser aus der Kühltasse oder ein Teil des Wassers in den Kühlkreislauf zurückgespeist. Nur der verbleibende Kühlwasserbedarf wird aus dem Fließgewässer gedeckt.

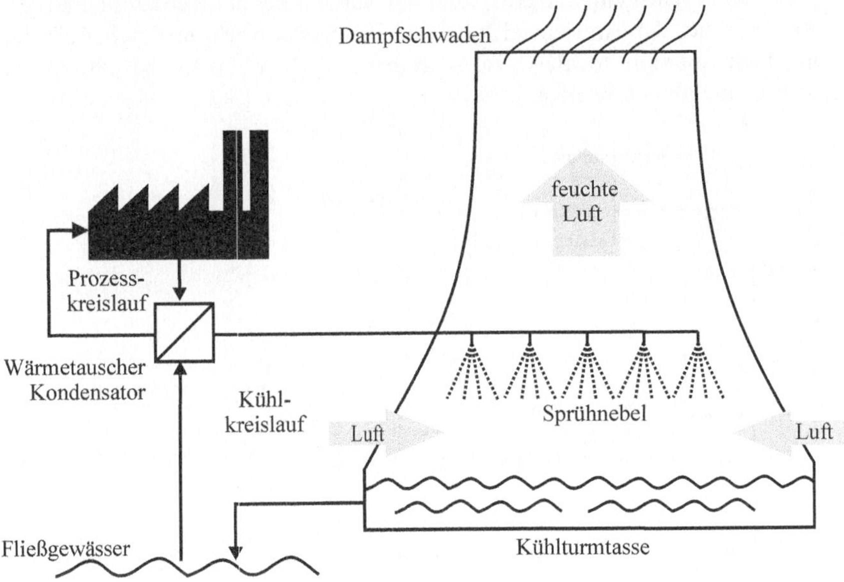

Abb. 5.23. Nasskühlturm mit Ablaufkühlung

Die Kühlung über Nasskühltürme verbraucht, ebenso wie die freie Kühlung, vergleichsweise wenige Primärenergie – die eingesetzte Energie ist vor allem für den Betrieb der Pumpen nötig. Der Einsatz von Nasskühltürmen hängt jedoch – vor allem bei der Ablaufkühlung – stark davon ab, ob ausreichend Frischwasser verfügbar ist und ob das abzuführende Wasser einschließlich seiner Wärmelasten vom Fließgewässer aufgenommen werden kann. Die Umlaufkühlung verbraucht gegenüber der Ablaufkühlung deutlich weniger Wasser. Durch die Kreislaufführung kommt es jedoch zur Aufsalzung und zum unerwünschten Wachstum von Mikroorganismen. Beiden Effekten muss durch den Einsatz von Chemikalien entgegengewirkt werden, um die Anlagentechnik vor Ablagerungen und Verschmutzungen zu schützen sowie um hygienischen Problemen vorzubeugen.

Kompressionskältemaschinen gelten als Standardanlagen für die Erzeugung industrieller Kälte. Die Technologie ist auch vom Haushaltskühlschrank bekannt. Den Kern der Technologie bildet ein thermodynamischer Kreisprozess (s. Abb. 5.24): In einem Verdampfer wird ein Kältemittel durch die aus dem zu kühlenden Prozess oder Raum abgeführte Wärme verdampft. Der Kältemitteldampf wird von einem Verdichter (Kompressor) angesaugt und komprimiert. Im nachgeschalteten Verflüssiger kondensiert der Kältemitteldampf aus. Die dabei frei werdende Wärme wird an die Umgebung übertragen. Das verflüssigte Kältemittel gelangt zu einem Reduzierventil und wird dort entspannt. Das Kältemittel kühlt dabei ab. Das kühle und entspannte Kältemittel kann nun im Verdampfer erneut Wärme aufnehmen. Der Kreisprozess beginnt von vorn.

Die Kompression verlangt eine erhebliche Antriebsleistung (Elektroenergie). Zudem muss die am Verflüssiger anfallende Wärme zuverlässig abgeführt werden. Die abzuführende Wärmemenge entspricht der Summe der am Verdampfer aufgenommenen Wärme, der Antriebsleistung und der Systemverluste durch Reibung und mangelnde Isolation. Idealerweise kann diese Abwärme in anderen Prozessen oder zur Heizung genutzt werden.

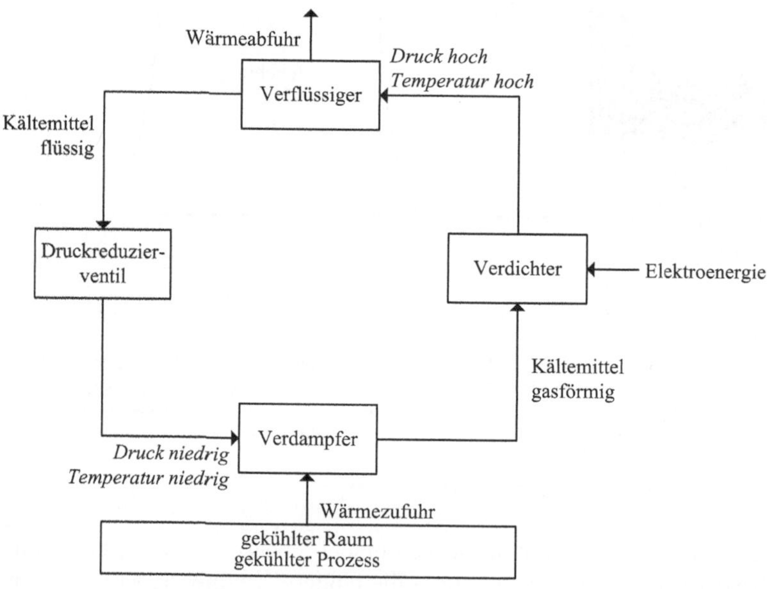

Abb. 5.24. Kompressionskälteprozess

Absorptionskältemaschinen arbeiten mit einem thermodynamischen Kreisprozess (s. Abb. 5.25), der der Kompressionskälteerzeugung ähnelt. An Stelle des Verdichters ist jedoch ein zweiter Kreislauf installiert, in dem ein Lösemittel zirkuliert. Das Lösemittel (z. B. eine Salzlösung) kann auf Grund seines chemischen Lösungsvermögens und bei eher niedrigen Temperaturen den Kältemitteldampf, der analog zum Kompressionskälteprozess im Verdampfer entsteht, aufnehmen (absorbieren). Auf diese Weise wird dem Verdampfer ständig Kältemittel entzogen und so der Kreisprozess der Kühlung aufrechterhalten. Voraussetzung ist, dass das Lösemittel nie mit Kältemitteldampf gesättigt wird. Deshalb muss der gelöste Kältemitteldampf an einer anderen Stelle des Lösungskreislaufs aus dem Lösemittel wieder ausgetrieben werden. Dies geschieht durch die Zufuhr von Wärme im Austreiber: Auf Grund der höheren Temperatur sinkt das Dampfaufnahmevermögen der Lösung; der Kältemitteldampf wird freigesetzt und im Kühlkreislauf weitergeleitet. Der gesamte Prozess im Lösungskreislauf wird auch thermische Verdichtung genannt.

Der Vorteil von Absorptionskältemaschinen liegt darin, dass für die thermische Verdichtung Prozessabwärme oder Fernwärme genutzt werden kann, deren Temperaturniveau zwischen 80 und 180 Grad Celsius betragen muss. Elektrische Energie ist lediglich zum Antrieb der Pumpen nötig. Die Absorptionskältemaschine benötigt deshalb nur einen Bruchteil der Primärenergie, die in einer vergleichbaren Kompressionskältemaschine eingesetzt werden müsste.

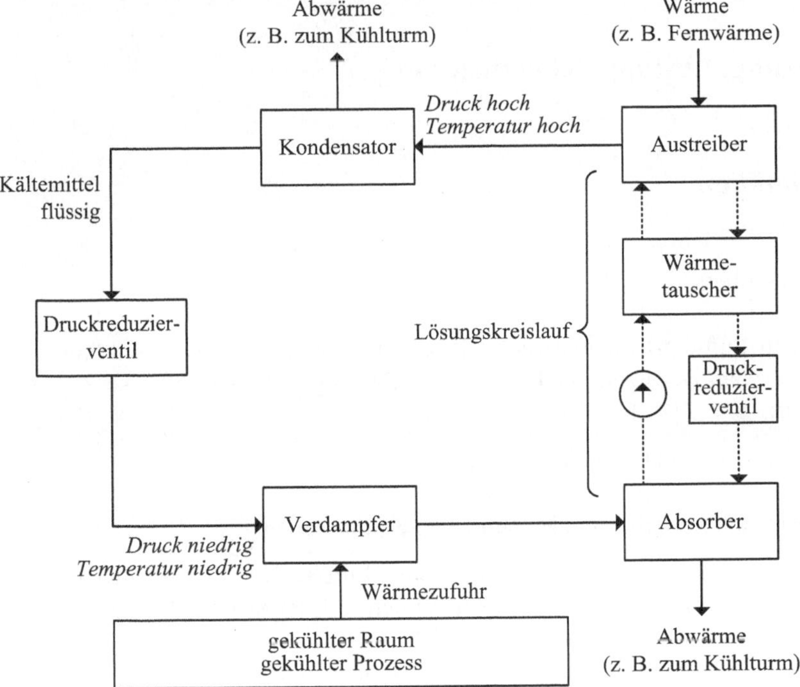

Abb. 5.25. Absorptionsprozess

Sinnvoll ist ggf. auch die Kopplung einer Absorptionskältemaschine mit einer KWK-Anlage. Dann kann der im Sommer anfallende Wärmeüberschuss der KWK-Anlage durch die Absorptionskälteanlage in Kälte umgesetzt werden. Der Nutzungsgrad der KWK-Anlage wird erhöht, Auslastung und Rentabilität steigen.

5.4.3 Zusammenfassung

Für eine effiziente Kühlung ist bereits beim Planen der zu kühlenden Prozesse oder Räume darauf zu achten, dass die Anforderungen an die Kühlleistung und weitere Parameter – insbesondere das Temperaturniveau – angemessen sind. Anderenfalls kommt es leicht zur Überdimensionierung der Kälteanlagen. Oder alternative Technologien, die ggf. eine etwas geringere aber eigentlich ausreichende Kühlleistung aufweisen, werden vorzeitig ausgeschlossen.

Faktoren für eine effiziente Kälteversorgung bei der Planung energieeffizienter Fabriken sind:

- eine ganzheitliche Betrachtung von Wärme- und Kälteprozessen,
- die Nutzung vorhandener freier Kühlung vor dem Einsatz von Kältemaschinen,
- die Plausibilitätsprüfung von vorgegebenen Prozessparametern und
- die sinnvolle Kopplung von Wärme- (Abwärme) und Kälteprozessen.

5.5 Heizung, Lüftung, Klimatisierung

5.5.1 Funktion

5.5.1.1 Überblick

Die Heizung-Lüftung-Klimatisierung (HLK) hat die Aufgabe, das Raumklima – Wärme, Feuchte, Bewegung und Schadstoffbelastung der Raumluft – so zu regulieren, dass:

- Anforderungen des Gesundheitsschutzes,
- technologische Anforderungen und
- Umweltschutzforderungen gleichermaßen erfüllt werden.

Der *Gesundheitsschutz* fordert, Temperatur, Luftfeuchte, Luftgeschwindigkeit und Schadstoffkonzentrationen in einem für den Menschen erträglichen bzw. behaglichen Bereich zu halten (s. Abschn. 5.5.1.2).

Aus *technologischer Sicht* ist vor allem eine mehr oder minder eng vorgegebene Normtemperatur einzuhalten, die als Bezug für die Fertigungsmaße und Prozesssicherheit gilt; zudem können Anforderungen an die Luftfeuchte, Luftreinheit und Luftgeschwindigkeit eine Rolle spielen (s. Abschn. 5.5.1.3).

Umweltschutzanforderungen begrenzen die Schadstofffrachten, die mit der Abluft aus der Fabrik in die natürliche Umwelt bzw. Nachbarschaft gelangen dürfen (s. Abschn. 5.5.1.4).

Abbildung 5.26 zeigt für Produktionsstätten typische Prozesse der Heizung-Lüftung-Klimatisierung.

Auf Grund der gesundheitsgefährdenden Schadstofflasten und der hohen Wärmelasten steht die *Lüftung* meist im Mittelpunkt der raumlufttechnischen Maßnahmen in Fabrikgebäuden. Die Lüftung erfasst die Stoff- und Wärmelasten und leitet sie über Kanäle und Kamine in die Umwelt. Sind Art und Umfang dieser Schadstoff-Emissionen unzulässig oder nicht erwünscht, so müssen vor dem Freisetzen des Abluftstroms die jeweiligen Schadstoffe abgeschieden und ggf. einer Abfallentsorgung zugeführt werden. Gereinigte Luft kann auch als Umluft in die Halle zurückgeführt werden. Um das Volumen des Abluftstroms zu ersetzen, ist stets eine Zuluft – aus Umluft oder Frischluft – erforderlich.

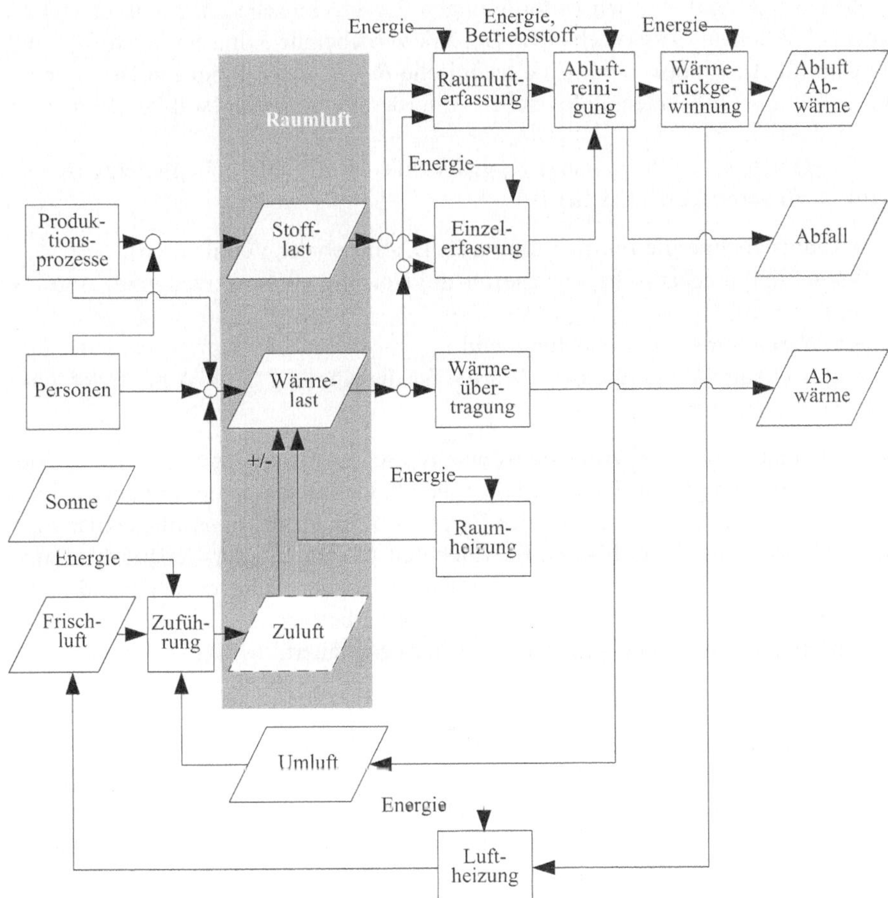

Abb. 5.26. Typische Prozesse der HLK in Produktionshallen (Löffler 2003)

Die Lüftung entzieht dem Fabrikgebäude jedoch auch Wärme. Dies trägt im Sommer zur erwünschten Kühlung bei, sofern die Zuluft kühler als die Hallenluft ist. Im Winter begründet dieser Lüftungswärmeverlust gemeinsam mit der Wärmeübertragung durch die Bauwerksteile einen Wärmebedarf, der durch eine *Heizung* zu decken ist. Eine erste Möglichkeit für die Heizung ist das Erwärmen der Zuluft (Luftheizung; auch durch Wärmerückgewinnung aus der Abluft). Ergänzend stehen verschiedene Heizungssysteme zur Wahl (s. Abschn. 5.5.2.5).

Die *Kühlung* der Raumluft wird in Industriehallen meist mit der Lüftung realisiert. Als besondere Maßnahmen können eine Rückkühlung des Bauwerks über Nacht und/oder das Ansaugen der Zuluft über Erdkanäle erfolgen. Kältemaschinen kommen für die Raumluftkühlung nur in Ausnahmen und für gehobene Ansprüche zum Einsatz (z. B. Feinmessraum, Feinwerktechnik, Reinräume).

Die Lüftung reicht oft aus, um die Luftfeuchte hinreichend zu reduzieren. Der Feuchtegehalt zugeführter Frischluft entspricht zudem meist den arbeitsphysiologischen und technologischen Anforderungen. Eine technische *Entfeuchtung* ist besonders bei hohem Wassergehalt (z. B. stark vernebelnde Kühlschmierstoffe) und bei Umluftbetrieb notwendig. Eine technische *Befeuchtung* kommt in Büroklimaanlagen und bei hohen technologischen Anforderungen in ausgewählten Branchen der Produktion in Frage.

Die Heizungs-, Lüftungs- und Klimatechnik ist mit teils hohen energetischen Aufwänden verbunden. Dies betrifft:

- mechanische Energie für die Lüftung (z. B. Antrieb der Ventilatoren),
- Wärme und mechanische Energie für die Heizung (Wärmeerzeugung, Antrieb der Pumpen),
- ggf. Wärme für die Entfeuchtung und
- ggf. mechanische Energie bzw. Wärme für die Kühlung (z. B. Antrieb der Kältemaschinen, Pumpen).

Die Planung von HLK-Anlagen ist eine typische Aufgabe für Spezialisten. Wie nachfolgend noch gezeigt wird, bestehen jedoch vielfältige, den Energiebedarf beeinflussende Verflechtungen mit der Prozess- bzw. Produktionsanlagenplanung, mit der Planung der betrieblichen Energiebereitstellung und der Gebäudeplanung. Eine zielgerichtete Koordination dieser Fachplanungen kann entscheidend dazu beitragen, die Energieeffizienz von Fabriken zu verbessern.

Zunächst werden einige Anforderungen näher erläutert.

5.5.1.2 Physiologische Anforderungen

Die Körpernormaltemperatur des Menschen (Körperkerntemperatur) beträgt 37 Grad Celsius. Wärmezu- und -abfuhren von außen oder innere Wärmeentwicklung (z. B. durch körperliche Arbeit) werden durch den körpereigenen Wärmehaushalt reguliert. Die Wärmeabgabe erfolgt vor allem durch Verdunstung, Wärmestrahlung und Konvektion; die Wärmezufuhr durch Umwandlung von Nahrung und körpereigenen Energiereserven. An der Hautoberfläche stellt sich eine Normaltemperatur von ca. 32 Grad Celsius ein.

Die beschriebene Regulierung des Wärmehaushalts ist eine physische Belastung: Je weiter das umgebende Klima von den physiologisch günstigen Werten abweicht, umso mehr wird der Körper beansprucht. Infolgedessen sinkt das physische und psychische Leistungsvermögen des Menschen, das für die Erfüllung der Arbeitsaufgabe zur Verfügung steht. Extreme Belastungen können auch zu gesundheitlichen Schäden führen.

Für den Gleichgewichtszustand (unter Ausschluss der Speicherwärme und Vernachlässigung der Enthalpie der Nahrung bei Aufnahme und der Enthalpie der Körperexkremente) lässt sich folgender mathematischer Zusammenhang formulieren (Kraft 1991):

$$P_{ges} = P + Q_K + Q_S + Q_V \tag{5.21}$$

P_{ges} ... Bruttoenergieumsatz des Menschen
P ... Arbeitsleistung
Q_K ... konvektive Wärmeabgabe
Q_S ... durch Strahlungswärmeaustausch verursachter Energieverlust
Q_V ... durch Wasserverdunstung hervorgerufene latente Wärmeabgabe

Abbildung 5.27 zeigt Normalwerte und Erträglichkeitsbereiche der Körperkerntemperatur und Hauttemperatur im Vergleich zu typischen Umgebungstemperaturen in verschiedenen Industriezweigen und Räumen.

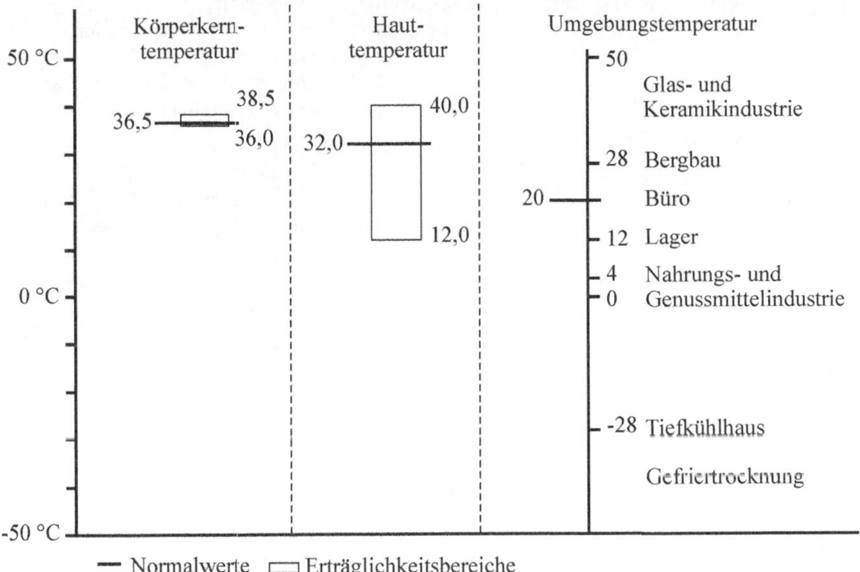

Abb. 5.27. Körperkern- und Hauttemperatur des Menschen, Lufttemperaturen in Arbeitsstätten, eigene Darstellung nach (Bullinger 1994)

Als ein Indikator für die physiologische Erträglichkeit des Raumklimas dient die thermische Behaglichkeit des Menschen. Das Raumklima ist dann thermisch behaglich, wenn die Körperkerntemperatur mit geringstem thermoregulatorischen Aufwand aufrechterhalten werden kann und der Mensch seine Umgebung auch subjektiv weder als zu warm noch als zu kühl empfindet (Richter 2007). Diese Bedingungen müssen für den Gesamtenergiehaushalt des menschlichen Körpers erfüllt sein (globales thermisches Behaglichkeitskriterium) und dürfen auch nicht für einzelne Körperregionen verletzt werden (lokale thermische Behaglichkeitskriterien, z. B. Zuglufterscheinungen im Nacken, kalte Füße).

Um ein thermisch behagliches Raumklima zu schaffen, sind folgende raumklimatische Größen ausschlaggebend: die Raumlufttemperatur, die relative Luftfeuchte, die Luftbewegung und die Wärmestrahlung.

Tabelle 5.16 zeigt die Wirkungen auf den Menschen bei Abweichung von thermisch behaglichen Umgebungsbedingungen.

Tabelle 5.16. Klimagrößen und Wirkungen auf Gesundheit, Leistung und Wohlbefinden, nach (Bullinger 1994)

Klimagröße	Bedingung	Phänomen	Wirkungen auf Gesundheit, Leistung und Wohlbefinden
Temperatur	zu kalt	Körper gibt mehr Wärme an die Umgebung ab, als er durch den Energieumsatz erzeugt	unangenehm, Störung feinmotorischer Arbeiten, Erkältungskrankheiten
	zu warm	Körper kann die erzeugte Wärme nicht an die Umgebung abgeben	unangenehm, nachlassende Konzentration, zunehmende Reizbarkeit, abnehmende Leistungsfähigkeit, frühere Ermüdung
Luftfeuchte	zu trocken	Schleimhäute trocknen aus	unangenehm, Heiserkeit, Erkrankungen des Nasen-, Rachenraums und der Atemwege
	zu feucht	Schweißverdunstung wird behindert	unangenehm, bei gleichzeitiger Hitze: Gefahr der schnellen Überwärmung
Luftgeschwindigkeit	zu hoch	örtliche Unterkühlung, besonders wenn gleichzeitig geschwitzt wird.	Erkältungen, trockene Schleimhäute, Erkrankungen des Nasen-, Rachenraums und der Atemwege
Wärmestrahlung	zu stark	Körper wird lokal oder als Ganzes stark aufgeheizt	unangenehm, gestörte Thermoregulation

Im Bereich der thermischen Behaglichkeit ist die Wärmeabgabe des Menschen im Wesentlichen nur von der körperlichen Aktivität abhängig. In der VDI 2078 ist die Wärmeabgabe des Menschen in Abhängigkeit zu seiner Tätigkeit (Aktivitätsgrad) und der Raumlufttemperatur in Tabellenform dargestellt. Die Aktivitätsgrade sind nach DIN 1946-2 festgelegt, die Bewertung nach DIN 33403-3.

Neben den Klimagrundgrößen sind noch personenbezogene Einflussgrößen auf das Klimaempfinden des Menschen zu berücksichtigen. Dazu zählen die Kondition und Konstitution des Menschen, die Bekleidung (Isolationsschicht) und die Arbeitsschwere. Die Schwere der zu verrichtenden Arbeit beeinflusst die Freisetzung von Wärme durch den menschlichen Organismus. Konkrete Werte sind ebenfalls in der VDI 2078 enthalten.

Richtwerte für Raumlufttemperatur, -feuchte und -bewegung gibt Tabelle 5.17.

Tabelle 5.17. Richtwerte für Raumlufttemperatur, -feuchte und -bewegung nach (Bullinger 1994)

Art der Tätigkeit	Lufttemperatur in Grad Celsius			Luftfeuchte in Prozent			Luftbewegung in m/s
	Min.	Opt.	Max.	Min.	Opt.	Max.	Max.
Büroarbeit	18	21	24	40	50	70	0,1
leichte Handarbeit im Sitzen	18	20	24	40	50	70	0,1
leichte Arbeit im Stehen	17	18	22	40	50	70	0,2
Schwerarbeit	15	17	21	30	50	70	0,4
Schwerstarbeit	14	16	20	30	50	70	0,5
Hitzearbeit (wärmestrahlungsbelastet)	12	15	18	20	35	60	1,0–1,5

Die Reinhaltung der Luft am Arbeitsplatz wird dabei maßgeblich durch die Technischen Richtlinien für Gefahrstoffe (TRGS) geregelt. Zusätzlich gelten die Richtlinien der Zentralstelle für Unfallverhütung beim Hauptverband der gewerblichen Berufsgenossenschaften. Grundlegende Anforderungen an Temperatur, Luftfeuchte und Luftgeschwindigkeit in Arbeitsstätten stellen Arbeitsstättenverordnung, Arbeitsstättenrichtlinie und DIN 4108.

5.5.1.3 Technologische Anforderungen

Insbesondere die Fein- und Feinstbearbeitung von Werkstücken stellt hohe Anforderungen an die Luftreinheit, -feuchte, -temperatur und Raumthermik:

- Enge Toleranzbereiche für die Temperatur müssen auf Grund enger Maßtoleranzen gefordert werden.
- Der Abbau einer hohen Luftfeuchtigkeit, wie sie durch Verdampfen und Vernebeln wassermischbarer Kühlschmierstoffe entstehen kann, wird aus Gründen des Korrosionsschutzes verlangt.
- Luftreinheit und Zugfreiheit kann zum Beispiel beim Kleben und Beschichten von Oberflächen eine Rolle spielen.

Die entsprechenden Parameter sind abzuleiten aus:

- der sachlichen Beschreibung der zu fertigenden Produkte (z. B. Maßtoleranzen, Oberflächengüte),
- der Spezifik des technologischen Verfahrens (z. B. Möglichkeit chemischer Reaktionen mit Luftschadstoffen),
- den Angaben des Herstellers der eingesetzten Maschinen und Anlagen (z. B. Gewährleistungs- und Garantiebedingungen, technische Beschreibung) und
- den Sicherheitsdatenblättern von Hilfs- und Betriebsstoffen, die in die Luft gelangen können.

5.5.1.4 Anforderungen des Umweltschutzes

Die Erfüllung der Forderungen des Arbeits- und Gesundheitsschutzes sowie die Einhaltung der technologischen Forderungen seitens der Lufttechnik bringen umweltrelevante Probleme mit sich.

Zum einen ist für das Betreiben der Anlagen ein Energieaufwand und ggf. der Einsatz von Betriebsstoffen notwendig, zum anderen wird die Umwelt durch die Abfuhr schadstoffhaltiger Luft aus der Produktionshalle belastet (s. Abb. 5.28).

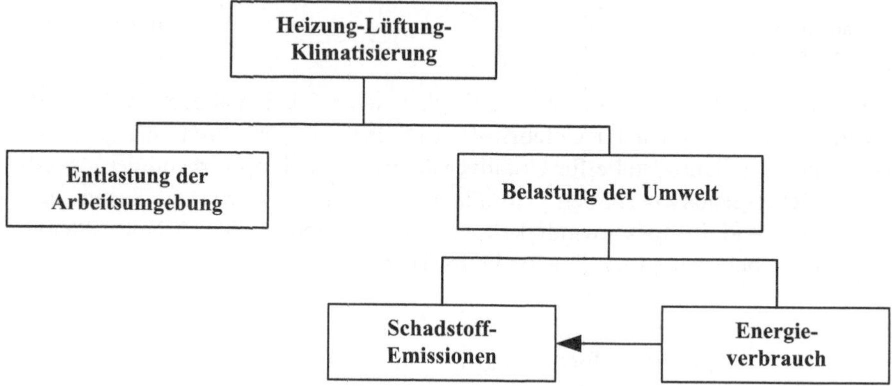

Abb. 5.28. Ent- und belastende Wirkung der HLK

Seitens des Umweltrechts regelt die Technische Anleitung zur Reinhaltung der Luft (TA Luft) die Abluftführung in die Atmosphäre. Sie schreibt z. B. für Staub einen Grenzwert von 50 mg/m³ vor. Die Grenzwerte für Ölnebel und für die Gasphase in der Abluft sind nach Klassen differenziert. Die Klassen sind im Sicherheitsdatenblatt der eingesetzten Stoffe vermerkt.

Im Rahmen der Heizungsplanung sind das Energieeinspargesetz und die DIN 18.599 zu beachten.

5.5.2 Planung von HLK-Anlagen

5.5.2.1 Überblick

Die Planung von HLK-Anlagen wird in der Industrie in der Regel durch die Planung der Lüftung dominiert. Nachfolgendes Schema stellt wesentliche Schritte eines solchen Planungsablaufs vor (s. Abb. 5.29).

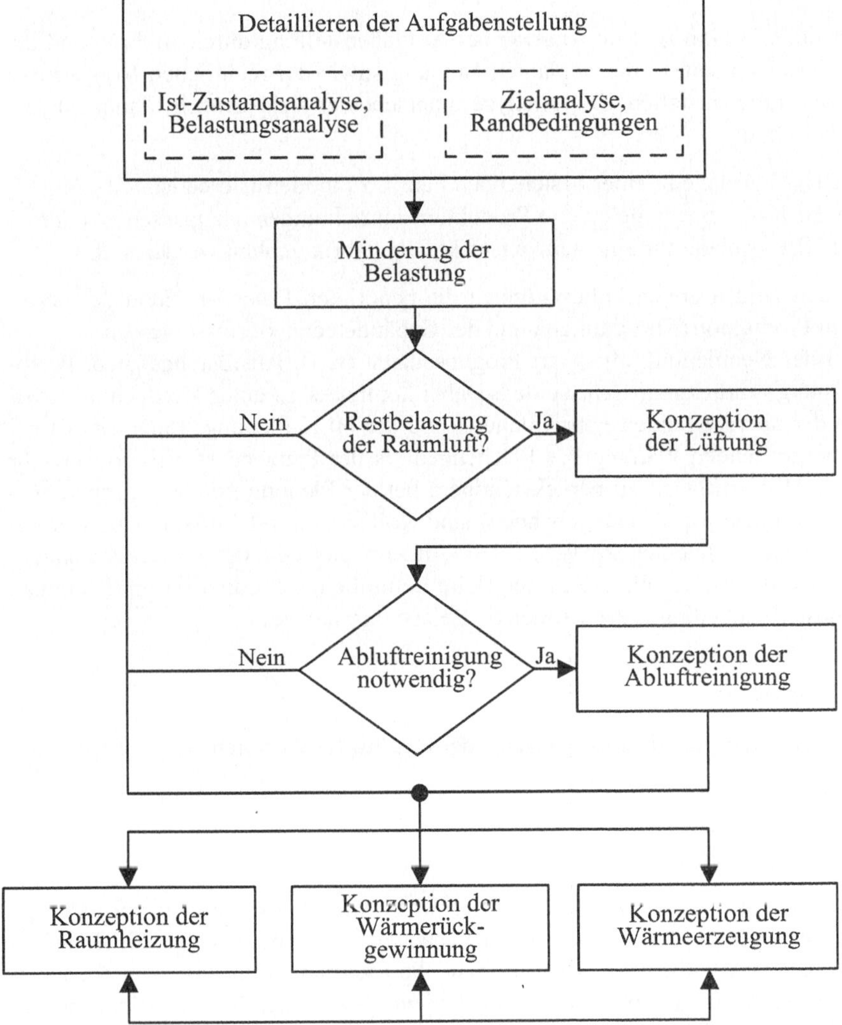

Abb. 5.29. Typischer Planungsablauf für HLK-Anlagen in Produktionsbetrieben

Die folgenden Abschnitte konzentrieren sich auf die Detaillierung der Aufgabenstellung, die Minderung der Belastung und die Konzeption der Lüftung und Heizung. Die Wärmeerzeugung und Wärmerückgewinnung wurde bereits im Zusammenhang mit der Prozesswärme erläutert (s. Abschn. 5.3.2 und Abschn. 5.3.3).

5.5.2.2 Detaillieren der Aufgabenstellung

Planungsfall

Zu Planungsbeginn ist eine Analyse der Aufgabenstellung durchzuführen und die Anforderungen seitens der geplanten Nutzung sowie der rechtlichen Vorschriften sind zusammenzustellen. Die Analyse unterscheidet sich je nach Planungsfall – also danach, ob:

- die HLK-Anlage in einer bestehenden Fabrik zu modernisieren ist,
- die HLK-Anlage an geänderte Produktionseinrichtungen anzupassen ist oder
- die HLK-Anlage für eine neu zu errichtende Fabrik geplant werden soll.

In den beiden ersten Fällen können die benötigten Daten an Hand der bestehenden Produktionseinrichtungen und der Gebäudetechnik erfasst werden.

Bei der Neuplanung muss auf Prognosedaten (z. B. Ausrüstungslisten, Personalplanung) zurückgegriffen werden. Dabei kommt es zu einer Verflechtung zwischen der übergreifenden Fabrikplanung und der HLK-Planung: Einerseits ist bei der übergreifenden Planung des Flächenbedarfs der Platzbedarf insbesondere für zentrale HLK-Anlagen zu berücksichtigen; bei der Planung von logistischen Fördereinrichtungen (z. B. Hängebahnen) sind Kollisionen mit Luftkanälen, Wärmestrahlern und Schächten zu vermeiden. Andererseits benötigt die HLK-Planung einen Belastungsplan für die in der Halle befindlichen Produktionseinrichtungen und muss Randbedingungen kennen (s. Belastungsanalyse).

Belastungsanalyse

Bei der Belastungsanalyse ist zunächst der Lastfall festzustellen:

- Stofflast,
- Wärmelast oder
- kombinierte Stoff- und Wärmelast.

Schadstoffe in der Arbeitsluft können in verschiedenen Formen vorliegen (s. Abb. 5.30). Art und Konzentration der Schadstoffe entscheiden über die Zulässigkeit in der Arbeitsluft. Prozessplaner bzw. die Lieferanten von Ausrüstungen sind in der Regel dazu zu verpflichten, Angaben zu spezifischen Schadstoffemissionen ihrer Anlagen zu liefern. Werden von Produktionsanlagen gravierende Emissionen freigesetzt (z. B. Lösemittel beim Lackieren, Stäube beim Strahlen) sind die Anlagen häufig bereits mit Abluft-Erfassungseinrichtungen ausgerüstet.

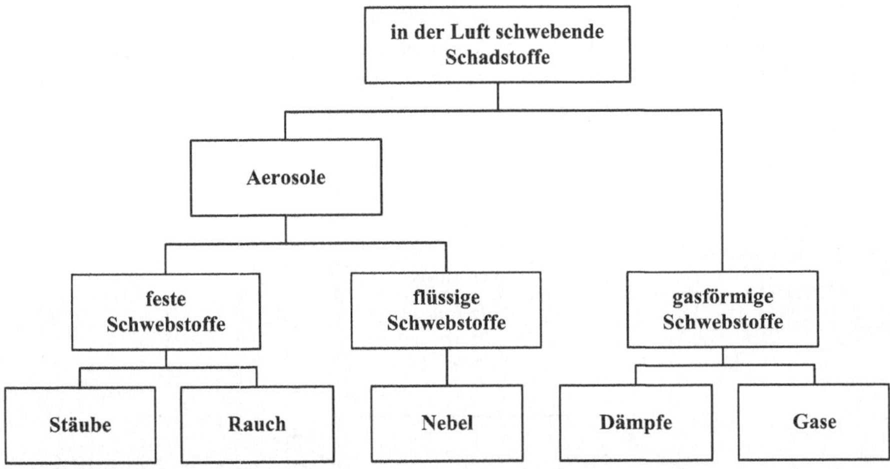

Abb. 5.30. Schadstoffe in der Arbeitsluft

Neben verfahrensspezifischen Emissionen, die einer besonderen Absaugung bedürfen, treten stets Raumluftbelastungen durch Staubaufwirbelungen, Ölnebel und Dämpfe, Kühlschmierstoffe, ggf. Fahrzeugabgase und die ausgeatmete Luft der Mitarbeiter auf. Sind konkrete Stofflasten nicht bekannt, können Richtwerte nach den Richtlinien VDI 2048 und VDI 3802 verwendet werden.

Die Wärmelast Q_{Ges} ergibt sich aus der Wärmeabgabe der Personen Q_P, der Maschinen Q_M, der Beleuchtung Q_{Bel} und solarer Wärmegewinne Q_S.

$$Q_{Ges} = Q_P + Q_M + Q_{Bel} + Q_S \tag{5.22}$$

Die Wärmelasten entsprechen in der Regel der tatsächlich aufgenommenen mittleren elektrischen Energie aller Betriebsmittel und sonstiger technischer Einrichtungen. Zusätzlich liefert jede Person, die sich in der Fabrik aufhält, ca. zehn Watt Körperwärme. Insgesamt liegen die Wärmelasten in Produktionshallen zwischen 50 und 250 Watt pro Quadratmeter (VDI 3802).

5.5.2.3 Minderung der Belastung

Bezüglich der Stofflasten sind zunächst verfahrenstechnische Maßnahmen zur Gefahrstoffvermeidung bzw. Emissionsminderung auszuschöpfen, bevor lufttechnische Maßnahmen vorgesehen werden.

Zu den verfahrenstechnischen Maßnahmen zählen:

- der Einsatz von Ersatzstoffen mit geringerem Gefahrenpotenzial,
- der Einsatz eines ungefährlicheren Ersatzverfahrens und
- die Verbesserung der Produktionstechnik.

Durch geeignete verfahrenstechnische Maßnahmen lassen sich oft Investitions- und Betriebskosten für die Lufttechnik einsparen. Der prinzipielle Ablauf bei der Suche nach Ersatzstoffen und -verfahren ist schematisch in Abb. 5.31 dargestellt.

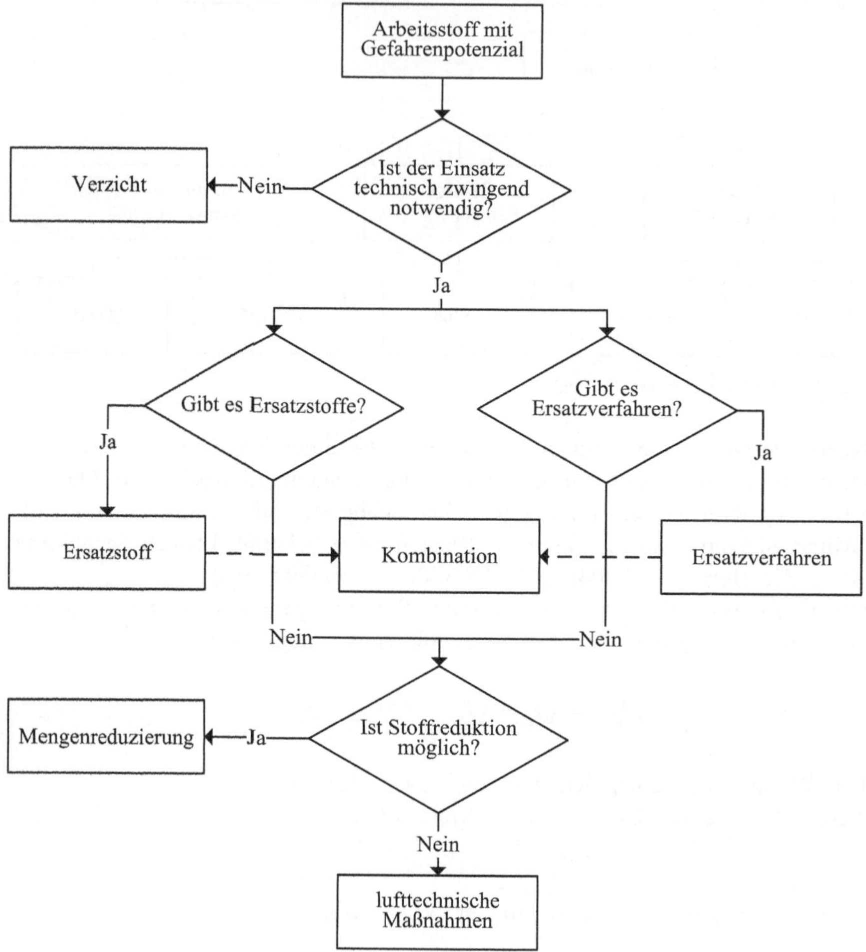

Abb. 5.31. Suche nach Ersatzstoffen und -verfahren

5.5.2.4 Konzeption der Lüftung

Das Luftführungskonzept umfasst:

- die Luftströmungen und Luftzonen im Raum,
- die Zuluftführung,
- die Ablufterfassung,
- die Abluftführung und
- die Abluftreinigung.

Luftströmungen und Strömungsbereiche

In der Produktionshalle stellen sich verschiedene Luftströmungen ein (s. Abb. 5.32). Zu den wichtigsten Einzelströmungen zählen:

- die Zuluftströmung,
- die Senkenströmung (Strömung, die bei der direkten Erfassung durch Absaugung entsteht),
- die Thermikströmung (Auftrieb an und über Produktionseinrichtungen infolge von Wärmeentwicklung) und
- die freie Konvektion an Hallenwänden (Fall- oder Auftriebsströmung infolge der Temperaturunterschiede zwischen Wand und Raumluft).

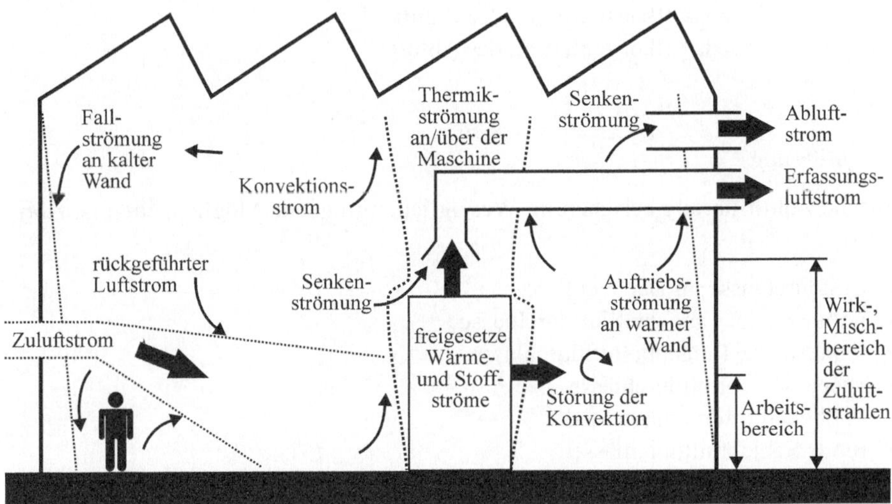

Abb. 5.32. Strömungsvorgänge, Strömungsbereiche und Wechselwirkungen in Produktionshallen nach (VDI 1993)

Im Sinne einer energieeffizienten Luftführung sollten die Zuluft- und die Senkenströmungen so gestaltet werden, dass sie zu den natürlichen Strömungsvorgängen synchron verlaufen bzw. diese nur wenig stören: Denn die freie Konvektion bzw. die Thermikströmung transportiert bereits selbsttätig und ohne weiteren Energieeinsatz Schadstoffe und Wärme aus dem Arbeitsbereich in die oberen Bereiche der Halle, wo sie relativ aufwandsarm abgeführt werden können (Abluftstrom).

Die HLK-Planer analysieren die Luftführung mit einem Zonenmodell, bestimmen Zu- und Abluftströme (Luftwechselraten), legen Art und Anordnung der Luftdurchlässe fest und müssen die Zulässigkeit der Schadstoffbelastung durch die Berechnung von Belastungsgraden im Arbeitsbereich nachweisen. Dies erfolgt z. B. durch Zonenbilanzgleichungen, aus denen sich die Berechnung für die erforderlichen Zuluftströme, die sich einstellenden Stoffkonzentrationen und Temperaturen sowie die Wärme- und Stoffbelastungsgrade ableiten lassen.

Um die lastmindernde Wirkung für den Arbeitsbereich und die Qualität der Luftführung bewerten zu können, wurde der Belastungsgrad eingeführt. Der Belastungsgrad μ_S gibt das Verhältnis von direkt erfasstem zu freigesetztem Stoffstrom an und wird wie folgt ermittelt:

$$\mu_S = \frac{(c_{AB} - c_Z)}{(c_A - c_Z)} \tag{5.23}$$

c_{AB} … Schadstoffkonzentration im Arbeitsbereich
c_Z … Schadstoffkonzentration der Zuluft
c_A … Schadstoffkonzentration der Abluft

Zuluftführung

Für die Zuluftführung bestehen im Wesentlichen folgende Möglichkeiten (s. Abb. 5.33):

- Luftdurchlässe im Dachbereich,
- impulsreiche Tangentialluftdurchlässe,
- impulsarme Tangentialluftdurchlässe,
- ebene Schichtluftdurchlässe,
- Fußbodenluftdurchlässe und
- runde Schichtluftdurchlässe.

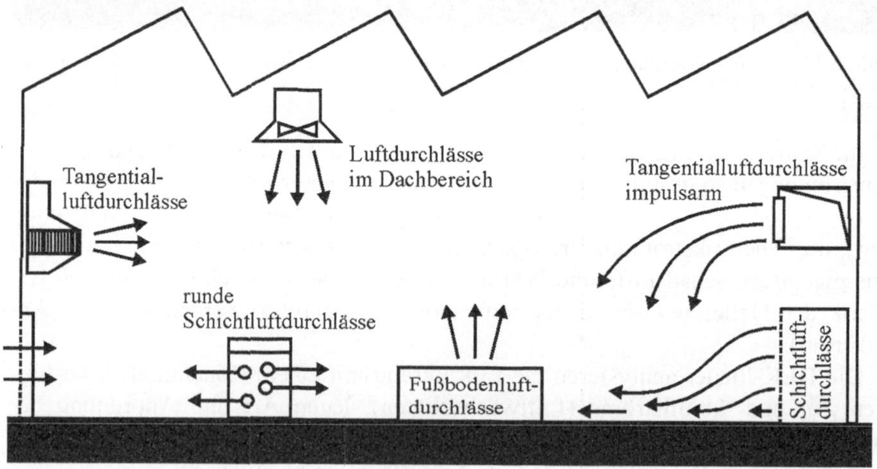

Abb. 5.33. Zuluftführung in Produktionshallen

Wird die Zuluft mit hohem Strahlimpuls eingebracht, bildet sich durch die Induktionswirkung eine Mischströmung. Bei dieser sogenannten Mischlüftung werden noch vorhandene, nicht einzeln erfasste Schadstoffe nahezu gleichmäßig in der Halle verteilt (Belastungsgrad von ca. 1,0). Wird die Zuluft dagegen impulsarm und in Bodennähe eingeblasen, entsteht eine Schichtströmung. Darin steigen leichte bzw. von Thermikströmen getragene Schadstoffe in den oberen Hallenbereich auf, was den Arbeits- und Aufenthaltsbereich deutlich entlastet. Dementsprechend kommt die impulsarme Lüftung – gegenüber der Mischlüftung – mit geringeren Luftwechselraten und einem geringeren Energieverbrauch aus. Die impulsarme Lüftung ist u. a. für Aerosole (z. B. Kühlschmierstoffnebel) geeignet. Sind die Schadstoffe schwerer als Luft (feste Schadstoffe wie Stäube), so ist die Zuluft besser von oben einzublasen und die Abluft in Bodennähe zu erfassen.

Einen Vergleich der mittleren Belastungsgrade im Arbeitsbereich, die sich allein durch Variation der Zuluftzuführung einstellen, zeigt Abb. 5.34. Sollen gleich niedrige Belastungsgrade erreicht werden, müssen bei der Verwendung von Tangentialdurchlässen etwa dreimal höhere Luftströme realisiert werden als beim Einsatz von Fußbodendurchlässen. Im Interesse der Energieeffizienz sind also bodennahe und impulsarme Zuluftführungen zu bevorzugen.

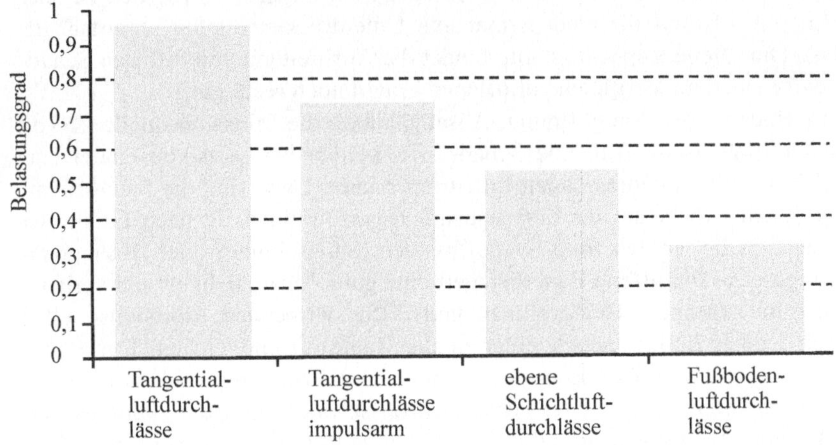

Abb. 5.34. Mittlere Belastungsgrade von verschiedenen Zuluftzuführungen nach (Detzer 1993)

Ablufterfassung

Die Ablufterfassung kann als quellennahe Einzelerfassung und/oder als allgemeine Raumlufterfassung erfolgen. Die Konzeption der Erfassungseinrichtungen soll so erfolgen, dass die Schadstoffe mit geringen Luftströmen vollständig erfasst werden.

Soweit möglich, sollten luftgetragene Schadstoffe an der Quelle ihres Entstehens erfasst werden. Die quellennahe Erfassung benötigt deutlich geringere Luftströme und damit weniger elektrische Energie für den Antrieb der Ventilatoren als eine vergleichbare allgemeine Raumlüftung.

Die Erfassungssysteme unterscheiden sich nach drei Bauarten:

- Geschlossene Bauart (geschlossene Kapselung): die emittierende Anlage, z. B. die Werkzeugmaschine, ist vollständig eingehaust und bis auf definierte Zu- und Abluftöffnungen abgedichtet. Durch die Abluftöffnung wird die schadstofftragende Luft abgesaugt. Der entstehende Unterdruck lässt durch die Zuluftöffnung saubere Luft nachströmen, so dass beim Öffnen der Einhausung – z. B. zur Beschickung – keine Luftschadstoffe mehr vorhanden sind. Die geschlossene Bauart verhindert so am besten, dass Schadstoffe in die Raumluft entweichen. Die geschlossene Kapselung eignet sich für kleinere bis mittlere kompakte Anlagen, deren Arbeitsraum während der Bearbeitung nicht zugänglich sein muss. Der Beschickungszyklus sollte vergleichsweise lang dauern (z. B. CNC-Komplettbearbeitung).
- Halboffene Bauart (offene Kapselung): die emittierende Anlage ist weitgehend von einer Einhausung umschlossen, besitzt jedoch permanente Öffnungen, so dass kein Unterdruck gehalten werden kann. Nahe der Emissionsquelle erfolgt eine Absaugung analog zur offenen Bauart. Die halboffene Bauart ist geeignet, wenn ein permanenter (kleinflächiger) Zugang zur Anlage erforderlich ist oder der Energieaufwand für eine permanente Unterdruckerzeugung unwirtschaftlich ist. Die offene Kapselung unterbindet die Ausbreitung von diffusen Schadstoffemissionen im Vergleich zur offenen Bauart noch recht gut.
- Offene Bauart (freie Saugöffnung, Absaughaube): die Emissionsquelle ist von jeglicher Einhausung frei. Die Schadstoffe werden lediglich von einem entsprechend stark zu bemessenden Luftstrom erfasst. Dazu sind die Saugöffnungen möglichst dicht an der Emissionsquelle anzubringen. Je nach Größe der Emissionsquelle werden freie Saugöffnungen (Saugschlitze) oder Absaughauben eingesetzt. Die offene Bauart sichert eine gute Zugänglichkeit und verlangt geringe Investitionen. Bei größeren und diffus wirkenden Emissionsquellen können jedoch Emissionen leichter in die Raumluft entweichen. Der Erfassungsstrom bedarf hoher Energieaufwände. Der Erfassungsgrad einer Saughaube wird vor allem von ihrer Form beeinflusst. In den meisten Fällen werden Saughauben als Diffusor ausgebildet. Die Saugwirkung nimmt bei dieser Bauform mit zunehmendem Öffnungswinkel ab. Der Öffnungswinkel sollte 60 Grad nicht überschreiten (Baturin 1972). Hauben mit Doppeltrichtern bzw. mit zwei- oder mehrfachem Anschluss und Leitblechen sind daher günstiger als eine Haube mit großem Öffnungswinkel.

Die Wahl des Erfassungssystems hängt maßgeblich von der Größe der Emissionsquelle, der Richtung und Stärke der Emission sowie von der notwendigen Zugänglichkeit ab. Dies wird nachfolgend am Beispiel von Gestaltungsempfehlungen für die Erfassung von Luftschadstoffen bei der spanenden Metallbearbeitung illustriert (Steck 2000):

- Drehmaschinen und Bearbeitungszentren sind wegen der starken Verwirbelung und Vernebelung von Kühlschmierstoffen bevorzugt einzuhausen. Die Absaugung sollte, auf Grund der mit Thermikströmen aufsteigenden Aerosole, im oberen Bereich der Kapsel und, auf Grund der dort lokal hohen Partikelkonzentration, gegenüber der Spindel erfolgen. Zur Bearbeitungsstelle ist so viel Abstand zu wahren, dass keine größeren Flüssigkeitstropfen angesaugt werden. Diese würden Erfassungseinrichtungen, Abluftkanäle und Abscheider versotten. Vor der Absaugöffnung angebrachte Prallplatten oder Tropfenabscheider können dies zusätzlich verhindern. Mit Spritzblechen wird bereits das Verwirbeln des Kühlschmierstoffs beim Auftreffen auf das rotierende Werkstück bzw. Werkzeug gehemmt. In der Einhausung ist stets ein Unterdruck zu halten, um das diffuse Entweichen von Schadstoffen zu verhindern (Luftwechselzahl von mindestens 4 min^{-1}, Ansauggeschwindigkeit an jeder Ansaugöffnung wenigstens 2 m/s). Idealerweise sollten auch die Austragstellen für Werkstücke und Späne sowie die Vorratsbehälter für Kühlschmierstoffe eingehaust sein, da dort noch Kühlschmierstoffe abdampfen (Ansauggeschwindigkeiten von 0,25 bis 0,5 m/s).
- Schleifmaschinen, besonders Rundschleifmaschinen, werden wegen der besseren Zugänglichkeit nur teilweise gekapselt. Daher sind sowohl Stäube (Abrieb von der Schleifscheibe und zerspanter Werkstoff) als auch Kühlschmierstoffnebel und -dampf mit freien Saugöffnungen zu erfassen. Dies erfolgt im Bearbeitungsraum – in Verlängerung der Richtung, in die der Kühlschmierstoff von der Schleifscheibe beschleunigt wird –, am Späneabscheider und am Kühlschmierstoffbehälter.
- Beim Zurichten der Schleifscheiben sind die frei werdenden Schleifkörner abzusaugen. Bis zu einer Saugentfernung von ca. 200 mm werden Saugrohre verwendet (Ansauggeschwindigkeit an der Saugöffnung mindestens 2 m/s, Durchmesser der Rohrenden mindestens DN 150 mm). Für größere Entfernungen sind Saughauben notwendig.

Die vollständige Erfassung von Schadstoffen am Emissionsort ist jedoch nicht immer umfassend möglich. Daher ist in der Regel eine zusätzliche Raumlüftung erforderlich. Die Raumlüftung hat die Aufgabe, die Konzentration der nicht direkt erfassbaren, luftfremden Stoffe auf die Arbeitsplatzgrenzwerte (AGW) herabzusetzen. Der dazu notwendige Energieaufwand hängt sehr stark von der Art der Luftführung im Raum bzw. der Halle ab. Bei der Konzeption der Luftführung, insbesondere bei gekoppelter Wärme- und Stoffbelastung, sollten nach Möglichkeit lastmindernde Luftführungskonzepte angewandt werden.

Abluftführung

Die erfasste Abluft wird üblicherweise in einem Leitungsnetz geführt (geschweißte Stahlrohre in verzinkter oder lackierter Qualität, Flanschverbindungen). Die wirtschaftliche Strömungsgeschwindigkeit liegt zwischen 7 und 8 m/s.

Kanallängen über 70 Meter zwischen Lüftungszentrale und Erfassung sowie starke Verzweigungen sollten vermieden werden (hohe Druckverluste, hoher Energieverbrauch, hohe Betriebskosten, hoher Schallpegel, aufwendige Brandschutzmaßnahmen).

Um das Ablagern fester Partikel zu vermeiden, muss die Luft mindestens mit 2 m/s strömen. Eine Ablagerung flüssiger Partikel kann dagegen nicht ausgeschlossen werden. Deshalb sind die Leitungen absolut dicht sowie mit einem Gefälle und Sammelbehältern auszuführen.

Abluftreinigung

Um die Abluft von Schadstoffen zu reinigen, stehen verschiedene Abscheider zur Verfügung. Abbildung 5.35 zeigt prinzipielle Auswahlmöglichkeiten für Abscheider. Nachfolgend sind wesentliche Vor- und Nachteile sowie empfohlene Lösungen zusammengestellt (Steck 2000, Ströder 1993).

Zunächst erfassen *Vorabscheider* die festen Partikel und größere Tröpfchen. Dafür werden mechanische Filter (Rastergitter, Metallgestricke) eingesetzt. Diese lassen sich leicht reinigen und damit wiederverwenden, führen nur zu leichten Druckverlusten in den Abluftleitungen und sind in Anschaffung und Betrieb vergleichsweise günstig. Vorabscheider entfernen damit bereits den volumenbezogenen größten Teil der Schadstoffe aus der Abluft typischer Industriebetriebe.

Für das Erfassen sehr kleiner Partikel und besonders von Aerosolen sind *Feinfilter* notwendig. Der Vorabscheider übernimmt dann zusätzlich die Funktion, den Feinfilter vor Versottung zu schützen. Zu den Feinfiltern zählen:

- Elektrostatische Filter: die Leistung des Elektrostaten ist präzise mit der Strömungsgeschwindigkeit bzw. dem Volumenstrom abzustimmen. Dann arbeiten elektrostatische Filter mit einem hohen Abscheidegrad und geringem Wartungsaufwand. Elektrofilter eignen sich sowohl für an Maschinen erfasste als auch für allgemein erfasste Luft. Anschaffungs- und Betriebskosten sind moderat. Abgeschiedenes Öl kann wieder verwendet werden. Bei Verschmutzung sinkt die Abscheideleistung.
- Oberflächenfilter: scheiden zuverlässig noch kleinste Partikel bis zu 0,1 μm ab. Sie sind jedoch in der Anschaffung und bezüglich der Energiekosten vergleichsweise teuer. Bei hohem Staubanteil und für synthetische Stoffe sind sie nicht verwendbar. Der Filter muss nicht gewechselt werden. Abgeschiedenes Öl ist wieder verwendbar.
- Tiefenabscheider: entfernen alle Luftschadstoffe außer Dampf bis zu einer Partikelgröße von 0,3 μm. Das Filtermaterial (Vliese, Matten, Kassetten) muss bei Sättigung ausgetauscht werden. Die Anschaffungskosten sind gering, die Energiekosten jedoch relativ hoch.
- Nassabscheider: scheiden Dampf, Nebel und Staub gemeinsam ab. Sie sind in der Anschaffung und Wartung die aufwendigste und teuerste aber für Abluft mit hohem Dampfanteil meist die einzige Lösung.

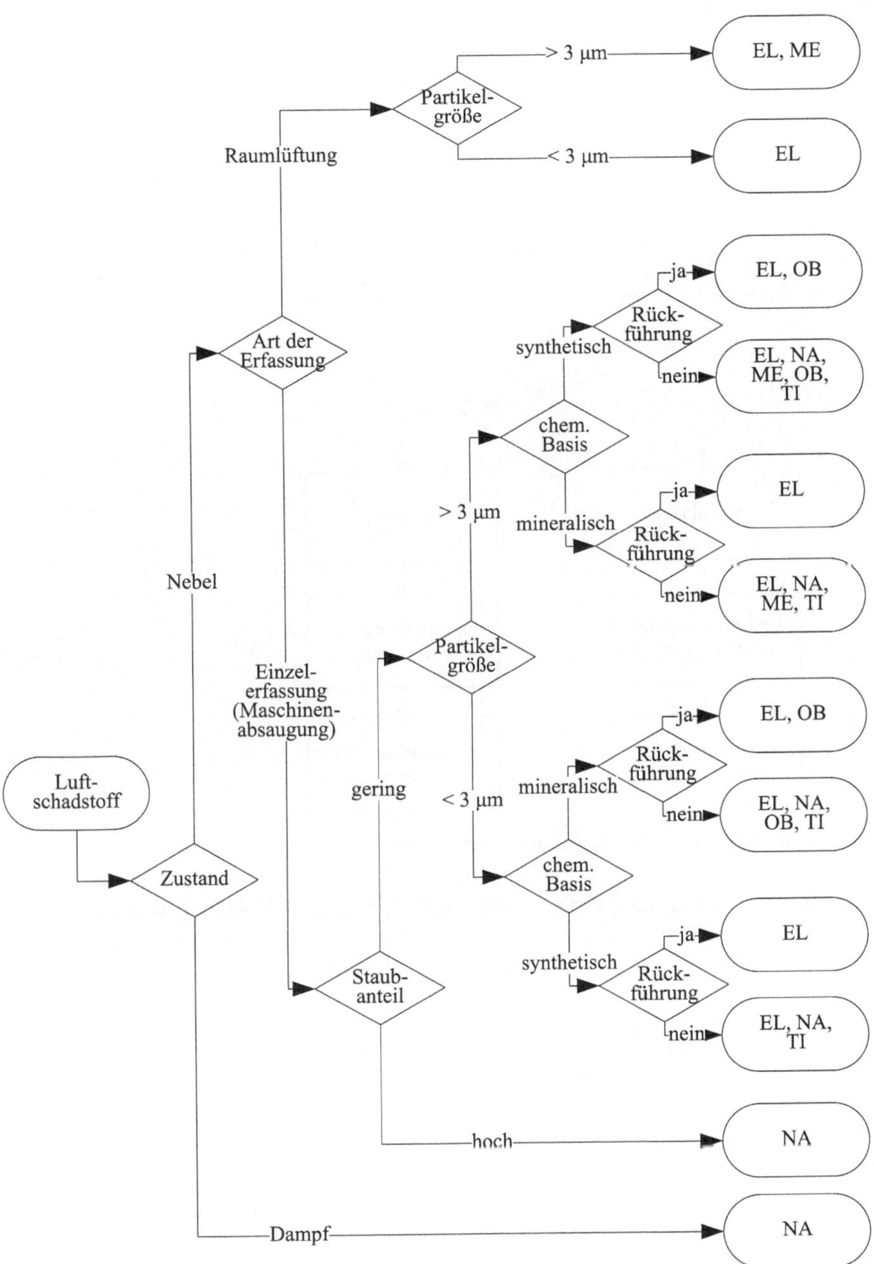

Abb. 5.35. Auswahl von Abscheidern für kühlschmierstoffbelastete Luft, eigene Darstellung nach (Ströder 1993); EL … elektrostatischer Abscheider, NA … Nassabscheider, ME … Magnetabscheider, OB … Oberflächenabscheider, TI … Tiefenabscheider

5.5.2.5 Konzeption der Heizung

Die Konzeption der Heizung beginnt mit einer Wärmebilanzierung (s. Abb. 5.36). Aus der Wärmebilanz wird der Lastfall (Heizen/Kühlen) bestimmt und – für den Heizfall – die bereitzustellende Heizleistung bzw. der Heizwärmebedarf abgeleitet.

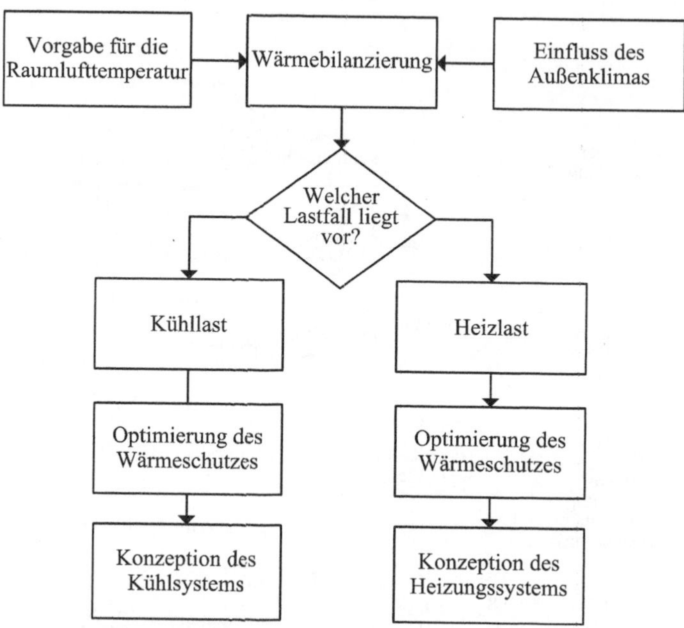

Abb. 5.36. Konzeption des Heizungs- oder Kühlsystems

Der Jahresheizwärmebedarf Q_H berechnet sich nach DIN 4108-6 wie folgt:

$$Q_H = Q_T + Q_V - \eta \cdot (Q_I + Q_S) \tag{5.24}$$

Q_T … Transmissionsverluste durch die Gebäudehülle
Q_V … Lüftungswärmeverluste
Q_S … solare Gewinne
Q_I … innere Gewinne (Maschinen, Anlagen, Personen und Geräte)
η … Nutzungsgrad

Der Nutzungsgrad η gibt an, welcher Anteil der inneren und solaren Gewinne im Gebäude als Wärmebeitrag nutzbar ist. Er hängt von der Wärmespeicherfähigkeit des Gebäudes und von Wärmegewinnen und -verlusten ab.[30]

[30] Zum Beispiel führen im Winter relativ niedrige solare Gewinne bei gleichzeitig hohen Transmissionsverlusten zu einem Nutzungsgrad von annähernd eins. Im Sommer leisten die Wärmegewinne keinen sinnvollen Beitrag zur Heizung sondern überhitzen das Gebäude ($\eta = 0$).

Abbildung 5.37 zeigt die Abhängigkeit der Wärmeverluste von der Luftwechselzahl.[31] Die Darstellung belegt, dass Lüftungsanlagen, die mit geringen Luftströmen auskommen, energetisch in zweifacher Hinsicht vorteilhaft sind:

- der Elektroenergiebedarf für Ventilatoren und
- der Wärmebedarf für das Heizen der nachströmenden Zuluft ist geringer.

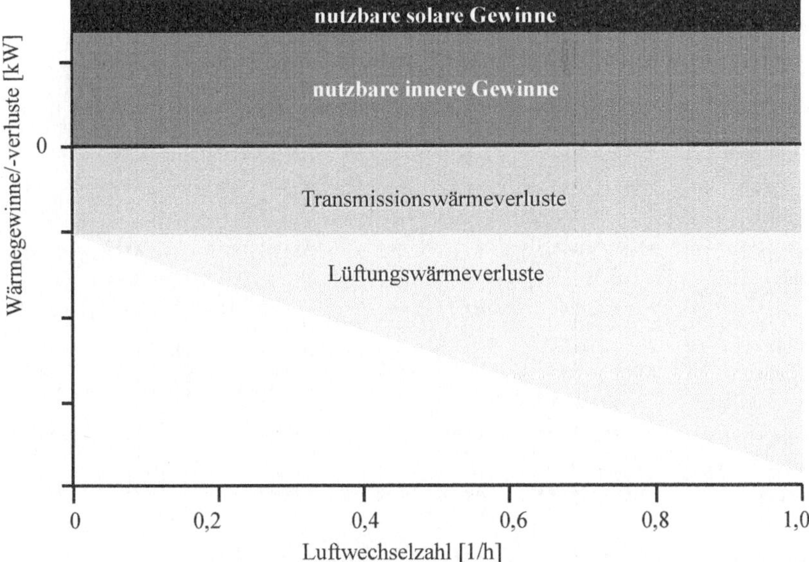

Abb. 5.37. Wärmegewinne und -verluste in Abhängigkeit von der Luftwechselzahl

Gleichzeitig wird deutlich, dass das Heizungskonzept in Fabriken oft vom Lüftungskonzept bestimmt wird: Der lüftungsbedingt notwendige Zuluftstrom ist im Winter zu beheizen. Damit wird oft schon die geforderte Raumlufttemperatur erreicht.

Weiterhin bestimmt das Lüftungskonzept die in der Abluft enthaltene Wärmemenge. Diese Abwärme kann ggf. zurückgewonnen, das heißt, zur Erwärmung der Zuluft oder in anderen geeigneten Raumheizungssystemen eingesetzt werden. Dies trägt maßgeblich zur Ressourcenschonung und Emissionsminderung bei.

Klimahygienisch und unter Behaglichkeitsaspekten sind Luftheizungen jedoch eher nachteilig (Zugluft, Staubaufwirbelung, geringes subjektives Behaglichkeitsempfinden). Deshalb – und falls die Zuluftheizung nicht ausreicht – werden zusätzliche Heizsysteme eingesetzt.

Tabelle 5.18 zeigt gebräuchliche Heizungsarten und deren Merkmale. Die energetische Effizienz der Heizung deckt sich im Wesentlichen mit der Wirtschaftlichkeitsbewertung des Heizbetriebs.

[31] Die Gewinne und der Transmissionswärmeverlust sind zur Veranschaulichung als konstant dargestellt. Sie schwanken jedoch auch tages- und jahreszeitlich, witterungsabhängig (solare Gewinne, Transmissionswärmeverluste) und abhängig vom Fabrikbetrieb (innere Gewinne).

Tabelle 5.18. Merkmale verschiedener Heizungsarten (***** … sehr gut, * … ungenügend) nach (Krist 1992)

Heizungsart	**Lufthygiene/Komfort**				**Wirtschaftlichkeit**			
	Staubfreiheit	Verhältnis Wand- zu Lufttemperatur	Strahlungsanteil	Behaglichkeit	Dauerbetrieb	Arbeitsbetrieb	Kurzzeitbetrieb	Anschaffung
Perimeter-Luftheizung	**	**	*	***	**	***	****	****
Infrarot-Heizstrahler	*****	**	***	**	*	**	****	*****
Infrarot-Langfeld- oder Gasstrahler	*****	**	***	**	*	**	****	****
Konvektoren in Fensternische	**	**	*	***	***	***	****	****
Radiatoren an Innenwand	****	**	**	**	****	***	**	****
Radiatoren unter Fenster	****	***	**	****	****	****	***	***
Deckenwarmwasserheizung	*****	****	****	***	****	***	*	**
Lamellendeckenheizung	*****	****	****	***	****	***	**	**
Strahlplattenheizung	*****	****	****	***	****	****	***	*
Fußbodenwarmwasserheizung	*****	*****	****	*****	****	*****	***	**

Eines der wesentlichen Unterscheidungsmerkmale von Heizungen ist die Art der Wärmeabgabe (Konvektion oder Strahlung, s. Abschn. 3.3.2). Strahlungsheizungen (z. B. Fußbodenheizung, Deckenheizung) erwärmen zuerst die Umschließungsflächen (Wände, Fußböden, Decken, Türen, Fenster etc.) und erst über deren Rückstrahlung die Raumluft. Die Raumtemperatur und die Temperaturen der Umschließungsflächen differieren daher kaum. Auch die Temperaturunterschiede über die Raumhöhe hinweg sind vergleichsweise gering und sorgen für „warme Füße" und einen „kühlen Kopf" (s. Abb. 5.38). Diese klimatischen Verhältnisse werden vom Menschen als besonders behaglich empfunden.

Eine maßgebliche Einflussgröße für die Energieeffizienz von Heizungen ist das Temperaturniveau. Sogenannte Niedertemperaturheizungen mit einer Vorlauftemperatur unter 55 oder besser noch unter 40 Grad Celsius sparen wertvolle, hochkalorische Energie (Exergie, s. Abschn. 3.1). Diese Niedertemperaturheizungen sind außerdem besonders geeignet, Wärme aus Rückgewinnungsanlagen zu nutzen (rückgewinnbare Abwärme liegt meist auf einem eher niedrigen Temperaturniveau vor). Niedertemperaturheizungen sind außerdem prädestiniert, an energieeffizienten (Niedertemperatur)-Brennwert-Kesseln betrieben zu werden.

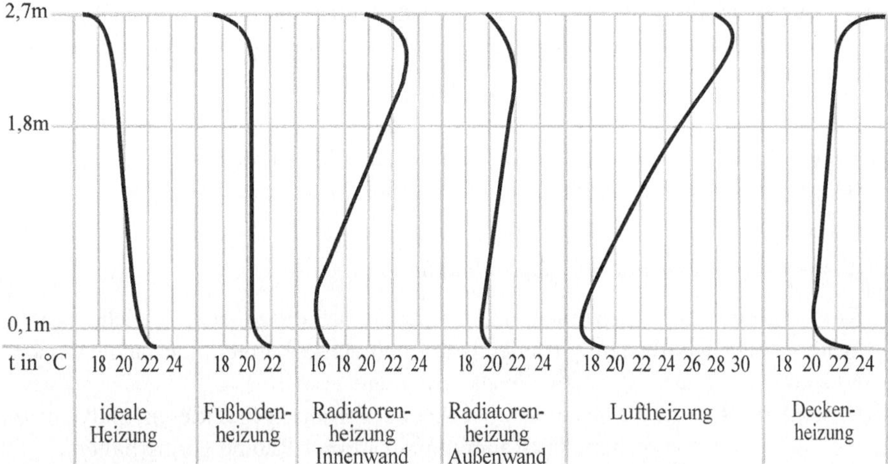

Abb. 5.38. Heizungssysteme und Temperaturverlauf im Aufenthaltsbereich

Für die Wärmeerzeugung stehen prinzipiell die gleichen Technologien zur Verfügung, wie sie bereits in den Abschn. 5.3.2 und 5.3.3 im Zusammenhang mit der Prozesswärme beschrieben wurden.

Weitere Ansatzpunkte zur Verbesserung der Energieeffizienz von Gebäudeheizungen bei der Planung und im laufenden Betrieb sind im Anhang 4.3 aufgelistet.

5.5.3 Zusammenfassung

Die Planung von HLK-Anlagen erfolgt in einem Zusammenspiel von HLK-Fachplanern und Fabrikplanern. Für die Fabrikplanung ergeben sich folgende Einflussmöglichkeiten:

Funktionsbestimmung (Verfahrens- und Maschinenauswahl)

- Verfahren bevorzugen, bei denen keine Luftschadstoffe emittiert werden.
- Falls Schadstoffe in unverträglichen Mengen emittiert werden, Maschinen und Anlagen mit herstellerseitig integrierter Erfassungseinrichtung bevorzugen; Erfassungseinrichtungen nach folgenden Prioritäten vorsehen:
  - Kapselung von Maschinen, Anlagen, Arbeitsbereichen und Vorratsbehältern, in denen Schadstoffe auftreten; Schadstofferfassung direkt aus dem gekapselten Bereich,
  - Einsatz halboffener Erfassungssysteme mit möglichst geringer Öffnungsfläche, wenn Zugänglichkeit zu gewährleisten ist,

- Einsatz offener Erfassungseinrichtungen nur dann, wenn allseitiger Zugang zur Bearbeitungsstelle erforderlich ist; Realisieren eines geringen Abstandes zwischen Bearbeitungsstelle und Saugöffnung, ggf. Nachführen der Erfassungseinrichtung

- Einsatz mobiler Erfassungseinrichtungen bei nicht ortsgebundenen Arbeitsplätzen (z. B. Schweißen) und temporär betriebenen Maschinen und Anlagen (wirtschaftliche Mehrfachnutzung der Erfassungseinrichtung)

Strukturierung und Gestaltung (Layoutplanung)

- Konzentration der Maschinen und Anlagen, bei denen etwa gleiche Stoff-, Wärme- oder Kühllasten entstehen, auf einen Hallenbereich, um lange Versorgungsleitungen und Abluftkanäle zu vermeiden.
- Gesonderte Räume für besonders belastende Verfahren (Lackieren, Galvanisieren, Schweißen) vorsehen, das Raumvolumen dieser Räume gering halten.
- Lüftungs- bzw. Heizungszentralen und die zu belüftenden bzw. zu heizenden Räume (Bereiche) so zueinander anordnen, dass große Kanallängen (über ca. 70 Meter) und viele Verzweigungen vermieden werden (zu hohe Druckverluste, hoher Energieverbrauch, hohe Betriebskosten, hoher Schallpegel, aufwendige Brandschutzmaßnahmen).
- Flächen für (ggf. auch mobile) Erfassungseinrichtungen an Maschinen und Anlagen freihalten.
- Raum für Luftdurchlässe in der Nähe der Emissionsquellen (bis ca. drei Meter über Fußboden) freihalten.
- Raum für die Luftkanäle freihalten. Kollisionen zwischen Logistikeinrichtungen (z. B. Kranbahnen) und Luftkanäle vermeiden.
- Anschlüsse für die Medienversorgung vorsehen (Warmwasser, Kaltwasser, Strom, Druckluft zur pneumatischen Regelung und zu Reinigungszwecken, Entwässerungsanschluss).

Bauplanung und Gebäudegestaltung

- Aufheizen des Gebäudes im Sommer vermeiden (keine großen Fensterflächen nach Süden bzw. äußere Sonnenschutzeinrichtungen vorsehen).
- Passive Solarnutzung in der Heizperiode vorsehen. Durch Einbezug von Speichern (Baumassen u. a.) kann der solare Wärmegewinn der Sommermonate auch später nutzbar gemacht werden.
- Ausreichend Wärmedämmung vorsehen.
- Beheizte Hallen, die oft nach außen geöffnet werden, mit Schleusen (Doppeltoren) oder mit Warmluftschleiern versehen.

Aufgabenstellung für die HLK-Projektierung

Folgende Fragen sind zur Formulierung der Aufgabenstellung für die Projektierung der Heizungs-, Lüftungs- und Klimatechnik zu beantworten:

- Welche Stofflasten werden freigesetzt?
  - Welche und wie viel schädliche Werk-, Betriebs- und Hilfsstoffe werden eingesetzt?
  - Welche und wie viel schädliche Reaktionsprodukte entstehen durch chemische, physikalische und biologische Vorgänge bei der Durchführung des Produktionsverfahrens?
  - Wo werden diese Schadstoffe freigesetzt?
- Welche Wärmelasten werden freigesetzt?
  - Wie viel Wärme entsteht durch Maschinen, Anlagen, Geräte, Beleuchtung? (in der Regel nahezu vollständige Umwandlung der aufgenommenen elektrischen Energie in Wärme); Wie werden die Maschinen zeitlich betrieben (Maschinenlaufzeiten, Gleichzeitigkeitsfaktor, Betriebszustand: Volllast, Teillast, Stand-by)?
  - Wie viele Personen halten sich zu welchen Zeiten in den Räumen auf?
  - Wo befinden sich die Wärmeerzeuger (Maschinen, Beleuchtung, Personen)?
- Wie lange sind Türen und Tore geöffnet?
- Wie liegen die Gebäude oder Räume hinsichtlich Sonneneinstrahlung und Hauptwindrichtung? Welcher Art und Größe sind Fußböden, Decken, Wände, Fenster und Türen? (Bauunterlagen)
- Welche Schadstoffkonzentrationen sind am Arbeitsplatz zulässig bzw. wünschenswert? (rechtliche Vorschriften, Unternehmensziele)
- Welche Temperaturen sind aus arbeitsphysiologischen Gründen einzuhalten?
- Welche Anforderungen stellen sich aus technologischer Sicht an die Reinheit, Temperatur und Feuchte der Luft?
- Müssen die Entstehungsstellen von Schadstoffen und Wärme für Beschickung und Wartung zugänglich sein?
- Welche Räume und Flächen stehen für raumlufttechnische Anlagen zur Verfügung?
- Welche Schadstoffkonzentrationen der in die Umwelt abzuführenden Luft sind zulässig? (rechtliche Vorschriften, Unternehmensziele)
- Welche Sicherheit gegenüber Havarien soll erreicht werden?
- Welche Budgets für Anschaffung und Betrieb der HLK-Anlagen stehen zur Verfügung?

5.6 Gebäude

5.6.1 Überblick

Vorliegender Abschnitt widmet sich dem Fabrikgebäude bezüglich seiner Anordnung, Ausrichtung und Gestalt sowie der Gestaltung der baulichen Hülle. Diese Gebäudeeigenschaften tragen zum Gebäudeenergiebedarf bei durch (s. Abb. 5.39):

- die Beeinflussung der natürlichen Belichtung der Räume,
- die mit dem Gebäude erzielten solaren Wärmegewinne und
- die baulich bedingten Wärmeverluste.

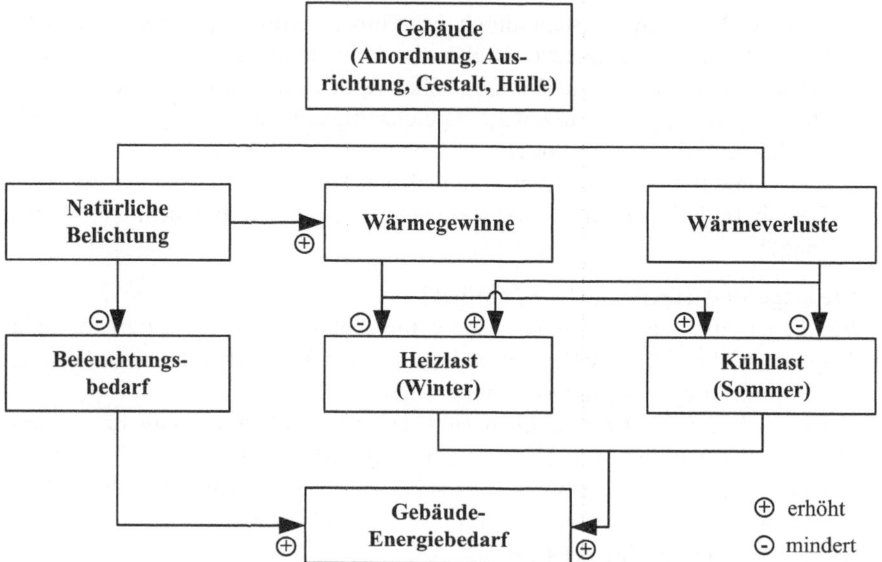

Abb. 5.39. Einflüsse des Gebäudes auf den Gebäudeenergiebedarf

Vor der näheren Beschäftigung mit der baulichen Beeinflussung des Gebäudeenergiebedarfs von Fabriken sei hier an dessen Größenordnung erinnert: Der Anteil der Heizenergie am betrieblichen Gesamtenergieverbrauch beträgt im Mittel der deutschen Industrie nur 9,4 Prozent; etwa 1,8 Prozent werden für die Beleuchtung aufgewendet (s. Abschn. 5.1, Abb. 5.2). Aus diesen Gründen sind die Potenziale für eine bessere Gebäudeenergieeffizienz – im Vergleich zum Wohnen und zu Bürogebäuden – in der Industrie eher nachrangig. Außerdem muss die Verbesserung der Energieeffizienz von Fabrikgebäuden oft an anderen Schwerpunkten ansetzen: So sorgen hohe innere Wärmelasten in vielen Betrieben dafür, dass vor allem stark gelüftet bzw. gekühlt werden muss, während bei den viel diskutierten Wohngebäuden der Heizenergiebedarf bzw. die damit im Zusammenhang stehende Dämmung im Vordergrund stehen.

Angesichts der enormen Herausforderungen, die Klimaschutz und Ressourcenschonung an die Steigerung der Energieeffizienz stellen, dürfen jedoch auch möglicherweise kleinere Einsparpotenziale, die Fabrikgebäude bieten, nicht ungenutzt bleiben.

Eine maßgebliche Verantwortung für die energieeffizienzorientierte Gestaltung von Fabrikgebäuden liegt bei den Architekten und Bauingenieuren. Zahlreiche Schnittstellen zwischen Gebäudeplanung und übergeordneter Fabrikplanung (z. B. Festlegen der Anordnung von Toren in Abhängigkeit vom Materialfluss) bzw. anderen Fachplanungen (z. B. HLK-Planung) verlangen jedoch ein transdisziplinäres Zusammenwirken, das seitens der Fabrikplanung bzw. des Produktionsunternehmens als Bauherr ein inhaltliches Verständnis für energetische Zusammenhänge am Bauwerk voraussetzt.[32] Die folgenden Ausführungen wollen dazu einen Beitrag leisten.

5.6.2 Gebäudeanordnung und -ausrichtung

Gebäudeanordnung und -ausrichtung wirken sich auf die solaren Wärmegewinne, auf Wärmeverluste und auf die Belichtung aus. Im Einzelnen zählen dazu:

- die Ausrichtung des Fabrikgebäudes zum Gang der Sonne,
- die Anordnung gegenüber verschattenden Objekten,
- die Ausrichtung zur Hauptwind-/Wetterrichtung und
- die lokale Beeinflussung von Windrichtung und -geschwindigkeit durch die Gebäudeanordnung.

Die Ausrichtung zur Sonne soll:

- eine starke Aufheizung des Gebäudes im Sommer vermeiden,
- im Winter solare Wärmegewinne als Heizungsunterstützung ermöglichen und
- eine natürliche, blendfreie Belichtung zulassen.

Abbildung 5.40 zeigt die solare Einstrahlung an unterschiedlich ausgerichteten Fassaden zu verschiedenen Jahreszeiten an einem Beispiel. Auffällig sind die, in dieser Höhe von vielen Nichtexperten nicht erwarteten, solaren Gewinne, die im Sommer mit der Ost- und Westfassade erzielt werden. Diese Gebäudeseiten sind daher in Maßnahmen zum sommerlichen Wärmeschutz einzubeziehen (z. B. Anbau von Verschattungselementen).

[32] Allein die energetische Bewertung nach der DIN 18.599, die im Rahmen von Genehmigungsverfahren notwendig ist, verlangt eine integrierte Betrachtung aller die Energiebilanz von Gebäuden beeinflussenden Größen (z. B. innere Wärmelasten, Effizienz der HLK-Anlagen etc.).

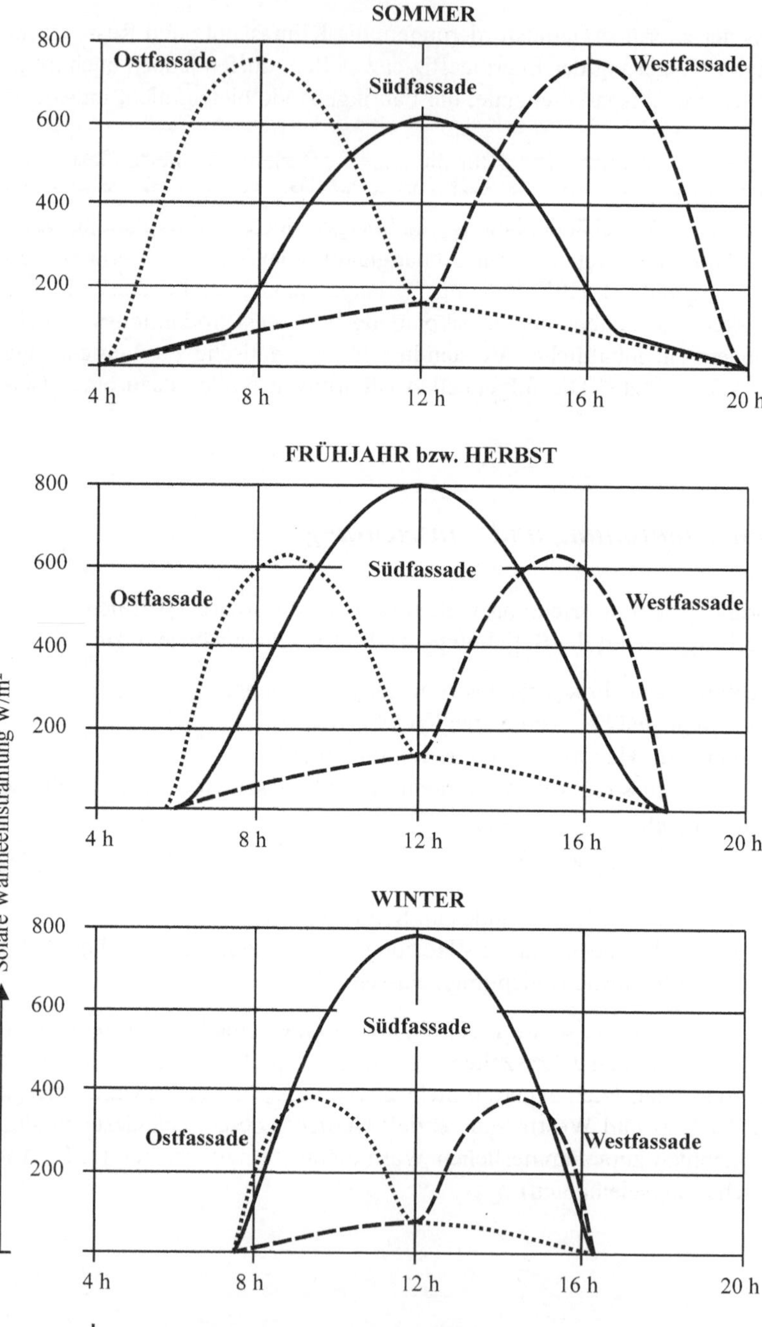

Abb. 5.40. Beispielhafte solare Wärmeeinstrahlung an Strahlungstagen verschiedener Jahreszeiten und auf verschieden ausgerichtete Fassaden, eigene Darstellung nach (Energieagentur NRW 2007a)

Bei der natürlichen Verschattung wird unterschieden zwischen:

- Horizontalverschattung durch Nachbargebäude, Topografie oder Bäume – als eine Frage der Gebäudeanordnung – und
- Leibungsverschattung an den Gebäudeöffnungen – als eine Frage der Gebäudegestaltung.

Zusätzliche bauliche Blendschutz- und Verschattungseffekte können durch erweiterte Dachüberstände, erhöhte Brüstungen, vorgehängte Lamellen, Jalousien, Markisen, Klapp- und Schiebläden und andere Sonnenschutzeinrichtungen erzielt werden. Alternativ kommt auch eine Baumbepflanzung in Frage. Dafür sind insbesondere Laubbäume geeignet, die im Sommer durch ihr Blattwerk schützen und im Winter Wärmeeinstrahlung zulassen.

Hohe Windgeschwindigkeiten am Gebäude sorgen in der Heizperiode für eine stärkere Auskühlung des Gebäudes – insbesondere wenn Tore längere Zeit geöffnet werden müssen. Im Sommer können sie die Kühlung unterstützen. Allgemein werden hohe Luftgeschwindigkeiten jedoch als unbehaglich empfunden. Die Anordnung der Bauwerke (zueinander) kann die Windgeschwindigkeit lokal stark verändern (Helbig et al. 1999):

- In sich verjüngenden Querschnitten von Straßen, Höfen, Durchfahrten und Gebäudeabstandflächen entsteht eine Düsenwirkung, in deren Folge die Windgeschwindigkeit stark ansteigt.
- An Baulücken, Durchfahrten und Straßeneinmündungen entstehen starke Verwirbelungen an den Gebäudekanten.
- Bauwerke, die als Riegel auf die Luftströmung einwirken, verursachen eine horizontale und vertikale Umlenkung der Luftströmung.

Der Einfluss der Luftströmung auf den Energiebedarf des Gebäudes ist jedoch deutlich geringer als der Einfluss solarer Wärmegewinne.

5.6.3 Gebäudegestalt

Die Transmissionswärmeverluste eines Gebäudes (Verluste durch Wärmeleitung) bestimmen sich aus:

- der Hüllfläche
- der stoffspezifischen Wärmeleitfähigkeit der Hülle sowie
- der Differenz zwischen Außen- und Innentemperatur (s. Gl. 3.21, Abschn. 3.3.2).

Eine Gebäudegestalt, die nur eine kleine Hüllfläche aufweist, hilft also, die Transmissionswärmeverluste gering zu halten. Eine maßgebliche Kennzahl für energiesparende Bauweisen ist daher das Verhältnis der Hüllfläche zum umbauten

Gebäudevolumen[33] (sogenanntes A/V-Verhältnis), das auch als Kompaktheit des Gebäudes bezeichnet wird. Bei großen Gebäuden sind A/V-Verhältnisse bis 0,2 m^2/m^3 erreichbar (s. Abb. 5.41).

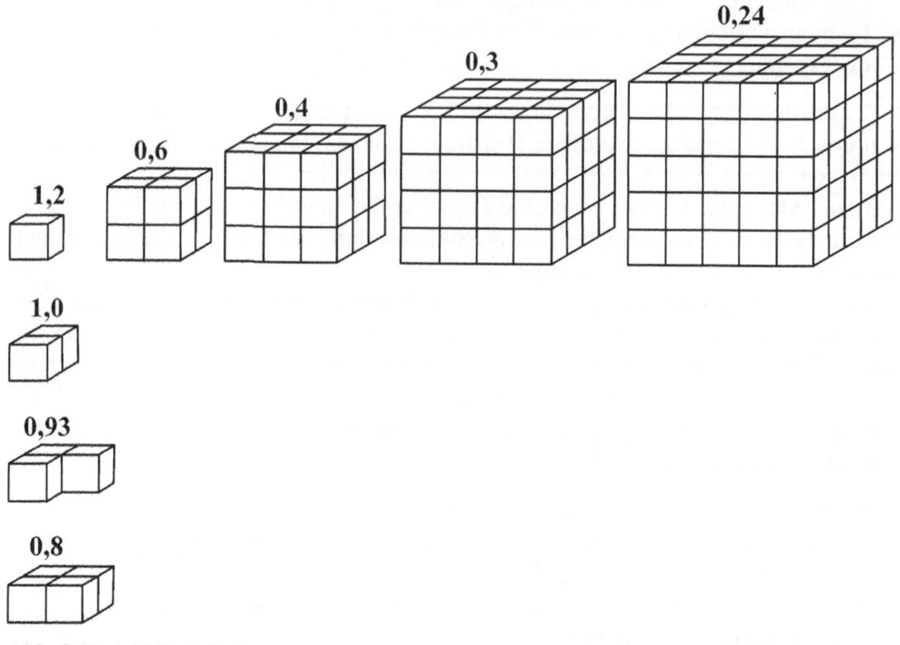

Abb. 5.41. A/V-Verhältnisse verschiedener Gebäudekuben und -größen

Eine Quelle für besonders hohe Transmissionswärmeverluste sind Wärmebrücken. Wärmebrücken sind Teilflächen der Hüllfläche bzw. einzelne Gebäudebauteile, die Wärme besser nach außen leiten als angrenzende Flächen und Bauteile. Wärmebrücken entstehen:

- geometrisch bedingt, wenn die wärmeaufnehmende Innenoberfläche kleiner als die wärmeabgebende Außenoberfläche ist (z. B. an Gebäudekanten und -ecken, s. Abb. 5.42),
- konstruktiv bedingt, wenn Materialien mit hoher Wärmeleitfähigkeit ein Außenbauteil mit besserem Wärmeschutz durchstoßen (z. B. auskragende Stahlbetonträger) und
- durch Mängel bei der Bauausführung (z. B. undichte Stöße in der Dämmung).

[33] Das Gebäudevolumen fungiert im A/V-Verhältnis als nutzenorientierte Bezugseinheit. In der Praxis ist jedoch auch die Form des Gebäudevolumens zu berücksichtigen. Für Fabriken sind in der Regel Kuben zu fordern, um Maschinen sinnvoll aufzustellen, Waren zu lagern etc. Das theoretisch günstigste A/V-Verhältnis hat die Kugel. Jedoch kann bereits eine Halbkugel oder Tonnenform (z. B. Traglufthalle) in der industriellen Praxis meist nicht sinnvoll genutzt werden.

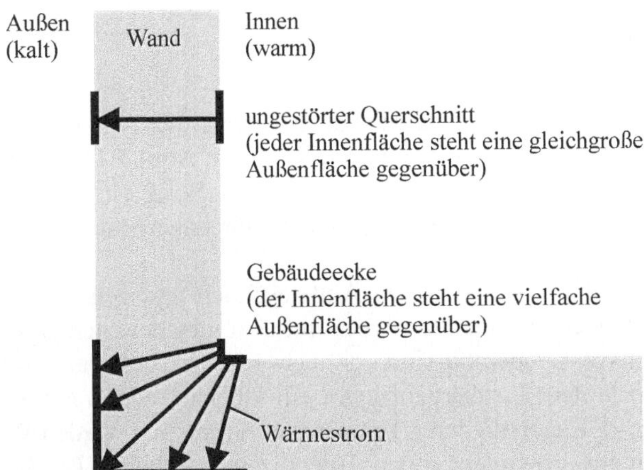

Abb. 5.42. Wärmebrücke an Gebäudeecken, eigene Darstellung nach (Feist 2004)

Durch die stärkere Wärmeleitung ändern sich in Wärmebrücken im Vergleich zum ungestörten Bauteil die Isothermen (Linien gleicher Temperatur, s. Abb. 5.43). Bei niedrigen Außentemperaturen kann sich auf diese Weise der Taupunkt in die Wand verschieben und dort zu Durchfeuchtung und Schimmel führen.

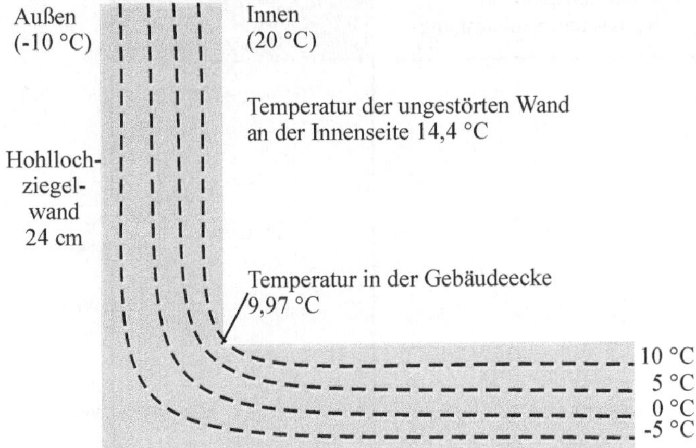

Abb. 5.43. Temperaturverlauf in Gebäudeecken, eigene Darstellung nach (Feist 2004)

Kompakte Baukörper mit geometrisch einfachen Formen ohne Auskragungen, Erker und Durchdringungen der Dämmschicht helfen, Wärmebrücken zu vermeiden bzw. den Aufwand für eine zusätzliche Dämmung von Wärmebrücken zu mindern.

5.6.4 Gebäudezonierung

Gleichartige Nutzungen sollten im Fabrikgebäude – auch unter klimatischen und Belichtungsaspekten – in bestimmten Zonen konzentriert sein (s. Abb. 5.44). Die Zonierung richtet sich einerseits nach Referenztemperaturen (z. B. 20 Grad Celsius für Verwaltung, 18 Grad Celsius für Fertigung, frostfrei für Lager) und andererseits nach dem Tageslichtbedarf.

Zonen mit gleicher Temperatur können an den Außenwänden und gegen benachbarte Zonen mit abweichendem Temperaturniveau mit dem gleichen Standard gedämmt werden. Zonen höherer Temperatur sind vorzugsweise im Gebäudeinneren und an der Südseite anzuordnen. Außerdem kann ein Überströmen warmer Raumluft von Zonen höherer zu Zonen niederer Temperatur vorgesehen werden.[34] Zonen, deren Raumluftparameter besonders engen Toleranzen unterliegen (z. B. Messräume), sind vor äußeren Einflüssen abzuschirmen (z. B. Anordnung im Keller, an der Nordseite).

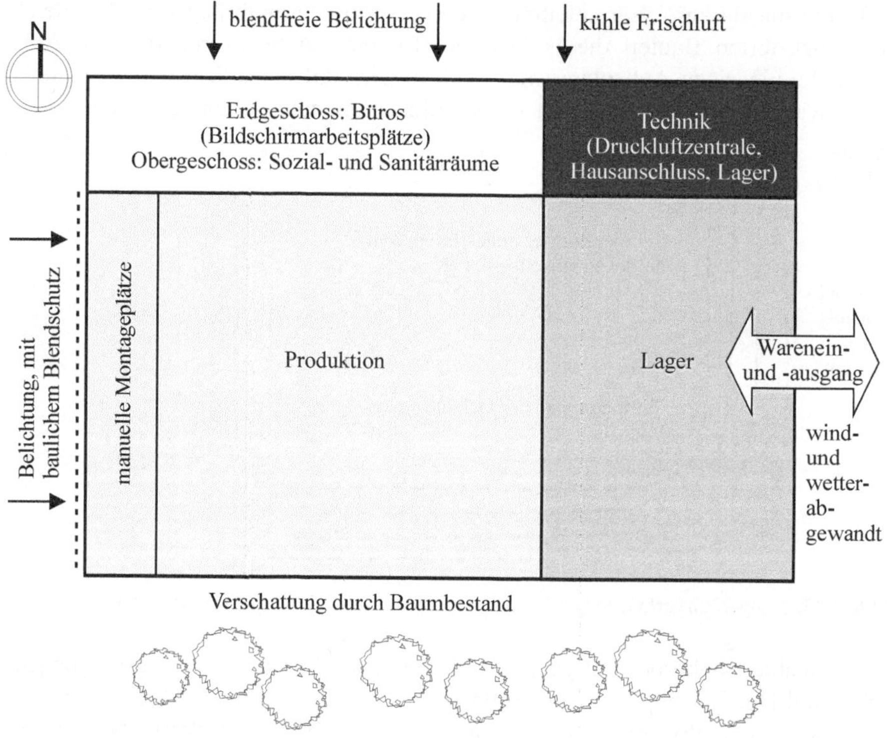

Abb. 5.44. Zonierung eines Fabrikgebäudes

[34] Im Falle gekühlter Räume muss das Überströmen von Zonen niedriger zu Zonen höherer Temperaturen erfolgen.

Bezüglich der Belichtung sollten Zonen, in denen dauerhaft besetzte Arbeitsplätze mit hohen Sehanforderungen existieren, bevorzugt Tageslicht erhalten. Besteht an den Arbeitsplätzen eine hohe Sensibilität gegenüber Blendung (z. B. Bildschirmarbeitsplätze), so sollte die Belichtung vorzugsweise von Norden her erfolgen. Alternativ ist ein technischer Blendschutz vorzusehen. Eine Blickverbindung nach außen ist in der Regel für alle dauerhaften Arbeitsplätze zu ermöglichen.

5.6.5 Gebäudekonstruktion

Die Materialien und die konstruktive Gestaltung der Gebäudehülle sowie ferner des Tragwerks und des Innenausbaus beeinflussen:

- den winterlichen Wärmeschutz,
- den Feuchteschutz,
- die Wärmespeicherfähigkeit und
- den sommerlichen Wärmeschutz.

Die genannten Aspekte hängen wechselseitig stark voneinander ab. Nachfolgend werden einige bauphysikalische Grundzusammenhänge erläutert.[35] Die Erläuterungen qualifizieren nicht zu einer umfassenden energetischen Bewertung von Gebäuden – wie sie etwa die DIN 18.599 verlangt –, sondern sollen vor allem auf Konsequenzen fabrikplanerischer Entscheidungen (z. B. Forderungen nach nachträglich eingebauten Gebäudeöffnungen, Einsparungen bei Materialkosten) aufmerksam machen.

Winterlicher Wärmeschutz

Ziel des winterlichen Wärmeschutzes ist die Minderung von Wärmeverlusten, die durch Transmission durch die bauliche Hülle sowie durch Undichtigkeiten in der Gebäudehülle entstehen.

Die Transmissionswärmeverluste hängen vom Wärmedurchgangswiderstand R_T bzw. dem Wärmedurchlasswiderstand R der umschließenden Gebäudehülle sowie deren Flächenanteilen A_i an der wärmeübertragenden Hülle ab.

Der Wärmedurchlasswiderstand R charakterisiert die Wärmedämmeigenschaften eines stofflich homogenen Bauteils. Er berechnet sich aus der Schichtdicke d des Bauteils und dessen Wärmeleitfähigkeit λ:

$$R = \frac{d}{\lambda} \qquad (5.25)$$

[35] u. a. nach (DIN 4108, Willems et al. 2006, SAENA 2009)

Die Wärmeleitfähigkeit λ ist eine stoffspezifische Konstante. Sie gibt an, welche Wärmemenge Q innerhalb einer Stunde bei einer Temperaturdifferenz von einem Kelvin durch eine ein Meter dicke Schicht des Baustoffs über eine Fläche von einem Quadratmeter übertragen wird. Auf Basis der Wärmeleitfähigkeit werden Dämmstoffe in Wärmeleitfähigkeitsgruppen (WLG) eingeteilt. Die WLG gibt den zulässigen Höchstwert der Wärmeleitfähigkeit an. Eine Wärmeleitfähigkeit λ = 0,4 Watt pro Kelvin und Meter entspricht der WLG 040. Konventionelle Dämmstoffe (Polystyrol, Mineralwolle) sind derzeit bis zur WLG 035 am Markt verfügbar. Spezielle Hartschäume erreichen Eigenschaften der WLG 022.

Der Wärmedurchgangswiderstand R_T beschreibt den Gesamtwiderstand eines Bauteils. Er setzt sich aus den Wärmeübergangswiderständen der bauteilangrenzenden, oberflächennahen Luftschichten R_{Si} und R_{Sa} (innen und außen) sowie aus der Summe der Wärmedurchlasswiderstände R_i aller Bauteilschichten n zusammen.

$$R_T = R_{Si} + \sum_{i=1}^{n} R_i + R_{Sa} \tag{5.26}$$

Der Kehrwert des Wärmedurchgangswiderstands ist der Wärmedurchgangskoeffizient U (auch Wärmedämmwert, U-Wert). Er wird zur Festsetzung von Wärmedämmstandards (z. B. in der Energieeinsparverordnung, s. Tabelle 5.19) als Materialkennwert für Baustoffe und in Baubeschreibungen häufig genutzt.

Tabelle 5.19. Maximale U-Werte nach Energieeinsparverordnung (EnEV 2007) und (EnEV-Entwurf 2009)

Maximal zulässige U-Werte	nach EnEV	nach EnEV 2009
Wände und Decken gegen unbeheizten Raum oder Erdreich, Dämmung auf unbeheizter Seite	0,50	0,30
Wände und Decken gegen unbeheizten Raum oder Erdreich, Dämmung auf beheizter Seite	0,40	0,30
Außenwand, Außendämmung	0,35	0,24
Außenwand, Innendämmung	0,45	0,24
Fenster	1,7	1,3
Außentür	2,9	2,9
Steildach	0,30	0,24
Flachdach	0,25	0,20

Die Wärmedämmung soll beheizte Räume vollständig umschließen und gegen kalte Außenluft, unbeheizte Räume und das Erdreich abgrenzen. Eine Dämmung ist auch gegen anschließende Bauteile notwendig, wenn diese in direktem und großflächigem Kontakt zu kalter Umgebung stehen und wenn diese Bauteile selbst gute Wärmeleiter sind (λ > 0,22 Watt pro Kelvin und Meter).

Ein besonders hoher Dämmstandard wird für Dächer gefordert (s. Tabelle 5.19): Da Wärme immer nach oben steigt und die Luft unter den Dächern aufheizt, ist die Temperaturdifferenz zwischen Dachinnen- und Dachaußenseite im Vergleich zu anderen Bauteilen in der Regel besonders hoch. Diese hohe Temperaturdifferenz treibt die Transmissionswärmeverluste durch das Dach auf ein vergleichsweise hohes Niveau. Die energetische Sanierung von Dächern ist daher auch bei bestehenden Industriegebäuden eine besonders wirksame Maßnahme, um die Gebäudeenergieeffizienz zu verbessern.

Die Gebäudedämmung lässt sich konstruktiv auf verschiedene Weisen umsetzen. Abbildung 5.45 zeigt empfohlene Wandaufbauten (Cziesielski 1997). Wandaufbauten mit schweren raumseitigen Baustoffschichten haben den Vorteil, dass diese Baustoffmassen zur Speicherung von Wärme zur Verfügung stehen (s. u.). Außen liegende Dämmschichten bieten zudem einen relativ guten Schutz vor Durchfeuchtung und „überdämmen" meist auch die möglicherweise bestehenden Wärmebrücken. Bei innen gedämmten Bauteilen muss in der Regel eine innen liegende Dampfsperre vorgesehen werden, um die Diffusion von Wasserdampf in die Wand zu unterbinden. Dieser Wasserdampf würde bei tiefen Temperaturen in der Wand kondensieren und zu Feuchteschäden führen (s. u.).

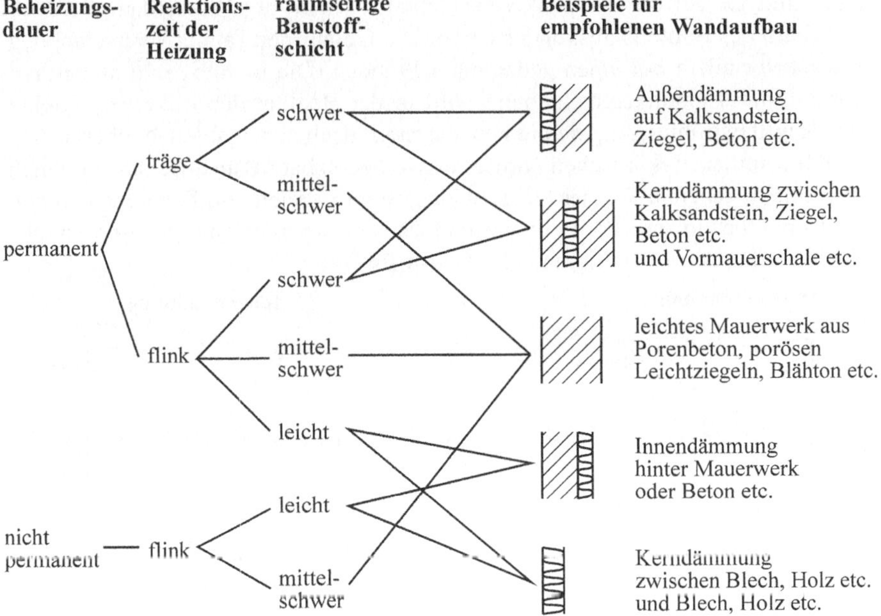

Abb. 5.45. Empfohlener Wandaufbau in Abhängigkeit von Beheizungsdauer und Reaktionszeit der Heizung, eigene Darstellung nach (Cziesielski 1997)

Eine besonders sorgfältige Dämmung (ggf. zusätzliche Dämmschichten, höherwertiges Dämmmaterial) verlangen die geometrischen und konstruktiven Wärmebrücken (s. Abschn. 5.6.3, Abb. 5.42 und 5.43). Ihre Dämmung soll nicht allein Transmissionswärmeverluste reduzieren, sondern vor allem Feuchteschäden im Bauteil und Schimmelbildung unterbinden (Taupunktverschiebung, s. Abschn. 5.6.3).

Das gleiche Ziel wird mit der Forderung nach Winddichtheit von Gebäuden verfolgt. Auch dabei soll vor allem der mit unkontrollierten Luftströmen einhergehende Feuchtetransport in die Bauwerkskonstruktion unterbunden werden. Selbstverständlich vermeiden dichte Gebäude auch Wärmeverluste.

Feuchteschutz

Durch folgende Vorgänge gelangt Wasser bzw. Wasserdampf in Gebäudebauteile:

- Auf Grund der winterlichen Temperaturdifferenz an Außenwänden ist warme, feuchte Raumluft bestrebt, durch Undichtigkeiten in der baulichen Hülle nach außen zu strömen. Dabei können lokal große Mengen Feuchtigkeit in das Bauteil gelangen und dort auskondensieren.
- Auf Grund des Dampfdruckgefälles zwischen Innenraum, Bauteil und Umgebung diffundiert Wasserdampf durch die Bauteile der Gebäudehülle hindurch nach außen. Dieser Vorgang ist oft erwünscht, um Feuchtelasten aus den Innenräumen abzuführen. Bei tiefen Außentemperaturen und ungünstigem Wandaufbau – mit Gefahr der Taupunktverschiebung – kann der Wasserdampf jedoch innerhalb des Bauteils auskondensieren. Die Gefahr der Taupunktverschiebung besteht vor allem bei innen gedämmten Wänden. Die in Abb. 5.46 modellhaft dargestellte Taupunktverschiebung wird in der Realität durch weitere Effekte wie Kapillarströmungen, die die Feuchte rasch nach außen ableiten, überlagert.
- Durch Kapillareffekte ziehen poröse, wasserbenetzbare Baustoffe das mit ihnen in Kontakt stehende Wasser (z. B. Staunässe im Bereich von Fundamenten und Bodenplatten) in ihre Poren hinein und transportieren es eine gewisse Strecke durch die kapillaren Hohlräume des Baustoffs.

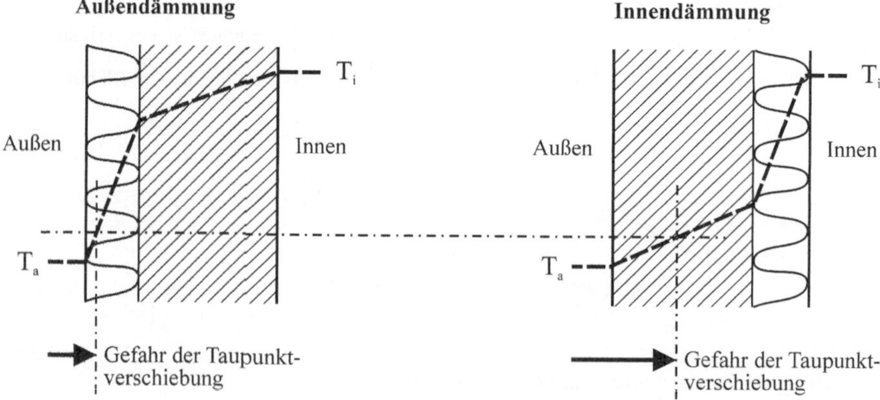

Abb. 5.46. Winterlicher Temperaturverlauf bei unterschiedlichen Wandaufbauten mit gleichem Wärmedämmwert

Die Durchfeuchtung kann zu akuten Bauteilschäden führen.
Dazu zählen:

- Baustoffkorrosion,
- Frostschäden sowie
- Algen- und Schimmelpilzbefall.

Letztere bewirken ein ungesundes, für den Menschen schädliches Raumklima. Unter energetischen Gesichtspunkten ist eine der maßgeblichen Folgen der Durchfeuchtung die verminderte Dämmeigenschaft vieler Dämmstoffe.

Der bauliche Feuchteschutz umfasst vor allem folgende Maßnahmen:

- Die bauliche Hülle ist winddicht auszuführen. Dadurch wird ein luftströmungsbedingter Feuchteintrag vermieden.
- Wandaufbauten, bei denen der Dampfdiffusionswiderstand der Bauteilschichten von innen nach außen abnimmt, sind zu bevorzugen. Dadurch sinkt die Gefahr, dass sich der Taupunkt in das Bauteil hinein verschiebt. Bei Außendämmung mit diffusionsoffenen Dämmstoffen (z. B. Mineralwolle) ist diese Gefahr in der Regel ausgeschlossen.
- Ergänzend sollten bevorzugt hygroskopisch wirkende Dämmstoffe eingesetzt werden. Diese können Feuchtespitzen (z. B. beim Eindringen von Schlagregen) für eine gewisse Zeit speichern und durch Diffusion nach außen ableiten.
- Innen gedämmte Wände sind durch gezielte bauliche Maßnahmen (z. B. kapillar hochwirksame Baustoffe, innere Dampfsperren) vor Durchfeuchtung zu schützen.
- Fassade und Dach müssen ausreichend vor Schlagregen schützen.
- Bodenplatte und Sockelbereich sind gegen aufsteigende Feuchtigkeit aus dem Erdreich zu schützen (z. B. Trennlagen, Unterbrechung der Kapillarwirkung durch Wechsel von fein- zu grobporigem Material). Staunässe ist durch Drainagen und andere geeignete Maßnahmen zu vermeiden.

Wärmespeicherung

Eine gute Wärmespeicherung kann in zweifacher Hinsicht zur Energieeffizienz von Gebäuden beitragen:

- Im Winter können solare Wärmegewinne durch eine gute Wärmespeicherfähigkeit des Bauwerks besser genutzt werden. Die Baustoffe speichern die tagsüber eingestrahlte Wärme und geben sie zeitverzögert an die Räume ab. Dieser Effekt ist in Fabriken vor allem für Sozial- und Sanitärräume und ggf. für Büros nützlich.
- Im Sommer kann die Wärmespeicherfähigkeit von Bauteilen genutzt werden, um die Klimatisierung des Gebäudes durch eine Nachtlüftung zu unterstützen. Der Baukörper nimmt die tagsüber eingestrahlte Wärme auf – und vermeidet damit eine Überhitzung der Raumluft –, um sie zeitversetzt an das „kostenlose" Kühlmedium Nachtluft abzugeben. Dieser Effekt ist in vielen Fabriken hoch-

willkommen, da die sommerliche Überhitzung – auf Grund der hohen inneren Wärmelasten – oft ein größeres Problem als die Heizung im Winter darstellt.

Im Fall von Temperaturschwankungen – z. B. bei schlecht regelbarer Heizung oder schwankenden inneren Wärmelasten – wirkt eine gute Wärmespeicherfähigkeit zudem temperaturausgleichend. In Produktionsgebäuden können so Qualitätsprobleme durch temperaturbedingte Längenausdehnungen gemindert und die Behaglichkeit für die Mitarbeiter verbessert werden.

Die Wärmespeicherung in Bauteilen hängt maßgeblich von zwei Größen ab – von der Wärmekapazität und dem Wärmeeindringkoeffizienten (s. Abb. 5.47). Die Wärmekapazität C beschreibt, welche Wärmemenge ΔQ pro Temperaturänderung ΔT im Bauteil gespeichert werden kann:

$$C = \frac{\Delta Q}{\Delta T} \tag{5.27}$$

Als Materialkennwert wird die spezifische Wärmekapazität c unter Bezug auf die Masse m angegeben:

$$c = \frac{\Delta Q}{m \cdot \Delta T} \tag{5.28}$$

Alternativ kann die Wärmekapazität auch auf das Volumen bezogen werden. Diese Kenngröße heißt Wärmespeicherzahl s. Sie ergibt sich aus der spezifischen Wärmekapazität und der Rohdichte ρ. Tendenziell gilt, dass schwere Baustoffe Wärme besser speichern als leichtere.

$$s = c \cdot \rho \tag{5.29}$$

Der Wärmeeindringkoeffizient b bezeichnet die Geschwindigkeit, mit der Bauteile von anderen Bauteilen oder Medien (Luft) durch direkten Kontakt Wärme aufnehmen oder abgeben können. Der Wärmeeindringkoeffizient b hängt von der Wärmeleitfähigkeit λ, der Rohdichte ρ und der spezifischen Wärmekapazität c ab:

$$b = \sqrt{\lambda \cdot \rho \cdot c} \tag{5.30}$$

Eine schnelle Abfuhr der Wärme ist z. B. im Sommer für eine wirkungsvolle Rückkühlung von Gebäuden durch kühle Nachtluft erforderlich.

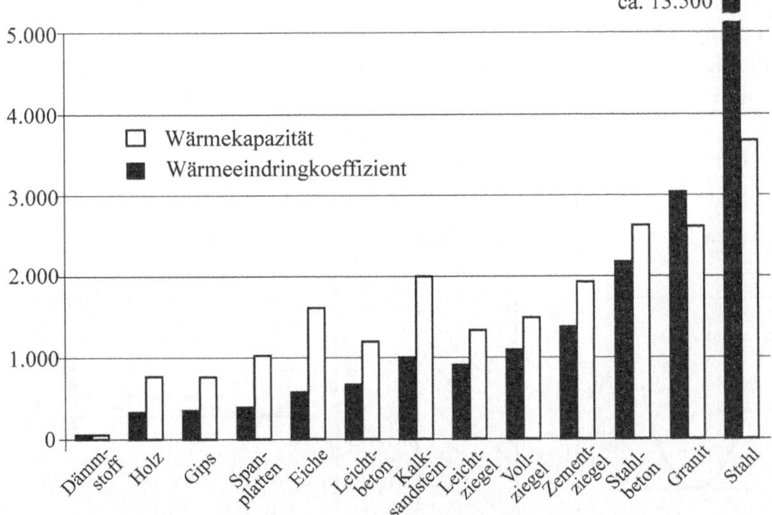

Abb. 5.47. Wärmekapazität in MJ/m^3K und Wärmeeindringkoeffizient in $Ws^{0,5}/m^2K$ ausgewählter Baustoffe nach (Energieagentur NRW 2007a)

Sommerlicher Wärmeschutz

Der sommerliche Wärmeschutz soll eine starke Überhitzung der Gebäude, die auf Grund solarer Wärmegewinne und der jahreszeitlich höheren Außenlufttemperatur eintreten kann, verhindern.

Wesentliche Voraussetzungen für einen guten sommerlichen Wärmeschutz werden bereits durch eine geeignete Ausrichtung, Gestalt und Zonierung des Baukörpers geschaffen (s. Abschn. 5.6.2 bis 5.6.4). Konstruktiv tragen bauliche Verschattungseinrichtungen und die Wahl geeigneter Baustoffe für die Gebäudehülle wesentlich zum sommerlichen Wärmeschutz bei.

Bezüglich der Baustoffe wurde bereits in den Darlegungen zur Wärmespeicherung darauf hingewiesen, dass sich Baustoffe mit guter Wärmespeicherfähigkeit und günstigen Wärmeeindringkoeffizienten für eine Pufferung solarer Wärmegewinne und als Grundlage für eine freie Nachtkühlung nutzen lassen.

In diesem Zusammenhang sind noch zwei weitere Baustoffeigenschaften von Bedeutung:

- die Phasenverschiebung und
- die Amplitudendämpfung.

Als Phasenverschiebung wird die Zeitspanne bezeichnet, die – während eines Tags – zwischen dem Auftreten des Temperaturmaximums auf der Bauteilaußenseite und dem Auftreten der Maximaltemperatur auf der Bauteilinnenseite vergeht. Sehr leichte Außenwände haben eine Phasenverschiebung von wenigen Stunden. Schwere Außenwände mit genügend hohem Wärmedurchlasswiderstand erreichen

Werte um die zwölf Stunden. Diese Konstruktionen sind jedoch vergleichsweise teuer und platzraubend.

Als Amplitudendämpfung wird das Verhältnis der täglichen Temperaturschwankung außen zur täglichen Temperaturschwankung innen bezeichnet. Abbildung 5.48 zeigt ein Beispiel mit einer Amplitudendämpfung von zehn (Schwankung der Außentemperatur 30 Kelvin, Schwankung der Innentemperatur drei Kelvin).

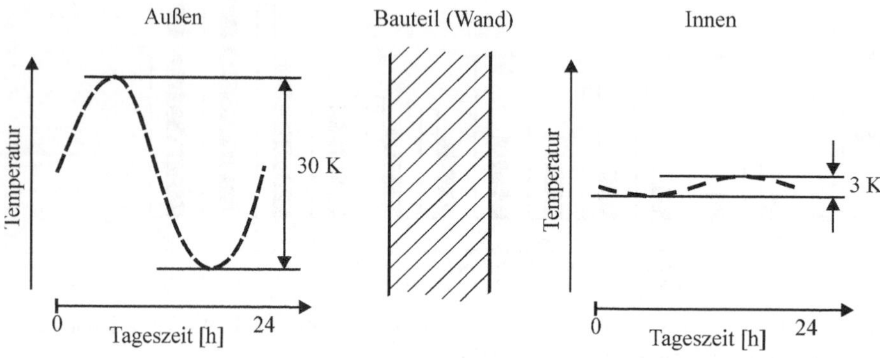

Abb. 5.48. Amplitudendämpfung

Die Temperatur-Amplitudendämpfung soll besonders im Dach möglichst groß sein (größer vier). Dies kann u. a. durch einen mehrschichtigen Bauteilaufbau aus einer Innenschicht mit einer hohen Speicherkapazität und einer Außenschicht mit guter Wärmedämmung erreicht werden. Solche Konstruktionen ermöglichen zwar im Gegenzug nur eine geringe Phasenverschiebung; bei hoher Amplitudendämpfung ist die Phasenverschiebung jedoch für den sommerlichen Wärmeschutz nachrangig.

5.6.6 Fenster, Türen, Tore

Fenster, Türen und Tore sind sowohl für Transmissionswärmeverluste als auch für Lüftungswärmeverluste verantwortlich. Fenster beeinflussen zudem die solaren Wärmegewinne und die natürliche Belichtung. Maßgebliche Kriterien für die energetische Bewertung sind die Anzahl, Lage, Abmessung und der Zustand der Öffnungen sowie die Anzahl und Dauer der Öffnungen.

Transmissionswärmeverluste

In Bezug auf die Transmissionswärmeverluste stellen Fenster, Türen und Tore lokale Schwachstellen der Gebäudehülle dar: ihre Wärmedämmwerte liegen konstruktiv und funktionsbedingt unter den Werten von Wänden, Decken und Fußböden. Auf Grund der meist geringen Flächenanteile, die Fenster, Türen und Tore an der gesamten Hüllfläche ausmachen, sind die absoluten Wärmeverluste jedoch meist akzeptabel, sofern die Vorgaben der EnEV eingehalten oder unterboten werden und keine baulichen Mängel vorliegen.

Lüftungswärmeverluste

Einen viel gravierenderen Einfluss auf den Heizenergieverbrauch haben in vielen Fabrikgebäuden die Lüftungswärmeverluste durch geöffnete Tore.[36] Bei Öffnungszeiten über drei Minuten ist mit dramatisch ansteigenden Wärmeverlusten zu rechnen (Herkel 2002). Verbesserungsansätze sind:

- logistische Lösungen, die kurze Toröffnungszeiten ermöglichen,
- kleine Toröffnungsquerschnitte,
- hohe Toröffnungs- und -schließgeschwindigkeit,
- flexible Behänge (Streifenvorhänge),
- die Ausbildung von Luftschleusen,
- der Einsatz von Luftwänden, Luftvorhängen und Luftschleieranlagen sowie
- die Nutzung von Torabdichtungen.

Logistiklösungen, die kurze Toröffnungszeiten ermöglichen, sind nicht Gegenstand der Gebäudeplanung sondern von der Fabrikplanung vorzusehen. Beispiele für solche Lösungen sind:

- die Heckbe- und -entladung von Lastzügen über Rampen statt der Seitenentladung im Hof (kürzere Ladezeiten, weniger Hubbewegungen),
- die Bevorzugung von Großladungsträgern und palettierter Waren statt kleinerer Ladungsträger und einzelner Gebinde sowie
- die schnelle Verladung von kompletten Fahrzeugladungen mittels Rollböden oder Gurtbandanlagen.

Kleine Toröffnungsquerschnitte lassen sich einerseits durch kleine Torabmessungen – die freilich den zu erwartenden Fahrzeug- und Transportgutgrößen entsprechen müssen – und andererseits durch ein bedarfsgerecht variierbares Maß der Toröffnung erreichen (z. B. durch Sektionaltore, deren Öffnung in beliebiger Höhenposition fixiert werden kann). Diese Lösung ist für Tore sinnvoll, die selten und von unterschiedlichen Fahrzeugen mit verschiedenen Transportgütern frequentiert werden.

Flexible Behänge (z. B. Streifenvorhänge aus Klarsicht-Kunststoffbahnen) sind eine vergleichsweise preiswerte Lösung, um stark frequentierte Tore und Durchfahrten vor starker Zugluft zu schützen. Die Abschottungswirkung ist jedoch relativ gering.

Hohe *Toröffnungs- und -schließgeschwindigkeiten* werden vor allem durch sogenannte Schnelllauftore erreicht. Diese lassen sich durch intelligente Steuerungen weiter optimieren. Solche Steuerungen erkennen mittels geeigneter Sensoren

[36] Hohe Energieverluste durch lange Toröffnungszeiten entstehen auch in gekühlten Gebäuden bzw. Räumen.

Fahrzeugbewegungen in der Tornähe und entscheiden intelligent, wann das Tor geöffnet werden muss (Entscheidungskriterien sind Fahrtrichtung, Geschwindigkeit u. a.). Im Vergleich zu Toren, die z. B. vom Staplerfahrer durch Knopfdruck oder Funk gesteuert werden, reduzieren sich Brems- und Beschleunigungsbewegungen des Fahrzeugs, was ebenfalls Energie spart, sowie die Toröffnungszeiten, da das Tor zügig durchfahren wird und keine Verzögerungen durch Wiederanfahren oder Abbremsen für manuelles Torschließen auftreten.

Eine *Luftschleuse* ist ein Raum mit mindestens zwei gegenseitig verriegelten Türen oder Toren, der Gebäudebereiche unterschiedlicher Luftqualität verkehrsmäßig verbindet aber luftmäßig trennt. Die wechselseitig versperrten Tore unterbinden Luftströme, die im Winter zu starken Lüftungswärmeverlusten und ganzjährig zu Zugluft und Staubaufwirbelungen führen würden. Zwei prinzipielle Lösungen werden öfter eingesetzt:

- Vor allem für langwierige, aufwendige Be- und Verladevorgänge mit meist schweren bzw. großen Transportgütern (z. B. Verladung von Maschinen) werden Luftschleusen als Hallenabschnitte, Vorhallen etc. ausgebildet, die vom be- oder entladenden Fahrzeug befahren werden können (Fahrzeugschleuse). Das Fahrzeug kann in der Schleuse be- oder entladen werden oder es fährt weiter in die Produktionshalle (z. B. Verladung von schweren Maschinen mit Hallenkran).
- In anderen Fällen wird die Schleuse als Warenschleuse vorgesehen. Das zu be- oder entladende Fahrzeug steht außerhalb der Halle und die Ladung wird als Ganzes oder in Losen durch die wechselseitig schließende Schleuse in die Halle gebracht (z. B. mit Gabelstapler, Hubwagen).

Luftwände, Luftvorhänge und Luftschleieranlagen sind lüftungstechnische Abschottungen an häufig oder ständig geöffneten Türen und Toren (s. Abb. 5.49). Sie bilden an den luftmäßig zu trennenden Bereichen (z. B. Innenraum, Außenluft) eine Barriere aus einer gerichteten Luftströmung, die zwischen einer Ausblasöffnung und einer Ansaugöffnung dauerhaft aufrechterhalten wird. Gut ausgelegte Luftwände, Luftvorhänge bzw. Luftschleier sollen bis zu 80 Prozent der Heiz- bzw. Kälteenergie einsparen. Außerdem üben sie oft eine hygienische Trennfunktion aus (keimstoppende oder -vernichtende Abschottung in der Lebensmittelindustrie) und ermöglichen ein zugluftfreies Arbeiten. Die Gebläse und Ventilatoren verbrauchen jedoch ihrerseits größere Mengen teurer Elektroenergie. Daher ist auf eine effiziente Anlagentechnik zu achten (z. B. Düsen- statt Lamellensysteme, kleine Luftfördervolumen mit hoher Geschwindigkeit durch Hochleistungsventilatoren in Verbindung mit induktionsarmen Luftauslässen).

Mit Hilfe von *Torabdichtungen* wird schließlich versucht, eine möglichst dichte Verbindung zwischen Fahrzeug und Gebäude herzustellen, so dass kein oder nur ein geringer Luftaustausch mit der Umgebung auftreten kann. Torabdichtungen werden z. B. als Flappenabbdichtungen, aufblasbare und nicht aufblasbare Kissen ausgeführt. Die Abdichtungen sind nur in Verbindung mit einer Heckentladung einsetzbar.

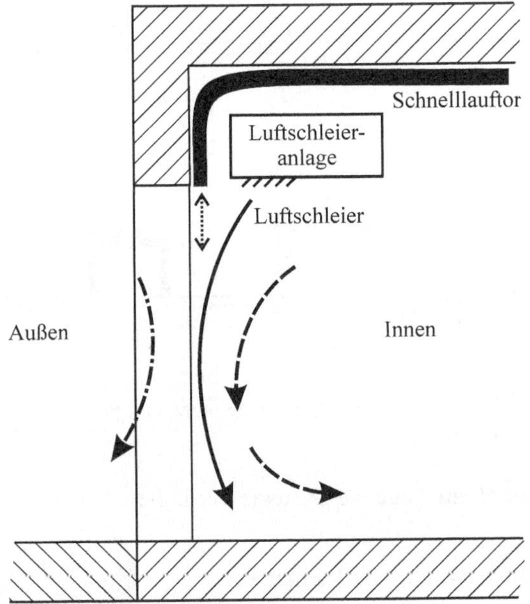

Abb. 5.49. Beispiel einer Luftschleieranlage

Die verschiedenen Lösungen können zu komplexen Andockstationen kombiniert werden. Eine mögliche Bauart besteht aus einer in der Höhe verstellbaren Innenrampe (Anpassrampe), wärmeisolierten Schnelllauftoren und einer Torabdichtung. Beim Einsatz von zwei Schnelllauftoren – meist vor und hinter der Anpassrampe installiert – kann auch eine Schleuse ausgebildet werden.

Belichtung

Eine gute natürliche Belichtung trägt sowohl zur Energieeinsparung als auch zum Wohlbefinden der Mitarbeiter bei. Im Industriebau stellen sich bezüglich der natürlichen Belichtung zwei maßgebliche Herausforderungen:

- die Blendfreiheit und
- die Ausleuchtung der Raumtiefe.

Bezüglich der Blendfreiheit können – abgesehen von der richtigen Gebäude- bzw. Fensterausrichtung – die bereits im Abschn. 5.6.2 genannten Verschattungseinrichtungen vorgesehen werden.

Die Ausleuchtung großer Raumtiefen wird möglich durch:

- hohe Fenster bzw. Oberlichter (s. Abb. 5.50),
- Dachfenster (Lichtkuppeln, Sheddächer etc.),
- Lichtlenksysteme (ggf. kombiniert mit Verschattungseinrichtungen).

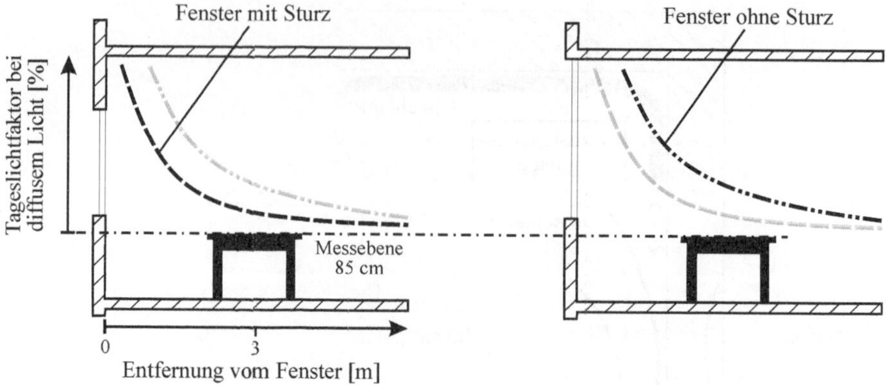

Abb. 5.50. Ausleuchtung der Raumtiefe durch Fenster mit und ohne Sturz, eigene Darstellung in Anlehnung an (Energieagentur NRW 2007a)

Für die Lichtlenkung sind vor allem folgende Systeme verfügbar:

- feste Lamellen,
- bewegliche, dem Sonnenstand nachführbare Lamellen,
- Lichtlenkjalousien,
- Prismen,
- Spiegel und
- lichtleitende Materialien.

Im Industriebau kommen vor allem robuste und preiswerte Lamellen und Jalousien zum Einsatz. Die anderen Lichtlenksysteme sind zur Zeit eher dem innovativen Objektbau vorbehalten.

5.6.7 Zusammenfassung

Anordnung, Ausrichtung, Gestalt und die bauliche Konstruktion von Fabrikgebäuden bestimmen den Energiebedarf für die Heizung, Lüftung, Klimatisierung und Beleuchtung der Fabrik in nennenswertem Umfang mit.

Im Vergleich zu Wohn- und Verwaltungsbauten dominieren in den meisten Fabriken die hohen inneren Wärmelasten den Gebäudeenergiebedarf (hoher Lüftungs- und vergleichsweise geringer Heizenergiebedarf). Dementsprechend kommt dem sommerlichen Wärmeschutz oft eine höhere Bedeutung zu als der auf die Heizperiode optimierten Wärmedämmung. Ein weiterer gravierender Unterschied der Fabriken zu anderen Gebäuden liegt in den hohen Lüftungswärmeverlusten, die sich aus den häufigen Transporten in das Fabrikgebäude hinein und aus dem Gebäude heraus ergeben können.

Auf Grund dieser Besonderheiten lohnen individuell ausgelegte Gebäude- und HLK-Konzepte, wie sie auch zunehmend durch baurechtliche Vorschriften und Standards (DIN 18.599) gefordert werden. Als Voraussetzung für solche angepasste Gebäudekonzepte muss die Fabrikplanung der Gebäudeplanung möglichst zuverlässige Angaben zur Nutzung liefern. Im Falle von Nutzungsänderungen und entsprechenden Umbauten am Gebäude ist das häufig fein abgestimmte Zusammenspiel von Nutzung, HLK-Technik, verwendeten Baustoffen und Baukonstruktion aufrecht zu erhalten oder anzupassen.

Unabhängig von der notwendigen individuellen Gebäudeplanung lassen sich für Fabrikgebäude folgende Gestaltungsschwerpunkte erkennen, mit denen der Gebäudeenergiebedarf günstig beeinflusst werden kann:

- Die Fabrikgebäude sollten nach den Sonnen- und Windverhältnissen ausgerichtet werden.
- Im Gebäude sollten klimatisch homogene Zonen geschaffen und diese nach den Sonnen- und Windverhältnissen am Bauwerk ausgerichtet werden.
- Eine sommerliche Aufheizung der Fabrikgebäude ist nach Möglichkeit zu vermeiden:
  - keine großen Fensterflächen nach Süden,
  - Sonnenschutzeinrichtungen,
  - gute Amplitudendämpfung bzw. Phasenverschiebung durch geeignete Dach- und Wandkonstruktion und
  - Nutzung von Baumassen zur Pufferspeicherung über den Tagesverlauf in Verbindung mit freier Nachtkühlung.
- Im Winter sind Transmissionswärmeverluste zu begrenzen:
  - Bevorzugen von Gebäudeformen mit kleinem A/V-Verhältnis (Verhältnis von Hüllfläche zu Gebäudevolumen),
  - durchgängige und angemessene Dämmung der baulichen Hülle,
  - Vermeiden geometrischer und konstruktiver Wärmebrücken und
  - Nutzung solarer Wärmegewinne (Nutzung von Baumassen zur Speicherung).
- Ebenso sind hohe Lüftungswärmeverluste zu vermeiden und zwar vor allem durch:
  - geeignete Gestaltung der Tore und
  - die winddichte Ausführung der Gebäudehülle.
- Bei der Gestaltung der baulichen Hülle ist parallel auf einen ausreichenden Feuchteschutz zu achten:
  - winddichte Ausführung der Gebäudehülle,
  - diffusionsoffener Wandaufbau (alternativ: z. B. Einsatz von Dampfbremsen),
  - Schutz vor aufsteigender Feuchtigkeit und
  - Schutz vor Schlagregen.
- Nicht zuletzt sollen die Möglichkeiten der natürlichen Belichtung weitgehend ausgeschöpft werden. Dabei sind insbesondere zwei Aspekte zu beachten:

- Berücksichtigung eines ausreichenden Blendschutzes und
- die gute Auslichtung der Raumtiefe (Oberlichter, Dachfenster, Lichtlenkung etc.).

Literatur

Baturin VV (1972) Fundamentals of Industrial Ventilation. Pergamon Press, Oxford, New York, Toronto, Sydney, Braunschweig

BayLfU (2004) Effiziente Druckluftsysteme. IHK Unternehmenszirkel kosten- und energieeffiziente Druckluftsysteme 2004. Bayerisches Landesamt für Umweltschutz, Augsburg

Bullinger HJ (1994) Ergonomie: Produkt- und Arbeitsplatzgestaltung. Teubner, Stuttgart

CIE (2005) Maintenance of indoor electric lighting systems, Technical report CIE 097-2005. 2nd Ed., Commission Internationale de L'Eclairage, Wien

Cziesielski E (Hrsg) (1997) Lehrbuch der Hochbaukonstruktionen. 3. Aufl, Teubner, Stuttgart

Dehli M (1998) Energieeinsparung in Industrie und Gewerbe. Praktische Möglichkeiten des rationellen Energieeinsatzes in Betrieben. expert, Renningen-Malmsheim

Detzer R (1993) Belüftung von Industriehallen. KI Klima-Kälte-Heizung 21 (1993), H 3, S 98–10

DIN (1980) DIN 1945-1 – Verdrängerkompressoren. Thermodynamische Abnahme- und Leistungsversuche. Beuth Verlag, Berlin

DIN (1999) DIN 1946-2 – Wärmetechnisches Verhalten von Bauprodukten und Bauteilen – Technische Kriterien zur Begutachtung von Laboratorien bei der Durchführung der Messungen von Wärmeübertragungseigenschaften – Teil 2: Messung nach Verfahren mit dem Plattengerät. Beuth Verlag, Berlin

DIN (2001) DIN 33403-3 – Klima am Arbeitsplatz und in der Arbeitsumgebung – Teil 3: Beurteilung des Klimas im Warm- und Hitzebereich auf der Grundlage ausgewählter Klimasummenmaße. Beuth Verlag, Berlin

DIN (2001 ff.) DIN V 4108 ff. – Wärmeschutz und Energie-Einsparung in Gebäuden. Beuth Verlag, Berlin

DIN (2003) DIN EN 12464-1 – Licht und Beleuchtung – Beleuchtung von Arbeitsstätten – Teil 1: Arbeitsstätten in Innenräumen. Beuth Verlag, Berlin

DIN (2004) DIN 5035-7 – Beleuchtung mit künstlichem Licht – Teil 7: Beleuchtung von Räumen mit Bildschirmarbeitsplätzen. Beuth Verlag, Berlin

DIN (2006) DIN 5035-6 – Beleuchtung mit künstlichem Licht – Teil 6: Messung und Bewertung. Beuth Verlag, Berlin

DIN (2007) DIN 5035-8 – Beleuchtung mit künstlichem Licht – Teil 8: Arbeitsplatzleuchten – Anforderungen, Empfehlungen und Prüfung. Beuth Verlag, Berlin

DIN (2007) DIN 18.599-1 ff. – Energetische Bewertung von Gebäuden – Berechnung des Nutz-, End- und Primärenergiebedarfs für Heizung, Kühlung, Lüftung, Trinkwarmwasser und Beleuchtung. Beuth Verlag, Berlin

Döhler H, Engelmann J (2009) Steigerung der Energieeffizienz im Fahrzeugwerk Zwickau der Volkswagen Sachsen GmbH. In: Vortragsband zur 2. Fachtagung Energieeffiziente Fabrik in der Automobil-Produktion. mic – management information center, Landsberg

Energieagentur NRW (Hrsg) (2007) Druckluft. Störungsfreie, kostengünstige und energieeffiziente Bereitstellung. Ein Seminar aus dem Impuls-Programm RAVEL NRW. Energieagentur Nordrhein-Westphalen, Wuppertal

Energieagentur NRW (2007a) Natürliche Klimatisierung. Seminar. Energieagentur Nordrhein-Westphalen, Wuppertal

EU-Richtlinie 2005/32/EG (2005) Zur Schaffung eines Rahmens für die Festlegung von Anforderungen an die umweltgerechte Gestaltung energiebetriebener Produkte und zur Änderung der Richtlinie 92/42/EWG des Rates sowie der Richtlinien 96/57/EG und 2000/55/EG des Europäischen Parlaments und des Rates. http://eur-lex.europa.eu/LexUriServ/LexUriServ.do?info=EXLINK&uri=OJ:L:2005:191:0029:0058:DE:PDF Zugriffsdatum 22.04.2009

EnEV (2007) Energieeinsparverordnung für Gebäude – Verordnung über energiesparenden Wärmeschutz und energiesparende Anlagentechnik bei Gebäuden (Energieeinsparverordnung – EnEV) vom 24. Juli 2007. http://www.enev-online.net/enev_2007/index.htm Zugriffsdatum 28.05.2009

EnEV-Entwurf (2009) Energieeinsparverordnung für Gebäude – Verordnung über energiesparenden Wärmeschutz und energiesparende Anlagentechnik bei Gebäuden (Energieeinsparverordnung – EnEV) nicht amtliche Fassung vom 18. März 2009. http://www.enev-online.org/enev_2009_volltext/index.htm Zugriffsdatum 28.05.2009

Feist W (2004) Wärmebrücken. Energiesparinformationen 04. Hessisches Ministerium für Wirtschaft, Verkehr und Landesentwicklung, Wiesbaden

Fördergemeinschaft Gutes Licht (2008) http://www.licht.de/de/licht-know-how/beleuchtungstechnik/lampen/ Zugriffsdatum 02.02.2009

Fraunhofer ISI (2003) Druckluft effizient. Broschüre. http://www.druckluft-effizient.de/fakten/fakten-00-09.pdf Zugriffsdatum 02.02.2009

Gasser S, Gasser M (2003) Kennwerte von Leuchten. http://www.toplicht.ch/cert/up-loads/documentation/Kennwerte_Leuchten.pdf. Zugriffsdatum 02.02.2009

Geiger B, Nickel M, Wittke F (2005) Energieverbrauch in Deutschland – Daten, Fakten, Kommentare. In: Brennstoff-Wärme-Kraft (BWK) 1/2 2005

Giersch H-U, Harthus H, Vogelsang N (2003) Elektrische Maschinen. 5. Aufl, Teubner, Wiesbaden

Gloor R (2000) Energieeinsparungen bei Druckluftanlagen in der Schweiz. Forschungsbericht (Projektnummer 33 564) aus dem Programm Elektrizität im Auftrag des Bundesamtes für Energie. http://www.energie.ch/themen/industrie/druckluft/index.htm Zugriffsdatum 02.02.2009

Hasse S (2008) Gießerei Lexikon. 19. Aufl, Schiele & Schön, Berlin

Helbig A, Baumüller J, Kerschgens MJ (1999) Stadtklima und Luftreinhaltung. Springer, Berlin, Heidelberg

Herkel S (2002) Nullemissionsfabrik SOLVIS. In: EB EnergieEffizientes Bauen, 3. Jg, 3/2002

Heuck K, Dettmann KD, Schulz D (2007) Elektrische Energieversorgung. 7. Aufl, Vieweg, Wiesbaden

Hilfert J (2007) Motorbremsen. In: Kiel E (Hrsg) Antriebslösungen. Mechatronik für Produktion und Logistik. Springer, Berlin, Heidelberg

IEC (2007) IEC 60034-2-1 – Rotating electrical machines – Part 2–1: Standard methods for determining losses and efficiency from tests (excluding machines for traction vehicles). http://webstore.iec.ch/webstore/webstore.nsf/artnum/038334 Zugriffsdatum 21.04.2009

Isermann R (2007) Mechatronische Systeme – Grundlagen. 2. Aufl, Springer, Berlin, Heidelberg

ISO (1996–2009) ISO 1217 – Verdrängerkompressoren – Abnahmeprüfungen. Beuth Verlag, Berlin

ISO (2001 f.) ISO 8573-1 – Druckluft – Teil 1: Verunreinigungen und Reinheitsklassen. Beuth Verlag, Berlin

Kaeser (2008) Druckluft Seminar Handbuch. Kaeser Kompressoren GmbH, Coburg

Kiel E (2007) Umrichter. In: Kiel E (Hrsg) Antriebslösungen. Mechatronik für Produktion und Logistik. Springer, Berlin, Heidelberg

Kliem O, Zimmermann F (2003) Elektro-Fachplanung. Berlin http://www.elektrofachplanung.de/Fachinfo/Planungshilfen/Leistung_1/Dimensionen/body_dimensionen.htm. Zugriffsdatum 20.08.2008

Kraft G (1991) Heizungstechnik. Verlag Technik, Berlin

Krist T (1992) Heizungs-Lüftungs-Klimatechnik. 5. Aufl, Hoppenstedt, Darmstadt

Kruse H, Rüssmann H (2006) Energieeinsparpotenziale in der Kältetechnik. In: KI Luft- und Kältetechnik 1–2, S 26–31

Lau L (2006) Energie sparen. Handbuch P.BE-FESS-01-DE. Festo AG, Esslingen

LiTG (1988) Projektierung von Beleuchtungsanlagen nach dem Wirkungsgradverfahren. Lichttechnische Gesellschaft (LiTG) e.V. Fachausschuss „Beleuchtungsberechnung", Berlin

Löffler T (2003) Integrierter Umweltschutz bei der Produktionsstättenplanung. Dissertation, Wissenschaftliche Schriftenreihe des Instituts für Betriebswissenschaften und Fabriksysteme, H 37, Chemnitz

Mack FJ, Wagner-Ambs M (2001) Getriebemotoren. Die Bibliothek der Technik, Bd 87, 3. Aufl, Verlag Moderne Industrie, Landsberg

Niemann G, Winter H, Hirt M (1989) Maschinenelemente. Bd 2 Getriebe. 2. Aufl, Springer, Berlin, Heidelberg.

Pacas JM, Schröder G (2000) Elektrische Antriebe. In: Energieagentur NRW (Hrsg) (2000) Energiever(sch)wendung? Handbuch zum rationellen Einsatz von elektrischer Energie. Klartext, Essen

Pröger R, Blank D (1996) Kraft-Wärme-Kopplungsanlagen: Planungsgrundlagen im industriellen und im öffentlichen Bereich. In: Gas Wasser Abwasser. Jg 76, H 3, S 181–189

Richter W (2007) Handbuch der thermischen Behaglichkeit – Sommerlicher Kühlbetrieb. Abschlussbericht Projekt F 2017. Bundesanstalt für Arbeitsschutz und Arbeitsmedizin, Berlin, Dortmund, Dresden

SAENA (2009) Bau nachhaltig – Energieeffizientes Bauen in Sachsen. Sächsische Energieagentur – SAENA GmbH. www.bau-nachhaltig.de Zugriffsdatum 04.03.2009

Schieferdecker B (2006) Technische Tools im Industriellen Energiemanagement. In: Schieferdecker B (Hrsg) Energiemanagement-Tools. Springer, Berlin, Heidelberg

Schmid C (2004) Energieeffizienz in Unternehmen – Eine wissensbasierte Analyse von Einflussfaktoren und Instrumenten. vdf Hochschulverlag, Zürich

Seefeldt F, Wünsch M, Michelsen C et al (2007) Potenziale für Energieeinsparung und Energieeffizienz im Lichte aktueller Preisentwicklungen. Prognos, Berlin

Siemens AG Power Transmission and Distribution Transformers Division: Drehstrom-Verteilungstransformatoren 50 bis 2500 kVA. http://www.automation.siemens.com /download/internet/cache/3/1363695/pub/de/Drehstrom-Verteilungstransformatoren_50_ bis_2500kVA-TechnischeErlaeuterungen.pdf Zugriffsdatum 02.02.2009

Steck S (2000) Luftreinhaltung in Werkstätten. In: VDI-Koordinierungsstelle Umwelttechnik. Jahrbuch 2000–2001. VDI-Verlag, Düsseldorf, S 114–128

Ströder R (1993) Entfernung von Kühlschmierstoffen aus der Raumluft und Abluft von Fertigungshallen, Teil 1 und 2. In: Technik am Bau, 24, S 445–449 (H 5) und S 547–553 (H 6)

VDI (1993) VDI-Bericht 1069 – Reinhaltung der Luft in Industriehallen. VDI-Verlag, Duisburg

VDI (1996) VDI-Richtlinie 2078 – Berechnung der Kühllast klimatisierter Räume (VDI-Kühllastregeln). Beuth Verlag, Berlin

VDI (1997) VDI-Richtlinie 2071 – Wärmerückgewinnung in Raumlufttechnischen Anlagen. Beuth Verlag, Berlin

VDI (1998) VDI-Richtlinie 3802 – Raumlufttechnische Anlagen für Fertigungsstätten. Beuth Verlag, Berlin

VDI (2000) VDI-Richtlinie 2048 – Messunsicherheiten bei Abnahmemessungen an energie- und kraftwerkstechnischen Anlagen – Grundlagen. Beuth Verlag, Berlin

VDI (2005) VDI-Richtlinie 4608, Blatt 2 – Energiesysteme. Kraft-Wärme-Kopplung. Allokation und Bewertung. Beuth Verlag, Berlin

Wanke A, Trenz S (2001) Energiemanagement für mittelständische Unternehmen. Fachverlag Deutscher Wissenschaftsdienst, Köln

Willems W, Dinter S, Schild K (2006) Handbuch Bauphysik Teil 1. Vieweg, Wiesbaden

Ziolek A (1999) Erfolgsprognose und Auslegung technischer Optionen der rationellen Energieanwendung in kleinen und mittelständischen Industriebetrieben. Dissertation, Universität Bochum

ZVEI (2005) Leitfaden zur DIN EN 12464-1 „Beleuchtung von Arbeitsstätten – Teil 1: Arbeitsstätten in Innenräumen". Zentralverband Elektrotechnik- und Elektronikindustrie e.V. Fachverband Elektroleuchten, Frankfurt/Main

6 Analyse und Bewertung des Energieverbrauchs

6.1 Messkonzept

Eine der wesentlichen Herausforderungen bei der energetischen Optimierung von Fabriken ist die Vertiefung des energetischen Prozesswissens. Für diese energiebezogene Kompetenz beim Planen und Betreiben von Fabriken ist die Erfassung, Aufbereitung und Bewertung von Energie- und Prozessdaten von besonderer Bedeutung.

Ziele, die mit Energiemessungen verfolgt werden, sind u. a.

- das Monitoring des Energiebedarfs als Grundlage für die Energiebeschaffung,
- das Aufzeigen von Optimierungsmöglichkeiten (Minimierung des Energieeinsatzes),
- die Allokation der Energieverbräuche zur verursachergerechten Verrechnung der Energiekosten auf Kostenstellen und Kostenträger und
- die Generierung von Planungsdaten für künftige energieeffizienzorientierte Fabrikplanungsprojekte.

Je nach Betriebsgröße und unternehmensspezifischer Gewichtung der oben genannten Ziele sind mehr oder minder komplexe Konfigurationen von Messstellen, Messgeräten, Signalübertragungs- und Auswertungssystemen (Messsystemen) notwendig. Auf Grund dieser Komplexität sind konzeptionelle Überlegungen zur Strukturierung des Messsystems notwendig.

Grundsätzlich folgt die Konzipierung eines Messsystems dem Energiefluss (Fischhuber 1998). Die Strukturierung (Verzweigung, Vernetzung) des betrieblichen Energieflusses entspricht jedoch selten den produktionsorganisatorischen bzw. betriebswirtschaftlichen Strukturen der Fabrik (z. B. Kostenstellen). Die Struktur des Messsystems muss beides, den physischen Fluss der Energie und die betrieblichen Organisationsstrukturen, berücksichtigen.

Für eine systematische Konzipierung von Messsystemen eignen sich die aus der Fabrikplanung bekannten Planungsgrundsätze Vom-Groben-zum-Feinen bzw. Vom-Ganzen-zum-Detail (s. Abschn. 4.1.3). Danach kann das Messsystem ausgehend von der hierarchischen Ordnung der Fabrik (s. Abschn. 2.2.3) nach folgenden Strukturebenen gegliedert werden:

- Fabrik (Produktionsstandort),
- Fabrikgebäude,
- Produktionsbereiche,
- Fertigungs-/Montageplatzgruppen und
- Fertigungs-/Montageplätze.

Entsprechend der unternehmensspezifischen Zielstellungen der Messungen werden auf diesen unterschiedlichen Strukturebenen Messstellen definiert. Dieses Vorgehen wird nachfolgend am Beispiel einer typischen Automobilfabrik mit den Produktionsbereichen Presswerk, Karosseriebau, Lackiererei und Montage verdeutlicht.

Messkonzept für die Strukturebene Fabrik (Standort)

Auf der Fabrikebene ist die Grundstruktur des Messsystems zu entwerfen. Sie beschreibt, welche Fertigungshallen in welchen Abhängigkeiten von der Energiebereitstellung und Einspeisung zu messen sind.

Die Abb. 6.1 zeigt schematisch die Erfassung der wesentlichen Fertigungshallen in einer beispielhaften Automobilfabrik. Mit dieser Erfassung ist eine energetische Gegenüberstellung der Verbräuche in den einzelnen Fertigungshallen möglich. Diese Aussage liefert eine erste Orientierung für die energetische Optimierung.

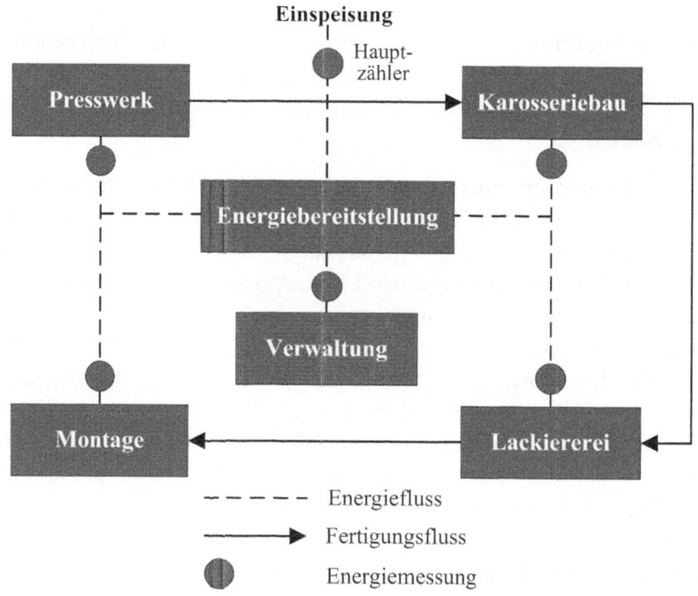

Abb. 6.1. Messkonzept auf der Strukturebene Fabrik am Beispiel einer Automobilfabrik

Ein geeigneter Maßstab zur Festlegung der abzugrenzenden und zu messenden Einheiten ist die Gliederung der Kostenstellen. In dem vorliegenden Beispiel wird davon ausgegangen, dass die verschiedenen Fertigungshallen zugleich Produktionsbereiche mit eigener Kostenverantwortung darstellen (Cost-Center). Mit der Erfassung der Energieverbräuche auf den Ebenen Fabrikgebäude bzw. Produktionsbereiche sind auch die Energiekosten auf die jeweiligen Bereiche umlegbar.

Messkonzept für die Strukturebenen Fabrikgebäude, Produktionsbereiche und Fertigungsplatzgruppen

Im nächsten Schritt wird das Messkonzept für die nächstniedrigeren Strukturebenen der Fabrik – die Gebäude, Produktionsbereiche und Fertigungsplatzgruppen – detailliert. Unter Nutzung der hierarchischen Gliederung der Fabrik wird die Struktur der einzelnen, messtechnisch zu erfassenden Einheiten gebildet. Abbildung 6.2 zeigt am Beispiel des Karosseriebaus die zu messenden Medien bzw. Energiearten und exemplarisch das Messkonzept für den elektrischen Strom.

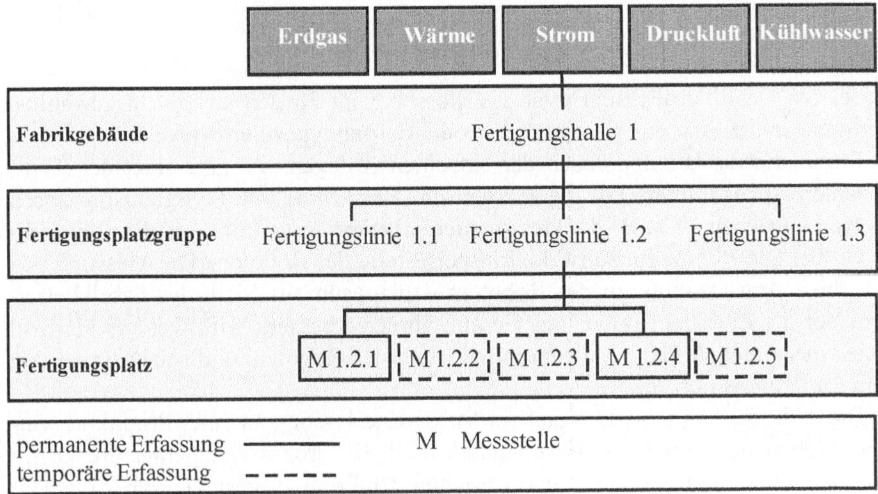

Abb. 6.2. Messkonzept für die Strukturebenen Gebäude, Fertigungsplatzgruppen und Fertigungsplätze (Engelmann 2008)

Neben der Abgrenzung der einzeln zu messenden Objekte ist auch festzulegen, welche Objekte permanent und welche Objekte nur temporär mit Messsensoren auszustatten sind. Inwiefern eine durchgängige Erfassung nötig und sinnvoll ist, muss nach Erkenntnisinteresse und Aufwand individuell entschieden werden.

Zum Beispiel werden im untersuchten Karosseriebau bei einer durchschnittlichen Jahreskapazität von 250.000 Fahrzeugen bis zu 1.000 Roboter für das Handling und den Materialtransport eingesetzt. Diese Roboter haben überwiegend ähnliche technische Eigenschaften. In diesem Fall liegt es nahe, Typenvertreter zu bestimmen, deren Energieverbrauch zu messen und die Ergebnisse auf die anderen Roboter zu übertragen.

Ein weiteres Auswahlkriterium ist der Anteil des Energieverbrauchs der betrachteten Anlage am Gesamtverbrauch der Fabrik bzw. des Produktionsbereichs. Für Anlagen mit marginalem Verbrauchsanteil erscheint eine permanente Verbrauchsmessung überflüssig. Ein möglicher Ansatz, solche Anlagen auszuwählen, ist die Pareto-Analyse: An Hand von Erfahrungswerten, theoretischen Anschlusswerten aus Lieferantenangaben und geplanten Laufzeiten lassen sich näherungsweise die 20 Prozent der Anlagen bestimmen, die 80 Prozent des Energiebedarfs verursachen.

Die Energieverbrauchsmessung auf Ebene des Fabrikgebäudes oder der Produktionsbereiche dient u. a. zur Kontrolle der Energieabrechnung und zur Energiekostenumlage. Die Messwerte auf Ebene der Fertigungsplatzgruppen können genutzt werden, um unterschiedliche Fertigungskonzepte und Fahrweisen zu vergleichen (z. B. Vergleich Fertigungskonzept für Tür Modell A und für Tür Modell B) oder um Mitarbeiter zu energiebewusstem Verhalten zu motivieren (z. B. Auswertung des Wochenenergiebedarfs einer Gruppe).

Messkonzept für die Strukturebene Fertigungsplätze

Im letzten Detaillierungsschritt ist das Messkonzept für den jeweils ausgewählten Fertigungsplatz bzw. für die einzelne Produktionsanlage zu entwickeln.

Dazu sind die Bilanzgrenzen der einzelnen Anlagen und ggf. einzelner Komponenten zu bestimmen. Für die energetische Bewertung von Fertigungsprozessen im Karosseriebau ist z. B. der Gesamtenergiebedarf eines Roboters die notwendige Größe. Die Bilanzgrenze ist die Einspeisestelle des Roboters. Die Messung von einzelnen Antriebsmotoren des Roboters ist dagegen aus Sicht des Fabrikbetreibers, der die Energieeffizienz der Gesamtfabrik verbessern will, weniger sinnvoll – sie würde jedoch für die Weiterentwicklung des Roboters und seiner Steuerung dem Lieferanten nützen.

Die Abb. 6.3 zeigt das Beispiel der Messwerterfassung an einer Produktionsanlage. Neben dem Energieeinsatz (Input) wird die Prozesszeit gemessen. Damit sind Aussagen zum energetischen Verhalten der Produktionsanlage über die Zeit möglich. Zusätzlich können bedarfsorientiert Messungen der abgeführten Energie erfolgen (z. B. an Hand der Abgas-, Abwassertemperaturen). Diese Messungen lassen z. B. auf energetische Reserven schließen oder zeigen Möglichkeiten der Energierückgewinnung auf.

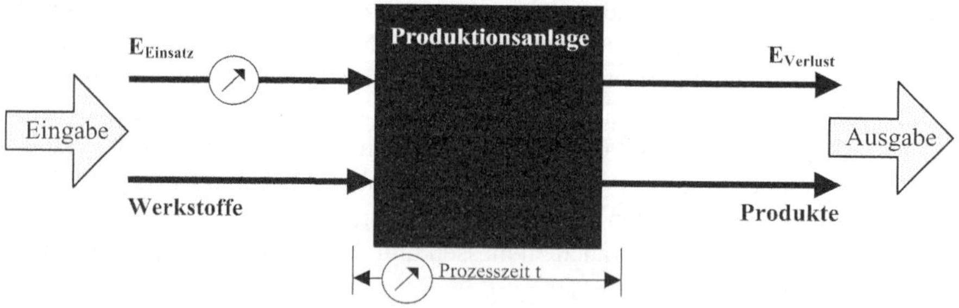

Abb. 6.3. Messkonzept an einer Einzelanlage

Die Messung von Energieverbräuchen auf Ebene der Fertigungsplätze bzw. Betriebsmittel hilft, Fahrweisen zu optimieren, Verluste zu erkennen (z. B. Leckagen) oder Technologien energetisch zu vergleichen. Auf Ebene der Fertigungsplätze ist auch zu entscheiden,

- ob eine permanente Messung erfolgen muss oder
- ob eine temporäre Messung genügt.

Gestaltungsgrundsätze für das Messsystem

Für die Ausgestaltung des Messsystems ist auf allen Strukturebenen der Fabrik nach dem Grundsatz „so genau wie nötig“ und nicht „so genau wie möglich“ zu verfahren, um den Aufwand für die Einrichtung der Messstellen und die Verarbeitung der Messdaten gering zu halten. Abbildung 6.4 verdeutlicht den prinzipiellen Zusammenhang zwischen dem Detaillierungsgrad der Messwerterfassung und den daraus resultierenden Kosten: Mit der Erhöhung des Detaillierungsgrads ist eine deutlich überproportionale Steigerung der Kosten verbunden.

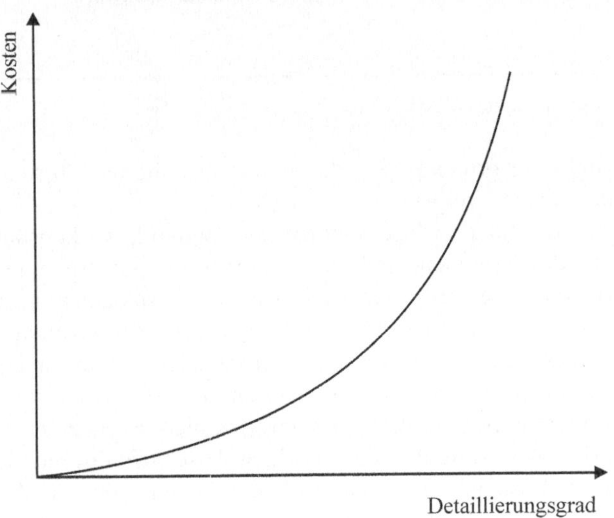

Abb. 6.4. Zusammenhang zwischen Detaillierungsgrad und Kosten von Messungen, nach (Borch et al. 1986)

Neben dem Detaillierungsgrad sind auf allen Strukturebenen der Fabrik bis hin zu den Fertigungsplätzen/Betriebsmitteln weitere grundlegende Entscheidungen zur Gestaltung des Messsystems zu treffen. Abbildung 6.5 zeigt eine Auswahl wichtiger Kriterien, die die Ausprägung des Messsystems in einem bipolaren Entscheidungsraum bestimmen.

Die Abbildung deutet an, dass die auf der linken Seite stehenden Ausprägungen tendenziell eher für die übergeordneten Strukturebenen Fabrikgebäude und Produktionsbereiche geeignet sind, während die auf der rechten Seite stehenden Ausprägungen eher für die Ebene der Fertigungsplätze bzw. der einzelnen Betriebsmittel in Frage kommen. Diese Aussagen gelten nur in der Tendenz und sind im

Einzelfall unter den konkreten Rahmenbedingungen zu prüfen. Einzelheiten werden nachfolgend erläutert.

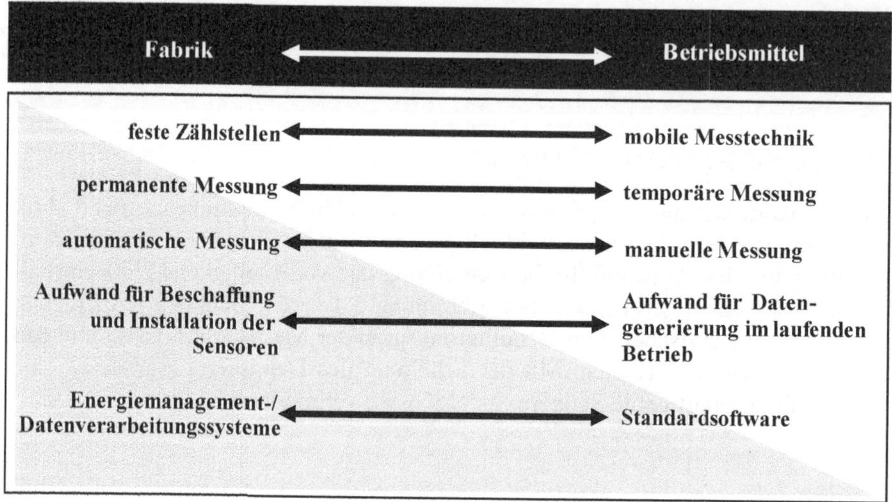

Abb. 6.5. Kriterien für die Ausprägung des Messsystems

Die Messwerterfassung kann grundsätzlich durch fest installierte Zählstellen oder mobile Messtechnik realisiert werden.

Der Einsatz mobiler Messtechnik ist insbesondere dort sinnvoll, wo konstante oder zyklisch wiederkehrende Verbräuche auftreten oder wenn Messwerte einmalig benötigt werden (z. B. Abnahme von Anlagen). Beispiele für Anlagen mit relativ konstantem Verbrauch sind ungeregelte Hallenlüftungs- oder Absauganlagen. Beispiele für Anlagen mit zyklisch wiederkehrenden Verbrauchsverhalten sind getaktete Fertigungs- oder Montageanlagen in der Großserien- und Massenfertigung.

Die Vorteile der mobilen Messtechnik liegen im flexiblen Einsatz, in der schnellen Verfügbarkeit der Messwerte und im günstigen Anschaffungspreis. Ein günstiger Anschaffungspreis lässt sich insbesondere dann erzielen, wenn die Auswertung der Messwerte mit Standardsoftware (z. B. Tabellenkalkulation) erfolgen kann.

Feste Zählstellen sind für alle abrechnungsrelevanten Messungen notwendig (Abrechnung mit dem Energieversorger, Weiterverrechnung der Energiekosten auf Kostenstellen). Weiterhin werden fest installierte Messwertaufnehmer für ein aktives, den momentanen Energieverbrauch bzw. die momentane Last (Leistungsaufnahme) beeinflussendes Energiemanagement benötigt.

Beispiele sind:

- Lastabwurfsysteme,
- lastabhängige Regelungen von Produktionsanlagen wie die Parallel-Differenzstrom-Regelung von Induktionsöfen in Gießereien (Tanneberger 2009).

Künftig sollten bei allen Investitionsvorhaben (Neuerrichtung, Erweiterung/Schrumpfung, Rationalisierung und Ersatz) physisch und kostenmäßig Messsysteme vorgesehen werden. Besonders Neuplanungen bieten die Möglichkeit, Messsysteme strukturiert und mit vertretbarem Aufwand einzuführen. Die Kosten für ein Messsystem sind im Vergleich zu den gesamten Anschaffungskosten von Produktionsanlagen meist marginal; eine spätere Installation von Messmitteln und Messstellen erweist sich dagegen auf Grund schlechter Zugänglichkeiten und notwendiger Anpassarbeiten meist als aufwändiger und teurer.

6.2 Messgrößen und Messwertaufnehmer

Die Auswahl der Messgrößen und der Messwertaufnehmer richtet sich nach den individuellen Zielstellungen und den im Einsatz befindlichen Energieträgern. Wichtige Messgrößen, die für das betriebliche Energiemanagement, die Bewertung von energetischen Prozessen und die Planung von Anlagen benötigt werden, sind die Arbeit bzw. Wärme und die Leistung, jeweils in Verbindung mit der Zeit. Unter dem Aspekt der Energiebeschaffung ist der zeitabhängige Verbrauch der Energieträger mit einer größtmöglichen Datensicherheit und in einer ausreichenden Messgenauigkeit zu erfassen (Wohinz u. Moor 1989). Zusätzlich sind ggf. weitere Parameter zu messen, die das Energieniveau (z. B. Temperatur) oder die Energiequalität (z. B. Frequenz) betreffen.

Tabelle 6.1 zeigt eine Auswahl von Messgrößen und Messwertaufnehmern, die in der betrieblichen Praxis häufig verwendet werden.

Tabelle 6.1. Messgrößen und Messwertaufnehmer, nach (Dehli 1998, Wanke u. Trenz 2001)

Messgröße und Einheiten	**Messwertaufnehmer (Beispiele)**
elektrische Leistung und Arbeit (kW, kWh)	Spannungs- und Strommesser, Leistungsmesser, Wirkarbeitszähler
Erdgasmenge (m^3/h)	Turbinenradzähler, Ultraschallzähler
Wärmemenge (kWh)	Wärmemengenzähler
Druckluftmenge (l/h)	kalorimetrischer Durchflussmesser
Temperatur von Flüssigkeiten und Gasen (C°)	Ausdehnungsthermometer, Widerstandsthermometer
Volumen und Volumenstrom von Flüssigkeiten und Gasen (m^3, m^3/h)	Messradzähler
Druck (bar)	Manometer
Zeit (s, min, h)	Betriebsstundenzähler

Die Auswahl der zu erfassenden Messgrößen und der entsprechenden Messwertaufnehmer richtet sich nach der Messaufgabe und dem übergeordneten Messkonzept.

Für die konkrete Auswahl der Messwertaufnehmer sind u. a. folgende Kriterien zu berücksichtigen:

- Messumfang (z. B. Wirkleistung, Blindleistung),
- Anschlussart (z. B. Dreiphasenwechselstrom und Phase Null)
- Messbereich,
- Messgenauigkeit,
- zeitliche Auflösung (Abtastrate),
- berührende oder berührungslose Messung,
- mobile, temporäre Anwendung oder feste Installation,
- Möglichkeit der Installation bei laufendem Betrieb,
- Art des Ausgangssignals,
- datentechnische Schnittstellen (z. B. Bussystem),
- interne Datenspeicherkapazität,
- Datenspeicherrate,
- Energieversorgung des Messwertaufnehmers,
- benötigter Bauraum,
- Einsatzbedingungen (z. B. Temperaturen, Feuchte, Staub),
- Sicherheitsaspekte (z. B. Schutzklassen).

Ausgewählte Messgeräte werden im Abschn. 6.5 erläutert.

6.3 Messwertverarbeitung

Je nach Art und Anzahl der Messgrößen und Messwertaufnehmer unterscheiden sich die Möglichkeiten und der Aufwand für die Verarbeitung der Messwerte erheblich.

In einer mittelgroßen Automobilfabrik mit einer jährlichen Kapazität von 250.000 Fahrzeugen können mehr als 500 fest installierte Zähler zum Einsatz kommen. Diese hohe Anzahl verlangt den Einsatz von EDV gestützten Energiemanagementsystemen.

Die Abb. 6.6 zeigt den grundsätzlichen Aufbau der Hardware eines solchen Systems. Die Messwertaufnehmer erzeugen in festgelegten Intervallen ein Messsignal. Dieses wird ggf. von einem analogen in ein digitales Signal gewandelt und in einigen Fällen dezentral zwischengespeichert (geloggt). Vom Datenlogger werden die Messsignale über ein Netzwerk an eine Datenbank übermittelt. Die Energiemanagementsoftware greift auf die Datenbank zu und ermöglicht die Aufbereitung der Messdaten.

An das Netzwerk sind verschiedene Arbeitsplätze angeschlossen, die auf die Energiemanagementsoftware zugreifen können. An diesen Arbeitsplätzen können die Informationen überwacht und ausgewertet, in einigen Fällen auch gesteuert werden.

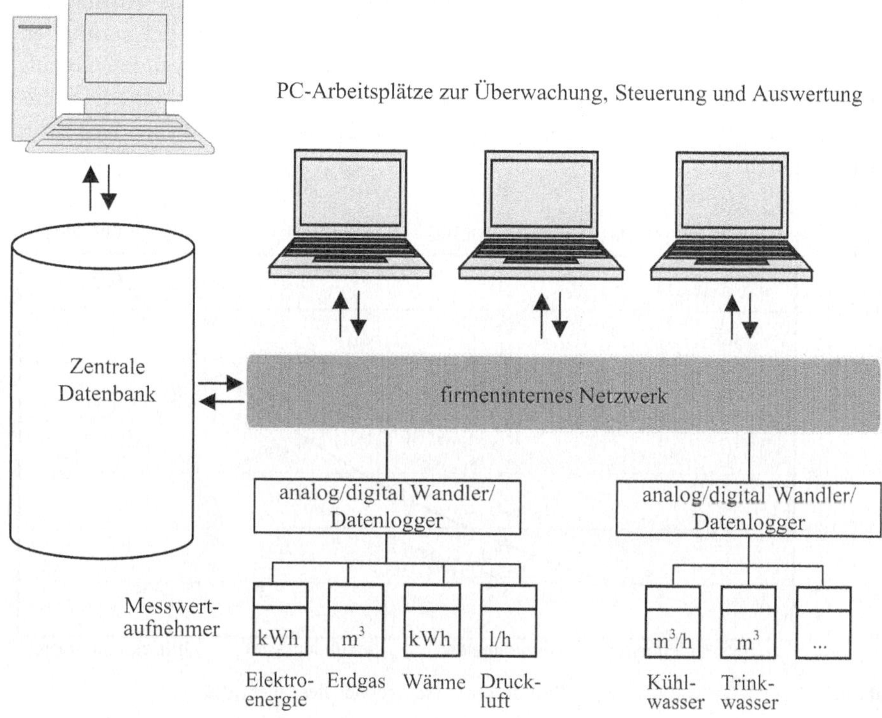

Abb. 6.6. Schematischer Aufbau eines EDV gestützten Energiemanagementsystems

Für die Übertragung und Verarbeitung der Messsignale spielt die zeitliche Auflösung eine entscheidende Rolle. In der Energieversorgung sind Viertelstundenmittelwerte üblich, die auch für die Abrechnung herangezogen werden (s. Abschn. 3.4.1). Dementsprechend arbeiten herkömmliche Energiemanagementsysteme, die ursprünglich vor allem für die Abstimmung der Lastprofile mit dem Energieversorger entwickelt worden sind, mit diesen Viertelstundenwerten. Dieses Messintervall eignet sich z. B. für Jahresganglinien oder für die Bestimmung der Grundlast von Fertigungshallen. Die Gebäudetechnik und das Facility Management haben sich in vielen Bereichen der Verwendung dieses Messintervalls angeschlossen.

Für die Steuerung von Produktionsprozessen sind diese Intervalle jedoch deutlich zu lang. Um Produktionsprozesse energetisch zu verstehen, sind – in Abhängigkeit von den Zykluszeiten der Produktionsprozesse – Messintervalle im Minuten- und Sekundenbereich notwendig. Langzeitmessungen im Minutenraster ermöglichen z. B. Aussagen zu energiesparenden Fahrweisen von Produktionsbereichen und -anlagen. Die Messung im Sekundenraster dient u. a. der Bestimmung des Zyklusbedarfs von Fertigungsanlagen und kann für energetische Vergleiche von alternativen Maschinen herangezogen werden. Messsignale, die sich direkt und in „Quasi-Echtzeit“ auf die Prozesssteuerung auswirken sollen, verlangen Messintervalle im Zehntel- bis hin zum Millisekundenbereich.

Die Abb. 6.7 zeigt – auf einer logarithmischen Ordinate – die Anzahl der Messwerte pro Stunde bei unterschiedlichen Messintervallen. Die bei verkürzten Messintervallen drastisch steigende Anzahl der Messwerte muss von den Signalübertragungssystemen (z. B. Messbus), den Speichern (z. B. Datenlogger, Datenbank) und der für die Auswertung eingesetzten Hard- und Software bewältigt werden können.

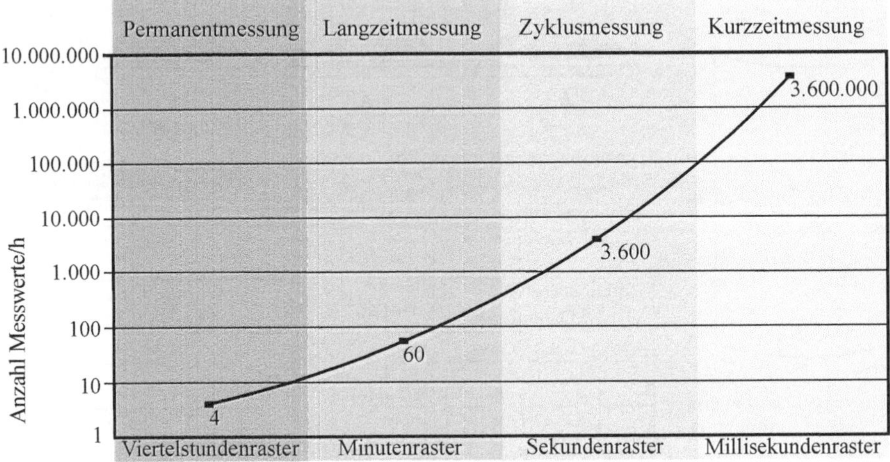

Abb. 6.7. Anzahl der Messwerte pro Stunde für verschiedene Messintervalle

6.4 Messwertauswertung

6.4.1 Verbraucherstrukturanalyse

Die Messdaten selbst liefern noch keine entscheidungsrelevanten Informationen. Sie müssen entsprechend der Informations- und Entscheidungsbedarfe aufbereitet werden. Nachfolgend werden ausgewählte und empfohlene Auswertemöglichkeiten – beginnend mit der Verbraucherstrukturanalyse – vorgestellt.

Anlässe für Verbraucherstrukturanalysen sind:

- die Aufteilung des Energieverbrauchs auf Kostenstellen und Kostenträger zur Allokation der Energiekosten und
- die Lenkung von Energieeffizienzmaßnahmen auf Verbraucher, bei denen die größten Effizienzsteigerungen erzielt werden können. Dies ist in der Regel bei

denjenigen Verbrauchern der Fall, die einen großen Anteil am Gesamtverbrauch aufweisen – bei den sogenannten Hauptverbrauchern.

Die Verbrauchsanteile sind vorzugsweise Top-down – ausgehend von der Strukturebene der Gesamtfabrik über die Produktionsbereiche bis hin zu den Fertigungs- oder Montageplätzen bzw. Einzelanlagen – zu ermitteln.

Als Einstieg eignet sich eine Matrix, die die Verbrauchsanteile der Produktionsbereiche nach Energieträgern bzw. Energiearten wiedergibt. Tabelle 6.2 zeigt beispielhaft die prozentuale Aufteilung des Energieverbrauchs zwischen den Produktionsbereichen einer Automobilfabrik.

Tabelle 6.2. Energiebedarf der Produktionsbereiche einer Automobilfabrik nach Energieträgern

Energiebedarf	**Presswerk**	**Karosseriebau**	**Lackiererei**	**Montage**
Strom [MWh]	9%	37%	40%	14%
Erdgas, Wärme [MWh]	4%	30%	25%	41%
Erdgas, technische Wärme [MWh]	-	-	100%	-
Erdgas, technisches Gas [MWh]	-	-	62%	-
Wasser [m^3]	1%	6%	69%	24%
Kühlwasser [m^3]	9%	61%	30%	-
Kühlwasser, Laser [m^3]	-	100%	-	-
Druckluft 6 bar	12%	35%	42%	10%
Druckluft 12 bar	-	50%	50%	-

Innerhalb der Produktionsbereiche sind dann einzelne Verbraucher (Betriebsmittel) oder Verbrauchergruppen zu betrachten. Diese können zusätzlich entsprechend der peripheren Ordnung der Fabrik gruppiert werden. Die Zuordnung zum Hauptprozess bzw. zur ersten, zweiten oder dritten Peripherie gibt Auskunft darüber, wie stark ein jeweiliger Energieverbraucher vom Produktionsprogramm, vom gewählten Hauptprozess oder von peripheren Prozessen abhängt (s. Abschn. 2.2.4). Aus diesen Abhängigkeiten ergeben sich Hinweise, welche der Handlungsansätze zur Energieeffizienzsteigerung (s. Abschn. 4.2.1) im konkreten Fall greifen könnten. So ist eine Schweißanlage (Hauptprozess) direkt vom Produktionsprogramm abhängig; zur Steigerung der Energieeffizienz kommt deshalb z. B. der Handlungsansatz Minderung des Bedarfs an Nutzenergie durch energieoptimierte Produktgestaltung (Gestaltung der Schweißnaht) in Frage.

Abbildung 6.8 zeigt exemplarisch die Ergebnisse der Verbrauchsstrukturanalyse des Karosseriebaus einer Automobilfabrik. Der Energieverbrauch des Karosseriebaus resultiert zu rund 51 Prozent aus dem Hauptprozess und zu weiteren 16 Prozent aus der ersten Peripherie. Also hängen ca. zwei Drittel des Energieverbrauchs direkt vom Produktionsprogramm und von der Fertigungstechnologie ab. Entsprechend gilt es, die Verantwortlichkeit für die Energieeffizienz auch an die Produktentwicklung und die Produktion zu adressieren. Organisationseinheiten wie die Werkstechnik oder das Gebäudemanagement können bei der Verbesserung der Energieeffizienz durch ihre Energiekompetenzen unterstützend wirken. Sie sind aber selbst vorrangig für die dritte Peripherie verantwortlich.

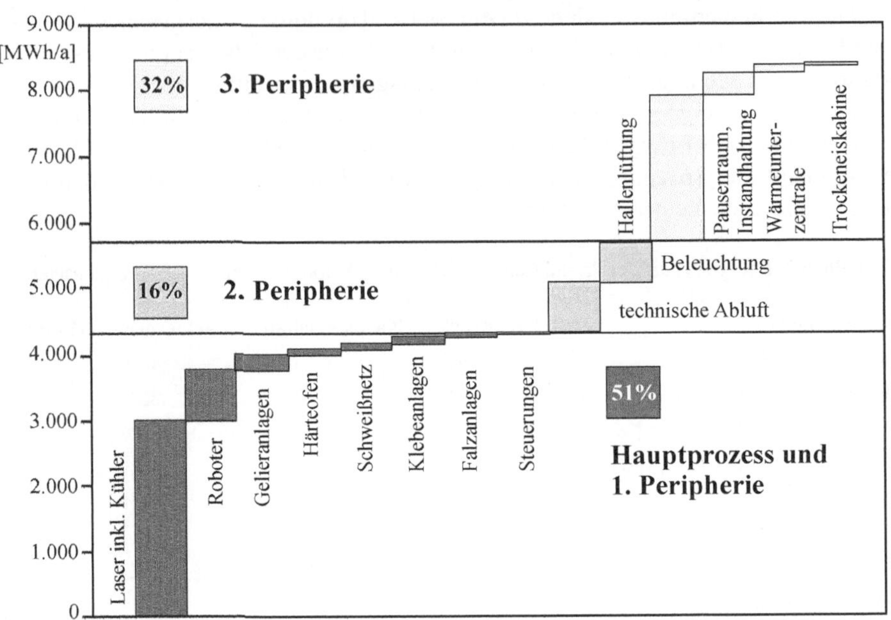

Abb. 6.8. Verbrauchsstrukturanalyse des Karosseriebaus einer Automobilfabrik (Engelmann 2008)

Auf Basis der ermittelten Verbrauchsstruktur können weitere Detailanalysen durchgeführt werden.

Neben der detaillierten Analyse von zeitlichen Verläufen des Energieverbrauchs (s. Abschn. 6.4.2) ist die Zuordnung der Energieverbräuche zu Kostenträgern von Interesse. Dazu sind die Energiemengen zu ermitteln, die an den Fertigungsplätzen oder Fertigungsplatzgruppen je produzierte Einheit verbraucht werden. Durch Aufsummieren dieser Verbräuche ist die energetische Bewertung der produzierten Einheit – des Kostenträgers – möglich. Diese Daten sind auch für Produkt-Ökobilanzen von Interesse.

Abbildung 6.9 zeigt eine solche Analyse am oben genannten Beispiel des Karosseriebaus einer Automobilfabrik: Je Fertigungsstation wurde der Energieverbrauch für die Fertigung einer einzelnen Karosserie ermittelt. Dieser Energieverbrauch ist der Ökobilanz (als Teil des kumulierten Energieverbrauchs) anzulasten; die zugeordneten Energiekosten sind dem Kostenträger, d. h. dem jeweiligen Fahrzeugtyp, anzulasten.

In einer verfeinerten Analyse wurden für die Karosseriebauteile zusätzliche Kennzahlen gebildet (energetische Fügeäquivalente; z. B. kWh/mm Schweißnaht, kWh/Schweißpunkt).

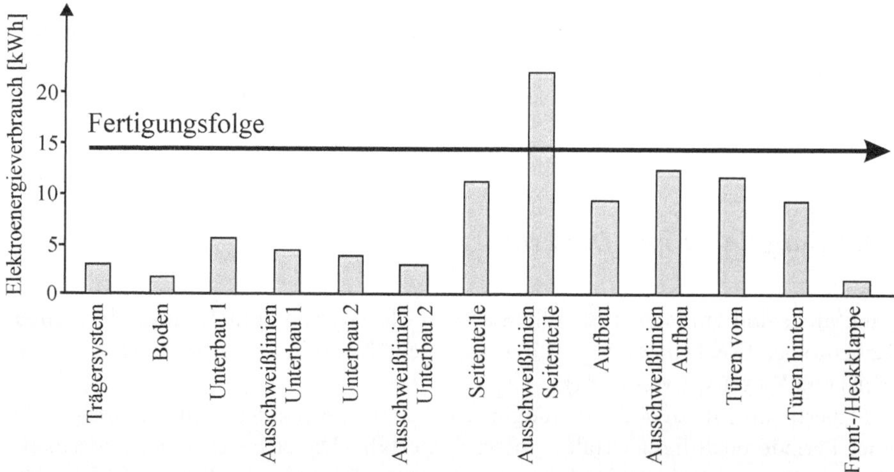

Abb. 6.9. Elektroenergiebedarf von Fertigungsstationen pro gefertigte Karosserie (Engelmann 2008)

Zur Visualisierung der Energieflüsse der Fabrik bieten sich ergänzend Energieflussbilder – sogenannte Sankey-Diagramme – an. Sankey-Diagramme stellen sich verzweigende Mengenflüsse als mengenproportional dicke Pfeile dar. Die Mengen sind in der Regel auf eine Periode bezogen (z. B. MWh pro Jahr). Die Mengenflüsse müssen bilanzierbar sein (Energie- bzw. Massenerhaltung, s. Abschn. 3.1). Bestände (Lager, Speicher) werden nicht abgebildet.

Sankey-Diagramme verschaffen einen raschen Überblick über:

- die betriebliche Energieumwandlungskette (Verzweigungen in den Mengenflüssen stehen in der Regel für Prozesse oder Anlagen) und
- die Größenordnung der Energieflüsse (Breite der Pfeile).

Abbildung 6.10 zeigt beispielhaft das Energieflussbild für die Wärmenutzung in einem mittleren Maschinenbaubetrieb.

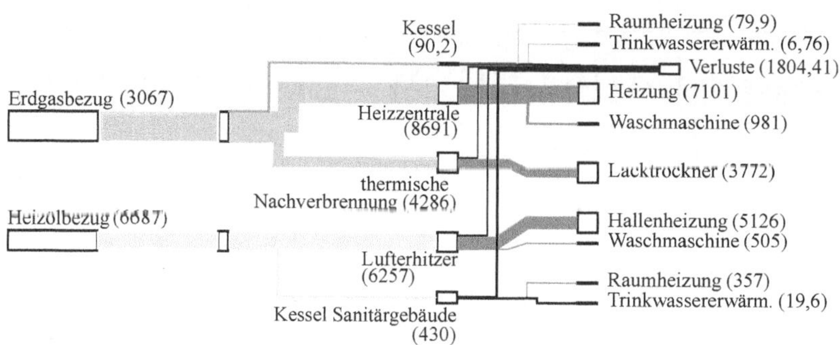

Abb. 6.10. Energieflussbild (Sankey-Diagramm) für die Wärmeerzeugung aus Brennstoffen in einem Maschinenbaubetrieb in MWh pro Jahr, nach (Bayerisches Landesamt für Umweltschutz 2002)

Die Energieflussbilder geben jedoch – wie alle bisher vorgestellten Methoden der Verbraucherstrukturanalyse – noch keinen Aufschluss über den zeitlichen Verlauf des Energieverbrauchs. Diese Information kann in Ganglinien und Dauerlinien abgebildet werden.

6.4.2 Ganglinien und Dauerlinien

Ganglinien sind grafische Darstellungen von Messwerten in ihrer chronologischen Reihenfolge. Die Darstellung erfolgt in einem Koordinatensystem aus X-Achse (Zeit) und Y-Achse (Messwert).

Dauerlinien sind geordnete Ganglinien. In den Dauerlinien sind die Messwerte einer Periode nach ihrer Größe sortiert dargestellt. Dauerlinien zeigen, über welche Dauer – über wie viele Zeiteinheiten einer Periode – bestimmte Messwerte über- oder unterschritten wurden.

Ganglinien und Dauerlinien können für unterschiedliche Perioden und für unterschiedliche Strukturebenen der Fabrik erstellt und genutzt werden.

Jahresganglinien und Jahresdauerlinien

Jahresganglinien und Jahresdauerlinien, die sich auf den Gesamtverbrauch der Fabrik beziehen, werden u. a. benötigt, um Energielieferverträge mit dem Energieversorger zu schließen.

Jahresganglinien und Jahresdauerlinien für einzelne Produktionsbereiche oder einzelne Anlagen helfen beispielsweise, den nachhaltigen Erfolg von Energieeffizienzmaßnahmen zu überwachen (z. B. Vergleich der Ganglinien vor und nach der Maßnahme, Vergleich mit Vorjahresganglinie).

Aus den Ganglinien (s. Abb. 6.11 und 6.13) sind u. a. die Grund- und Spitzenlast erkennbar. Die Fläche unter der Ganglinie der bezogenen Leistung entspricht der bezogenen Arbeit bzw. Energiemenge.

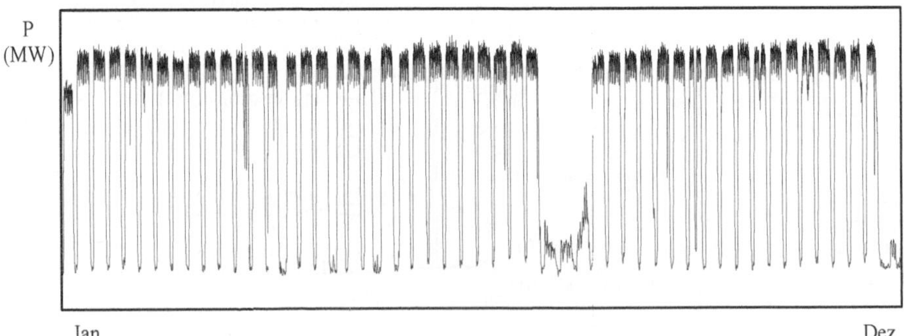

Abb. 6.11. Jahresganglinie der bezogenen elektrischen Leistung eines Industriebetriebs

Die Dauerlinien (Abb. 6.12 und 6.14) veranschaulichen außerdem, wie gut die installierten Energieversorgungskapazitäten ausgelastet sind. Mit dieser Aussage können z. B. flexible Wärmeversorgungsanlagen (s. Abschn. 5.3) dimensioniert (s. Abschn. 4.3.4.3) werden.

Die Abb. 6.11 bis 6.14 zeigen Beispiele für Jahresgang- und Jahresdauerlinien der elektrischen Leistung bzw. des Erdgasverbrauchs eines Industriebetriebs.

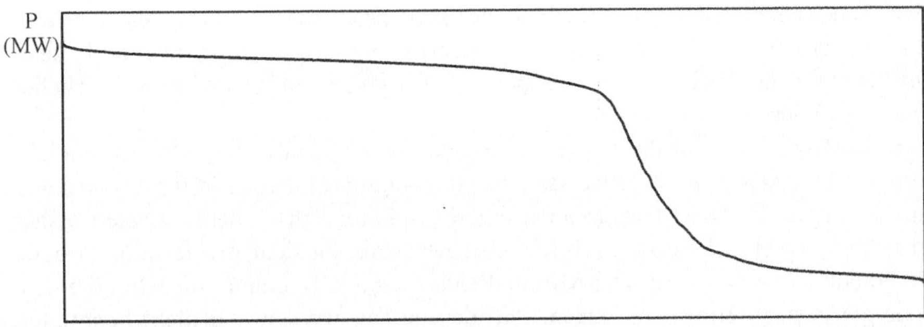

Abb. 6.12. Jahresdauerlinie der bezogenen elektrischen Leistung eines Industriebetriebs

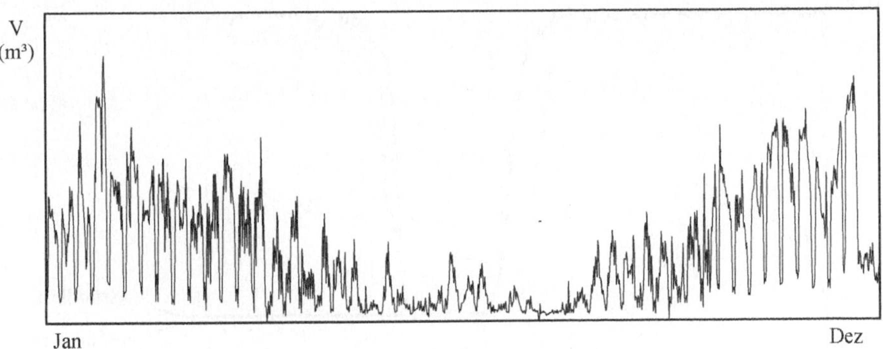

Abb. 6.13. Jahresganglinie des Erdgasverbrauchs eines Industriebetriebs

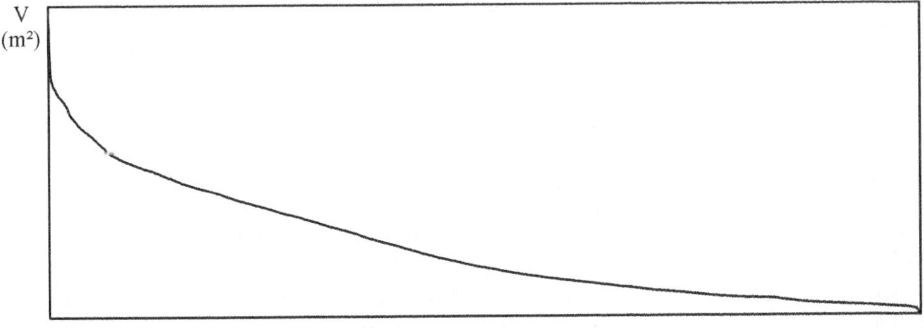

Abb. 6.14. Jahresdauerlinie des Erdgasverbrauchs eines Industriebetriebs

Wochenganglinien

Wochenganglinien sind vor allem für Betriebe mit Wochenendruhe von Bedeutung. Sie zeigen die Abfahr- und Anfahrprozesse vor und nach dem Wochenende sowie den Wochenendverbrauch. Der Wochenendverbrauch ergibt sich aus dem Stand-by nicht abschaltbarer Anlagen bzw. Anlagensteuerungen, dem Betrieb von Alarm- und anderen sicherheitsrelevanten Anlagen, der Notbeleuchtungen etc. Nicht selten werden Anlagen jedoch auch aus Gewohnheit oder Bequemlichkeit nicht ausgeschaltet. Da am Wochenende nicht produziert wird, stehen den Wochenendverbräuchen keine Erlöse gegenüber. Die Analyse und darauf aufbauend die Senkung des Wochenendverbrauchs stehen daher oft im Fokus betrieblicher Energieeffizienzmaßnahmen.

Eine Möglichkeit für die Untersuchung des Wochenendverbrauchs verdeutlicht Abb. 6.15: Neben dem aktuellen Ist-Lastgang zeigt das Diagramm für das Ab- und Anfahren und die Betriebsruhe auch einen Minimalbedarf – den kleinsten bisher erreichten Verbrauchswert. Er bildet den Maßstab, an dem der jeweils aktuelle Verbrauch gemessen wird. Der Minimalbedarf kann z. B. einmal im Jahr an einem „Energiespartag" ermittelt werden. An diesem Tag werden alle nicht benötigten Verbraucher konsequent und unter entsprechender Kontrolle abgeschaltet.

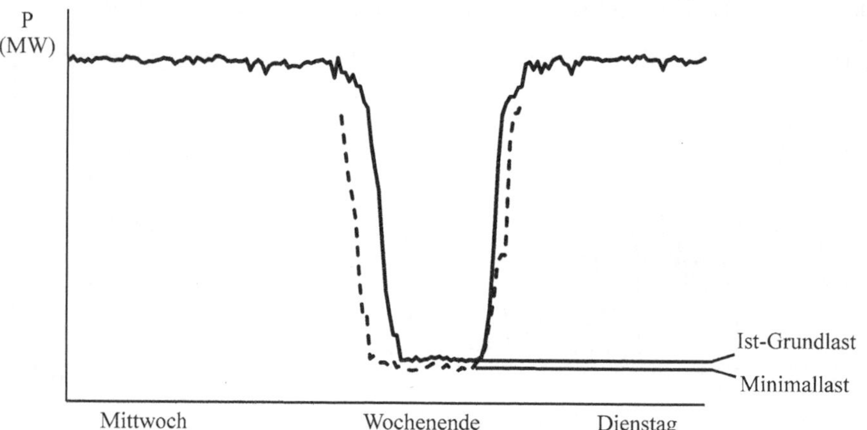

Abb. 6.15. Wochenganglinie des Elektroenergieverbrauchs eines Industriebetriebs und Analyse des Wochenendverbrauchs

Tagesganglinie

Tagesganglinien können analog der Wochenganglinie zur Analyse von Verbräuchen während unproduktiver Zeiten (z. B. Pausen, Nachtruhe) und beim Ab- und Anfahren genutzt werden.

Abbildung 6.16 zeigt den Tagesgang eines Drei-Schicht-Betriebs. Neben den drei Schichtwechseln sind ca. aller zwei Stunden kürzere Pausen zu erkennen.

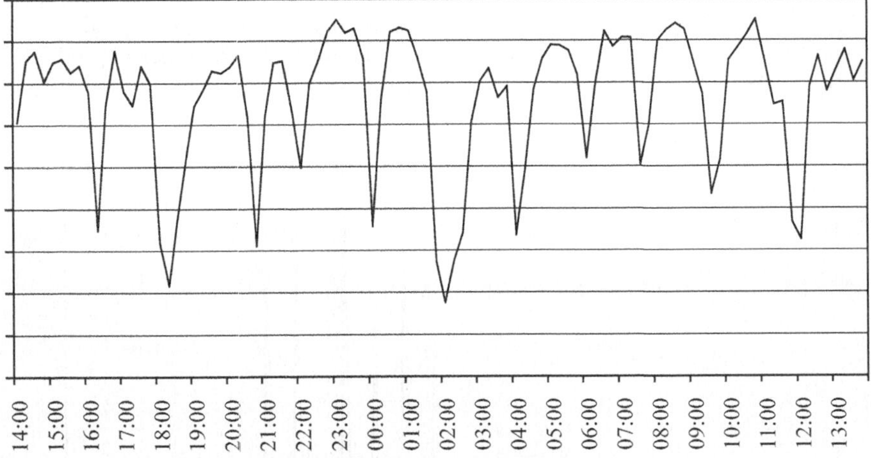

Abb. 6.16. Tagesgang des Elektroenergieverbrauchs eines Industriebetriebs

Zyklusganglinien

Für Energieeffizienzbetrachtungen auf Ebene der Fertigungs- oder Montageplätze bzw. Einzelanlagen eignen sich Ganglinien über einen oder mehrere Zyklen der Fertigung oder Montage (s. Abschn. 4.3.2). Abbildung 6.17 zeigt den Zyklusverlauf einer Falzanlage. Zu erkennen sind die unterschiedlichen Leistungsbedarfe während der Fertigung und die Stand-by-Leistung außerhalb der produktiven Zeit.

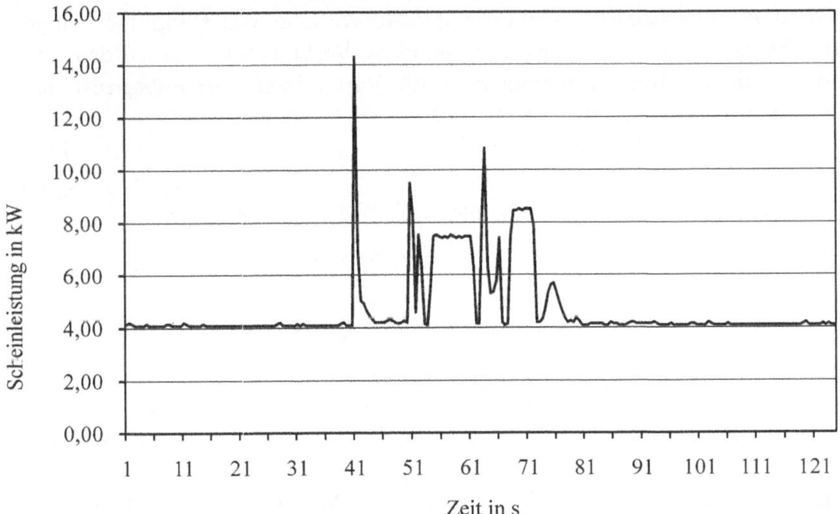

Abb. 6.17. Zyklusverlauf der elektrischen Leistung einer hydraulischen Falzanlage (Engelmann 2008)

Einen etwas anderen Zyklusverlauf zeigt eine einzelne Punktschweißzange (s. Abb. 6.18). Entlang der Ganglinie sind deutlich die Leistungsspitzen, die beim Schweißen der einzelnen Punkte auftreten, zu erkennen. Während der unproduktiven Zeit verbraucht die Schweißzange keine Energie.

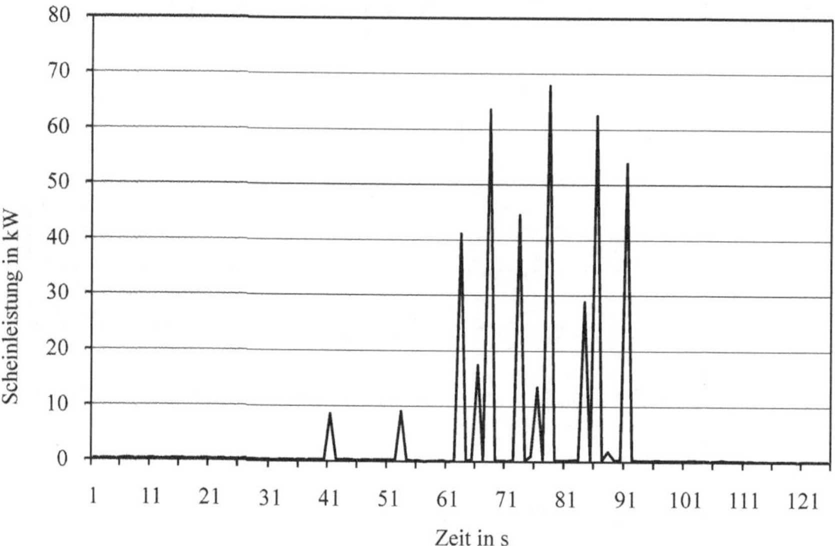

Abb. 6.18. Zyklusverlauf der elektrischen Leistung einer Punktschweißzange (Engelmann 2008)

Exkurs: Stand-by-Verbrauch

Ein besonders interessanter Aspekt bei der Auswertung von Ganglinien ist die Analyse des Stand-by-Verbrauchs. Der Stand-by-Verbrauch gilt neben den Leistungsspitzen als wichtiger Ansatzpunkt für die Verbesserung der Energieeffizienz in der Produktion (Galitsky u. Worrell 2008).

Die Abb. 6.19 und 6.20 zeigen den Stand-by-Verbrauch der einzelnen Fertigungsanlagen des oben genannten Karosseriebaus (Müller et al. 2008). Die dort gezeigten Diagramme nutzen jeweils unterschiedliche Bezugsgrößen:

- Abbildung 6.19 bemisst den Stand-by-Anteil am jeweiligen Gesamtverbrauch der Einzelanlage.
- Abbildung 6.20 setzt den Stand-by-Verbrauch der Einzelanlagen in Beziehung zum Gesamt-Stand-by-Verbrauch des Karosseriebaus.

Durch die unterschiedlichen Bezugsgrößen differenziert sich die Aussage der Diagramme: Während die Klebeanlage den höchsten individuellen Stand-by-Verbrauchsanteil aufweist, erreicht die Laseranlage den höchsten Anteil aller Einzelanlagen am Gesamt-Stand-by-Verbrauch. Auf Basis dieser Erkenntnisse können Prioritäten bei der Verbesserung der Energieeffizienz durch das Absenken von Stand-by-Leistung oder Stand-by-Zeiten gesetzt werden.

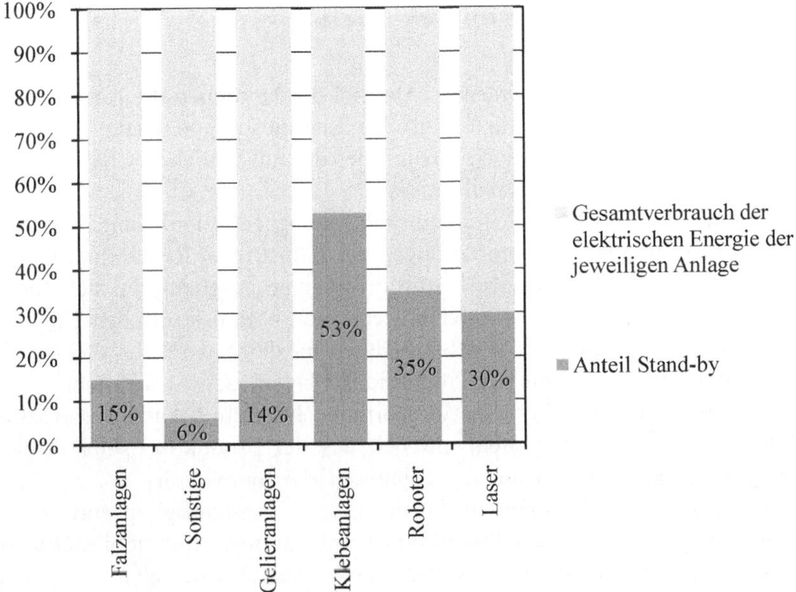

Abb. 6.19 . Stand-by-Anteil am Energieverbrauch einzelner Produktionsanlagen in einem Karosseriebau (Müller et al. 2008)

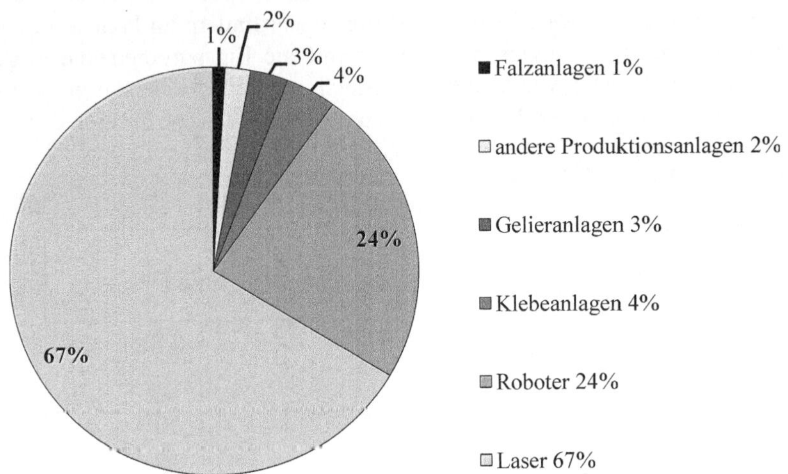

Abb. 6.20. Anteil des Stand-by-Verbrauchs einzelner Produktionsanlagen am Gesamt-Stand-by eines Karosseriebaus (Müller et al. 2008)

6.4.3 Analyse von Realisierungschancen

Mit den Verbrauchsstrukturanalysen (s. Abschn. 6.4.1) können die Hauptverbraucher und damit die – vermeintlich – großen Energiesparpotenziale identifiziert werden. Die Analyse besagt jedoch wenig über die tatsächlichen Chancen, diese Energiesparmaßnahmen auch zu realisieren.

Investitionen, die allein eine Steigerung der Energieeffizienz zum Ziel haben, genügen oft nicht den hohen Anforderungen der Industrie an Rentabilität und Kapitalrückflussdauer. Zudem werden häufig die Risiken gescheut, die sich aus den von Energiesparmaßnahmen verursachten technisch-organisatorischen Eingriffen in die Produktion ergeben (z. B. Stillstandszeiten für das Nachrüsten von Umrichtern, Fehler beim Wiederanlauf von Produktionsanlagen nach Abschaltung).

Daher ist es oft realistischer, Energiesparmaßnahmen mit Änderungen an den Produktionsanlagen zu verknüpfen, die sich aus der Produktion selbst ergeben (Änderung des Produktionssortiments, technologische Innovation).

Abbildung 6.21 zeigt beispielhaft das nach Änderungshäufigkeit und Energiebedarf aufgestellte Portfolio der Produktionsbereiche einer Automobilfabrik. Aus der Darstellung wird deutlich, dass der Karosseriebau einerseits einen hohen Energiebedarf und andererseits eine hohen Änderungshäufigkeit aufweist. In diesem Produktionsbereich besteht also sowohl ein hohes Energieeinsparpotenzial als auch eine große Wahrscheinlichkeit, dass Einsparmaßnahmen im Zuge von regulären Änderungen umgesetzt werden können. Die Lackiererei ist ebenfalls ein bedeutender Energieverbraucher; Lackieranlagen arbeiten jedoch über einen längeren Zeitraum, ohne dass größere Ersatzinvestitionen stattfinden. Im Presswerk und in der Montage sind die Energiebedarfe und damit die Einsparpotenziale insgesamt deutlich geringer. Die Montage bietet jedoch auf Grund der häufigeren Erneuerungen und Umbauten der Produktionsanlagen gute Chancen für eine energetische Modernisierung.

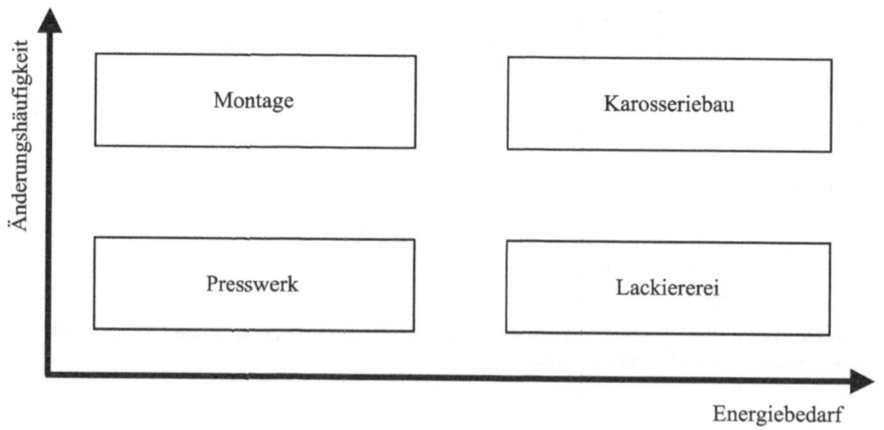

Abb. 6.21. Änderungshäufigkeit und Energiebedarf in den Produktionsbereichen einer Automobilfabrik (Engelmann 2008)

6.5 Spezielle Messverfahren und Messgeräte

6.5.1 Elektroenergie

6.5.1.1 Überblick

Für die verschiedenen Kenngrößen der Elektroenergie existiert eine Vielzahl von Messverfahren und Messgeräten, die in der Literatur eingehend beschrieben sind (Hoffmann 2007, Hofmann 1986, Lerch 2005, Mühl 2001).

Zur Ermittlung der Energieeffizienz in Fabriken sind insbesondere die elektrische Leistungsmessung und die Ermittlung der elektrischen Arbeit an Dreiphasendrehstromverbrauchern im Niederspannungsbereich (< 1.000 Volt) von Interesse. Dafür kommen mobile Messgeräte und fest installierte Zählstellen zum Einsatz. Nachfolgend werden der Multimeter-Datenlogger als universell einsetzbares mobiles Gerät und ausgewählte fest installierte Messgeräte vorgestellt.

Vorab wird auf einige wesentliche Anforderungen an die Messtechnik eingegangen.

Alle elektrischen Messgeräte unterliegen der Sicherheitsnorm IEC 1010 (EN 61010). Diese Norm definiert vier Messkreiskategorien (s. Tabelle 6.3) und diesen Kategorien entsprechende Anforderungen an die Sicherheit der Messgeräte. Im Fabrikbetrieb werden in der Regel Geräte der Kategorie CAT III benötigt. Die Messgeräte müssen mit der Messkreiskategorie und der Nennspannung, für die sie zugelassen sind, gekennzeichnet sein (z. B. CAT III 600 V).

Tabelle 6.3 Messkreiskategorien für Niederspannungs-Messgeräte und zugeordnete Einsatzgebiete nach (EN 61010)

Kategorie	Verwendungsfall
CAT I	Elektronik, z. B. geschützte Elektronikbauteile
CAT II	einphasige Lasten, z. B. über die Steckdose verbundene Büro- und Laborgeräte
CAT III	Drei-Phasen-Verteilung, z. B. Gebäudeinstallation (Sammelschienen, Speisekabel), fest installierte Motoren und Schaltgeräte, größere Beleuchtungssysteme
CAT IV	drei Phasen mit direkter Verbindung zum Elektrizitätswerk, Freileitungen

Weiterhin sind für alle direkt wirkenden Messgeräte (mit Skalenanzeige) und für Messwandler die Genauigkeitsklassen nach EN 60051 anzugeben. Die Genauigkeitsklasse eines Messgeräts gibt an, wie stark ein Messwert vom wahren Wert der gemessenen Größe – gerätebedingt – maximal abweichen kann. Die Genauigkeitsklasse gibt die Eigenabweichung G des Messgeräts in Prozent an. Die

Eigenabweichung G berechnet sich aus der maximal zulässigen Abweichung des Messwerts Δx und dem Messbereichsendwert x_{end}:

$$G = \frac{\Delta x}{x_{end}} \tag{6.1}$$

Die Angabe Genauigkeitsklasse 2,5 besagt, dass der Fehlerwert (die maximale Abweichung des Messwerts) für den Messbereichsendwert (in der Regel der Skalenendwert) bei 2,5 Prozent liegt.

Für digitale Messgeräte mit Ziffernanzeige sind keine Genauigkeitsklassen definiert.

Die Tabelle 6.4 zeigt die genannten und weitere, ausgewählte Merkmale elektrischer Leistungsmesser und Energiezähler in der Übersicht.

Tabelle 6.4 Ausgewählte Merkmale elektrische Leistungsmessgeräte/Energiezähler

Merkmal	Beschreibung
Messgrößen	z. B. Wirkleistung, Blindenergie
Anschlussart	Angabe der Anschlussart des Zählers (2-Leiter-Wechselstromnetz, 3- und 4-Leiter-Drehstromnetz)
Anschlussvariante	z. B. direkt messender Zähler, Wandlerzähler
Grenzstrom	maximal messbarer Strom im Direkt- und Wandlerbetrieb
Betriebsspannung	z. B. 400 Volt
Montageart	für fest installierte Zähler, z. B. Hutschiene, Fronttafel
Zulassung	z. B. durch Physikalisch-Technische Bundesanstalt (PTB)
Genauigkeitsklasse	Genauigkeitsklasse für die Wirk- und Blindenergieberechnung
Messkreiskategorie	z. B. CAT III
Schnittstellen	z. B. S0, M-Bus, LON
Parameter der Schnittstelle	z. B. maximale Wertigkeit und Länge der Leistungsimpulse an der S0 Schnittstelle
Anzeige	z. B. Rollenzählwerk, LCD, LED- Leuchte
Betriebstemperatur	minimale und maximale Betriebstemperatur
Gehäuseschutzart	verfügbare Gehäuseschutzart des Zählers

6.5.1.2 Multimeter-Datenlogger als mobiles Universalmessgerät

Für die mobile, temporäre Messung elektrischer Größen eignet sich im betrieblichen Umfeld vor allem der Multimeter-Datenlogger. Abbildung 6.22 zeigt den prinzipiellen Aufbau eines solchen Geräts.

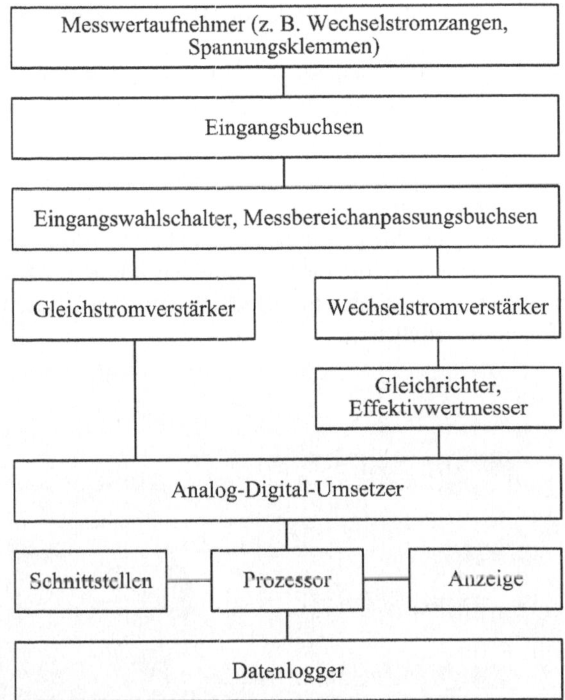

Abb. 6.22. Aufbau eines Multimeter-Datenloggers, in Anlehnung und Ergänzung an (Mühl 2001)

Als Messwertaufnehmer kommen bei der Messung im Dreiphasenwechselstromkreis üblicherweise Wechselstromzangen in Verbindung mit Spannungsklemmen zum Einsatz. Die Wechselstromzangen werden jeweils um die Leiter L1, L2, L3 und Null geschlossen. Fließt durch die Leiter ein Wechselstrom, so wird in den Messzangen ein proportionaler Messstrom induziert. Gegenüber konventionellen Amperemetern haben die Messzangen vor allem den Vorteil, dass der Stromkreis für das Einbringen der Messwertaufnehmer nicht unterbrochen werden muss. Die Spannungsmessung erfolgt generell im Parallelschluss. Die Spannungsabnehmer können daher ebenfalls ohne Unterbrechung des Stromkreises angeschlossen werden.

Aus den gemessenen Stromstärken und den parallel an allen Leitern erfassten Spannungen werden nach geräteinterner Signalumwandlung vom Prozessor die gewünschten Größen berechnet (Berechnungsgrundlagen s. Abschn. 3.3.3). Dafür kommt meist eine geräte- oder herstellerspezifische Software zum Einsatz. Ergebnisse der Berechnung sind u. a. die Wirkleistung, die Scheinleistung, die Blindleistung, der Leistungsfaktor und die entsprechende Wirk-, Schein- und Blindarbeit.

Die Messwerte und die berechneten Werten können direkt am Gerät angezeigt, im Datenlogger gespeichert und/oder an einen PC gesendet werden. Für den Datenexport ist meist eine RS 232 Schnittstelle vorgesehen. Am PC können die Daten in der Regel mit Standardsoftware (Tabellenkalkulation, Datenbanken) weiter bearbeitet und grafisch aufbereitet werden.

Eine besondere Herausforderung in der betrieblichen Messpraxis ist oft das Auffinden geeigneter Stellen, an denen die Messwertaufnehmer installiert werden können. Eine gute Möglichkeit für das Anschließen der Wechselstromzangen und Spannungsklemmen sind die Schaltschränke der zu messenden Verbraucher (s. Abb. 6.23). Die Messwertaufnehmer sind in der Regel von einer Elektrofachkraft anzubringen. Gegebenenfalls können die Messstellen so gestaltet werden, dass auch unterwiesene Personen die Messwertaufnehmer anschließen können. Messstellen müssen dann u. a. von Außen zugänglich sein; die Berührung und Unterbrechung des Stromkreises darf nicht möglich sein.

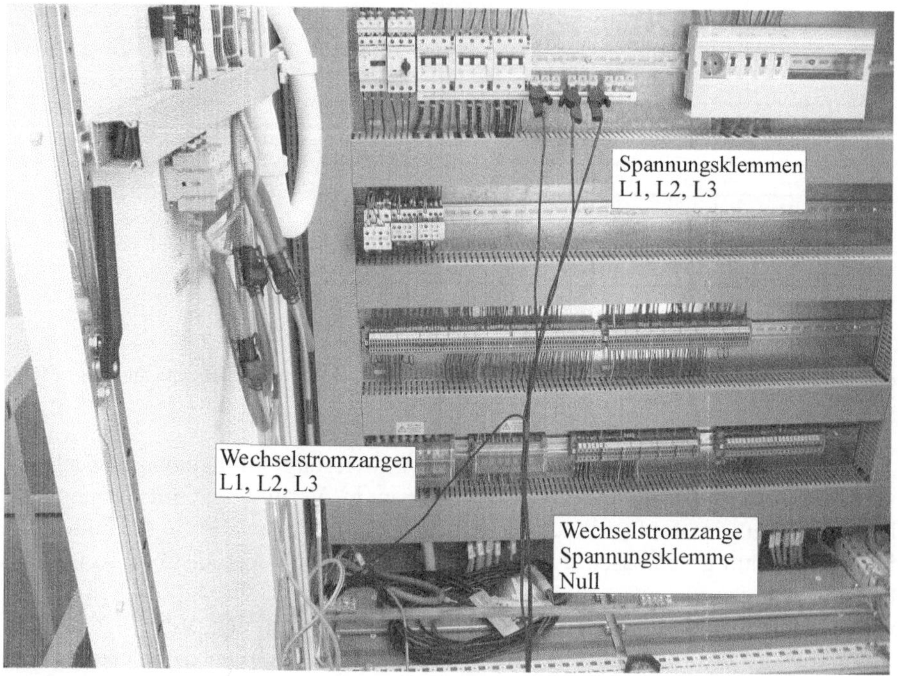

Abb. 6.23. Anschluss der Stromzangen und Spannungsklemmen in einem Schaltschrank

6.5.1.3 Fest installierte Messgeräte

Fest installierte Messgeräte werden in jeder Fabrik und jeder Betriebsstätte eingesetzt, um den Energiebezug vom Energieversorger zu messen und abzurechnen. Bauartgleiche Geräte sind prinzipiell auch geeignet, um an ausgewählten Stellen im betrieblichen Elektroenergienetz den Verbrauch von bestimmten Organisationseinheiten (Kostenstellen) oder Betriebsmitteln zu überwachen (s. Abb. 6.1).

Stromzähler

Aus dem Haushalt sind konventionelle Stromzähler – sogenannte Ferrariszähler – bekannt. Kern der Stromzähler ist eine Aluminiumscheibe. In dieser Scheibe wird von dem „zu zählenden“ Wechselstrom nach dem Induktionsprinzip ein Drehmoment erzeugt, das der bezogenen Wirkleistung – bei Blindverbrauchszählern der Blindleistung – proportional ist. Die von der Induktion hervorgerufene Rotation der Scheibe wird gleichzeitig von einer Wirbelstrombremse – einem Dauermagneten – geschwindigkeitsproportional gebremst. Im Ergebnis verhält sich die Drehgeschwindigkeit der Scheibe proportional zur bezogenen elektrischen Leistung und kann von einem mechanisch verbundenen Zählwerk über die Zeit erfasst werden. Der so ermittelte Energieverbrauch wird auf einer Skala angezeigt.

Ferrariszähler haben in der einfachen Ausführung für die industrielle und gewerbliche Praxis kaum noch Bedeutung.

Mehrtarifstromzähler und Lastgangzähler

Die beschriebenen Stromzähler können mit mehreren Zählwerken ausgerüstet werden, um z. B. den Verbrauch während der Hoch- und Niedertarifzeit getrennt zu erfassen. Für die Umschaltung zwischen den verschiedenen Zählwerken werden Steueranlagen, die vom Energieversorgungsunternehmen zentral geschaltet werden, oder Tarifschaltuhren eingesetzt. Auch eine aufzeichnende Leistungsmessung ist durch spezielle Zählwerke möglich.

Sofern zwischen Energieversorger und Kunden (Sondertarifkunde) die Lieferung der Energie nach einem bestimmten Lastprofil – dem zeitlichen Verlauf des Energiebezugs – vereinbart wurde, kommen Lastgangzähler zum Einsatz. Sie speichern für jede Registrierperiode einen Wert, aus dem die in der Registrierperiode verbrauchte Energiemenge ermittelt werden kann. Die Registrierperiode ist in Deutschland auf eine Viertelstunde festgelegt.

Mehrtarifstromzähler und analoge Lastgangzähler werden – besonders für Sondertarifkunden – zunehmend durch (fernauslesbare) elektronische Zähler ersetzt.

Elektronische Energiezähler

Elektronische Energiezähler nutzen je nach Bauart verschiedene Messprinzipien, um den elektrischen Strom zu ermitteln (z. B. Rogowskispule, Hallelemente). Aus dem Strom und der ebenfalls gemessenen oder bekannten Spannung werden von einem Prozessor die Leistung und der Energieverbrauch berechnet. Die Ergebnisse werden angezeigt und/oder aufgezeichnet.

Vor allem bei Sondertarifkunden sind die elektronischen Zähler häufig vom Energieversorger fernauslesbar. Datentechnische Schnittstellen (z. B. S0, M-Bus) ermöglichen zudem die Kopplung an die Gebäudeleittechnik oder an andere Systeme des Kunden.

Ab 2010 besteht (auch) in Deutschland die Pflicht, „intelligente“ elektronische Zähler (Smart Meter) bei allen Neubauten und Modernisierungen einzubauen (Energiewirtschaftgesetz und Messstellenzugangsverordnung).
Elektronische Energiezähler sind auf Grund der Fernauslesbarkeit und der verschiedenen erfassbaren bzw. berechenbaren Größen (Arbeit, Leistung) besonders für den Einsatz an innerbetrieblichen Zählstellen geeignet.

Eine neue Entwicklung bei den fest installierten Messgeräten ist die Integration von Schalt-, Schutz- und Messfunktionen. Abbildung 6.24 zeigt einen elektrischen Leistungsschalter, der Mess- und Schutzfunktionen in einem einzigen Gerät kombiniert und vielfältige Auswertemöglichkeiten zulässt (Energiezählung, Energiequalitätsüberwachung etc.). Durch die Funktionsintegration entfallen konventionelle Messgeräte und die Mess- und Schaltstelle ist logisch und gegenständlich an einem Ort vereint. Die Messwerte können auf einem Display ausgegeben oder auf ein Bussystem aufgeschaltet werden.

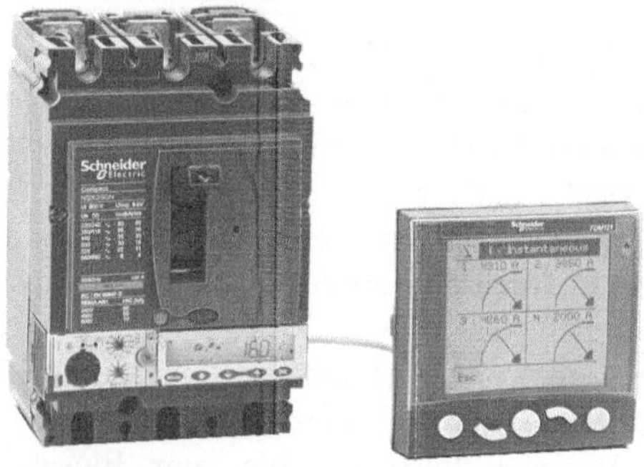

Abb. 6.24. Leistungsschalter mit integriertem Messwertaufnehmer und Front-Display-Modul (Quelle: Schneider Electric GmbH Ratingen)

6.5.2 Druckluft

6.5.2.1 Überblick

In Druckluftanlagen sind insbesondere folgende Parameter messtechnisch zu überwachen (s. Abschn. 5.2.2.2):

- der Durchfluss (Druckluftverbrauch),
- der Druck,
- die Leckagemenge,
- die Feuchte und
- der Taupunkt.

Einige Komponenten der Druckluftanlagen (Kompressoren, Druckbehälter, ausgewählte Verbraucher) sind mit internen Sensoren ausgerüstet (z. B. Drucksensoren), die für einige Parameter Messwerte liefern. Andere Messungen sind vor allem bei der Errichtung und Inbetriebnahme der Druckluftanlage durchzuführen, um die Anlage korrekt einzustellen (z. B. Taupunktbestimmung an den Trocknern). Dies wird in der Regel durch die beauftragte Fachfirma erledigt.

Für den energieeffizienten Fabrikbetrieb werden vor allem regelmäßige Leckagemessungen und Durchflussmessungen empfohlen, für die ausgewählte Verfahren und Geräte nachfolgend beschrieben sind.

6.5.2.2 Kalorimetrische Durchflussmessung

Um den Volumenstrom in Druckluftleitungen zu ermitteln, sind heute Durchflussmesser gebräuchlich, die nach dem kalorimetrischen Prinzip arbeiten: In das Druckluftrohr wird ein feiner Heizwiderstand eingebracht und über das Temperaturniveau der umgebenden Druckluft erhitzt. Daraufhin gibt der Heizdraht – wegen seiner höheren Temperatur – Wärme an den Druckluftstrom ab. Die Menge der abgegebenen Wärme hängt von der Temperaturdifferenz zwischen Heizdraht und Druckluftstrom sowie vom Massefluss – bei konstanter Dichte vom Volumenstrom – ab. Der Volumenstrom kann also aus einem Set elektronisch messbarer Größen ermittelt werden. Dazu existieren verschiedene Messverfahren – z. B.:

- Messung der Drucklufttemperatur vor dem Heizdraht und Messung der Übertemperatur am Heizwiderstand oder
- Messung der Drucklufttemperatur vor dem Heizdraht und Messung der zugeführten Heizleistung.

Die Sensoren können stationär oder mobil ausgeführt werden. Stationäre Sensoren werden meist in einer Messstrecke (einem Rohrstück) vorinstalliert geliefert. Die Messstrecke wird dann dauerhaft in einen Abschnitt der Druckluftleitung montiert. Dies kann nur im drucklosen Zustand – also bei Betriebsruhe – erfolgen.

Eine gängige Version der mobilen Sensoren wird über einen Kugelhahn in die Druckluftleitung eingestochen (s. Abb. 6.25). Die Einsetzbarkeit dieser Sensoren hängt davon ab, ob an den gewünschten Stellen im Druckluftnetzt Kugelhähne vorhanden sind. Alternativ können mit Hilfe von Bohrvorrichtungen oder Anbohrschellen (mit integriertem Kugelhahn) nachträglich Messstellen geschaffen werden.

Vor allem dort, wo flexible Druckluftleitungen (Schläuche) mit lösbaren Verbindern (Verschraubungen, Klemmringe, Stecksysteme) eingesetzt werden, können temporär Messstrecken eingebaut werden. Dabei sind ausreichend lange Ein- und Auslaufstrecken (vor und nach dem Sensor) vorzusehen, um am Sensor eine ungestörte (nahezu laminare) Strömung zu garantieren.

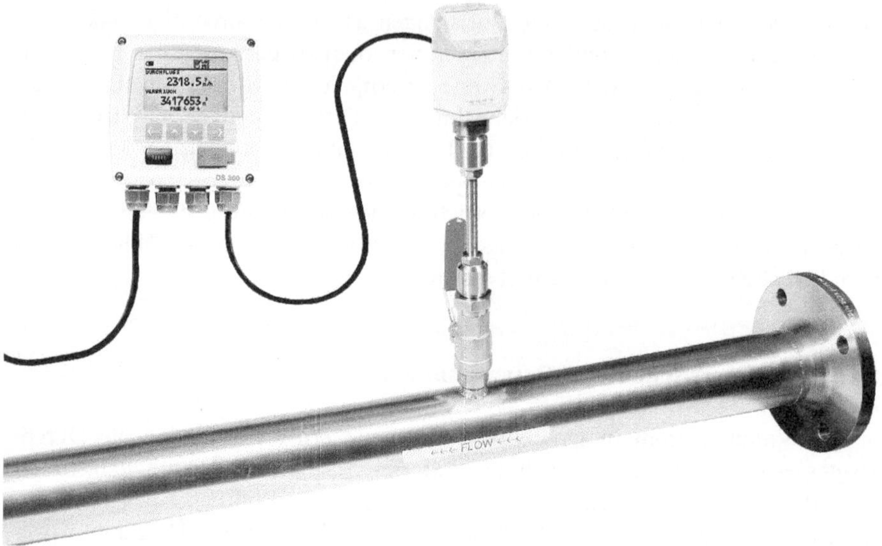

Abb. 6.25. Mobiler Durchflussmesser nach dem kalorimetrischen Messprinzip zum Einstechen in einen Kugelhahn (Quelle: CS Instruments GmbH Harrislee)

6.5.2.3 Ermittlung der Leckagevolumen und Leckagerate

Leckagevolumen und Leckagerate lassen sich dann relativ einfach ermitteln, wenn alle Druckluftverbraucher, z. B. während des Wochenendes, abgeschaltet werden können.

In diesen Fällen können folgende alternative Tests durchgeführt werden (Fraunhofer ISI 2003; Ruppelt u. Bahr 2000; Sanha 2008):

Kompressoreinschaltdauermethode

Die Messung und Berechnung wird in folgenden Schritten durchgeführt:

- Druckluftverbraucher sind abgeschaltet. Das Netz steht unter Druck.
- Durch Leckagen im Netz sinkt der Netzdruck – der Kompressor muss die Leckageverluste ersetzen. Über eine Periode T (üblich ist eine Stunde) schaltet der Kompressor mehrfach für kurze Laufzeiten t_i ein.
- Die Laufzeiten des Kompressors werden gemessen.
- Der Leckagevolumenstrom $\dot{V}_L$ wird aus der Liefermenge des Kompressors $\dot{V}$ (Anzeige am Kompressor bzw. Typenschild), der Summe der Laufzeiten t_i und der Messperiode T berechnet.

$$\dot{V}_L = \dot{V} \cdot \frac{\sum t_i}{T} \tag{6.2}$$

- Anschließend kann die Leckagerate LR aus dem Leckagevolumenstrom $\dot{V}_L$ und der Liefermenge des Kompressors $\dot{V}$ (Anzeige am Kompressor bzw. Typenschild) berechnet werden.

$$LR = \frac{\dot{V}_L}{\dot{V}} \tag{6.3}$$

Behälterentleermethode

Die Messung und Berechnung wird in folgenden Schritten durchgeführt:

- Druckluftverbraucher abschalten.
- Druckbehälterausgang schließen und Druckbehälter bis zum maximalen Druck (Abschaltdruck) oder alternativ bis zum Sollnetzdruck befüllen und anschließend Kompressoren abschalten.
- Druckbehälter öffnen und Zeit für den Druckabfall t_{DA} stoppen, in der der Druck um 1 bar abfällt.
- Die Berechnungen des Leckagevolumenstroms basiert auf dem Zusammenhang zwischen den Volumina (V_B … Behältervolumen, V_L … Leckagevolumen) und den Drücken am Anfang und Ende der Entleerung (p_A … Anfangsdruck, p_E … Enddruck, p_{at} … atmosphärischer Druck):

$$V_B \cdot p_A = V_B \cdot p_E + V_L \cdot p_{at} \tag{6.4}$$

Bei größeren Druckluftnetzen sollte das Volumen der Druckluftleitungen zu dem Behältervolumens addiert werden (Leitungen fungieren als Druckluftspeicher). Liegt das Volumen der Druckluftleitungen unter 10 Prozent des Behältervolumens, kann das Leitungsvolumen vernachlässigt werden.
Der Leckagevolumenstrom $\dot{V}_L$ berechnet sich dann aus dem Volumen des Druckbehälters V_B, der Druckänderung in Bar und der Zeit der Entleerung t_{DA}. Der atmosphärische Druck kann wegen seinem Betrag (1 bar) in dieser zugeschnittenen Gleichung entfallen.

$$\dot{V}_L = \frac{V_B \cdot (p_A - p_E)}{t_{DA}} \tag{6.5}$$

Wird die Zeit der Entleerung für den Druckabfall von 1 bar (wie oben vorgeschlagen) gemessen vereinfacht sich die Gleichung zu:

$$\dot{V}_L = \frac{V_B}{t_{DA}} \tag{6.6}$$

- Anschließend kann die Leckagerate LR aus dem Leckagevolumenstrom $\dot{V}_L$ und der Liefermenge des Kompressors $\dot{V}$ (Anzeige am Kompressor bzw. Typenschild) nach oben genannter Gl. 6.3 berechnet werden.

Beträgt die Leckagerate mehr als 7 bis 10 Prozent der Luftfördermenge, sollten Gegenmaßnahmen ergriffen werden:

- Suche der Undichtigkeiten durch:
  - Ultraschalldetektoren,
  - subjektive Geräuschkontrolle oder
  - Abpinseln des Druckluftnetzes mit Seifenlauge.

- Nachziehen oder Ersetzen undichter Ventile, Schieber, Schläuche, Kupplungen,
- Verschweißen oder Ersetzen undichter Rohre.

Die genannten Ultraschalldetektoren zur Leckageermittlung nutzen folgendes Phänomen: Entweicht ein Gas (Druckluft) mit relativ hoher Geschwindigkeit aus einem Leck, so entstehen in der Nähe des Lecks turbulente Strömungen. Diese verursachen Geräusche im Frequenzbereich von 20 bis 80 kHz (Ultraschall). Dieser Frequenzbereich ist für das menschliche Ohr kaum oder gar nicht hörbar.

Ultraschalldetektoren nehmen die hochfrequenten Signale des Ultraschalls über eine Ultraschallsonde, die ggf. mit einem zusätzlichen Richtrohr versehen ist, auf. Die Ultraschallsignale werden dann in hörbare Signale gewandelt und an einen Kopfhörer übermittelt. Gleichzeitig kann eine Visualisierung auf einem Display erfolgen.

Leckagen können nach diesem Prinzip auch aus mehreren Metern Entfernung geortet werden. Für die Feinortung im Überflurbereich kann die Ultraschallsonde auf eine Teleskopstange montiert werden (s. Abb. 6.26).

Abb. 6.26. Leckagesuche mit Ultraschalldetektor (hier mit Sonde auf Teleskopstange)

Literatur

Bayerisches Landesamt für Umweltschutz (2002) CO_2-Minderungspotenziale durch rationelle Energienutzung in der Maschinenbauindustrie. Augsburg

Borch G, Fürböck M, Mansfeld L et al (1986) Handbuch Energieberatung. Bd 1 Energiemanagement. Springer, Berlin

CS Instruments (2007) LD 300 Ultraschall-Detektor zur Leckage-Ermittlung. Handbuch V2-01-2007, CS Instruments GmbH, Harrislee, VS-Tannheim

Dehli M (1998) Energieeinsparung in Industrie und Gewerbe. Praktische Möglichkeiten des rationellen Energieeinsatzes in Betrieben. expert, Renningen-Malmsheim

Engelmann J (2008) Methoden und Werkzeuge zur Planung und Gestaltung energieeffizienter Fabriken. Dissertation, Technische Universität Chemnitz

Fischhuber S (1998) Entwicklung und Einsatz eines Energie-Management-Systems für einen Industriekonzern. Dissertation, Universität G. Siegen

Fraunhofer ISI (2003) Druckluft effizient. Broschüre. http://www.druckluft-effizient.de/fakten/f03-messtechnik.pdf Zugriffsdatum 02.02.2009

Galitsky C, Worrell E (2008) Energy Efficiency Improvement and Cost Saving Opportunities for the Vehicle Assembly Industry. An EnergyStar Guide for Energy and Plant Managers. University of California, Berkeley

Hoffmann J (2007) Handbuch der Messtechnik. Carl Hanser Verlag, München

Hofmann D (1986) Handbuch Messtechnik und Qualitätssicherung. Verlag Technik, Berlin

Lerch R (2005) Elektrische Messtechnik – analoge, digitale und computergestützte Verfahren. Springer, Berlin, Heidelberg

Mühl T (2001) Einführung in die elektrische Messtechnik. Teubner, Stuttgart, Leipzig, Wiesbaden

Müller E, Döhler H, Engelmann J, et al (2008) Schon beim Planen sparen. In: Automobil-Produktion, Januar 2008, S 55–57

Ruppelt E, Bahr M (2000) Taschenbuch Drucklufttechnik. Vulkan-Verlag, Essen

Sanha (2008) Sanha Handbuch. Kapitel 6.9 Druckluftanlagen. www.sanha.pl/download/technical/sanha_handbuch/06_09_sanha_handbuch.pdf Zugriffsdatum 02.02.2009

Tanneberger R (2009) Effiziente Energieoptimierung durch den Einsatz der Parallel-Differenz-Strom-Regelung. In: Vortragsband zur 2. Fachtagung Energieeffiziente Fabrik in der Automobil-Produktion. mic – management information center, Landsberg

Wanke A, Trenz S (2001) Energiemanagement für mittelständische Unternehmen. Fachverlag Deutscher Wirtschaftsdienst, Köln

Wohinz JW, Moor M (1989) Betriebliches Energiemanagement. Springer, Wien, New York

7 Zusammenfassung und Ausblick

Beim Planen und Betreiben von Fabriken rückt das Thema Energieeffizienz zunehmend in den Fokus. Maßgebliche Veränderungstreiber waren und sind:

- die Verknappung energetischer Ressourcen und die daraus resultierende Energiepreisentwicklung,
- die wankende Versorgungssicherheit, vor allem in energieimportierenden Staaten und
- der Klimaschutz und die damit verbundene Limitierung von Emissionsrechten.

In der Produktionstechnik wurden in den letzten Jahrzehnten bereits eine Reihe energieeffizienter Technologien entwickelt und am Markt eingeführt. Die zunehmende Automation und leistungsstärkere Maschinen führten jedoch an anderen Stellen oft zu einer höheren Energienachfrage. Die ganzheitliche und systematische Verbesserung der Energieeffizienz in produzierenden Unternehmen wurde – besonders im Vergleich zu zeitökonomischen Rationalisierungsansätzen – lange Zeit vernachlässigt. Gerade deshalb ist in der Industrie ein hohes Energieeinsparpotenzial zu erwarten. Um bei der Planung und im Betrieb von Fabriken konkrete Energieeinsparmöglichkeiten zu identifizieren, zu bewerten und zu realisieren, müssen:

- die Energiekompetenzen in den Unternehmen verbessert und
- energetische Aspekte in die Methodik von Fabrikplanung und Fabrikbetrieb integriert werden.

Um produktionstechnisch orientierten Planungs- und Betriebsingenieuren sowie den Studierenden dieser Fachrichtungen die Möglichkeit zu geben, Energiekompetenzen aufzubauen und zu verbessern, wurden im vorliegenden Buch energetische Grundlagen erläutert (s. Kap. 3), besonders energierelevante Prozesse und Anlagen beschrieben (s. Kap. 5) und ausgewählte Instrumente der Analyse und Bewertung des Energieverbrauchs vorgestellt (s. Kap. 6). Dieses Orientierungswissen soll u. a. einer besseren Kommunikation zwischen Produktionstechnikern und Experten der Ver- und Entsorgungstechnik, der Energiewirtschaft sowie der Haus- und Gebäudetechnik dienen.

Bei der Vermittlung von Methodenwissen konzentriert sich vorliegendes Buch auf die energieeffizienzorientierte Fabrikplanung. Dazu wird im Kap. 4 eine komplexe Vorgehensweise skizziert. Ergänzende methodische Hinweise zur Analyse und Bewertung von Energieverbräuchen finden sich im Kap. 6.

Für die Zukunft bleibt zu wünschen, dass sowohl das Methodenwissen als auch das orientierende Fachwissen zur energieeffizienten Fabrik als gleichberechtigte

Aspekte in die Aus- und Weiterbildung, in die Forschung und in die unternehmerische Praxis eingehen.

Energieeffiziente Fabriken können für die Industrie zu weitaus mehr als zu einer erzwungenen Reaktion auf Ressourcenverknappung und Klimaerwärmung werden: Energieeffiziente Fabriken bieten vor allem der Investitionsgüterindustrie – die Fabriken weltweit mit Maschinen und Anlagen ausrüstet – die Chance, von einer umfassenden ökologischen Modernisierung der Industrie zu profitieren. Europäische und besonders auch deutsche Unternehmen habe dabei wegen der seit Jahren hohen Bedeutung von Umweltschutz, Umweltmanagement und Umwelttechnik eine gute Ausgangsposition.

Aber auch den Großserienherstellern von komplexen Konsumgütern bietet die energieeffiziente Fabrik eine Chance. Sie können sich durch eine Vorreiterrolle in der energieeffizienten Produktion eine (temporäre) Alleinstellung in den sich weltweit konsolidierenden Märkten erarbeiten.

In diesem Zusammenhang werden nachfolgend am Beispiel der Automobilindustrie maßgebliche bracheninterne Stärken und Schwächen sowie die von außen wirkenden Chancen und Risiken aufgezeigt.

Stärken

- Die Energiebeschaffung wurde nach der Liberalisierung der Energiemärkte in den letzten Jahren optimiert.
- In der deutschen Automobilindustrie sind funktionierende Energiemanagementsysteme im breiten Einsatz. Diese sind derzeit jedoch vor allem auf die Energiebeschaffung und -abrechnung fokussiert.
- Innerhalb der Branche wurden branchenspezifische Energiesparprogramme entwickelt. Best Practice Lösungen werden z. B. in Arbeitskreisen brancheninterm ausgetauscht.
- Die Branche erhält durch aktiven Austausch, u. a. mit den Energieversorgern und den Lieferanten von Anlagentechnik (Produktionstechnik, Ver- und Entsorgungstechnik, Infrastrukturtechnik), neue Impulse für energieeffiziente Lösungen.

Schwächen

- Die Verbesserung der Energieeffizienz ist meist noch keine Führungsaufgabe sondern obliegt Spezialisten.
- Die Energiedatenerfassung weist auf Ebene der Produktionsanlagen noch deutliche Lücken und eine fehlende Detaillierung auf. Ein kostenstellen- und kostenträgerbezogenes Energiecontrolling findet nicht flächendeckend statt.
- Die Planung von Produktionsprozessen und -anlagen berücksichtigt kaum Energieeffizienzkriterien. Bei Investitionsentscheiden werden nur selten die

Lebenszykluskosten zu Grunde gelegt. Energiekosten bleiben dann unberücksichtigt.

- Die auf Großserienfertigung orientierte Branche ist von hohen Stand-by-Verbräuchen und hohen Grundlasten geprägt. Die daraus resultierenden hohen Fixkosten gefährden bei schlechter Konjunktur sowie beim An- und Auslauf von Produkten die Wirtschaftlichkeit.
- Die energetische Infrastruktur ist in vielen Automobilwerken überdimensioniert.
- Alternative Energien, Blockheizkraftwerke und ähnliche Techniken sind selten im Einsatz.

Chancen

- Vor dem Hintergrund der vergleichsweise strengen deutschen und europäischen Gesetze und Normen sowie der langjährigen Erfahrungen im Umweltschutz kann die Branche vorbildliche energetische Kompetenzen entwickeln und sich so von Wettbewerbern abgrenzen.
- Infolgedessen können energieeffiziente Fabriken drohende Energiepreissteigerungen kompensieren und im Vergleich zu Wettbewerbern strategische Kostenvorteile erringen.
- Energieeffiziente Fabriken tragen zu einem positiven Image der Branche bei und können die aktuelle ökologische Erneuerung der Produktpalette sinnvoll ergänzen.

Risiken

- Extreme Anstiege der Energiepreise und der Preise für CO_2-Emissionszertifikate würden noch drastischere Schritte bei der Energieeinsparung und Energiebeschaffung verlangen (z. B. vermehrte Eigenerzeugung unter Berücksichtigung alternativer Energien). In ähnlicher Weise könnten gravierende politische bzw. gesetzgeberische Eingriffe wirken (z. B. Vorgabe für Quoten für erneuerbare Energien).
- Steigende Energiekosten würden wegen der dann allgemein sinkenden Kaufkraft zu einer generell geringeren Nachfrage nach Konsumgütern führen. Dies würde eine Minderauslastung der Fabriken zur Folge haben und deren Energieeffizienz verschlechtern.
- Stark fallende Preise würden dagegen „Energieeffizienzpioniere" bestrafen: Investitionen in Effizienztechnologien würden sich später amortisieren und weniger rentieren.
- Technologiesprünge bei energiesparenden Fertigungsverfahren könnten dazu führen, dass sich eine eher evolutionäre Effizienzsteigerung bei etablierten Technologien am Markt nicht mehr auszahlt.

- Emissionsarme Treibstoffe (z. B. solar erzeugter Wasserstoff) und neue Antriebe können dazu führen, dass der Anteil der Umweltwirkungen, die der Fahrzeugproduktion zuzurechnen sind, im Verhältnis zu den Umweltwirkungen, die bei der Fahrzeugnutzung auftreten, steigt. Die öffentliche Aufmerksamkeit könnte sich dann von den Emissionen pro gefahrenem Kilometer zu den Umweltbeeinflussungen durch die Fahrzeugproduktion verschieben.

Die dargestellten Chancen und Risiken umfassen einen großen Möglichkeitsraum. Dieser verlangt nach einer permanenten Überwachung durch das strategische Management, dem in diesem Fall eine Frühwarnfunktion zukommt. Vieles deutet darauf hin, dass Energieeffizienz dauerhaft zu einem strategischen Erfolgsfaktor wird.

Die Realisierung von energieeffizienten Fabriken steht in einem engen Zusammenhang mit Entwicklungen, die aus verschiedenen Gründen in weiten Teilen der Industrie längst überfällig sind:

- Investitionsentscheide müssen künftig konsequent unter Berücksichtigung der gesamten Lebenszykluskosten (inkl. der Energiekosten) getroffen werden.
- Ein geeignetes Wissensmanagement muss Prozess- und Anlagenwissen (z. B. Kenntnisse zum Energieverbrauch) für viele Akteure (z. B. Prozessplaner, Ausrüstungsentwickler, Betreiber, Instandhalter) zu verschiedenen Zeitpunkten des Fabriklebenszyklus zur Verfügung stellen. Umgekehrt müssen Informationen verschiedener Akteure in die Wissensbasis der Fabrik eingespeist werden. Konzepte und Werkzeuge der Digitalen Fabrik bieten hierfür geeignete Ansatzpunkte.

Die energieeffiziente Fabrik trägt daher nicht allein zu Ressourcenschonung und Klimaschutz bei, sondern fordert und unterstützt die Entwicklung und Einführung organisatorischer und technischer Innovationen.

Glossar

Abnutzung: Abbau funktionaler Eigenschaften eines Produkts bei dessen bestimmungsgemäßer Verwendung

Abschreibung: Monetär bewertete Wertminderung von Vermögensteilen eines Unternehmens. Als bilanzielle Abschreibungen verkörpern Abschreibungen einen Aufwand. Als kalkulatorische Abschreibungen verkörpern sie Kosten.

Aktor: Stellglied in einem mechatronischen System, das Befehle der Steuerung in Kräfte umsetzt (z. B. pneumatische Ventile, Elektromotoren).

Allokation: *betriebswirtschaftlich* Verteilung von Kosten (im übertragenen Sinn von Aufwand/Verbrauch) auf Verursacher; auf a) s. *Kostenträger:* Produkte/Dienstleistungen und b) s. *Kostenstelle:* Orte/Organisationseinheiten der Leistungserbringung; *volkswirtschaftlich* Verteilung der zur Produktion eingesetzten Ressourcen (Arbeitskraft, Kapital, Boden, Material, Energie) auf verschiedene Verwender und Verwendungsmöglichkeiten.

Amortisationszeit: Zeit, die vergeht, bis die Anschaffungskosten durch Einnahmeüberschüsse (Erlöse minus Kosten) zurückgezahlt sind.

Anergie: Anteil der Gesamtenergie eines Systems, der unter den Umgebungsbedingungen keine Arbeit verrichten kann.

Anfall-Energie: Summe der Abwärme von Personen, elektrischen Betriebsmitteln, prozesswärmetechnischen Anlagen, Warmwasseranlagen etc., die zur Wärmebilanz eines Raums beiträgt und nicht durch die Heizungsanlagen aufgebracht werden muss.

Annuität: jährlich in gleicher Höhe anfallende Zahlung

anthropogen: menschgemacht; vom Menschen verursacht, ausgelöst

Arbeit: *physikalisch* durch eine an einem Körper oder Massenpunkt angreifende Kraft längs eines Wegs übertragene Energie bzw. über eine Zeit erbrachte Leistung

Arbeitsplatzgrenzwert (AGW): zeitlich gewichtete, durchschnittliche Konzentration eines Stoffs in der Luft am Arbeitsplatz, bei der eine akute oder chronische Schädigung der Gesundheit der Beschäftigten nicht zu erwarten ist. Der Arbeitsplatzgrenzwert wird in mg/m^3 und ml/m^3 (ppm) angegeben. Er ersetzt die bisher verwendete Maximale Arbeitsplatzkonzentration (MAK) und die Technische Richtkonzentration (TRK). Bis der AGW in die Technischen Regeln eingearbeitet ist, können weiterhin MAK-Werte und TRK-Werte verwendet werden.

Ausgleichsenergie: Energie, die im Netzsystem aufgebracht wird, wenn es auf Grund einer Nicht-Übereinstimmung von Einspeisung und Verbrauch zu einem Netzungleichgewicht kommt. Ausgleichsenergie kann als Mehr- und Mindermenge anfallen.

Bemessungsleistung: Maximal zulässige Leistung eines elektrischen Betriebsmittels, mit der das Betriebsmittel im Dauerbetrieb ohne Beeinträchtigung beansprucht werden kann.

Beleuchtungsstärke: Maß für das Beleuchtungsniveau; Quotient aus dem einfallenden Lichtstrom und der beleuchteten Fläche

Betriebsmittel: Anlagen, Geräte, Maschinen und sonstige Ausrüstungen, die für die Herstellung von Erzeugnissen und Dienstleistungen genutzt werden, jedoch nicht selbst in das Erzeugnis eingehen. Betriebsmittel werden im Produktionsprozess ge- und nicht verbraucht. Sie unterliegen jedoch längerfristig der Abnutzung.

Betriebspunkt: Punkt im Kennfeld oder auf der Kennlinie eines technischen Geräts, der auf Grund des Systemverhaltens des Geräts und von außen einwirkender Faktoren und Parameter (z. B. Leistungsaufnahme, Leistungsabgabe, Umgebungstemperatur) eingenommen wird.

Black Box: Modell, das nur die Eingabe-Ausgabe-Beziehung eines Systems betrachtet und die Elemente des Systems und deren innere Beziehungen ausblendet.

Blockheizkraftwerk (BHKW): s. Kraft-Wärme-Kopplung

Blindleistung: Leistung, die in Wechselstromkreisen zum Aufbau der magnetischen bzw. elektrischen Felder induktiver bzw. kapazitiver Verbraucher benötigt wird. Blindleistung wird nicht in Wirkarbeit umgesetzt. Sie pendelt zwischen Verbraucher und Kraftwerk, abhängig vom Auf- und Abbau der Felder, hin und her. Dabei beansprucht sie Kapazitäten in Leitungen, Transformatoren und Schaltanlagen. Blindleistung bildet mit Scheinleistung und Wirkleistung im Zeigerdiagramm ein Leistungsdreieck. Maßstab für die Blindleistung ist der cos φ, das Verhältnis von Wirkleistung zur Scheinleistung.

Brennwert: Maß für die in einem Stoff enthaltene thermische Energie. Gibt die Wärmemenge an, die bei Verbrennung und anschließender Abkühlung der Verbrennungsgase auf 25 Grad Celsius sowie deren Kondensation freigesetzt wird. Berücksichtigt die notwendige Energie zum Aufheizen der Verbrennungsluft und der Abgase sowie die Verdampfungs- bzw. Kondensationswärme von Flüssigkeiten (Wasser).

Brennwerteffekt: Wärmegewinn, der bei der Wärmerückgewinnung aus Abgasen auftritt, wenn die Abgase unter den Taupunkt abgekühlt werden und dadurch auch die Kondensationswärme nutzbar ist.

Cashflow: Geldfluss, Kassenzufluss, Nettozufluss liquider Mittel aus dem Umsatz und sonstigen laufenden Aktivitäten während einer Periode; Maß für die Liquidität, welches zeigt, inwiefern aus dem laufenden Umsatz die erforderlichen Mittel für den Substanzerhalt des Vermögens und für Erweiterungsinvestitionen selbst erwirtschaftet werden können.

Drehstrom: dreiphasiger Wechselstrom; kommt zu Stande, weil in Kraftwerken Generatoren mit drei um 120 Grad versetzt angeordneten Magnetspulen arbeiten. Bei jeder Umdrehung des Generators werden drei Spannungen induziert, deren Sinusschwingungen zeitlich versetzt Scheitelpunkt bzw. Nulldurchgang erreichen. Die drei Phasen werden mit L1, L2 und L3 bezeichnet und belegen getrennte Leiter. Auf einem vierten Leiter, dem Neutralleiter N, erfolgt der Stromrückfluss zum Erzeuger.

Druckluft: verdichtete atmosphärische Luft; Durch die Verdichtung wird Energie gespeichert, die bei der Entspannung der Druckluft Arbeit verrichten kann.

Effektivität: Verhältnis von erbrachtem zu nachgefragtem Nutzen

Effizienz: Verhältnis von erbrachtem Nutzen zu dafür notwendigem Aufwand

Emission: von einer Anlage ausgehende Luftverunreinigungen (Rauch, Ruß, Staub, Gase, Aerosole, Dämpfe, Geruchsstoffe), Geräusche, Erschütterungen, Licht, Wärme, Strahlen und ähnliche Erscheinungen

Endenergie: Energieinhalt von Energieträgern, wie sie dem letztendlichen Nutzer zur Verfügung gestellt werden. Endenergie gleicht in ihrer Form der Sekundärenergie (z. B. Elektroenergie).

Energie: *physikalisch* Fähigkeit eines Systems, Arbeit zu verrichten. Energie tritt in verschiedenen Energieformen auf (z. B. mechanische, thermische, chemische, nukleare Energie, Strahlungsenergie). Nach neuerer Definition beschreibt Energie alle Eigenschaften von Zuständen und Prozessen, die einer Arbeit äquivalent (identisch, gleich, proportional) sind und die mit gleichem Maß messbar sind.

Energierückgewinnung: Nutzung von Verlustenergie (s. Verlustenergie) für den gleichen Prozess, einen oder mehrere andere Prozesse

Energieträger: Alle Quellen oder Stoffe, in denen Energie mechanisch, thermisch, chemisch oder physikalisch gespeichert ist.

Entsorgung: Vorgang, mit dem sich ein Abfallbesitzer seines Abfalls entledigt; dies kann durch Verwertung oder Beseitigung erfolgen.

Erschließung: Anbindung eines Grundstücks an das öffentliche Straßennetz und an Ver- und Entsorgungseinrichtungen

Exergie: Teil der Gesamtenergie eines Systems, der maximal – d. h. unter den günstigsten Bedingungen – als Arbeit entnommen werden kann.

Fabrik: Gesamtheit aller in einem räumlichen und funktionalen Zusammenhang stehender Einrichtungen, die dazu dienen, gewerbliche Erzeugnisse im industriellen Maßstab – d. h. durch stark arbeitsteilige, mechanisierte oder automatisierte Prozesse – herzustellen.

Fixe Kosten: Kosten, die unabhängig von der Änderung einer Bezugsgröße (z. B. ausgebrachte Produktionsmenge) über eine Periode konstant bleiben.

Frequenzumrichter: Baugruppe, die die Leistungsumsetzung in einem Drehstrommotor durch Frequenzänderung der speisenden Spannung steuert.

Fremdenergieeinfluss: Wärme, die einem Raum aus anderen Quellen als der Heizungsanlage zufließt (Sonneneinstrahlung und Anfall-Energie (s. Anfall-Energie)).

Gleichstrom: (DC, Direct current) elektrischer Strom, bei dem der Betrag der Spannung und die Polarität an der Spannungsquelle über die Zeit konstant bleiben.

Gleichzeitigkeitsfaktor: Verhältnis der maximal in einem Versorgungsnetz (z. B. Elektroenergie, Druckluft) abgeforderten Leistung zur installierten Leistung

Graue Energie: Energie, die während der Rohstoffgewinnung und -aufbereitung sowie der Herstellung eines Produkts verbraucht wurde.

Grundlast: Belastung eines Versorgungsnetzes (Strom, Gas), die während eines Tages nicht unterschritten wird.

Hauptprozess: dient der Be- und Verarbeitung von Werkstoffen, Halbzeugen und Zulieferteilen zu Produkten; führt am Werkstück den Fertigungsfortschritt herbei.

Hilfsprozess: stellt Funktion, Qualität, Zuverlässigkeit, Wirtschaftlichkeit und Umweltverträglichkeit des Hauptprozesses sicher, trägt selbst aber nicht zum Fertigungsfortschritt bei.

Immission: Luftverunreinigungen (Rauch, Ruß, Staub, Gase, Aerosole, Dämpfe und Geruchsstoffe, Geräusche, Erschütterungen, Licht, Wärme, Strahlen und ähnliche Umweltwirkungen), die auf Menschen, Tiere, Pflanzen, Boden, Wasser, Atmosphäre sowie Kultur- und sonstige Sachgüter einwirken.

Investition: Umwandlung finanzieller Mittel in Anlage- und Umlaufvermögen. Zur Investition zählen Ausgaben für Forschung und Entwicklung, die Beschaffung von Grundstücken und Gebäuden, das Beschaffen von Maschinen und Anlagen und deren Installationen sowie das Beschaffen zusätzlichen Umlaufvermögens.

Investitionsgut: Betriebsmittel, das über mehrere Perioden genutzt wird, aber selbst nicht be- oder verarbeitet wird.

Investitionsrechnung: Wirtschaftlichkeitsrechnung für eine Investition, erfasst die finanzielle Wirkung einer Investition und beantwortet folgende Fragen: Ist die Investition absolut lohnenswert? Welche von alternativen Investitionen ist relativ lohnenswert? Wann ist eine Ersatzinvestition am wirtschaftlichsten zu tätigen?

Kapitalrendite: Gewinn einer Periode bezogen auf das in der Periode durchschnittlich eingesetzte Kapital

Kennzahl: Maßzahl zur quantitativen Beschreibung einer Größe, eines Zustands oder Vorgangs, für die eine Vorschrift zur reproduzierbaren Messung existiert.

Kennzahlensystem: geordnete Menge von betriebswirtschaftlichen Kennzahlen, die miteinander in Beziehung stehen; Ziel ist die vollständige Information über einen Sachverhalt.

Kompressionskälte: Wärmeabfuhr durch einen thermodynamischen Kreisprozess, der die Kondensation eines verdichteten Gases zur Wärmeabfuhr nutzt.

Konvektion: Wärmeübertragung zwischen einem strömenden Medium und einem festen Körper bzw. zwischen einem strömenden Medium einem anderen Fluid. Ursachen für die Strömung sind u. a. die Schwerkraft oder Druck-, Dichte-, Temperatur- und Konzentrationsunterschiede.

Kosten: In Geld bewerteter Verzehr von Gütern und Diensten, die zur Leistungserstellung und Aufrechterhaltung der Betriebsbereitschaft notwendig sind.

Kostenstelle: Ort bzw. Organisationseinheit der Leistungserbringung (Produktion), wo die Kosten der Leistungserbringung ursächlich entstehen; hilfsweise werden Gemeinkostenstellen verwendet, um örtlich nicht zuordenbare Kosten zu erfassen.

Kostenträger: Ergebnisse der Leistungserstellung (Produkte/Dienstleistungen), auf die angefallene Kosten verursachergerecht bezogenen werden können; hilfsweise werden auch Gemeinkostenträger verwendet, um Kosten, die keinem Ergebnis zugeordnet werden können, zu erfassen.

Kraft-Wärme-Kopplung (KWK): Energiewandlungsanlage, die Energieträger chemisch und/oder physikalisch in mechanische oder elektrische Arbeit wandelt und zugleich die dabei entstehende Wärme zu weiten Teilen einer Nutzung zuführt.

Lebensdauerflexibilisierung: Anpassung eines Betriebsmittels oder seiner Komponenten an über die Zeit veränderte Anforderungen; dies geschieht durch Anpassung an veränderte Produktionsprogramme (Umbau, Kapazitätszubau, Kapazitätsrückbau), Anpassung an den Stand der Technik (Modernisierung), Wiederherstellung nach Abnutzung (Instandsetzung) und Wieder- und Weiterverwendung nach Ende der primären Nutzung.

Leuchtmittel: Betriebsmittel, das dazu dient, durch chemische, elektrische oder andere physikalische Vorgänge Licht zu erzeugen.

Lichtausbeute: Maß für die Energieeffizienz von Leuchtmitteln, Verhältnis von Lichtstrom (s. Lichtstrom) und aufgenommener elektrischer Leistung eines Leuchtmittels.

Lichtstärke: in eine bestimmte Richtung abgestrahlter Lichtstrom (s. Lichtstrom)

Lichtstrom: die von einem Leuchtmittel in alle Richtungen ausgesandte und physiologisch bewertete Strahlungsenergie pro Zeit; Die Strahlungsenergie pro Zeit (Strahlungsleistung) wird an Hand einer empirisch ermittelten Hellempfindlichkeitskurve des menschlichen Auges bewertet.

Lieferkette: Netzwerk aus Organisationen (Unternehmen), die über Vorgänger-Nachfolger-Beziehungen, d. h. Lieferanten-Kunden-Beziehungen, an der Herstellung von Produkten und Dienstleistungen für Endkunden beteiligt sind.

Liquidität: Verfügbarkeit von Zahlungsmitteln

Luftfeuchte, absolute: Masse des in einem Luftvolumen enthaltenen Wasserdampfs (z. B. in g/m^3)

Luftfeuchte, relative: Verhältnis des tatsächlichen Wasserdampfgehalts zum maximal möglichen Wasserdampfgehalt in der Luft (in Prozent). Der maximal mögliche Wasserdampfgehalt ist temperaturabhängig. Bei jeder Temperatur kann ein bestimmtes Luftvolumen nur eine begrenzte Menge Wasserdampf aufnehmen (s. Taupunkt).

Material: Güter, die im Produktionsprozess verbraucht werden: Werkstoffe, Hilfsstoffe und Betriebsstoffe.

Mittellast: Belastung eines Versorgungsnetzes (Strom, Gas), die als normale, gut prognostizierbare, periodische Schwankung über die Grundlast hinausgeht

Modell: Vereinfachte, idealisierte Beschreibung einer zu untersuchenden (komplizierten) Realität, um reale Eigenschaften, Beziehungen und Zusammenhänge zu erfassen und praktisch beherrschbar zu machen.

Motorbremse: In einem Motor integrierte Permanentmagnet- oder Federkraftbremse, die als Haltebremse bei planmäßiger Unterbrechung der Bewegung oder als Notstoppbremse verwendet wird.

Normalvolumen: *drucklufttechnisch* Volumen der atmosphärischen, unverdichteten Luft, das vom Kompressor angesaugt wird; Bezugsbasis sind Umgebungsbedingungen nach DIN 1945-1/ISO 1217 (20 Grad Celsius, ein Bar atmosphärischer Luftdruck, null Prozent Luftfeuchte).

Nutzenergie: Energie, die unmittelbar für die vom Nutzer gewünschte Anwendung/Leistung eingesetzt wird (z. B. Licht, Kälte, mechanische Energie).

Nutzungsgrad: *energetisch* Anteil der tatsächlich in einer Verbrauchsperiode genutzten Energie an der in der Verbrauchsperiode zugeführten Energie; *zeitökonomisch* Zeitanteil, in dem ein Betriebsmittel während einer Periode (z. B. Betriebsstunde, Schicht) tatsächlich betrieben wird.

Nutzungskaskade: Stufenweise Nutzung von Energie oder Stoff, die in der Regel mit einer Nutzung auf hohem (Energie-)Niveau (z. B. Prozesswärme zum Schmelzen) beginnt und die Abprodukte oder Abwärme der ersten Nutzung für weitere Nutzungsstufen auf niedrigerem Niveau weiterverwendet (z. B. Wärme für Trocknungsprozesse oder für die Raumheizung).

Phasenverschiebung: Induktive und kapazitive Verbraucher bewirken in Stromkreisen, dass sich die Sinusschwingungen von Spannung und Strom gegeneinander verschieben. Um neben dem Betrag die Lage von Spannung und Strom zur Phase zu berücksichtigen, werden die Effektivwerte für Spannung und Strom in komplexer Schreibweise in einem Zeigerdiagramm angeben. Die Phasenverschiebung wird mit dem zwischen Spannungs- und Stromzeiger auftretenden Winkel φ ausgedrückt.

Primärenergie: Energieinhalt natürlich vorkommender Energieträger, die noch keiner Umwandlung durch den Menschen unterworfen worden sind. Primäre Energieträger sind z. B. die solare Einstrahlung, Wasserkraft, Wind, fossile Energieträger (z. B. Kohle, Erdöl, Erdgas), Biomasse, Kernkraft und Erdwärme.

Primärenergiefaktoren: Koeffizient, mit dem für eine gegebene Endenergiemenge berechnet werden kann, wie viel Primärenergie für die Bereitstellung der Endenergie aufgewendet werden musste. Der Primärenergieaufwand wird dabei von der Gewinnung der Primärenergieträger über die Energieumwandlung bis hin zum Transport zum Endabnehmer kumuliert.

Produktionsprogramm: Produktionssortiment (s. Produktionssortiment), erweitert um mengenmäßige (Stückzahl), wertmäßige (Preise, Kosten) und zeitliche (Planzeiträume) Angaben; Liegen alle Angaben (Bestimmungsstücke) genau und zuverlässig vor, wird von einem definitiven Produktionsprogramm gesprochen. Sind die Bestimmungsstücke nur vage bekannt, liegt ein indifferentes Produktionsprogramm vor.

Produktionssortiment: Gesamtheit der sachlich – durch Art, Nomenklatur, Abmessungen etc. – definierten Erzeugnisse, Baugruppen und Bauteile, die in der Fabrik produziert werden sollen.

Produktionssystem: Gesamtheit von Elementen, Prozessen und Strukturen, die dazu dienen, gewerbliche Erzeugnisse im industriellen Maßstab – d. h. durch stark arbeitsteilige, mechanisierte oder automatisierte Prozesse – herzustellen. Elemente sind die Produktionsfaktoren Material (inkl. Energie), Betriebsmittel und Personal. Die Prozesse (Geschäftsprozesse, Produktionsprozesse etc.) laufen über diesen Elementen ab. Die Strukturen sind Verbindungen zwischen je zwei Elementen.

Produktlebensweg: Konzept aus dem Bereich des produktintegrierten Umweltschutzes, das den physischen Werdegang eines Produkts von der „Wiege bis zur Bahre" beschreibt. Unterschieden werden die Produktlebensphasen Rohstoffgewinnung und -aufbereitung, Produktion, Gebrauch und Entsorgung.

Produktlebenszyklus: Betriebswissenschaftliches und konstruktionssystematisches Konzept, das die Existenz eines Produkts am Markt beschreibt. Die Produktlebenszyklusphasen reichen von der Produktidee über die Produktentwicklung, Konstruktion, Markteinführung, -reife, -sättigung bis hin zum Rückgang (ggf. mit Produktvariation und -differenzierung) und der Produktaufgabe mit dem notwendigen Nachlauf (z. B. Ersatzteilproduktion).

Prozesswärme: Wärme, die in der Industrie verwendet wird, um einen Produktionsfortschritt herbeizuführen (z. B. durch Erwärmen und Schmelzen von Stoffen, Erwärmen, Kochen und Verdampfen von Flüssigkeiten, Trocknen von Materialien).

Querschnittstechnologie: Verfahren und Methode, die branchenübergreifend eingesetzt wird; Sie realisiert Hilfsprozesse (z. B. Drucklufterzeugung) oder ist branchenunabhängiger Bestandteil (z. B. Antrieb) von branchenspezifischen Anwendungen (z. B. Druckmaschinen, Textilmaschinen).

Recycling: s. Verwerten

Regelenergie: Energie, die in Energieversorgungsnetzen kurzfristig bereitgestellt werden muss, um nicht prognostizierbare, kurzzeitig auftretende Ungleichgewichte zwischen Energieausspeisung und -einspeisung auszugleichen.

Reserven: *geologisch* zu heutigen Preisen und mit heutiger Technik wirtschaftlich gewinnbare Mengen aus Rohstofflagerstätten

Ressourcen: *ökonomisch* verfügbare Bestände an Produktionsfaktoren (Arbeit, Boden, Kapital, Rohstoffe, Energie); *geologisch* nachgewiesene aber derzeit technisch und/oder wirtschaftlich nicht gewinnbare Mengen an Rohstoffen oder nicht nachgewiesene aber geologisch mögliche, künftig gewinnbare Mengen aus Rohstofflagerstätten

Scheinleistung: Leistung, die sich in Wechselstromkreisen aus dem Produkt der Effektivwerte von Strom und Spannung ergibt. Gleichzeitig ist Scheinleistung die geometrische Summe aus Wirkleistung (s. Wirkleistung) und Blindleistung (s. Blindleistung). Elektrische Betriebsmittel, die Leistung übertragen (z. B. Transformatoren, elektrische Leitungen), müssen auf Scheinleistung ausgelegt werden.

Sekundärenergie: Energieinhalt von Energieträgern, die vom Menschen durch Umwandlung natürlich vorkommender Energieträger gewonnen wurden. Sekundärenergieträgern sind z. B. Elektroenergie, Benzin, Diesel, Heizöl.

Servo-Antrieb: Elektrischer Antrieb, bei dem ein Servo-Motor von einem Sevo-Umrichter momenten-, geschwindigkeits- oder positionsabhängig geregelt wird; Servo-Motoren besitzen daher Sensoren zur genauen Ermittlung der Rotorlage Servo-Motoren und Servo-Umrichter müssen hohen Anforderungen an Dynamik und Präzision genügen.

Simultaneous Engineering: gleichzeitige bzw. sich stark überlappende Entwicklung bzw. Planung von Produkt, technologischem Prozess und Produktionseinrichtungen; Gegenüber einem sequenziellen Vorgehen soll damit die Zeit zwischen Produktidee/Projektanstoß und Markteinführung verkürzt und die Abstimmung zwischen Produktentwicklern, Technologen und Betriebsingenieuren verbessert werden.

Skaleneffekt (Economies of scale): Kostenersparnis durch eine wachsende Ausbringungsmenge (Fixkostendegression, Stückkostensenkung auf Grund von Erfahrungszuwachs durch Spezialisierung und Wiederholung)

Smart Metering: Im Energiemesswesen Bezeichnung für sogenannte intelligente Energieverbrauchsmessgeräte (in der Regel digitale Strom- oder Gaszähler), die den Verbrauch deutlich detaillierter als die konventionelle Technik erfassen (u. a. Zeitverläufe/Lastgänge) und die über datentechnische Schnittstellen mit Systemen zur Abrechnung und Steuerung des Energieverbrauchs kommunizieren können.

Spitzenlast: kurzzeitig auftretende, nicht prognostizierbare hohe Leistungsnachfrage in einem Versorgungsnetz

Stand-by: Bereitschafts- bzw. Wartezustand eines technischen Geräts, in dem diejenigen Funktionen des Geräts aktiv sind, die einen schnellen Übergang in den regulären Betrieb erlauben, und andere Funktionen im Interesse der Energieeinsparung ausgeschaltet werden (z. B. aktiver Arbeitsspeicher und ausgeschalteter Monitor am PC)

System: Menge von Elementen und Beziehungen zwischen diesen Elementen (Relationen), die durch das Zusammenwirken der Elemente eine übergeordnete Funktion erfüllt.

Taupunkt: Temperatur, bei der beim Abkühlen von Luft die Kondensation einsetzt. Luft enthält Wasserdampf. Bei niedrigen Temperaturen kann Luft weniger Wasserdampf aufnehmen als bei höheren Temperaturen. Bleibt die Wassermenge – die absolute Luftfeuchte (s. Luftfeuchte) – konstant, so nimmt bei der Abkühlung von Luft die relative Luftfeuchte (s. Luftfeuchte) zu. Am Taupunkt ist die Luft mit Wasserdampf gesättigt und es fällt Kondensat aus.

Top-Runner-Strategie: EU-Strategie zur kontinuierlichen Verbesserung der Energieeffizienz von Produkten durch Energieverbrauchskennzeichnung, Bestgerätekennzeichnung und Mindestenergiestandards, bei der die Mindeststandards kontinuierlich an den Stand der Bestgeräte herangeführt werden.

toxisch: giftig

toxikologisch: die Lehre von den Giften und die Vergiftungen betreffend

Transmissionswärmeverlust: Wärme, die durch Wärmeübertragung über die Gebäudehülle verloren geht; Die Verluste sind vom Wärmedurchgangswiderstand der wärmeübertragenden Hülle bzw. ihrer Teilflächen abhängig.

Umrichter: Baugruppe, die die Leistungsumsetzung in einem Drehstrommotor durch Frequenzänderung oder durch Änderung des Betrags der speisenden Spannung steuert (s. Frequenzumrichter, s. Servo-Antrieb).

Umweltbeeinflussung: Entnahme von Stoffen und Energie aus der Umwelt; Zufuhr gewandelter, naturfremder Stoffe und Energie in die Umwelt sowie Inanspruchnahme von Boden und Landschaft

Umweltwirkung: physikalische, chemische, biologische und klimatische Effekte in der Umwelt, die durch Umweltbeeinflussungen verursacht werden

Unternehmensführung: Planen, Durchführen, Prüfen und Weiterentwickeln von Maßnahmen zur Zweckerfüllung des Unternehmens unter Einsatz der verfügbaren Ressourcen

Verlustenergie: der aus einem System austretende, nicht im Sinne des gewünschten Prozesses genutzte Teil der dem System zugeführten Energie

Verwerten: gegenständliches, stoffliches oder energetisches Nutzen eines Abfalls; Für das gegenständliche und stoffliche Verwerten wird oft auch der Begriff Recycling verwendet.

Variable Kosten: Kosten, die sich mit der Änderung einer Bezugsgröße (z. B. Menge der ausgebrachten Produkte) ändern

Wärme: über die Systemgrenze hinweg zu- oder abgeführte thermische Energie; Wärmezufuhr bzw. -abfuhren bewirken Temperaturänderungen, Phasenübergänge (z. B. Schmelzen, Erstarren), Druck- und Volumenänderungen (in Gasen).

Wärmebrücke: Teilflächen der Hüllfläche bzw. einzelne Gebäudebauteile, die Wärme besser nach außen leiten als angrenzende Flächen und Bauteile; Sie entstehen geometrisch bedingt (z. B. an Gebäudekanten und -ecken), konstruktiv bedingt (Durchdringung der Gebäudehülle mit Materialien höherer Wärmeleitfähigkeit, z. B. auskragende Stahlbetonträger) und durch Baumängel (z. B. undichte Stöße in der Dämmung).

Wärmelast: in der HLK-Technik die Summe aus der Wärmeabgabe der in einem Gebäude/Raum befindlichen Personen, Maschinen/Geräte und Beleuchtungseinrichtungen und den solaren Wärmegewinnen des Gebäudes.

Wärmeleitung: Wärmetransport in einem festen Körper, einer (stehenden) Flüssigkeit oder einem Gas, der durch Schwingungen und andere Teilchenbewegungen zu Stande kommt. Wärmeleitung erfolgt ohne Stoffaustausch.

Wärmepumpe: technisches Gerät, das einem Medium, das ein geringes Temperaturniveau aufweist, Wärme entzieht und diese Wärme unter Zufuhr von elektrischer oder anderer Energie auf ein höheres Temperaturniveau bringt, so dass die Wärme für Heiz- und andere Zwecke nutzbar wird; Wärmepumpen können vereinfacht als Umkehrung von Kompressionskältemaschinen verstanden werden.

Wärmerückgewinnung: Wiedernutzung von thermischer Energie, die in einem Massenstrom enthalten ist, der einen Prozess oder ein Gebäude etc. verlässt (Abwärme)

Wärmestrahlung: elektromagnetische Strahlung, die Körper in Abhängigkeit von ihrer Temperatur aussenden; Treffen diese elektromagnetischen Schwingungen auf einen Körper, so werden sie teils absorbiert, teils reflektiert und teils hindurchgelassen. Die Absorption führt zu einer Wärmezufuhr im absorbierenden Körper.

Wechselstrom: (AC, Alternating current) elektrischer Strom, bei dem sich der Betrag und die Polarität der Spannung und des Stroms zyklisch ändern; Die Zyklen folgen in der Regel der Sinusfunktion.

Werkstoff: Stoffe und Stoffkombinationen, die sich durch Formprozesse zu technischen Gebilden verarbeiten lassen; wird im Produktionsprozess von einem Rohmaterial oder Vorprodukt in das Erzeugnis transformiert und geht, abgesehen von Abfällen (z. B. Späne, Verschnitt), vollständig und als wesensbestimmender Bestandteil in das Erzeugnis ein

Wirkleistung: elektrische Leistung, die in Wechselstromkreisen für die Umwandlung in andere Leistungen (z. B. mechanische, thermische oder chemische) verfügbar ist (s. Blindleistung, s. Scheinleistung)

Wirkungsgrad: Verhältnis von Nutzenergie (Nutzleistung) zum Energieeinsatz (aufgenommene Leistung) in einem Prozess oder einer Anlage; wird meist für einen (optimalen) Betriebspunkt angegeben (s. Nutzungsgrad)

Working Capital: Teil des Umlaufvermögens, der nicht zur Deckung der kurzfristigen Verbindlichkeiten gebunden ist, und daher im Beschaffungs-, Produktions- und Absatzprozess „arbeiten" kann; Das Working Capital ist ein Maß für die Liquidität und weist auf die Expansionskraft des Unternehmens hin, da das Working Capital zur Finanzierung des langfristigen Kapitalbedarfs eingesetzt werden könnte.

Zuverlässigkeit: Fähigkeit einer Maschine oder einer Maschinenkomponente, ihre Funktion über einen definierten Zeitraum hinweg zu erfüllen.

Zonierung: Abgrenzung von Räumen und Gebäudeabschnitten, in denen gleichartige Nutzungen konzentriert werden können; Die Zonierung kann z. B. bezüglich des notwendigen Temperaturniveaus, der Anforderungen an die Belichtung, Luftreinheit, Lärm- und Schwingungsexposition erfolgen.

Anhang A: Checkliste Energiekompetenz

A.0 Einführung

Vorliegende Checkliste ist ein Vorschlag für eine umfassende Beurteilung der Energiekompetenz von Unternehmen. Die Checkliste gewinnt dann an Aussagekraft, wenn sich mehrere Unternehmen der Bewertung unterziehen und an einem Benchmarking teilnehmen.

Zu diesem Zweck wurde die Checkliste im Projekt „Improving Energy Competence on SME level"[37] von Partnern aus sieben europäischen Regionen entwickelt. Im Projekt wurden kleine und mittlere Unternehmen aus fünf Branchen von qualifizierten Gewerbeenergieberatern bewertet. Die erhobenen Daten wurden in eine Datenbank eingepflegt[38]; als Ergebnis erhielten die Unternehmen folgende Informationen:

- bester Wert in einer Vergleichsgruppe (z. B. Branche),
- schlechteste Wert in einer Vergleichsgruppe,
- Mittelwert in einer Vergleichsgruppe,
- Position des eigenen Unternehmens.

Vor Übergabe an die Unternehmen wurden die Informationen von den beteiligten Gewerbeenergieberatern zusammengefasst, interpretiert und um unternehmensspezifische Maßnahmenvorschläge ergänzt.

Die Checkliste umfasst mehrere Module. Aus den Modulen Stammdaten (s. A.1) und Energieverbrauch (s. A.2) können Kennzahlen gebildet werden (z. B. Primärenergieverbrauch pro Nettoprodukt). Solche Kennzahlen sind jedoch erfahrungsgemäß nur für den Vergleich von Unternehmen einer Branche, mit ähnlicher Größe und vergleichbaren Wertschöpfungsprozessen sinnvoll.

Deshalb ist in weiteren, inhaltlich gegliederten Modulen (s. A.3 bis A.6) einzuschätzen, in welchen Bereichen energieeffizienzsteigernde Maßnahmen weitgehend umgesetzt sind (Bewertung mit +2) und wo große Defizite/Potenziale zu finden sind (Bewertung mit -2). Diese Bewertung darf jedoch nicht als Urteil über die Energiekompetenz eines Unternehmens verstanden werden. Erst die Abweichung von den Werten der Vergleichsgruppe gibt einen Hinweis auf eine mögliche Vorreiterrolle oder auf besondere Defizite des einzelnen Unternehmens.

Davon unabhängig wurde die Checkliste von den beteiligten Gewerbeenergieberatern als geeignetes Instrument erachtet, um insbesondere bei Erstberatungen von Unternehmen einen Überblick über alle energierelevanten Bereiche zu erlan-

---

[37] gefördert im Programm Intelligent Energy Europe (Projekt-Nr. EIE/06/023.SI2.452319) und betreut von der Executive Agency for Competitiveness and Innovation

[38] www.iec-database.eu

gen. Zu diesem Zweck sei die Checkliste interessierten Lesern zur Nachnutzung empfohlen.

A.1 Stammdaten

Unternehmens ID	
Name des Unternehmens	
Anzahl der Standorte des Unternehmens	
(bewerteter) Standort	
Branche (NACE-Code)	

Unternehmensgröße

Anzahl der Angestellten	
Jahresumsatz	
Nettoprodukt	

Gebäude

	gesamte Produktionsfläche		Nutzraum-volumen		Nenn-temperatur	
Produktionsgebäude		m^2		m^3		°C
Lagergebäude		m^2		m^3		°C
Büroräume, Sanitär-einrichtungen etc.		m^2		m^3		°C
andere Gebäude		m^2		m^3		°C

Betriebszeit/Jahr

Betriebszeit/Jahr		h/a
Spitzentarif Anteil der Betriebszeit		%
Nebentarif Anteil der Betriebszeit		%

Betrachtungszeitraum

von	
bis	

A.2 Energieverbrauch

Elektroenergie (ohne Heizung)

	Leistung		Verbrauch		spezifische Kosten	
Elektroenergie-verbrauch Spitzentarif				kWh/a		€/kWh
Elektroenergie-verbrauch Nebentarif				kWh/a		€/kWh
Blindleistung				kWh/a		€/kWh
bereitgestellte Leistung		kW				
Mindestleistung		kW				
Leistungsspitze		kW				€/kWh

Brennstoff

	Verbrauch		Brennwert	spezifische Kosten	
Heizöl		l/a			€/kWh
Erdgas		m^3/a			€/kWh
LPG (Liquified petroleum gas, Flüssiggas)		l/a			€/kWh
Fernheizung		kWh/a			€/kWh
Biomasse		kg/a			€/kWh
Andere		kWh/a			€/kWh

Kraftstoff

	Verbrauch		Umrech-nungsfaktor	spezifische Kosten	
Diesel		l/a			€/kWh
Benzin		l/a			€/kWh
Andere		kWh/a			€/kWh

A.3 Elektroenergie

A.3.1 Strombezug

Wird der Stromliefervertrag regelmäßig auf Bedarfsgerechtigkeit und Wirtschaftlichkeit geprüft? (nicht relevant, falls am lokalen Markt kein effektiver Wettbewerb der Stromanbieter existiert)					
max. aller 2 Jahre Überprüfung des Bedarfs und Abschluss eines neuen Stromliefervertrags zu Marktkonditionen, Ermittlung durch Ausschreibung und mind. 3 Angebote	+2				
max. aller 2 Jahre Überprüfung des Bedarfs und Abschluss eines neuen Stromliefervertrags, jedoch ohne Ausschreibung (Verhandlung, Orientierung an branchenüblichen Richtpreisen)		+1			
Stromlieferverträge werden nach Ende der Laufzeit entsprechend des Angebots des alten Stromlieferanten verlängert.				-1	
Stromliefervertrag läuft auf unbestimmte Zeit.					-2
Sind die Preisregelungen für den Arbeitspreis so gestaltet, dass das Unternehmen durch Energiesparen auch Energiekosten spart? (immer relevant)					
Es sind keine Mindestabnahmemengen und keine strommengenabhängigen Rabatte vereinbart. Energieeinsparungen senken die Strombezugskosten völlig proportional.	+2				
Es sind Mindestabnahmemengen und/oder strommengenabhängige Rabatte vereinbart. Energieeinsparungen senken die Strombezugskosten – jedoch nicht proportional, weil dem Unternehmen z. B. strommengenabhängige Rabatte entgehen.			0		
Im Fall von Energieeinsparungen drohen wegen (zu hoch angesetzter) Mindestbezugsmengen Pönalen.					-2

Sind die Preisregelungen für den *Leistungspreis* so gestaltet, dass das Unternehmen durch Lastmanagement auch Energiekosten spart? (nur relevant, wenn Leistungspreis vereinbart ist)					
Es sind „abschaltbare Leistungen“ vereinbart. Das Unternehmen ist in der Lage, auf Anforderung des Stromversorgers die Last („abschaltbare Leistungen“) zu reduzieren und erhält dafür eine Vergütung.	+2				

Es ist eine Mindestleistung vereinbart. Bei einer (realistischen) Reduktion der Last drohen dem Unternehmen Pönalen.					-2

A.3.2 Stromeinspeisung/-transformation

Folgende Fragen sind relevant, wenn eigene Transformatoren eingesetzt werden:

Wie hoch sind die Transformatoren unter Spitzenlast ausgelastet?					
> 95%	+2				
> 90%		+1			
> 85%			0		
> 80%				-1	
≤ 80%					-2
Wie hoch sind die Transformatoren im Grundlastfall ausgelastet?					
> 70%	+2				
> 60%		+1			
> 50%			0		
> 40%				-1	
≤ 40%					-2
Wird auf eine geringe Verlustleistung der Transformatoren geachtet?					
Verlustleistung wurde/wird bei der Beschaffung von Transformatoren berücksichtigt (Investitionskostenrechnung), die Auslegungsparameter sind noch aktuell.	+2				
Verlustleistung wurde bei der Beschaffung berücksichtigt, die Auslegungsparameter sind aber heute nicht mehr aktuell.			0		
Verlustleistung wird nicht berücksichtigt.					-2
Werden bevorzugt mehrere parallele, zu- und abschaltbare Transformatoren eingesetzt anstatt eines großen Transformators, der oft im Teillastbetrieb läuft? (nicht relevant, wenn ein Transformator über die gesamte Betriebszeit gut ausgelastet ist)					

Transformatorleistung lässt sich durch Zu- und Abschaltung von mehreren Transformatoren gut an alle vorkommenden Lastfälle anpassen.	+2				
Transformatorleistung lässt sich durch Zu- und Abschaltung von mehreren Transformatoren an große Sprünge im Lastgang anpassen.			0		
Es existiert nur ein Transformator, der ständig im Teillastbereich läuft, oder es gibt keine relevanten					-2

Informationen darüber.					
Werden die Transformatoren ausreichend und effizient gekühlt?					
Kühlung ist wirksam (z. B. keine durch Überhitzung verursachten Lackschäden feststellbar). Kühlung erfolgt durch natürliche Konvektion (keine Zusatzenergie für Lüfter).	+2				
Kühlung ist wirksam (z. B. keine durch Überhitzung verursachten Lackschäden feststellbar). Kühlung erfolgt durch Zwangslüftung (Ventilatorlüftung).			0		
Hitzeschäden erkennbar (z. B. Lack)					-2
Werden die Transformatoren regelmäßig gewartet?					
jährlich durch dokumentierte Inspektion von Isolation, Korrosion der Anschlussklemmen, Leckagen, Lackschäden durch Überhitzung, Kondenswassereinbrüche und Widerstandsmessung sowie ggf. Abstellung der Mängel	+2				
unregelmäßige Inspektion von Isolation, Korrosion der Anschlussklemmen, Leckagen, Lackschäden durch Überhitzung, Kondenswassereinbrüche sowie ggf. Abstellung der Mängel			0		
keine Wartung					-2

A.3.3 Blindstromkompensation

Folgende Fragen sind (betriebswirtschaftlich) relevant, wenn Blindarbeit bzw. Blindleistung zu vergüten sind:

Ist die Blindleistung gering?					
$\cos\varphi > 0{,}97$	+2				
$\cos\varphi > 0{,}93$		+1			
$\cos\varphi > 0{,}90$			0		
$\cos\varphi > 0{,}85$				-1	
$\cos\varphi \leq 0{,}85$					-2
Werden Maßnahmen ergriffen, um den Teillastbetrieb induktiver Verbraucher zu reduzieren? (nicht relevant bei $\cos\varphi > 0{,}97 \ldots 0{,}95$)					
Folgende Maßnahmen werden konsequent umgesetzt: – keine Überdimensionierung von Motoren, Transformatoren und anderen induktiven Anlagen (richtige Auswahl der Nennleis-	+2				

tung), – Vermeiden von längerem Leerlauf (Zwangsabschaltung, jedoch unter Berücksichtigung von Verschleiß und Leistungsspitzen), – leistungsgerechtes Zu- und Abschalten parallel betriebener Transformatoren statt Teillastbetrieb, – Nutzung der Stern-Dreieck-Schaltung in Kurzschlussläufermotoren (Vermeiden von Stromspitzen beim Anlaufen).					
o. g. Maßnahmen werden teilweise umgesetzt			0		
o. g. Maßnahmen werden nicht berücksichtigt					-2
Werden Blindleistungs-Kompensationsanlagen sinnvoll eingesetzt? (nicht relevant bei cos $\varphi > 0{,}97 \ldots 0{,}95$)					
ja, und zwar mit automatisch geregelten Anlagen	+2				
ja, und zwar mit ungeregelten Anlagen			0		
nein					-2

A.3.4 Motoren und Antriebe

Werden die zu beschleunigenden Massen gering gehalten?					
Werden gezielt fortgeschrittene Maßnahmen ergriffen, um zu beschleunigende/bewegte Massen gering zu halten? (Leichtbau von angetriebenen Spindeln)	+2				
Werden regelmäßig Maßnahmen nach dem Stand der Technik ergriffen, um zu beschleunigende/bewegte Massen gering zu halten? (Einsatz von Gegenmassen bei Aufzügen und Rolltoren)			0		

Müssen (dauerhaft) große zusätzliche Massen z. B. für Transporthilfsmittel oder in Transportsystemen bewegt werden, um die gewünschten Materialien und Güter zu bewegen? (z. B. schwere Paletten, Verpackungen, Paternoster-/Umlaufregale)					-2
Werden natürliche Kräfte (Schwerkraft etc.) als Antrieb genutzt?					
Werden natürliche Kräfte gezielt genutzt, um Güter zu transportieren oder Anlagen anzutreiben? (schwerkraftgetriebene Rollenbahn, Rutschen)	+2				

Wird unnötig, entgegen natürlicher Kräfte transportiert oder angetrieben?					-2
Sind die Antriebe richtig dimensioniert?					
Die Nennleistung der Antriebe wird regelmäßig ausgeschöpft. Es wurde berücksichtigt, dass Motoren kurzzeitig bis zu 25% Überlast schadlos vertragen. Hierfür wurde keine zusätzliche Sicherheit vorgesehen.	+2				
Die Nennleistung der Motoren wird unter Spitzenlastbetrieb temporär erreicht.			0		
Die Nennleistung der Antriebe wird nie in Anspruch genommen.					-2
Wird langer Leerlauf und Teillastbetrieb vermieden?					
Die Steuerung der Anlagen sorgt automatisch dafür, dass Leerlauf und Teillastbetrieb konsequent vermieden werden. (Abschaltung)	+2				
Verfahrensanweisungen sorgen dafür, dass die Mitarbeiter Leerlauf und Teillastbetrieb durch gezieltes Zu- und Abschalten der Antriebe vermeiden.		+1			
Viele Antriebe laufen ständig ohne Belastung oder im Teillastbereich (z. B. leere Rollenbahnen und Förderbänder, Späneförderer).					-2
Werden Direktantriebe eingesetzt, um Getriebe und deren Reibungsverluste zu vermeiden?					
Wo immer möglich, werden Antriebe ohne zusätzliches Getriebe (Direktantriebe) eingesetzt (z. B. Spindelmotoren, Lüftermotor sitzt direkt auf Ventilatorwelle). Translatorische Bewegungen werden bevorzugt von Linearmotoren erzeugt.	+2				
Es kommen oft noch Antriebe mit zusätzlichem Getriebe (z. B. Riemengetriebe zwischen Lüftermotor und Ventilatorwelle) zum Einsatz, obwohl nach dem Stand der Technik alternativ Direktantriebe am Markt verfügbar sind.					-2

Werden energiesparende Antriebe eingesetzt?					
Werden bevorzugt drehzahl- bzw. drehmomentgesteuerte Antriebe eingesetzt?					
Drehzahl- und drehmomentgesteuerte Antriebe (z. B. mit Frequenzumrichtern) werden standardmäßig eingesetzt. Bei der Beschaffung von Maschinen und Ersatzteilen wird darauf geachtet, dass nur solche drehzahl- oder drehmomentgesteuerten Antriebe eingekauft werden. Ausnahmen werden nur bei	+2				

Antrieben, die für den Energieverbrauch eine untergeordnete Bedeutung haben, geduldet (z. B. selten laufende Pumpen für betriebliche Feuerlöschanlagen).					
Antriebe wichtiger Energiehauptverbraucher sind nicht drehzahl- bzw. drehmomentgesteuert. Die Anwendungen laufen entweder ungesteuert (z. B. wird permanent mit Volllast belüftet, obwohl nicht nötig) oder die Steuerung erfolgt durch „Energievernichtung“ (z. B. Drosselklappen, Reduzierventile in Medienleitungen).					-2
Wurde die Effizienzklasse der Antriebe berücksichtigt?					
Es werden überwiegend Antriebe der Energieeffizienzklasse „eff1“ oder einer vergleichbaren eingesetzt. Bei der Beschaffung von Maschinen und Ersatzteilen wird darauf geachtet, dass nur Antriebe dieser Energieeffizienzklasse eingekauft werden. Ausnahmen werden nur bei Antrieben, die für den Energieverbauch eine untergeordnete Bedeutung haben, geduldet.	+2				
Bei wichtigen Hauptverbrauchern wird darauf geachtet, dass Antriebe der Energieeffizienzklasse „eff1“ zum Einsatz kommen.			0		
Die Energieeffizienz spielt bei der Beschaffung von Antrieben keine Rolle.					-2
Wird Bremsenergie wiedergewonnen?					
Bremsenergie wird an vielen Stellen im Betrieb wiedergenutzt (z. B. rückspeisefähige Umrichter, Wirbelstrombremsen, Wandlung des hydraulischen Drucks an Pressen in elektrische Energie, Innenzahnrad-Triebwerke als Pumpe/Motor in Hydraulikanwendungen).	+2				
Die Nutzung von Bremsenergie ist auch in Standardanwendungen (z. B. Rückgewinnung der Bremsenergie im Gabelstapler) unbekannt.					-2
Werden effiziente Kraftübertragungseinrichtungen/Getriebe eingesetzt?					
Dort, wo auf Getriebe nicht verzichtet werden kann, kommen effiziente Kraftübertragungseinrichtungen zum Einsatz (z. B. Zahnriemen statt Keilriemen, Kegelradgetriebe statt Schneckengetriebe).	+2				
Es kommen Getriebe mit hohen Reibungsverlusten zum Einsatz (z. B. Keilriemengetriebe, Schneckengetriebe).					-2

Werden Antriebe und Kraftübertragung regelmäßig gewartet?					
Die Wartung erfolgt regelmäßig nach einem Wartungsplan. Bauteile werden vorbeugend geschmiert, ausgetauscht oder repariert. Es kommt zu keinen Ausfällen. Zusätzlich werden bei der Wartung spezielle Maßnahmen zur Verbesserung der Energieeffizienz durchgeführt (z. B. Einsatz von Leichtlaufölen in der Schmierung).	+2				
Die Wartung erfolgt regelmäßig nach einem Wartungsplan. Bauteile werden vorbeugend geschmiert, ausgetauscht oder repariert. Es kommt zu keinen Ausfällen.			0		
Im Unternehmen kommen öfter Ausfälle von Antrieben und Getrieben vor, weil keine vorbeugende Wartung durchgeführt wird.					-2

A.3.5 Druckluft

Ist die Druckluftanwendung notwendig?					
Wurden pneumatische Antriebe durch elektrische oder hydraulische Antriebe ersetzt?					
Bei der Beschaffung von Maschinen und Anlagen wird konsequent geprüft (Wirtschaftlichkeitsrechnung unter Einbezug der Energiekosten), ob statt pneumatischer Antriebe elektrische oder hydraulische Antriebe eingesetzt werden können. 1 kW Pneumatikantrieb benötigt 10 bis 20 kW Kompressorleistung, ein gleichstarker Hydraulik- oder Elektroantrieb (in der Anschaffung teurer) etwa 2 kW.	+2				
Oben genannte Maßnahme wurde noch nie in Erwägung gezogen, obwohl viele pneumatische Antriebe im Einsatz sind, die aus technischer Sicht ersetzt werden könnten.					-2
Wurde Kühlen mit Druckluft durch elektrische Gebläse ersetzt?					
ja	+2				
nein					-2
Wurde Reinigen mit Druckluft durch Staubsauger, Besen, Putzlappen etc. ersetzt?					
Werkstücke/Teile und Maschinen/Arbeitsplätze werden konsequent mit Saugern, Besen oder Putzlappen gereinigt statt mittels Blaspistole.	+2				

Beim Reinigen mit Druckluft wird sparsam mit Druckluft umgegangen. Werkstücke, Werkzeuge etc. werden aus technologischen Gründen abgeblasen. Maschinenflächen und Arbeitsplätze werden mit Lappen, Besen etc. geputzt.			0		
Druckluft wird großzügig zum Reinigen von Teilen, Maschinen und Arbeitsplätzen eingesetzt.					-2
Sonstige					
Es werden weitere, innovative Maßnahmen (auf der Bedarfsseite) ergriffen, um den Druckluftbedarf zu mindern.	+2				
Weitere, oben nicht genannte Anwendungen arbeiten mit Druckluft, obwohl nach dem Stand der Technik effizientere Technologien bekannt sind.					-2

Ist die Druckluftanlage auf angemessenen Druck ausgelegt?					
Wurde der Standarddruck auf einen niedrigen Wert abgesenkt?					
> 9 bar	+2				
≤ 9 bar		+1			
≤ 7 bar			0		
≤ 5 bar				-1	
≤ 3 bar					-2
Werden für einzelne Niederdruckanwendungen separate Niederdruckkompressoren eingesetzt, anstatt den Standarddruck zu drosseln?					
Niederdruckanwendungen (2 bis 2,5 bar) werden konsequent mit separaten Niederdruckkompressoren betrieben.	+2				
Niederdruckanwendungen (2 bis 2,5 bar) sind über Drosselklappen, Reduzierventile etc. an das Standarddruckluftnetz angeschlossen. Ihr Druckluftverbrauch ist jedoch so gering, dass der Einsatz von Niederdruckkompressoren wirtschaftlich nicht lohnt. Dies wurde durch Berechnungen/Expertenurteile nachgewiesen.			0		
Niederdruckanwendungen (2 bis 2,5 bar) sind über Drosselklappen, Reduzierventile etc. an das Standarddruckluftnetz angeschlossen. Ihr Druckluftverbrauch macht einen hohen Anteil am gesamten Druckluftverbrauch aus.					-2
Werden Hochdruckanwendungen mittels Boostern am Standardnetz betrieben? (relevant, wenn wenige Hochdruckanwendungen größer 7 bar bis einige hundert bar im Einsatz sind)					
ja	+2				
Hochdruckanwendungen arbeiten mit separaten				-1	

Hochdruckkompressoren, die jedoch nur schlecht ausgelastet sind.					
Wegen weniger Hochdruckanwendungen wurde der Standarddruck erhöht.					-2
Wird die Druckluftanlage bei Betriebsruhe abgestellt?					
Druckluftanlage wird bei Betriebsruhe (länger als eine Pause) konsequent abgestellt (Automatik oder Bestandteil von Verfahrensanweisungen für das Personal).	+2				
Druckluftanlage soll bei Betriebsruhe abgestellt werden. Bei der Umsetzung gibt es Mängel.				-1	
Druckluftanlage läuft regelmäßig während der Nachtruhe/Freischichten oder am Wochenende.					-2
Sind Netzbereiche, die nicht mehr benötigt werden, abgetrennt und stillgelegt?					
Alle unter Druck stehenden Leitungen werden in ihrer gesamten Länge für die Versorgung von Maschinen und Arbeitsplätzen benötigt.	+2				
Das aktive Druckluftnetz umfasst einige Bereiche, die nicht mehr benötigt werden oder überdimensioniert sind. Diese lassen sich aber nur mit hohem Aufwand vom Netz trennen.			0		
Es stehen große Netzbereiche unter Druck, die nicht mehr benötigt werden und mit geringem Aufwand stillgelegt werden können (Stichleitungen, komplett funktionslose Ringleitungen).					-2
Ist der Druckluftspeicher ausreichend groß, damit der Kompressor nicht zu oft an- und ausschaltet?					
Der Kompressor schaltet nicht öfter als empfohlen.	+2				
Die Schaltzahl des Kompressors liegt nicht mehr als 10% über den Empfehlungen.			0		
Die Schaltzahl des Kompressors liegt mehr als 10% über den Empfehlungen.					-2

Liegen die Leckageverluste unter 7% der Luftfördermenge?					
Leckageverluste ≤ 3% der Luftfördermenge	+2				
Leckageverluste ≤ 5% der Luftfördermenge		+1			
Leckageverluste ≤ 7% der Luftfördermenge			0		
Leckageverluste ≤ 10% der Luftfördermenge				-1	
Leckageverluste > 10% der Luftfördermenge					-2
Wird die Drucklufterzeugung bedarfsgerecht geregelt? (relevant bei schwankendem Druckluftbedarf)					
Die Druckluftanlage besteht aus Grundlast- und Spitzenlastkompressoren, die von einer automati-	+2				

schen Steuerung bedarfsgerecht zu- und abgeschaltet werden.					
Die Druckluftanlage besteht aus Grundlast- und Spitzenlastkompressoren, die manuell zu- und abgeschaltet werden.		+1			
Der oder die Kompressoren laufen in Betriebsphasen mit geringem Druckluftbedarf im Teillastbereich.					-2
Sind die Druckverluste zwischen Kompressor und Verbraucher gering?					
Druckverlust vom Kompressor zum Verbraucher bei Altanlagen < 1 bar, bei Neuanlagen < 0,1 bar	+2				
Druckverlust vom Kompressor zum Verbraucher bei Altanlagen < 1,5 bar, bei Neuanlagen < 0,1 bar			0		
Druckverlust vom Kompressor zum Verbraucher bei Altanlagen < 2 bar, bei Neuanlagen < 0,5 bar					-2
Wird trockene, saubere und möglichst kühle Frischluft verwendet?					
Es wird Außenluft von der Gebäude-Nordseite mit einer Temperatur von min. 3°C und max. 40°C eingesetzt. Bei starker Verschmutzung der Außenluft wird ein Filter eingesetzt.	+2				
Es wird warme (> 40°C), verschmutzte Innenluft oder Außenluft von der Gebäude-Südseite mit einer Temperatur, die öfter über 40°C liegt, eingesetzt. Starke Verschmutzungen werden nicht aus der Zuluft herausgefiltert.					-2
Wird der Kompressorraum gut belüftet?					
Ja, die Temperatur im Kompressorraum ist nicht spür- oder messbar höher als die der Umgebung.	+2				
Die Temperatur liegt, auch bei kühlerer Außentemperatur, bei über 40°C.					-2
Werden die Kompressoren vorzugsweise mit Luft statt mit Wasser gekühlt?					
Ja, alle Kompressoren werden luftgekühlt.	+2				
nein					-2
Werden für die Lufttrocknung vorzugsweise Kältetrockner statt Absorptionstrockner eingesetzt?					
Ja, die gesamte Luft wird kältegetrocknet.	+2				
Luft für Standardanwendungen wird kältegetrocknet. Nur Luft für hohe Qualitätsansprüche wird absorptionsgetrocknet.		+1			
Auch Luft für Standardanwendungen wird absorptionsgetrocknet.					-2
Wird die Abwärme der Kompressoren genutzt?					
Ja, zu 100% im ganzen Jahr.	+2				

Ja, zu 100% während der Heizperiode.		+1			
Nein, überhaupt nicht.					-2
Werden Filter und Lufttrockner regelmäßig gewartet?					
Wartung erfolgt nach einem Wartungsplan. Es gibt keine Stillstandszeiten oder Probleme mit der Druckluftqualität, die auf mangelnde Reinigung zurückzuführen wären.	+2				
Es gibt öfter Stillstandszeiten oder Probleme mit der Druckluftqualität, die auf mangelnde Reinigung zurückzuführen sind.					-2

A.3.6 Beleuchtung

Wird möglichst viel Tageslicht genutzt?					
Alle Arbeitsplätze erhalten am Tage so viel natürliches Licht in guter Qualität (blendfrei), dass keine künstliche Beleuchtung notwendig ist.	+2				
Die Mehrheit der Arbeitsplätze erhält am Tage ausreichend natürliches Licht. Nur Arbeitsplätze mit hohen Sehanforderungen oder in innenliegenden Räumen müssen künstlich beleuchtet werden.			0		
Die Arbeitsplätze müssen auch am Tage künstlich beleuchtet werden.					-2
Sind die Beleuchtungsstärken den Sehanforderungen angepasst (Berücksichtigung von Normbeleuchtungsstärken)?					
Die Beleuchtung wurde auf Basis von Normbeleuchtungsstärken für einzelne Arbeitsplätze/Räume differenziert geplant und installiert.	+2				
Die Beleuchtung wurde unabhängig von konkreten Sehanforderungen geplant oder die jetzige Nutzung weicht stark von der ursprünglichen Planung ab. In einigen Bereichen wird zu stark beleuchtet.					-2
Wurde auf helle Raumumschließungsflächen geachtet?					
Ja, alle Wände, Decken, Einbauten, große Möbel in Räumen mit hohen Sehanforderungen haben eine helle Farbe.	+2				
Große Anteile (> 50%) der Raumumschließungsflächen habe eine dunkle Farbe oder sind stark verschmutzt.					-2
Kann das Licht in verschiedenen Räumen und Raumzonen bedarfsgerecht zu- und abgeschaltet werden (separate Schaltkreise)?					
Große Räume haben separat schaltbare Zonen, die	+2				

auch entsprechend am Schalter gekennzeichnet sind. Kleine Räume sind separat schaltbar.					
Große Räume haben separat schaltbare Zonen, aber schlechte Kennzeichnungen. Kleine Räume sind separat schaltbar.			0		
Große Räume haben nur einen zentralen Schalter.					-2
Können die Lampen (in Abhängigkeit vom Tageslicht) gedimmt werden?					
Die Beleuchtung kann in Zonen mit Tageslicht (abhängig vom natürlichen Lichteinfall) stufenlos angepasst (gedimmt) werden.	+2				
Es gibt keine Möglichkeit zur Dimmung in Zonen mit Tageslicht.					-2
Werden Bewegungsmelder bzw. Zeitschaltuhren eingesetzt?					
An nur wenig begangenen/befahrenen Stellen sind Bewegungsmelder angebracht. Zeitschaltuhren schalten das Licht während der Betriebsruhe aus.	+2				
keine Bewegungs- oder Zeitschaltuhren					-2
Werden Lampen mit hoher Lichtausbeute eingesetzt?					
überwiegend ≥ 100 lm/W (z. B. hochwertige T5, Natriumdampflampen) und Vorschaltgerät der Klasse A1 oder A2	+2				
überwiegend ≥ 80 lm/W (z. B. T5, Kompaktleuchtstoffröhren) und Vorschaltgerät der Klasse A1 oder A2		+1			
überwiegend ≥ 60 lm/W (z. B. T8) und Vorschaltgerät der Klasse A1, A2, A3			0		
überwiegend ≥ 10 lm/W (z. B. Halogenlampe)				-1	
überwiegend < 10 lm/W (z. B. Glühlampe)					-2
Werden Leuchten mit einem hohen Wirkungsgrad eingesetzt?					
Die Mehrheit der Leuchten besitzt Hochleistungsreflektoren.	+2				
Die Mehrheit der Leuchten besitzt einfache Reflektoren.			0		
keine Reflektoren					-2
Werden Reflektoren oder Abdeckungen regelmäßig gereinigt?					
Reinigung erfolgt regelmäßig nach Reinigungsplan	+2				
Reinigung erfolgt sporadisch			0		
keine Reinigung					-2
Werden flackernde Lampen ausgewechselt?					
Alle Lampen funktionieren fehlerfrei.	+2				
Eine Lampe (im Raum) flackert.				-1	
Mehrere Lampen flackern.					-2

A.3.7 Bürotechnik, Informationsverarbeitung und -übertragung

Werden Geräte ausgeschaltet, wenn sie längere Zeit nicht benötigt werden?					
Ja, die Abschaltung erfolgt vorzugsweise automatisch oder durch strikte organisatorische Maßnahmen (z. B. Rundgang nach Betriebsende).	+2				
Im Prinzip ja, die Abschaltung ist jedoch von der Motivation und Zuverlässigkeit einzelner Mitarbeiter abhängig.			0		
Nein, Geräte laufen permanent.					-2
Werden nachweislich energieeffiziente Geräte eingesetzt?					
Es werden überwiegend Geräte mit dem Energy-Star-Label 4 eingesetzt. (Geräte haben einen Ausschalter, um Stand-by-Verluste zu vermeiden. Geräte haben einen automatischen Energiesparmodus).	+2				
Es werden überwiegend Geräte mit dem Energy-Star-Label 3 oder vergleichbar eingesetzt.		+1			
Es werden überwiegend Geräte mit dem Energy-Star-Label 2 oder 1 oder vergleichbar eingesetzt.			0		
Die Geräte wurden ohne Rücksicht auf Energieeffizienz angeschafft. Geräte haben keinen Ausschalter und keinen Energiesparmodus.					-2
Sind Geräte mit hoher Abwärme in Räumen aufgestellt, die nicht oder nur wenig gekühlt werden müssen?					
Server, Arbeitsgruppendrucker etc. sind in separaten Räumen aufgestellt, die nur einer freien Belüftung bedürfen.	+2				
Server, Arbeitsgruppendrucker etc. sind in separaten Räumen aufgestellt, die nur in geringem Umfang mechanisch belüftet werden müssen.		+1			
Server, Arbeitsgruppendrucker etc. sind in separaten Räumen aufgestellt, die mechanisch belüftet und gekühlt werden müssen.			0		
Server, Arbeitsgruppendrucker etc. stehen in regulären Arbeitsräumen. Ihre Abwärme belastet die Raumluft, deshalb ist eine intensive Lüftung notwendig.				-1	
Server, Arbeitsgruppendrucker etc. stehen in regulären Arbeitsräumen. Ihre Abwärme belastet die Raumluft, deshalb ist eine intensive Lüftung und Kühlung notwendig.					-2

Kommen effiziente Kühltechnologien zum Einsatz?					
Die natürliche Thermik wird ausgenutzt (z. B. Blade-Bauweise, d. h. senkrechte Einschübe für Standard Racks), direkte Kaltluftkühlung der wärmeerzeugenden Bauteile statt Kühlung mit Raumumluft.	-2				
Kühlung mit Raumluft (z. B. Standard-Ventilatoren in Computern)			0		
Wird die Abwärme von IT-Geräten genutzt?					
Abwärme wird über Wärmetauscher und/oder Wärmepumpen ganzjährig genutzt (z. B. Warmwasserbereitung, Heizungsunterstützung).	+2				
Abwärme wird über Wärmetauscher und/oder Wärmepumpen während der Heizperiode genutzt.		+1			
Nutzung der Abwärme wurde geprüft, ist aber nicht wirtschaftlich.			0		
Nutzung der Abwärme wurde trotz Vorhandensein großer, leistungsstarker IT-Anlagen nicht erwogen.					-2

A.4 Thermische Energie

A.4.1 Prozesswärme

Wie gut ist die Wärmeversorgung an den Bedarf angepasst?					
Temperaturniveau und Betriebszeiten der Wärmeversorgung sind von Experten auf den Bedarf abgestimmt (Berechnung, Simulation) und werden automatisch bedarfsgerecht geregelt.	+2				
Temperaturniveau und Betriebszeiten der Wärmeversorgung wurden einmalig von Experten auf den Bedarf abgestimmt (Berechnung, Simulation), werden aber nicht automatisch geregelt.			0		
Temperaturniveau und Betriebszeiten der Wärmeversorgung sind gegenüber dem tatsächlichen Bedarf überdimensioniert und lassen sich nicht regeln.					-2
Wie ist die Energieeffizienz der Wärmeerzeugung zu bewerten?					
Jahresnutzungsgrad > 100% (z. B. durch Kraft-Wärme-Kopplung, Wärmepumpe)	+2				

Jahresnutzungsgrad > 90% (z. B. Brennwertgeräte)		+1			
Jahresnutzungsgrad > 80%			0		
Jahresnutzungsgrad > 50%				-1	
Jahresnutzungsgrad ≤ 50%					-2
Wie ist die Umweltverträglichkeit des Energieträgers zu bewerten?					
solare Wärme, Erdwärme, Abwärme	+2				
Wärme aus Biomasse		+1			
fossile Brennstoffe, die mit relativ wenig Schadstoffemissionen verbrennen (Erdgas, Erdöl)			0		
sonstige fossile Brennstoffe				-1	
Wärmeumwandlung aus Elektroenergie					-2
Wie ist der Zustand der Wärmedämmung der Anlagen? (relevant, wenn Prozess in wärmegedämmten Anlagen abläuft)					
Isolierung wird regelmäßig vom Fachpersonal inspiziert, keine Mängel bekannt.	+2				
Isolierung wird nicht regelmäßig vom Fachpersonal inspiziert, augenscheinlich sind keine Mängel zu erkennen.			0		
Augenscheinlich sind Isolierungen großflächig mangelhaft oder fehlen.					-2
Werden Maßnahmen zur Reduktion von Lastspitzen unternommen? (relevant, wenn während des Prozesses erhebliche Lastspitzen auftreten)					
automatische Steuerung des Lastgangs	+2				
manuelle Steuerung des Lastgangs		+1			
keinerlei Steuerung des Lastgangs					-2

A.4.2 Prozesskälte

Wird die Kühlanlage in der betriebsfreien Zeit (nachts, am Wochenende, feiertags) abgeschaltet?					
ja, automatisch	+2				
ja, manuell		+1			
nein					-2
Wurden alle überflüssigen Wärmequellen aus den gekühlten Bereichen entfernt?					
Überflüssige Wärmequellen wurden aus den gekühlten Bereichen entfernt. Die Wärmeabgabe der verbleibenden Wärmequellen wird auf ein Minimum reduziert: – kurze Betriebszeiten und geringe Leistung von Antrieben, Motoren (z. B. Pumpen,	+2				

Ventilatoren, Transportsysteme), – richtig dimensionierte Beleuchtung und bedarfsgerechte Abschaltung und – kurze Präsenzzeiten von Personen, kurze Türöffnungszeiten.					
Überflüssige Wärmequellen wurden aus den gekühlten Bereichen weitgehend entfernt. Die Wärmeabgabe der verbleibenden Wärmequellen wurde jedoch nicht optimiert.			0		
In den gekühlten Bereichen existieren augenscheinlich unnötige Wärmequellen.					-2

Wie gut ist das System dimensioniert?					
Wie gut ist die Kühlleistung (z. B. Antrieb der Kaltwasserpumpe, Leistung der Kältemaschine) an den Bedarf angepasst?					
Berechnung/Simulation durch Experten, der zu Grunde gelegte Bedarf ist noch aktuell.	+2				
Heutiger Bedarf weicht gravierend von den ursprünglich zur Auslegung der Kühlleistung angenommenen Werten ab.					-2
Wie gut ist die Größe des Kühlraums, -behälters, -kreislaufs an die zu kühlenden Massen/Volumina angepasst?					
Berechnung/Simulation durch Experten, der zu Grunde gelegte Bedarf ist noch aktuell.	+2				
Heutiger Bedarf weicht gravierend von den ursprünglich zur Auslegung der Kühlleistung angenommenen Werten ab.					-2
Wie gut ist das Temperaturniveau der Kälteanlage an den notwendigen Prozess innerhalb der Zonen angepasst?					
Berechnung/Simulation durch Experten, der zu Grunde gelegte Bedarf ist noch aktuell.	+2				
Heutiger Bedarf weicht gravierend von den ursprünglich zur Auslegung der Kühlleistung angenommenen Werten ab.					-2
Erfolgt eine regelmäßige Wartung?					
Wartung erfolgt nach Wartungsplan (z. B. Reinigung der Kühlrippen).	+2				
Wartung erfolgt eher sporadisch, augenscheinlich gibt es keine Mängel.			0		
Es gibt keinen Wartungsplan, augenscheinliche Mängel sind vorhanden (z. B. starke Verschmutzung von Kühlrippen).					-2

Sind Leitungsnetz und gekühlte Anlagenteile gut wärmeisoliert?					
Isolierung wird regelmäßig vom Fachpersonal inspiziert, es sind keine Mängel bekannt.	+2				
Isolierung wird nicht regelmäßig vom Fachpersonal inspiziert, augenscheinlich sind keine Mängel zu erkennen.			0		
Augenscheinlich sind Isolierungen großflächig mangelhaft oder fehlen.					-2

A.4.3 Gebäudeheizung

Wie ist die Umweltverträglichkeit des Energieträgers zu bewerten?					
solare Wärme, Erdwärme, Abwärme	+2				
Wärme aus Biomasse		+1			
fossile Brennstoffe, die mit relativ wenig Schadstoffemissionen verbrennen (Erdgas, Erdöl)			0		
sonstige fossile Brennstoffe				-1	
Wärmeumwandlung aus Elektroenergie					-2
Sind alle wärmeführenden Teile der Heizung (außer den Heizflächen) und ggf. der Warmwasserversorgung gut wärmeisoliert?					
Alle Anlagenteile (z. B. Kessel, Speicher, Leitungen, Verteiler) wurden lückenlos fachgerecht isoliert, es sind keine Beschädigungen ersichtlich, Oberfläche der Isolierung ist max. handwarm.	+2				
Alle Anlagenteile wurden zumindest im unbeheizten Bereich lückenlos fachgerecht isoliert, es sind keine Beschädigungen ersichtlich, Oberfläche der Isolierung ist max. handwarm.			0		
Die Anlagenteile sind überwiegend nicht isoliert oder die Isolierung ist augenscheinlich an vielen Stellen defekt.					-2
Wie energieeffizient ist die Heizanlage?					
Jahresnutzungsgrad > 100% (z. B. durch Kraft-Wärme-Kopplung, Wärmepumpe)	+2				
Jahresnutzungsgrad > 90% (z. B. Brennwertgeräte)		+1			
Jahresnutzungsgrad > 80%			0		
Jahresnutzungsgrad > 50%				-1	
Jahresnutzungsgrad ≤ 50%					-2
Wird eine regelmäßige Wartung der Heizanlage durchgeführt?					
regelmäßige Wartung nach Wartungsplan, keine Mängel.	+2				
eher sporadische Wartung, keine Mängel bekannt,			0		

letzte Wartung liegt nicht länger als 3 Jahre zurück (Protokoll)					
keine regelmäßige Wartung, keine Wartungsprotokolle (nicht älter als 3 Jahre) verfügbar					-2
Ist die Heizwärmeverteilung bedarfsgerecht?					
verschiedene Heizkreise/-systeme für alle Räume und Raumzonen (z. B. in großen Hallen) mit unterschiedlichen Anforderungen	+2				
verschiedene Heizkreise/-systeme für Räume mit stark abweichenden Anforderungen (z. B. Verwaltung, Lager, Werkstatt, Labor)			0		
nur ein Heizkreis/Heizsystem trotz mehrerer Räume mit stark unterschiedlichen Anforderungen					-2
Wie gut ist die Wärmeerzeugung geregelt?					
automatische Regelung, zeit- bzw. präsenzabhängig (Abschaltung bei Betriebsruhe) und außentemperaturabhängig	+2				
automatische Regelung, außentemperaturabhängig aber nicht zeit- bzw. präsenzabhängig		+1			
nur automatische Nachtabsenkung			0		
manuelle Regelung				-1	
keine Regelung					-2
Wie gut ist die Regelung der Wärmeabgabe an den Raum?					
automatische Regelung, zeit- bzw. präsenzabhängig (Abschaltung bei Betriebsruhe) und raumtemperaturabhängig	+2				
automatische Regelung, raumtemperaturabhängig aber nicht zeit- bzw. präsenzabhängig		+1			
manuelle Regelung (ohne Thermostatventile)				-1	
keine Regelung					-2

Werden Räume mit Heizkörpern, Radiatoren oder Flächenheizsystemen beheizt?					
Wird die Wärmeabgabe durch Verkleidungen, Maschinen, Möbel, Bodenbeläge oder Verschmutzung der Heizflächen behindert?					
Heizflächen können frei abstrahlen und werden regelmäßig gesäubert.	+2				
Heizflächen sind nur an wenigen Stellen betriebsbedingt verstellt. Verschmutzungen kommen vor, werden aber in angemessener Frist behoben.			0		
Heizflächen sind verkleidet und/oder großflächig verstellt.					-2
Wie gut ist der hydraulische Abgleich der Heizkreise?					
Hydraulischer Abgleich wurde nach der letzten	+2				

Änderung an der Heizungsanlage durchgeführt.					
Hydraulischer Abgleich wurde nicht durchgeführt, es sind keine Probleme bezüglich ungleichmäßiger Heizung in den verschieden Räumen bekannt.				-1	
Es gibt Probleme bezüglich ungleichmäßiger Heizung in den verschiedenen Räumen.					-2
Werden energieeffiziente Heizungspumpen eingesetzt?					
elektronisch stufenlos geregelte Energiesparpumpe	+2				
elektronisch stufenlos geregelte Standardpumpe		+1			
mehrstufige Standardpumpe				-1	
ungeregelte Standardpumpe					-2

Werden Räume mit Heizstrahlern beheizt?					
Wie ist der Zustand der Heizstrahler?					
Heizstrahler kann ungehindert abstrahlen und ist gut auf zu beheizende Zonen ausgerichtet (Aufenthaltszone von Menschen), Mitarbeiter sind mit der Heizung zufrieden.	+2				
Heizstrahler wird an wenigen Stellen durch unvermeidbare Einbauten, Maschinen und Anlagen etc. verdeckt, Ausrichtung auf zu beheizende Zonen ist vergleichsweise gut, Mitarbeiter sind mit der Heizung zufrieden.			0		
Heizstrahler wird an mehreren Stellen durch unvermeidbare Einbauten, Maschinen und Anlagen etc. signifikant verdeckt, Ausrichtung auf zu beheizende Zonen eher schlecht, Mitarbeiter sind mit der Heizung unzufrieden.					-2

Ist eine zentrale Warmwasserbereitung vorhanden?					
Wie gut ist das Warmwasser?					
Dimensionierung durch Experten auf Basis anerkannter Standards, die zu Grunde gelegten Werte sind noch aktuell.	+2				
Dimensionierung ist nicht nachvollziehbar bzw. Bedarf hat sich seit Errichtung der Anlage drastisch geändert.					-2
Wie ist der Zustand der Warmwasser-Zirkulationsanlage?					
Temperaturniveau in der Zirkulation liegt unter 60°C, Zirkulation wird automatisch gesteuert (Abschaltung der Zirkulationspumpe).	+2				
Temperaturniveau in der Zirkulation liegt über/bei 60°C, Zirkulation wird automatisch gesteuert (Abschaltung der Zirkulationspumpe).			0		

Zirkulation läuft ständig (ohne Abschaltung).					-2

A.4.4 Dezentrale Warmwasserbereitung

Wie umweltverträglich ist der Energieträger?					
Erdgas			0		
Elektroenergie					-2
Wie ist die Temperaturregelung am Durchlauferhitzer?					
elektronisches Gerät, gewünschte Temperatur lässt sich über die elektronische Steuerung einstellen	+2				
Standardgerät, Temperatur wird durch Zumischen von Kaltwasser bei Entnahme eingestellt					-2
Wie gut ist die zeitliche Regelung?					
automatische Abschaltung bei Betriebsruhe (nachts, am Wochenende, in den Ferien)	+2				
manuelle Abschaltung bei Betriebsruhe (nachts, am Wochenende, in den Ferien), Durchführung hängt stark von der Zuverlässigkeit der Mitarbeiter ab		+1			
keine Abschaltung, auch nicht während längerer Betriebsruhen (in den Ferien, feiertags, am Wochenende)					-2

A.4.5 Raumlüftung

Wurde der Raumlüftungsbedarf reduziert?					
Wurden verfahrenstechnische Maßnahmen ausgeschöpft, um Schadstoffe in der Raumluft zu reduzieren?					
Es wurde intensiv geprüft, ob Verfahren umgestellt und Luftschadstoffe vermieden werden können. Technisch und wirtschaftlich mögliche Maßnahmen wurden umgesetzt.	+2				
Nach dem Stand der Technik sind Verfahren bekannt und wirtschaftlich anwendbar, mit denen Luftschadstoffe reduziert werden können. Diese werden aber nicht angewandt.					-2
Erfolgt eine Erfassung von Luftschadstoffen am Entstehungsort (z. B. Maschine, Prozess)?					
Ja, Luftschadstoffe werden an allen maßgeblichen Emittenten am Entstehungsort erfasst (maschinen-	+2				

integrierte Absaugung).					
Luftschadstoffe werden an den wichtigsten Emittenten am Entstehungsort erfasst.			0		
Große Mengen an Luftschadstoffen gelangen ungehindert in die Raumluft und sorgen für eine spürbare Luftbelastung.					-2
Sind die Anforderungen an die Luftqualität angemessen?					
Luftqualität wurde für einzelne Räume und Raumklimazonen „so gut wie nötig" spezifiziert (z. B. Räume, in denen sich nicht dauerhaft Personen aufhalten, benötigen eine geringere Luftqualität als Arbeitsräume).	+2				
Luftqualität wurde „so gut wie nötig" spezifiziert, auf Grund fehlender Klimazonen oder Raumabgrenzungen werden jedoch größere Bereiche von Hallen und Räumen zu gut belüftet/klimatisiert.			0		
Die Anforderungen an die Luftqualität sind offensichtlich überzogen.					-2
Wurden äußere Wärmelasten (im Sommer) reduziert?					
Es existiert ein wirkungsvoller Sonnenschutz (Ausrichtung der Fenster nach Norden, Verschattungselemente, Jalousien etc.).	+2				
Mitarbeiter klagen über sommerliche Hitze (große Fensterflächen sind nach Süden orientiert und haben keine Verschattung).					-2
Wie gut ist die Klima- bzw. Lüftungsanlage an den Lüftungsbedarf angepasst?					
Dimensionierung von Luftwechselrate und Anlagengröße durch Experten (Berechnung/Simulation), der zu Grunde gelegte Lüftungsbedarf und die Randbedingungen sind noch aktuell	+2				
Dimensionierung nach Erfahrungs-/Schätzwerten durch Installationsfirma			0		
Über- oder Fehldimensionierung, Zonen mit Zugluft oder Wärmestau, laute Strömungsgeräusche an Luftauslässen und Leitungen					-2
Wie gut wird die Lüftung/Klimatisierung geregelt?					
automatische Regelung auf Basis gemessener Luftparameter	+2				
Zeit- oder Präsenzsteuerung, individuelle Feinsteuerung (z. B. des Luftwechsels) möglich			0		
keine Steuerung möglich					-2
Wie ist das manuelle Lüftungsverhalten der Mitarbeiter?					
Während der Heizperiode werden die Fenster	+2				

mehrmals täglich für kurze Stoßlüftungen (max. 5 Minuten) geöffnet.					
Während der Heizperiode werden die Fenster lange Zeit in Kippstellung geöffnet.					-2
Wie gut wird die Klima- bzw. Lüftungsanlage gewartet?					
Filter werden regelmäßig vorbeugend gewartet, die gesamte Anlage wird regelmäßig überprüft, es liegen aktuell gültige Prüfprotokolle vor.	+2				
Filter werden bei Bedarf gewartet, es sind keine Mängel bekannt.			0		
Keine Wartung und Inspektion, es werden Mängel vermutet.					-2
Werden geeignete Abscheider/Filter für die Abluft verwendet?					
Abscheider/Filter wurden entsprechend der konkreten Luftverschmutzung ausgewählt, die Auswahlparameter sind noch aktuell.	+2				
Es gibt regelmäßig Probleme mit der Abluftreinigung (Qualität der Abluft ist schlecht, Filter verschleißen zu schnell, starke Geräusche).					-2

A.4.6 Kraft-Wärme-Kopplung

Ist ein Blockheizkraftwerk/Kraft-Wärme-Kopplung vorhanden?					
Wie umweltverträglich ist der Energieträger?					
Biomasse (Biogas, Festbrennstoff)		+1			
fossile Brennstoffe, die mit relativ wenig Schadstoffemissionen verbrennen (Erdgas, Erdöl)			0		
sonstige fossile Brennstoffe				-1	
Wie gut wird die Anlage über das Jahr genutzt?					
reale Laufzeit > 90% der technisch möglichen Laufzeit	+2				
reale Laufzeit > 75% der technisch möglichen Laufzeit			0		
reale Laufzeit > 50% der technisch möglichen Laufzeit				-1	
reale Laufzeit ≤ 50% der technisch möglichen Laufzeit					-2
Wird die erzeugte Wärme möglichst komplett genutzt (Eigenverbrauch oder Abgabe an Dritte)?					
100%	+2				
> 90%		+1			
> 80%			0		

> 70%				-1	
> 60%					-2
Wie hoch ist der Wirkungsgrad der Kraft-Wärme-Kopplungsanlage?					
> 90%	+2				
> 85%		+1			
> 75%			0		

A.4.7 Wärmerückgewinnung

Ist a) Abwärme mit Temperaturen über 80°C und b) ein Wärmebedarf auf einem entsprechenden Temperaturniveau vorhanden?					
Wird die vorhandene Abwärme genutzt?					
Ja, Abwärme wird ganzjährig genutzt.	+2				
Abwärme wird während der Heizperiode genutzt.			0		
Abwärme wird nicht genutzt.					-2
Ist a) Abwärme mit Temperaturen unter 80°C und b) ein Wärmebedarf auf einem entsprechenden Temperaturniveau vorhanden?					
Wird die vorhandene Abwärme genutzt?					
Ja, Abwärme wird ganzjährig genutzt.	+2				
Abwärme wird während der Heizperiode genutzt.			0		
Abwärme wird nicht genutzt.					-2

A.5 Erneuerbare Energien

Werden solarthermischen Anlagen eingesetzt?					
Wie hoch ist der Deckungsbeitrag solar erzeugter Wärme am Wärmebedarf für Heizung, Warmwasserbereitung und ggf. Prozesswärme unter 80°C?					
> 60%	+2				
> 50%		+1			
> 40%			0		
> 30%				-1	

Werden Photovoltaik-Anlagen eingesetzt?
Wird die erzeugte Elektroenergie selbst genutzt? (In einigen Ländern wird auf Grund lukrativer Einspeisevergütungen Strom aus regenerativen Energien unabhängig vom eigenen Bedarf in das öffentliche Netz eingespeist.) **Wie hoch ist der Deckungsbeitrag am Elektroenergiebedarf des Unternehmens?**

Die erzeugte Elektroenergie übersteigt den eigenen Bedarf, Überschüsse werden in das Netz eingespeist.	+2				
Die erzeugte Elektroenergie deckt den eigenen Bedarf in Zeiten guter Einstrahlung.		+1			
Die erzeugte Elektroenergie deckt den eigenen Grundlastbedarf in Zeiten guter Einstrahlung.			0		
Die erzeugte Elektroenergie deckt den eigenen Bedarf zu weniger als 5%.					-2

Wird Erdwärme genutzt?					
Wie hoch ist der Deckungsbeitrag der Erdwärme am Wärmebedarf für Heizung, Warmwasserbereitung und ggf. Prozesswärme unter 80°C?					
> 60%	+2				
> 50%		+1			
> 40%			0		
> 30%				-1	
≤ 30%					-2

Werden Wärmepumpen eingesetzt?					
Wie hoch ist die Jahresarbeitszahl?					
> 4	+2				
> 3		+1			
> 2			0		

Wird Biomasse eingesetzt?					
Wie hoch ist der Deckungsbeitrag der Wärme aus Biomasse am Gesamtwärmebedarf?					
100%	+2				
> 80%		+1			
> 60%			0		
> 40%				-1	
≤ 40%					-2
Wie hoch ist der Deckungsbeitrag der Elektroenergie aus Biomasse am Gesamtelektroenergiebedarf?					
100%	+2				
> 80%		+1			
> 60%			0		
> 40%				-1	
≤ 40%					-2

Wird eine Kraft-Wärme-Kopplungsanlage eingesetzt, um gleichzeitig Wärme und Elektroenergie aus der Biomasse zu gewinnen?

Kommt die Biomasse aus nachhaltigen Quellen?					
zertifizierter nachhaltiger Anbau in der Region	+2				
zertifizierter nachhaltiger Anbau, Transporte von außerhalb der Region			0		
kein nachhaltiger Anbau					-2

Werden Windkraftanlagen eingesetzt?					
Wird die erzeugte Elektroenergie selbst genutzt? (In einigen Ländern wird auf Grund lukrativer Einspeisevergütungen Strom aus regenerativen Energien unabhängig vom eigenen Bedarf in das öffentliche Netz eingespeist). **Wie hoch ist der Deckungsbeitrag am Elektroenergiebedarf des Unternehmens?**					
Die erzeugte Elektroenergie übersteigt den eigenen Bedarf, Überschüsse werden in das Netz eingespeist.	+2				
Die erzeugte Elektroenergie deckt den eigenen Bedarf in Zeiten guter Windverhältnisse.		+1			
Die erzeugte Elektroenergie deckt den eigenen Grundlastbedarf in Zeiten guter Windverhältnisse.			0		
Die erzeugte Elektroenergie deckt den eigenen Bedarf zu weniger als 5%.					-2

Werden Wasserkraftanlagen eingesetzt?					
Wird die erzeugte Elektroenergie selbst genutzt? (In einigen Ländern wird auf Grund lukrativer Einspeisevergütungen Strom aus regenerativen Energien unabhängig vom eigenen Bedarf in das öffentliche Netz eingespeist.) **Wie hoch ist der Deckungsbeitrag am Elektroenergiebedarf des Unternehmens?**					
Die erzeugte Elektroenergie übersteigt den eigenen Bedarf, Überschüsse werden in das Netz eingespeist.	+2				
Die erzeugte Elektroenergie deckt den eigenen Bedarf in Zeiten guter Wasserstände.		+1			
Die erzeugte Elektroenergie deckt den eigenen Grundlastbedarf in Zeiten guter Wasserstände.			0		
Die erzeugte Elektroenergie deckt den eigenen Bedarf zu weniger als 5%.					-2

A.6 Gebäudehülle

Ist ein günstiges Verhältnis der Gebäudehülle zum nutzbaren Gebäudevolumen gegeben?

zusammenhängendes Gebäude mit kompakter Gebäudeform (z. B. Quader)	+2				
kompakte Form einzelner Gebäude und Gebäudeteile, funktional begründete Aufteilung in separate Gebäude oder Gebäudeteile			0		
mehrere Einzelgebäude und kleinteilige Anbauten, die funktional nicht notwendig sind					-2
Sind die Gebäude energetisch gut orientiert?					
Fenster zur blendfreien Belichtung von Norden her, Fenster für gewünschte solare Wärmegewinne nach Süden, Türen, Tore auf der wind- und wetterabgewandten Seite	+2				
starke Aufheizung durch nicht verschattbare Fenster im Süden, Auskühlung durch dem Wind zugewandte Türen/Tore					-2
Entsprechen die dem beheizten Bereich umfassenden Flächen einem guten energetischen Standard?					
Neubau nach 1995 oder Sanierung, aktuelle Gebäudeenergiestandards wurden für Böden, Wände, Decken, Türen, Tore eingehalten, keine Baumängel	+2				
Neubau nach 1995 oder Sanierung mit geringen, technisch oder ökonomisch bedingten Abstrichen von aktuellen Gebäudeenergiestandards (z. B. Wärmebrücken an Geschossdecken oder auskragenden Bauteilen), keine Baumängel		+1			
energetische Sanierung flächiger Bauteile (zumindest von Dach und Außenwänden), konstruktiv bedingte Wärmebrücken, deren Sanierung einen mittleren Aufwand bedeutet (Fensterlaibung, Heizkörpernischen)			0		
unsanierter Altbau, intakte Bauteile aber konstruktiv bedingt schlechte Isolierung von flächigen Bauteilen und Wärmebrücken				-1	
unsanierter Altbau, Baumängel (Undichtigkeiten, durchnässtes Bauwerk und Schimmel, spürbarer Luftzug)					-2
Werden Wärmeverluste über große Tore minimiert?					
Schnelllauftore mit automatischer Schaltung/Fernbedienung, bei langen Öffnungszeiten als Schleuse und mit Luftschleier	+2				
Schnelllauftore			0		
manuell zu bedienende Klapptore					-2

Befinden sich Wärmeerzeuger oder andere „Luftverbraucher“ innerhalb der beheizten Gebäudehülle?					
Führt die Zuluftführung zu einer Auskühlung des Aufstellraums?					
Zuluftführung über isolierte Leitungen, keine Auskühlung spürbar	+2				
kalte Zonen bzw. Zugluft in der Raumluft spürbar			0		
spürbar kalte Oberflächen an Wänden				-1	
Kondensatniederschlag an kalten Oberflächen, Feuchteschäden					-2

Anhang B: Investitionsrechnung

Ein wichtiger Hebel für die Durchsetzung von mehr Energieeffizienz sind Beschaffungs- bzw. Investitionsentscheidungen, die sich stärker an den gesamten Lebenszykluskosten anstatt allein an den Anschaffungskosten orientieren (s. Abschn. 4.3.5).

Für die Berechnung der Lebenszykluskosten sind bekannte Verfahren der Investitionsrechnung nutzbar. Diese werden nachfolgend erläutert. Die dynamischen Verfahren – vor allem die Kapitalwertmethode – werden zur Verwendung im Rahmen der energieeffizienzorientierten Fabrikplanung empfohlen.

Statische Verfahren bewerten eine Investition an Hand von Kosten und Erlösen, die auf eine einzige Periode (meist ein Jahr) bezogen werden. Allerdings fallen die Ein- und Auszahlungen während der Nutzungsdauer nicht in allen Perioden (Jahren der Nutzung) gleichmäßig an. Deshalb werden fiktive Durchschnittszahlungen gebildet (z. B. durchschnittliche Instandhaltungskosten, durchschnittliche Kapitaldienste). Diese geben keinen Aufschluss über den tatsächlichen Zeitpunkt der Zahlungen. Zins- und Liquiditätswirkungen werden daher bei den statischen Verfahren nicht angemessen berücksichtigt.

Dazu im Gegensatz betrachten die *dynamischen Verfahren* der Investitionsrechnung alle von einer Investition verursachten Ein- und Auszahlungen zum tatsächlichen Zeitpunkt der Zahlung. Die Vergleichbarkeit dieser Zahlungen wird hergestellt, indem alle Zahlbeträge auf einen Vergleichszeitpunkt umgerechnet werden: Später erfolgende Zahlungen werden abgezinst (diskontiert) – früher liegende Zahlungen aufgezinst. Der dazu verwendete Zinssatz heißt Kalkulationszinssatz i. Er widerspiegelt die minimale Renditeerwartung des Unternehmens.

Meist werden alle Zahlungen z_t auf den Zeitpunkt 0, den Zeitpunkt der Anschaffung, abgezinst (Gegenwartswert oder Barwert z_0); t ist die Anzahl der Perioden (Jahre) zwischen dem Zeitpunkt der Zahlung und dem Zeitpunkt 0.

$$z_0 = \frac{z_t}{(1+i)^t} \qquad \text{(B.1)}$$

Die Summe der Barwerte der Saldi aller Einzahlungen e und Auszahlungen a, die von der betrachteten Investition verursacht werden, heißt Kapitalwert (KW).

$$KW = \sum_{i=0}^{t} \frac{(e-a)_t}{(1+i)^t} \qquad \text{(B.2)}$$

Der Kapitalwert besagt, wie viel Gewinn oder Verlust das Investitionsprojekt gegenüber einer Kapitalanlage zum Kalkulationssatz erbringt. Von mehreren alternativen Investitionsprojekten ist dasjenige vorteilhaft, das den höchsten Kapitalwert aufweist.

Die folgenden Abbildungen verdeutlichen die Berechnung des Kapitalwerts an dem einfachen Beispiel einer Zahlungsreihe, die aus einer Auszahlung (Anschaffungskosten) und über vier Jahre gleichbleibenden Einzahlungen besteht (s. Abb. B.1).

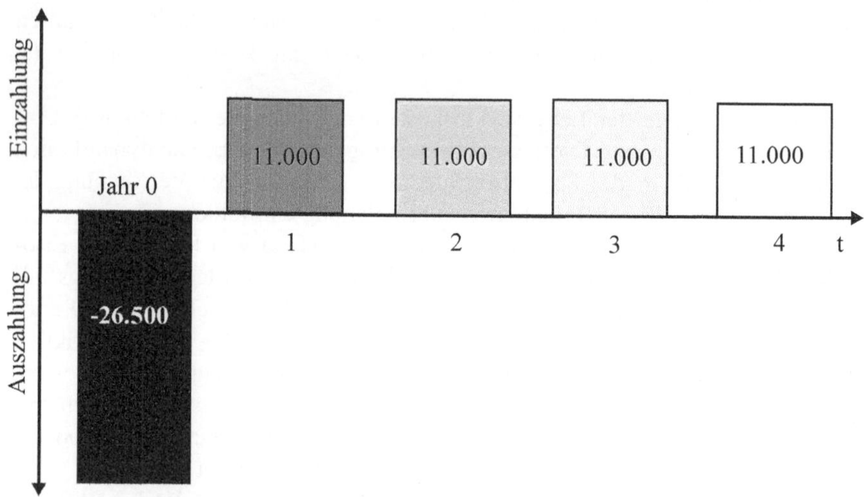

Abb. B.1. Zahlungsreihe aus Anschaffungskosten und jährlichen Erlösen

Abbildung B.2 zeigt die Vorgehensweise und das Ergebnis einer statischen Investitionsrechnung: Die Einzahlungen (Erlöse) werden den Auszahlungen (Anschaffungskosten) gegenübergestellt; es ergibt sich ein Gewinn von 17.500.

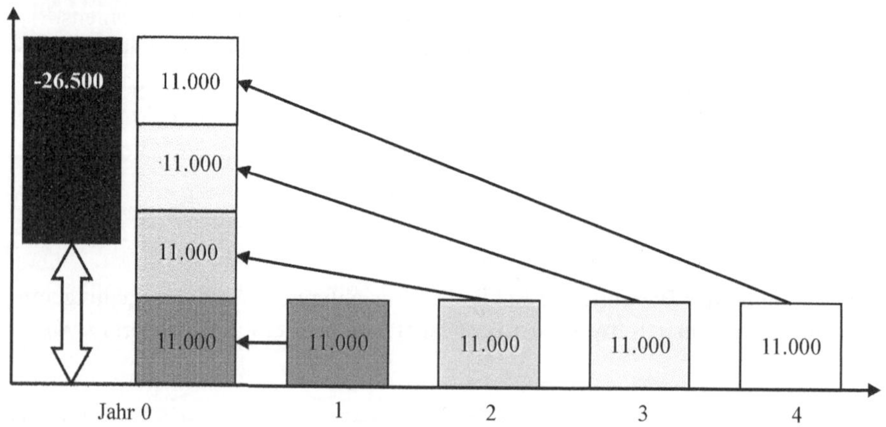

Abb. B.2. Statische Investitionsrechnung: Gegenüberstellung der Anschaffungskosten und der der Erlöse

In Abb. B.3 werden dagegen alle Zahlungen nach Gl. B.1 abgezinst (dynamische Investitionsrechnung). Der Kapitalwert (entspricht dem Gewinn der statischen Investitionsrechnung) beträgt dann 9.278.

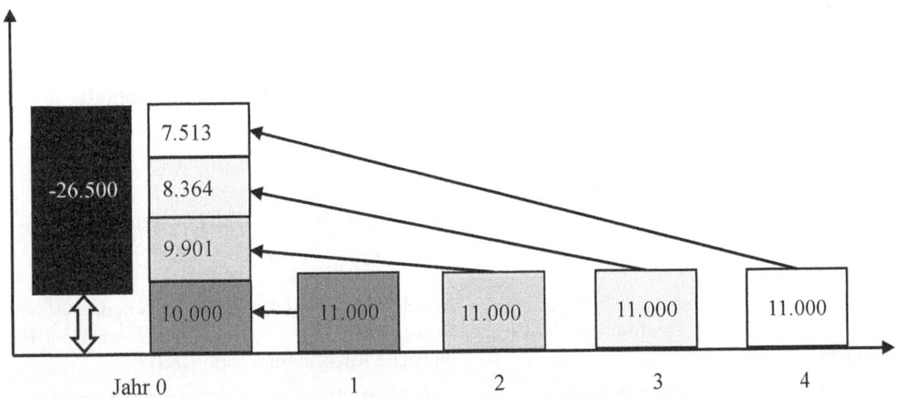

Abb. B.3. Dynamische Investitionsrechnung: Gegenüberstellung der Anschaffungskosten und der Barwerte der Erlöse (Kalkulationszinssatz i = 10 Prozent)

Da beim Vergleich von Angeboten in der Regel für alle Investitionsalternativen (alle Angebote auf eine Ausschreibung) die gleichen Erlöse erwartet werden[38], genügt es, nur die Auszahlungen zu betrachten.

$$KW = \sum_{i=0}^{t} \frac{(-a)_t}{(1+i)^t} \tag{B.3}$$

Der Kapitalwert wird in diesem Fall negativ. Dennoch gilt, dass das Angebot mit dem höchsten Kapitalwert – d. h. mit dem kleinsten negativen Betrag des Kapitalwerts – vorteilhaft ist.

Die Berechnung des Kapitalwerts – allein unter Verwendung der Auszahlungen (Kosten) – ist deshalb für die Bewertung von Beschaffungs- und Investitionsalternativen im Rahmen der Fabrikplanung aus finanzmathematisch-theoretischer Sicht geeignet. Der Rechenaufwand, der in der Vergangenheit häufig die Anwendung der einfacheren statischen Verfahren veranlasste, ist bereits mit einfachen elektronischen Tabellenkalkulationen beherrschbar.

Tabelle B.1 gibt ergänzend einen umfassenden Überblick über die Methoden der Investitionsrechnung mit einer groben Einschätzung zu den Anwendungsgebieten (Entscheidungsprobleme), dem Informationsbedarf und der Ergebnisquali-

---

[38] Zudem ist es meist nicht möglich, die Erlöse, die durch den Verkauf von Erzeugnissen erzielt werden, nach einem rationalen Schlüssel auf die an der Herstellung beteiligten Betriebsmittel zu verteilen. Zwar trägt eine Karosseriepresse offensichtlich stärker zum Verkaufswert eines Automobils bei als der Schrauber für die Radmontage, letztlich aber werden alle Prozesse und Betriebsmittel benötigt, um das Fahrzeug verkaufsfertig herzustellen.

tät. Detaillierte Darstellungen können u. a. bei Götze/Bloech entnommen werden (Götze u. Bloech 2008).

Tabelle B.1. Verfahren der Investitionsrechnung (TU Chemnitz 1999)

Rechenmethode	geeignet für Entscheidungsproblem	Informationsbedarf	Ergebnisqualität
Statische Verfahren			
Gewinnvergleichsrechnung	Wahlproblem, Ersatzproblem	Kosten, Erlöse	keine Aussage zur Rentabilität, Fehlbewertung der langfristigen Vorteilhaftigkeit
statische Amortisationsrechnung	Investitionssicherheit, Liquiditätsproblem	Anschaffungskosten, Restwert, jährliche Rückflüsse	methodisch bedingte Verkürzung der Amortisationszeit
Rentabilitätsrechnung	Einzelinvestition, Wahlproblem, Ersatzproblem	Kapitaleinsatz, Gewinn (Deckungsbeiträge)	Fehlbewertung der langfristigen Vorteilhaftigkeit
Dynamische Verfahren			
Kapitalwertmethode	Einzelinvestition, Wahlproblem, Ersatzproblem	Nutzungsdauer, Kalkulationszinssatz, Auszahlungen, Einzahlungen	finanzmathematisch exakt, abstrakt
interne Zinsfussmethode	Einzelinvestition, Wahlproblem	Nutzungsdauer, Kalkulationszinssatz, Auszahlungen, Einzahlungen	exakte Lösung nur für Spezialprobleme
Annuitätenmethode	Einzelinvestition, Wahlproblem, Ersatzproblem	Nutzungsdauer, Kalkulationszinssatz, Auszahlungen, Einzahlungen	finanzmathematisch exakt, anschaulich
dynamische Amortisationsrechnung	Investitionssicherheit, Liquiditätsproblem	Kalkulationszinssatz, Auszahlungen, Einzahlungen	finanzmathematisch exakt, anschaulich

Literatur

TU Chemnitz (1999) KreiSOMA - Informationssystem zur kreislaufgerechten, lebensdauerflexiblen Gestaltung und Nutzung von Sonder- und Spezialmaschinen. Technische Universität Chemnitz. Professur für Fabrikplanung und Fabrikbetrieb. http://www.tu-chemnitz.de/mb/InstBF/kreisoma/hilfen/anwender/index.htm Zugriffsdatum 02.02.2009

Götze U, Bloech J (2008) Investitionsrechnung. 6. Aufl, Springer, Berlin, Heidelberg

Sachwortverzeichnis

Z